中原智库丛书·论丛

黄河流域生态保护和高质量发展论坛论文集

HUANGHE LIUYU SHENGTAI BAOHU HE
GAOZHILIANG FAZHAN LUNTAN LUNWENJI

王承哲◎主　编
李同新　王玲杰　郭　杰◎副主编

经济管理出版社
ECONOMY & MANAGEMENT PUBLISHING HOUSE

图书在版编目（CIP）数据

黄河流域生态保护和高质量发展论坛论文集 / 王承哲主编. -- 北京：经济管理出版社，2025. 3. -- ISBN 978-7-5243-0024-3

Ⅰ．X321.22-53

中国国家版本馆 CIP 数据核字第 2025MC8058 号

组稿编辑：申桂萍
责任编辑：申桂萍
助理编辑：张　艺
责任印制：张　艳
责任校对：王淑卿

出版发行：经济管理出版社
　　　　　（北京市海淀区北蜂窝 8 号中雅大厦 A 座 11 层　10C038）
网　　址：www.E-mp.com.cn
电　　话：（010）51915602
印　　刷：北京晨旭印刷厂
经　　销：新华书店
开　　本：720mm×1000mm/16
印　　张：23.25
字　　数：469 千字
版　　次：2025 年 3 月第 1 版　2025 年 3 月第 1 次印刷
书　　号：ISBN 978-7-5243-0024-3
定　　价：128.00 元

编委会名单

主　任：王承哲

副主任：李同新　王玲杰　郭　杰

委　员：（按姓氏笔画排序）

　　　　万银锋　马子占　王宏源　王新涛　邓小云　包世琦

　　　　闫德亮　李　娟　李立新　李红梅　杨　波　杨兰桥

　　　　宋　峰　陈东辉　陈明星　陈建魁　赵西三　赵志浩

　　　　袁金星　高　璇　唐金培　曹　明

目　录

第二部分

黄河流域生态保护和高质量发展的河南实践

第三部分

讲好"黄河故事" 弘扬黄河文化

第一部分

高质量实施黄河流域生态保护和高质量发展国家战略

建设黄河流域国际生态旅游目的地的理论与实践探究

——以青海省为例

毛江晖

（青海省社会科学院生态文明研究所，西宁　810000）

摘要："三个最大"省情定位和"三个更加重要"战略地位，决定了青海省打造国际生态旅游目的地的时代必然性、市场可行性及工作紧迫性，并已经成为全国乃至国际生态文明高地的重要组成部分。如何科学把握国际生态旅游目的地的内涵要求，全面梳理青海省生态旅游资源的基础条件，找准实现途径，对于青海省融入国家生态旅游发展大局，助力人与自然和谐共生的现代化具有重大的现实意义。

关键词：国际；生态旅游；目的地

2021年3月7日，习近平总书记在参加十三届全国人大四次会议青海代表团审议时，首次提出青海要建设国际生态旅游目的地。青海是国家重要的生态安全屏障，境内黄河干流长度占黄河总长的31%，既是源头区，也是干流区，在流域内外具有不可替代的战略地位。青海加快区域人文生态的独特性和大尺度景观价值实现，推动历史文化与现代文明交融，建设国际生态旅游目的地，促进发展和保护协同共生，对于黄河流域生态保护和高质量发展具有较好的引领示范作用。

一、建设国际生态旅游目的地的内涵要求

本文通过对生态旅游和旅游目的地的概念界定，提出打造国际生态旅游目的地的内涵要求。

作者简介：毛江晖，青海省社会科学院生态文明研究所所长、副研究员，长期从事生态旅游、生物多样性、生态经济学等理论及技术研究和实践工作。

（一）什么是生态旅游

"生态旅游"一词是由世界自然保护联盟（IUCN）特别顾问 Ceballos Lascurian 于 1983 年首次提出的，得到了世界各国的重视。1992 年《21 世纪议程》号召各国政府重视生态旅游，生态旅游由此得以蓬勃发展。生态旅游由于尊重自然与文化的异质性，强调生态环境保护与经济发展相结合，倡导人们保护自然、认识自然、享受自然，被认为是旅游业可持续发展的最佳模式之一，逐步成为旅游市场中增长很快的一个重要分支。我国的生态旅游起步于 1992 年，经过 30 多年的探索、发展和深化，国内各界对生态旅游概念内涵、环境影响、社区参与、教育功能等方面的认识逐步清晰。特别是随着生态文明理念的提出和不断深入，具有环境友好、低资源消耗、生态共享等特点的生态旅游高度契合生态文明理念，生态旅游市场持续升温。总的来看，生态旅游的概念和内涵随着经济社会背景和生态旅游产业发展而不断演变，但都具有以下共同特征：生态旅游是以人与自然和谐共生系统为对象；生态旅游是一种负责任的旅游方式，管理者、经营者、社区和旅游者都需要承担保护自然环境和维护旅游秩序的责任，使其对环境的不利影响最小化；生态旅游是具有经济和生态双重效益。根据国内外的探索并结合新形势新任务，本文把生态旅游定义为以可持续发展为理念，以实现人与自然和谐共生为准则，以保护生态系统稳定性为前提，依托良好的自然生态环境和与之共生的人文生态，开展生态体验、生态认知、环境教育并获得身心愉悦的旅游方式。

（二）什么是旅游目的地

从全球视野审视，要成为旅游目的地，通常需要具备三个基本条件：第一，需要有旅游吸引物，即拥有一定数量和等级的旅游资源（包括自然风景旅游资源和人文景观旅游资源）和旅游产品（旅游者花费钱财、时间和精力所购买和消费的从居住地到旅游目的地，再从旅游的目的地回到居住地完整的旅游活动或旅游经历），对一定范围的旅游者具有较强吸引力；第二，需要有良好的环境与服务设施，拥有宜居、宜游的生态、文化、社会和生活环境，配备足够的旅游基础设施、公共服务设施和商业服务设施，能满足旅游者旅游活动及相关服务的需要；第三，需要有一定的客流量，能吸引一定规模以到访该地为主要目的的旅游者。因而，旅游目的地实际上是提供旅游活动及相关服务的中心地域，是集旅游环境、旅游资源、消费需求、旅游交通、旅游设施、旅游产品和旅游服务于一体的空间复合体。为此，本文将旅游目的地的概念界定为：以旅游吸引物、服务设施及生活环境为依托，能吸引一定规模的旅游者专程到访该地并提供所需的旅游活动和相关服务的地域。

（三）国际生态旅游目的地的内涵

根据以上对生态旅游和旅游目的地的分析，本文认为国际生态旅游目的地的内涵为：以可持续发展为理念，以实现人与自然和谐共生为准则，以保护生态系统稳定性为前提，依托良好的自然生态环境、与之共生的人文生态和具有国际知名度与影响力、国际质量水准旅游吸引物、服务设施及生活环境，吸引一定规模的旅游者专程到访该地并提供所需的旅游活动和相关服务的地域。但是，要成为国际生态旅游目的地，需要具备以下基本条件：一是目的地区域的生态系统健康水平较为稳定或趋于稳定；二是目的地区域需要具有丰富且合理的生态旅游资源；三是目的地区域需要具备生态旅游开发条件与发展潜力；四是目的地区域需要具备发展生态旅游的竞争力。

二、青海建设国际生态旅游目的地的基础条件

参照《旅游资源分类、调查与评价》（GB/T 18972−2017）国家标准，并根据国际生态旅游目的地的内涵要求，本文对青海的旅游资源进行系统梳理，以期全面把握青海建设国家生态旅游目的地的基础条件和分区类型。通过相关资料整理与实地调研，共提取 628 处旅游资源单体。依据国标框架分析，青海生态旅游资源主类齐全，拥有 23 个亚类中 20 种，110 个基本类型中的 48 种，分别占全国旅游资源亚类和基本类型的 86.96% 和 43.67%。具体表现在：

一是生态旅游资源主类集中在河湖湿地型景观类与地文景观类。在青海生态旅游资源单体主类中，水域景观类、地文景观类以及生物景观类生态景观在全省分布最广泛，占生态旅游资源单体的 75.72%。其中，水域景观类生态旅游资源单体在全省分布最多，共 213 处，占总量的 33.8%；地文景观类生态旅游资源单体，共 159 处，占总量的 25.25%；生物景观类生态旅游资源单体，共 105 处，占总量的 16.67%；天象与气候类资源单体较少，仅为 5 处，占总量的 0.79%。二是生态旅游资源亚类中自然景观综合体类与湖沼类单体较丰富。青海生态旅游资源亚类数量差异较大，分布最多的分别是自然景观综合体类（131 处）、湖沼类（90 处）、河系类（83 处）以及植被景观（83 处）。30 处以上的亚类类型较少，但单体总量较大，共 518 处，约占总量的 82.22%；30 处及以下的亚类类型较多，但单体总量较小，共 13 种，占亚类总数目的 2/3，单体总量仅 90 处，仅占单体总量的 14.29%。100 处以上的亚类最少，仅自然景观综合体，单体数量最多，共 131 处单体资源；10 处以下的亚类数目最多，共 10 种，单体总量仅有 40 处。这说明青海省生态旅游资源亚类分布不均衡。三是生态旅游资源基本类型以河段、山岳、湖泊、沟谷类占绝对优势。青海生态旅游资源有 48 种基本类型，但单体数量在各基本类型中分布差异较大。总体来看，游憩河段类生态旅游资源单体数量最多，共 79 处，其次是山岳型景观类（73 处）、游憩湖区类（71 处）及沟谷型景观类（58 处），仅 4 种基本类型的生态旅游资源占总单体数量的

44.6%；单体数量为 1 处的基本类型有 10 种。在单个基本类型中，单体数量最多的是最少的 79 倍，相差悬殊。10 处以下旅游资源单体类型最多，共 33 类，占基本类型总数的 68.75%，但单体总量仅占总单体量的 16.03%；10~30 处单体类型共 9 种，占总基本类型数量的 18.75%，单体总量占总单体量的 26.35%；31~50 处的单体类型共 2 种，基本类型比与单体数量比分别是 4.17% 和 13.02%；单体数量超过 50 处的基本类型共 4 种，基本类型比与单体数量比分别是 8.33% 和 44.6%。

在厘清丰富的生态旅游资源的同时要注意到，青海省生态旅游资源基本类型分布差异较大，不同基本类型的资源单体数量差值巨大。玉树州、果洛州的旅游资源单体最多，分别是 145 处、126 处；西宁市生态旅游资源单体最少，仅 23 处。海南州、海西州、黄南州、海北州、海东市生态旅游资源单体数量分布相对均匀，分别为 81 处、54 处、43 处、57 处、60 处。另外，除按各州（市）进行划分的生态旅游资源单体外，还包含广泛分布于全省或跨区域的单体共 39 处。

根据青海生态旅游资源类型、规模和空间分布，可以将生态旅游目的地分为山地型、草原型、湿地型、森林型、沙漠戈壁型、人文生态型 6 种分区类型。一是山地型分区。主要以山地环境为主而建设的生态旅游区，适于开展科考、登山、探险、攀岩、观光、漂流、滑雪等活动。二是草原型分区。主要以草原植被及其生境为主而建设的生态旅游区，也包括草甸类型。这类区域适于开展体育娱乐、民族风情活动等。三是湿地型分区。以水生和陆栖生物及其生境共同形成的湿地为主而建设的生态旅游区，主要指内陆湿地和水域生态系统，也包括江河出海口。这类区域适于开展科考、观鸟、垂钓、水面活动等。四是森林型分区。以森林植被及其生境为主而建设的生态旅游区，也包括大面积竹林（竹海）等区域。这类区域适于开展科考、野营、度假、温泉、疗养、科普、徒步等活动。五是沙漠戈壁型分区。以沙漠或戈壁或其生物及其生境为主而建设的生态旅游区，这类区域适于开展观光、探险和科考等活动。六是人文生态型分区。以突出的历史文化等特色形成的人文生态及其生境为主建设的生态旅游区。这类区域主要适用于历史、文化、社会学、人类学等学科的综合研究，以及适当的特种旅游项目及活动。

三、青海建设国际生态旅游目的地的现实途径

建设国家生态旅游目的地，并非只是通过短期创建和得到某一机构认定即可取得成功，而是需要通过长期的不懈努力和持续优化提升才能建成的系统工程。近期，能否加快推进生态旅游的生态性研究、生态旅游资源调查与评价、生态旅游环境容量测算、生态旅游目的地竞争力评价、客源和市场分析是高标准编制建

设发展规划、制定分阶段的政策制度体系、融入国家生态旅游发展"大盘"的基础性工作，是国际生态旅游目的地建设的现实途径。

（一）开展生态旅游的生态性研究

根据生态旅游的核心准则，生态旅游的生态性可从以下六个维度衡量：一是自然基础。生态旅游的开展需要依托良好的自然生态环境和与之共生的人文生态，自然基础维度主要考察生态旅游是否主要利用原生或开发程度低的自然资源、是否为基于自然的体验、是否减少了人为旅游设施建造和对生态环境的干扰。二是环境保护。生态旅游的可持续发展需要以保护生态环境为前提，经营者正确处理资源利用与环境保护的关系、科学适度开发、积极开展有利于环境保护的生态旅游活动具有重要意义。环境保护维度主要衡量生态旅游的管理者和经营者是否承担了保护资源环境的责任。三是社区福利。只有社区从生态旅游发展中获得可观的社会和经济利益，才能对维护当地环境的可持续性做出积极贡献。社区福利维度主要考察生态旅游企业是否兼顾社会公平，让当地居民参与旅游发展并从中获益。四是环境教育。环境教育是生态旅游的核心功能，也是实现环境保护的重要途径。环境教育功能的实现总体有赖于生态旅游经营者，他们是生态旅游体验的主要供应者。环境教育维度主要考察企业是否发挥了生态旅游的主要功能，改变游客的环境资源观和生活方式。五是道德要求。真正的生态旅游地更倾向于生物中心论，尽可能减少自然环境干预，鼓励负责任的旅游方式，避免游客不文明行为对生态系统造成损害。道德要求维度衡量生态旅游经营管理是否符合伦理道德标准，是否通过规范景区管理，使旅游经营活动对当地环境、社会、文化的负面影响最小化，并在保护环境和文化资源的前提下开展可持续的旅游活动。六是文化保护。许多生态旅游地不仅拥有良好的生态环境，而且孕育了丰富的历史文化，两者相互作用、相互联系，形成各有特色的共生系统，将文化视为生态旅游吸引力核心构成的观点逐渐得到认可。文化虽然不是生态旅游的核心，但对生态旅游的发展至关重要。文化保护维度考察生态旅游企业是否降低了商业化运作对当地优秀传统文化的影响。

（二）开展生态旅游资源调查与评价

1. 专项调查

有关部门可以充分收集现有资料，包括林草、园林、气象、水利、地矿、文旅、统计等部门及行业积累的具有一定专业系统性的资料和图纸；通过考察、访问、观测、测量、摄影摄像、注记、标本采集、样方调查等方法，进行实地踏勘、挖潜、校核、地图编制（旅游资源分布、景点所在位置）、资料归纳整理（自然与环境资料、社会与经济资料、现有经营与设施资料）、生态旅游资源资料汇总。

2. 资源评价

资源评价内容主要包括：①自然风景资源评价。地文资源：包括对典型地质构造、标准地层剖面、生物化石点、自然灾变遗迹、名山、蚀余景观、奇特与象形山石、沙（砾石）地、沙（砾石）滩、洞穴及其他地文景观的评价；水文资源：包括对风景河段、漂流河段、湖泊、瀑布、泉、冰川及其他水文景观的评价；生物资源：包括对各种自然起源或人工栽植的森林、草原、草甸、古树名木、奇花异草等植物景观，野生或人工繁育的动物及其他生物资源的评价；天象资源：包括对雪景、雨景、朝晖、夕阳及其他天象景观的评价。②人文风景资源评价：包括对历史古迹、古今建筑、社会风情、地方产品及其他人文景观的评价。③可借景观资源评价：包括对不在生态旅游区内，但具备观赏条件，对生态旅游区具有影响力的自然与人文景观的评价。④开发建设条件评价：包括对生态旅游区的地理位置以及与周边景区景点的地域组合、区内和区外交通条件、区域经济状况、已开发建设景点、已有服务设施与基础设施等方面的评价。

（三）开展生态旅游环境容量测算

测算应本着在保证旅游资源和生态环境可持续发展的条件下，能够取得最佳经济效益，同时满足游客的舒适、安全、卫生和方便等旅游要求的原则，计算环境容量和游客数量，按照科学合理的环境容量控制游客规模，达到人与自然的和谐共生。在已有研究的基础上，可以通过对有关文献的广泛阅读，归纳和总结建立生态旅游环境容量概念体系和青海各生态功能区生态旅游环境容量测算模型，为生态旅游的环境容量研究在实践中的应用奠定数据理论依据。测算与分析的内容主要包括生态环境容量、空间环境容量、设施环境容量和心理环境容量四个部分。

（四）开展生态旅游目的地竞争力评价

生态旅游目的地竞争力评价可以从以下环节展开：一是结合青海生态系统特性，选取核心要素和辅助体系。核心要素为生态旅游目的地的内核，是吸引旅游者前往旅行的关键旅游吸引物，主要表现为旅游资源禀赋。辅助体系是开展旅游活动的外在条件，其为生态旅游活动的萌发与开展提供便利和保障，对扩大客源市场、提升旅游地形象等不可或缺。辅助体系既包括酒店、宾馆、餐饮、旅行社等旅游接待要素，也包含机场、铁路、高速公路、国道等旅游可达要素。二是可将旅游资源禀赋、旅游接待能力、旅游可达性、区域知名度、旅游安全性作为因子层，选取既能体现科学性、可得性，又能与全国其他省区生态旅游相匹配的指标，采取基于熵值的层次分析法，利用 ArcGIS 自然间断点分级法得出青海各县域和生态功能区旅游目的地竞争力评价值；利用障碍度模型，来辨别和分析制约各县域和生态功能区旅游目的地发展的主要影响因素。为国际生态旅游目的地建设提供了具体切入点和政策启示。

（五）开展客源和市场分析

客源和市场分析应从以下四个方面入手：一是客源地理结构分析。根据已掌握的基础资料，通过对目前的客源地理分布、客源地社会经济状况、游客数量等因素的分析，预测进入青海生态旅游区的游客来源、数量及其停留时间。二是客源地市场潜力分析。通过对游客地理分布区域的社会经济条件分析，预测规划期内各年游客数量和消费水平。三是游客规模分析。根据青海生态旅游区所处的地理位置、景观吸引能力、旅游设施改善后的旅游条件及客源市场需求程度，按年度分别预测国际与国内的游客规模。已经开展旅游活动的生态旅游区游客规模，可在充分分析生态旅游现状及发展趋势的基础上，按游客规模增长速度变化规律进行推算；未开展生态旅游活动的新建旅游区可参照条件类似的自然保护区及风景区游客规模变化规律推算，也可依据与游客规模紧密相关诸因素发展变化趋势预测旅游区的游客规模。四是旅游市场定位。在对客源、市场潜力和游客规模进行分析的基础上，与全省和有关市、州旅游规划相衔接，明确生态旅游区生态旅游发展方向、思路和要达到的目标，本着重在自然、贵在和谐、精在特色、优在服务的原则，选择主题旅游产品，进行生态旅游市场定位。

黄河流域水资源节约集约利用成效分析

张明霞

（青海省社会科学院生态文明研究所，西宁　810000）

摘要：优化黄河水资源配置格局，加强流域节约集约利用是新形势新理念下，推动黄河生态保护和高质量发展，维护全流域生态平衡的关键途径和重要举措。黄河流域生态保护和高质量发展战略实施以来，黄河流域采取有效节约集约应对措施逐步转变水资源配置和利用管理理念以及流域经济发展方式，相关九省区通过补好预警监测基础设施短板，流域防洪减灾体系基本建成；通过构建黄河供水工程体系，黄河水资源配置体系日趋完善；通过加强黄河水资源刚性约束，流域内取用水行为进一步规范；通过强化水资源统一调度，黄河流域水资源节约集约利用水平得到有效提升。

关键词：生态建设；水资源配置；治水举措成效

2019 年 9 月 18 日，习近平总书记在郑州主持召开黄河流域生态保护和高质量发展座谈会，随着黄河流域生态保护和高质量发展上升为重大国家战略，拉开了新时代黄河流域生态保护和高质量发展的历史大幕。习近平总书记指出，黄河水资源量就这么多，搞生态建设要用水，发展经济、吃饭过日子也离不开水，不能把水当作无限供给的资源。要把水资源作为最大的刚性约束，实施全社会节水行动，推动用水方式由粗放向节约集约转变。这为黄河流域破解水资源短缺问题提供了思想指引和行动指南。

一、黄河流域水资源节约集约利用概况

黄河流域生态保护和高质量发展战略的实施，对黄河水资源综合开发利用提出了更高要求。优化黄河水资源配置格局，加强流域节约集约利用是新形势新理

作者简介：张明霞，青海省社会科学院生态文明研究所副所长，博士，副研究员，研究方向为生态经济等。

念下，推动黄河生态保护和高质量发展，维护全流域生态平衡的关键途径和重要举措。2021 年 8 月，《水利部关于实施黄河流域深度节水控水行动的意见》表明要把水资源作为最大的刚性约束推进流域水资源高效持续利用。2021 年 10 月，《黄河流域生态保护和高质量发展规划纲要》提出必须坚持量水而行、节水优先原则。2021 年 12 月，《关于印发黄河流域水资源节约集约利用实施方案的通知》中提出黄河流域水资源节约集约利用总体要求、强化水资源刚性约束、优化流域水资源配置、推动重点领域节水、推进非常规水源利用、推动减污降碳协同增效和健全保障措施等内容。2022 年 1 月 19 日，韩正在北京召开的推动黄河流域生态保护和高质量发展领导小组全体会议强调，要牢牢把握共同抓好大保护、协同推进大治理的战略导向，全方位贯彻"四水四定"原则，始终坚持问题导向，推动黄河流域生态保护和高质量发展不断取得新进展。2022 年，关于黄河流域各省水资源节约集约利用的研究日益增多。截至 2023 年 7 月底，知网文献检索结果显示，黄河流域省市出台了地方水资源节约集约利用规定、办法、促进条例等；将用水总量和强度控制指标分解到区县纳入综合考核。

二、黄河流域水资源节约集约利用举措与成效

自黄河流域生态保护和高质量发展战略实施以来，在党中央坚强领导下，黄河流域各省份认真学习贯彻习近平总书记关于黄河流域生态保护和高质量发展重要讲话精神，经过艰辛探索和不懈努力，黄河流域水沙治理取得显著成效、生态环境持续明显向好、水资源管理水平不断提升，水资源节约集约利用各项举措取得了举世瞩目的成就。

（一）补好预警监测短板，流域防洪减灾体系基本建成

在灾情面前，及时预报、预警是关键。习近平总书记强调，扎实推进黄河大保护，确保黄河安澜，是治国理政的大事。要强化综合性防洪减灾体系建设，加强水生态空间管控，提升水旱灾害应急处置能力，确保黄河沿岸安全。黄河战略实施以来，黄河流域深入落实"两个坚持、三个转变"防灾减灾救灾的理念，着力于补好灾害预警监测短板，补好防灾基础设施短板，按照做细做实做准预报、预警、预演、预案"四预"工作，保障了伏秋大汛岁岁安澜，确保了人民生命财产安全。一是基本实现防汛指挥现代化。以流域为单元，建成了完善的防汛指挥调度系统，构建了主要由河道及堤防、水库、蓄滞洪区组成的现代化防洪工程体系，全面提升了黄河防洪减灾能力。二是建设江河控制性工程。病险水库除险加固，提高了洪水调蓄能力；严格河湖行洪空间管控，提高了河道泄洪能力。三是优化调整蓄滞洪区布局。实施蓄滞洪区安全建设，加强黄河主要支流和中小河流治理，确保蓄滞洪区关键时刻能够发挥关键作用。四是优化实施调水调

沙。黄河流域开展了大规模治理保护工作，通过完善流域水沙调控体系，下游主河槽过流能力得到有效提升，黄河干流堤防全面达标。五是充分发挥生态环境监督管理局作用。通过开展黄河流域水环境监管实验室能力建设，配齐、配强应急监测装备，提高了流域水环境监管执法和突发环境事件应急响应能力。中华人民共和国生态环境部（以下简称生态环境部）于 2019 年底启动了《黄河流域水生态环境监测体系建设方案》编制工作，2022 年 3 月 30 日生态环境部在新闻发布会上指出，2021 年黄河流域"清废行动"应用卫星和无人机遥感技术，对黄河干流中上游青海、甘肃、宁夏、内蒙古、四川 5 省份的 24 个地级市约 7.5 万平方千米开展遥感识别，各地各部门累计投入资金约 2400 万元，清理各类固体废弃物 882.6 万吨，水沙治理取得显著成效，防洪减灾体系基本建成，保障了经济社会的持续稳定发展。

（二）构建供水工程体系，黄河水资源配置体系日趋完善

黄河流域生态保护和高质量发展战略的实施，对水资源保障提出了新要求，构建黄河水利工程体系越发重要。近年来，我国开展了大规模水利工程建设。党的十八大以来，党中央统筹推进建成了一批跨流域跨区域重大引调水工程。黄河战略实施以来，黄河流域供水工程体系发挥着抵御洪水、调节径流、蓄洪防旱、控制污染、控制水量、调水调沙、水能发电等重要作用，黄河两岸生态环境进入良性循环，基本形成了"上拦下排、两岸分滞"多源丰枯互补、大中小微并举的供水工程体系格局，为黄河流域及下游引黄地区农林牧灌溉、城市用水以及黄河中上游能源基地提供了水源保障。从黄河上游的龙羊峡水电站、青铜峡水利枢纽，到中游的海勃湾水利枢纽、黄河潼关水文站，以及黄河下游的三门峡水利枢纽、小浪底等"上拦"水利枢纽工程，增强了拦蓄洪水、拦截泥沙和调水调沙能力，为黄河安澜、百姓安乐奠定了坚实的基础。标准化堤防工程建设、河道整治等"下排"工程，使洪水"漫决"和"溃决"问题基本得到解决，初步形成"拦、调、排、放、挖"综合处理和利用泥沙体系，有效减缓了黄河下游河道淤积抬升的趋势。南水北调西线工程既是我国"四横三纵"水资源配置格局的重要组成部分，可将长江水资源调至黄河流域，更是黄河水网的核心工程。南水北调西线等工程体系建设弥补了黄河天然水较少的缺陷，进一步增加了流域可用水资源量。

（三）加强刚性约束，黄河流域内取用水行为进一步规范

黄河水资源总量较少、利用较为粗放，农业用水效率不高，但是水资源开发利用率高达 80%，水资源保障形势严峻。建立水资源刚性约束制度，严格用水总量控制，统筹生产、生活、生态用水，大力推进农业、工业、城镇等领域节水。黄河流域要抓好农业深度节水控水，因水施种，发展节水农业、旱作农业，农业

用水效率提上去、总量省出来。黄河流域生态保护和高质量发展战略实施以来，黄河流域强化水资源刚性约束，落实用水总量和用水强度"双控"，严格水资源用途管制，对流域内水资源超载地区暂停新增取水许可，及时制止和纠正无证取水、超许可取水、超计划取水、超采地下水、擅自改变取水用途等行为，使黄河流域内取用水行为进一步规范。黄河流域生态保护和高质量发展战略的实施，对黄河水资源综合开发利用提出了更高要求，战略核心内容就是把水资源作为最大刚性约束，黄河流域经济社会需要以水资源量为刚性约束条件进行发展，凸显约束性、均衡性和保护性。黄河"八七"分水方案是确定各省耗水量指标的依据，为黄河流域的有序用水发挥了非常重要的历史作用，但随着气候变化及人类活动的影响，黄河流域水资源面临新形势。2021 年，中华人民共和国水利部（以下简称水利部）印发了《2021 年水资源管理工作要点》，强化了水资源刚性约束，深入落实最严格水资源管理制度，把"四水四定"原则贯穿水资源管理全过程。做好黄河流域初始水权分配，把流域内水资源量逐级分解到行政区域、黄河控制断面，黄河流域的水权水资源统一管理得到了强化。健全水资源监测体系，实现干支流规模以上取水口动态监管。黄河流域用水量、工业增加值用水量、亩均灌溉用水量都有所下降，通过实施深度节水控水等行动，黄河流域水资源开发利用程度进一步提高。

（四）强化统一调度，水资源节约集约利用水平有效提升

水资源短缺问题是黄河流域经济社会可持续发展和良好生态环境维持的最大制约和短板，河干断流等问题曾经给沿岸经济社会发展和生态系统带来严重影响。随着黄河流域生态保护和高质量发展战略的深入落实，优化黄河流域水资源配置格局、加强流域节约集约利用成为维护全流域生态平衡的关键途径和重要举措，2021 年，国家发展改革委联合水利部、中华人民共和国住房和城乡建设部、中华人民共和国工业和信息化部、中华人民共和国农业农村部制定印发《黄河流域水资源节约集约利用实施方案》（发改环资〔2021〕1767 号）。黄河流域实施水量统一管理与调度，实施全社会节水行动，推动用水方式由粗放向节约集约转变，实现水资源代际社会福利公平，提升了流域整体的连续性和贯穿性，实现黄河 20 余年不断流。截至 2022 年初，黄河流域已有 7 个省份将节水纳入地方节水型社会综合考核评价体系，448 个县级行政区达标。黄河干流和 6 条重要跨省支流 15 个控制断面生态流量全部达标，为世界江河保护治理提供了"中国范例"，有效缓解了水资源供需紧张局面，更加促进了全流域水资源节约集约利用，保证了黄河畅流，为国民经济高质量发展提供了可靠的水资源供给基础。

三、黄河流域水资源节约集约利用建议

"十四五"是推动黄河流域生态保护和高质量发展的关键时期，黄河流域是

多民族聚居地区，流经的 9 个省份中，除四川外全部位于北方地区，从根本上解决黄河流域水资源过度开发、超量和无序取用水等问题，对缓解南北经济空间失衡意义重大。把水资源作为最大的刚性约束已成为新形势下强化黄河水资源节约集约利用与管理、促进经济社会高质量发展的必然要求。针对黄河水"先天来水不足"、泥沙量大，流域水资源开发过度以及用水效率不高等主要问题，分析黄河流域水资源管理发展趋势，今后应切实加强全流域水资源节约集约利用，从使命担当、体制机制、信息化和精准化管理等方面严格实施水资源制度刚性约束，进一步优化水资源配置格局，推动流域用水方式转变，保护提升黄河水资源的承载力，促进经济社会高质量发展。

参考文献

[1] 陈思.坚决落实"四水四定"用好管好水资源——访华北水利水电大学水资源学院院长、河南省黄河流域水资源节约集约利用重点实验室主任韩宇平[N].中国水利报，2021-11-18.

[2] 贾绍凤，梁媛.新形势下黄河流域水资源配置战略调整研究 [J].资源科学，2020（1）：29-36.

[3] 李木子，吴宁.基于新发展理念的水资源配置问题 [J].中国科技信息，2022（2）：117-118.

[4] 李跃红，蒋晓辉，张琳.黄河流域水资源节约集约利用能力评价 [J].南水北调与水利科技（中英文），2023（4）：731-741.

[5] 刘柏君，彭少明，崔长勇.新战略与规划工程下的黄河流域未来水资源配置格局研究 [J].水资源与水工程学报，2020（2）：1-7.

[6] 张振，陈思锦.聚焦重点领域　全面推进水资源节约集约利用——国家发展改革委有关负责同志就《黄河流域水资源节约集约利用实施方案》答记者问 [J].中国经贸导刊，2021（24）：9-10.

四川黄河流域生态产品价值实现研究

李晓燕　王　倩

（四川省社会科学院生态文明所，成都　629209）

摘要： 四川黄河流域生态地位重要但生态脆弱，生态资源富集但尚未"点绿成金"，供给服务类生态产品以初级产品为主附加值低，调节类服务生态产品价值转化难度大，文化服务类生态产品受制于基础条件，虽然在价值转化上取得了一定成效，但依然面临发展不足与投入巨大矛盾、纵向转移有限与横向补偿短缺问题叠加、价值转化形式单一与转化机制不健全等困境。本文建议开展生态产品普查与收储运营、畅通生态产品供需有效衔接、创新生态价值实现的品牌诱导机制、加强黄河源区区域合作与共建共享。

关键词： 四川黄河流域；生态产品；价值实现机制

四川境内黄河干流 174 千米，沿途流经阿坝州若尔盖县、红原县、阿坝县、松潘县及甘孜州石渠县 5 县，流域面积 1.84 万平方千米，分别占全省面积和黄河流域总面积的 3.8% 和 2.4%。四川黄河流域面积虽小，却是"中华水塔"的重要组成部分，黄河干流出川断面多年平均径流量 141 亿立方米，占全流域年径流量的 26%，四川黄河流域湿地蓄水量近 100 亿立方米，超过黄河多年平均径流量的 1/6。四川地处黄河上游的 5 个县域，是黄河上游生态屏障建设的主要实施地区，区域主体功能基本为禁止开发区和限制开发区。该地区自然资源富集，生态价值凸显，民族文化、红色文化等厚重，但由于农牧民以传统农牧生产为主，生态保护与地方经济社会发展尚未形成良性循环，保护与发展的矛盾仍然存在。

一、四川黄河流域区域特征

四川黄河流域区域拥有若尔盖国家公园、黄河国家文化公园（四川段）和

作者简介：李晓燕，四川省社会科学院生态文明所副所长，研究员；王倩，四川省社会科学院生态文明所副研究员。

长征国家文化公园（四川阿坝段），既是重点生态功能区与资源富集区，也是生态环境脆弱区、发展不平衡不充分典型区与生态产品价值转化的难点区。

（一）作为高海拔生态区域，生态地位重要且生态环境脆弱

四川黄河流域面积虽小，但位居青藏高原生态屏障核心腹地，河谷宽浅，水草丰茂，草甸丛生，属于若尔盖草原湿地和川滇森林及生物多样性两大国家重点生态功能区，是黄河上游重要水源涵养地和补给地，是"中华水塔"的重要组成部分，更是黄河流域生态保护和高质量发展战略中极其重要的一环。多年平均流量 460 立方米/秒，平均水资源量 43.92 亿立方米，占出川断面水资源量（141 亿立方米）的 31.1%，其中枯水期占比为 34.8%、汛期占比为 30.9%①，占黄河流域年径流量（535 亿立方米）的 8.9%。四川黄河流域承载着国家重要生态功能，其重要性不言而喻，但生态极其脆弱，石渠、红原、若尔盖等地草原沙化面积扩张与局部湿地面积减少仍未得到有效遏制，生态功能退化严重。同时，气候变化与过度放牧、盲目开发等人为因素叠加，使四川黄河流域生态环境面临巨大挑战。例如，阿坝县生态红线面积约占全县国土面积的 54%，自然灾害、气象灾害频发，土地资源约束明显。

（二）作为欠发达地区，生态资源富集但尚未"点绿成金"

四川黄河流域生态资源富集，天然草原 7345 万亩，草原综合植被盖度 80.4%，若尔盖草原是我国第二大天然草原，承载着国家重要湿地生态功能。光伏规划装机总规模约 2000 万千瓦，水电技术可开发量 185 万千瓦，清洁能源发展潜力巨大。雪山、森林、草地、冰川景观丰富，拥有黄龙世界自然遗产 AAAAA 级景区和黄河九曲第一湾等 AAAA 级景区 15 个、AAA 级景区 7 个。相对于富饶的绿水青山，四川黄河流域 5 县均为国家级乡村振兴重点扶持县，社会发展程度低，经济发展基础薄弱，巩固脱贫攻坚成果任务依然艰巨，规模性返贫因素尚未根除，脆弱性依然存在。

（三）作为高原多民族地区，不同文化资源汇集且风貌独具一格

四川黄河流域毗邻甘肃、青海、西藏等省（区），自古就是羌、氐、藏、汉等民族交流融合的重要场域，是藏羌彝文化走廊的核心地带，藏族人口占 84% 以上。同时还是红军长征经过的重要区域，红原—若尔盖、马尔康—黑水—松潘是长征国家文化公园四川段"一轴两线十区段"的重要组成，拥有红军长征纪念碑园和巴西会议会址、包座战役遗址等重要长征遗址。黄河河源文化、红色文化、历史文化、民族文化与自然风景相互交映，多元文化璀璨。

---

① 川观新闻. 建设黄河流域生态保护和水源涵养中心区，四川能做啥？［EB/OL］. ［2021-10-11］. http://sthjt.sc.gov.cn/sthjt/c103878/2021/10/11/8a994ad217d74a889bd36cb2b26a5ee3.shtml.

二、四川黄河流域生态产品主要特征

生态产品概念可以追溯到 1985 年洪子燕提出的生态系统初级产品，之后被用于指代绿色、环保、安全产品（任耀武等，1992；徐阳等，1994；王寿兵等，2000）、生态公共产品（杨筍，2005）、自然生态要素（曹清尧，2006）；2010 年生态产品进入《全国主体功能区规划》，明确指生态初级产品，随后逐步扩展到生态衍生产品。生态产品是我国生态文明建设背景下的独创性概念，相对国际主流生态系统服务概念，战略意图更加宏大、内涵更加科学，更强调市场机制在转化生态价值中的作用。生态产品形态多样，代表性分类标准有三种：一是根据生态系统服务分为供给服务类、调节服务类和文化服务类生态产品；二是根据市场属性分为公共性、准公共性与经营性生态产品；三是根据人为参与程度分为初级和衍生生态产品。根据四川黄河流域生态产品的特点，本文采用第一种分类。

（一）供给服务类生态产品以初级产品为主，附加价值低

生态系统提供的供给服务类生态产品通常以物质产品形态呈现，包括农林牧渔产品、淡水资源、生态能源以及来源于自然的苗木花卉等。供给服务类生态产品是四川黄河流域的主要生计来源，2020 年四川黄河流域 5 县第一产业产值占GDP 的 35.32%，其中若尔盖县第一产业产值占 GDP 的 46.43%，远高于全省及全国平均水平。四川黄河流域农牧资源富集，尤其是高原果蔬、中藏药、高原花卉、生态畜牧等特色种质资源开发潜力大，但当前生产方式粗放，加工转化率低，产品附加值不高，资源优势难以转化为经济发展优势。光伏、水电等清洁能源发展潜力较大，已经进入规划建设阶段，未来有可能会成为经济起飞的重要引擎之一。

（二）调节服务类生态产品是主要生态产品，价值转化难度大

生态系统提供的调节服务类产品包括水源涵养、土壤保持、防风固沙、海岸带防护、洪水调蓄、固碳释氧、空气净化、水质净化、气候调节、物种保育、授粉和病虫害控制等。四川黄河流域提供的生态产品主要以调节服务类产品为主，但这类生态产品普遍面临"识别难、度量难、抵押难、交易难、变现难"等困境，保护付出多、价值转化少，主要依靠上级政府财政转移支付实现生态补偿。

（三）文化服务类生态产品富集且附加值高，受制于基础条件

生态系统文化服务包括自然景观游憩等。如前文所述，四川黄河流域特色文化璀璨夺目，2020 年接待游客约 500 万人次，实现旅游收入近 50 亿元。相较于供给服务类与调节服务类生态产品而言，文化服务类生态产品是价值转化程度最高、收益最为显著的生态产品。但受制于交通基础条件、景区服务基础设施以及人员服务水平所限，文化服务类生态产品价值转化仍然任重而道远。

三、四川黄河流域生态产品价值实现的探索

（一）厚植"绿水青山"，生态系统服务功能不断提升

四川黄河流域先后建立国家级湿地保护区 2 个、省级湿地保护区 2 个，国家级湿地公园 4 个、省级湿地公园 5 个，湿地蓄水量近 100 亿立方米，湿地保护率达到 59%。阿坝县实现了"两化三害"治理 77.58 万亩，恢复湿地植被 117.78 万亩，完成禁牧、草牧平衡共 1072.8 万亩，并将牲畜超载率降至 8.33%，经过系统的生态治理，阿坝县草原综合植被盖度升至 83.67%，森林覆盖率升至 15.9%①。松潘县于 2021 年全力开展"大规模绿化全县"行动，完成"两化三害"治理 23 万亩，水土流失治理 200 多平方千米②，草原综合植被盖率升至 87.1%，森林覆盖率升至 36.2%③。石渠县狠抓生态修复和保护，投入资金 3505 万元用于"两化三害"等生态治理工程，完成"三化"治理、退牧还草等 347.5 万亩，改良天然草原 20 万亩，实施封山育林 3.2 万亩，同时修复湿地植被 6700 公顷。

（二）补偿类转化进展显著，生态补偿机制不断完善

我国先后在四川黄河流域实施森林生态效益补偿政策、草原生态保护补助奖励政策、湿地生态效益补偿试点、重点生态功能区转移支付制度等一批生态补偿政策，若尔盖、红原入选国家生态综合补偿试点县。根据《黄河流域生态保护和高质量发展奖补资金管理办法》（财预〔2022〕167 号），中央财政专门设立支持黄河流域生态保护和高质量发展的补助资金，用于加强生态环境保护、推进水资源节约集约利用、补齐公共服务短板等七个方面的相关支出。在横向生态补偿上，四川与甘肃签订《黄河流域（四川—甘肃段）横向生态补偿协议》，设立 1 亿元黄河流域川甘横向生态补偿资金，专项用于流域内污染综合治理、生态环境保护、环保能力建设，省际流域横向补偿迈出实质性步伐。

（三）产业类转化初具规模，奠定特色优势生态产业重要基础

特色农业优势不断彰显。阿坝县凭借其特色农牧资源推进特色农牧业的发展，创建省级三星青稞现代农业园区，实现牦牛养殖基地新增 41 个，青稞、中药材等基地规模扩大至 12.3 万亩。若尔盖县以"一村一品"的思路推动农业发展与游牧文化、红色文化、自然风光等相融合，开发观光农业、休闲农业和休闲

① 严伯孝．阿坝县 2021 年国民经济和社会发展计划执行情况及 2022 年计划草案的报告（书面）〔R〕．2021.

② 松潘县税务局．松潘县算细护水增值"长远账"全力开展综合治水〔EB/OL〕．〔2022-02-18〕．https：//www.songpan.gov.cn/spxrmzf/c100050/202202/7a76ca2709c545feb0a16a6405e773e1.shtml.

③ 松潘县政府办．松潘县"七大保护"行动高效推进〔EB/OL〕．〔2021-12-08〕．https：//www.songpan.gov.cn/spxrmzf/c100050/202112/46f04a59b1e24e14849f9dded5efe7b8.shtml.

度假旅游产品，带动农户 570 户、农民从业人数 391 人。

生态工业不断提质发展。四川黄河流域 5 县积极推动农畜加工业发展，加快清洁能源开发利用。阿坝县编制完成"十四五"查理光伏基地"1+N"实施方案并启动首期 20 万千瓦光伏电站前期。若尔盖县麦溪 1 MW 光伏电站、白龙江梯级电站 8000 KW 装机实现并网发电，光伏治沙、风能发电等清洁能源项目强力推进。

生态旅游作为首位产业效应明显。若尔盖县打造集酒店、餐饮、游牧文化体验、藏式民俗体验、非物质文化体验等业态于一体的文旅综合体项目"云上花街"，入选首批"四川文创集市"。阿坝县莲宝叶则景区采取门票收益提成和草场租赁费补偿作为村集体经济收入的方式，有效促进脱贫攻坚与乡村振兴的有效衔接。文旅业已然成为四川黄河流域绿色崛起的支撑产业和富民产业。

四、四川黄河流域生态产品价值实现的困境

（一）经济发展不足与治理投入巨大的矛盾突出

四川黄河流域极端重要的生态地位与脆弱的生态环境现状，决定了其在环境保护、修复和建设方面必须投入更多资金进行治理。但从现实情况看，川甘青相关地区经济发展水平较低，传统农牧业仍然占据主导地位，财力不足，短期内难以依靠自身力量为环境治理和保护提供坚实的物质基础。黄河上游水源涵养区所涉及的 5 县均为国家和省乡村振兴重点帮扶县，守牢规模性返贫底线仍是发展的重中之重。尤其是在牧民转产就业与生态补偿机制之间尚未实现平衡的条件下，生态环境保护任务艰巨与经济发展不足的矛盾将在一个较长时期存在且难以解决。

（二）纵向转移支付有限与横向补偿短缺的问题叠加

目前黄河上游水源涵养区生态补偿仍以中央的纵向财政转移支付为主，据尹大芝委员关于黄河首曲水源涵养地沙化治理的提案[①]，四川省黄河流域天然草原的平均产值为 167 元/亩，而现行草原禁牧补助为 7.5 元/亩、草畜平衡奖励为 2.5 元/亩，奖补标准过低难以调动各方主体保护生态的积极性。横向补偿发展滞后，补偿资金来源、补偿范围、补偿力度存在不足，跨流域补偿、市场化补偿基本短缺。此外，已有补偿存在"重结果轻过程"的现象，事后奖罚多，过程激励少。

（三）价值转化形式单一与价值机制不健全的困境交织

生态补偿依然是四川黄河流域"两山"转化的主要形式，且补偿资金主要

---

① 尹大芝. 关于我州黄河首曲水源涵养地沙化治理的提案［EB/OL］.［2018-08-10］. http：//www. abzzx. gov. cn/abzx/c109123/201808/0aab06132d9b4c5a89fb8af69583f2. shtl.

来自中央和省级等上级财政部门，横向补偿、跨流域补偿、市场化补偿不足。四川黄河流域主要立足于本地转化，跨区域转化不足且形式单一，目前"飞地"园区尚没有产生实质效益。发展型转化尚处于起步阶段，受制于产业基础薄弱，外部依赖性强、低层次、短链条、碎片化、不均衡、缺乏长效机制。交易型转化尚未起步，碳汇交易受制于交易市场建设滞后而尚未找到突破口。

五、四川黄河流域生态产品价值实现机制创新

（一）开展生态产品普查与收储运营

1. 建立县乡村三级调查监测体系

利用第三次全国国土调查成果，全面掌握四川黄河流域生态本底基本状况。建立生态产品价值实现项目管理和数据收集制度，定期向各乡镇（街道）、各部门收集统计物质供给、调节服务、文化服务的项目情况和数据指标，分类整理，编制形成生态产品目录，建立生态产品信息平台。

2. 建立分县、市生态产品数据库

探索对县域各类可交易、可消费、可体验的生态产品进行核算，建立分县（市）生态产品数据库，滚动向州及以上生态产品价值实现机制项目库申报入库。将生态产品核算结果作为产业布局、资金分配的重要依据，推进生态产品"明码标价"环境溢价部分。

3. 整合提升形成生态产品项目库

对优质生态资产集中收储、整合提升，优化遴选形成生态产品价值转化项目清单，编制生态产品开发利用指南。按照地区、产业、行业等，形成利于集中连片优质的转化项目包，推进生态资产流转并实现市场化运作。

4. 市场化运作生态产品标杆项目

通过招商引资等方式，积极探索混合所有制、股份合作、委托经营、授权经营等运作模式，引导社会参与，实现生态产品价值转化优质项目专业化运营，提高生态资产综合利用率和经济效益，真正实现"绿水青山"向"金山银山"的价值转化。

（二）畅通生态产品供需有效衔接机制

1. 激发"两山"转化投资活力，搭建生态产品资源方与投资方桥梁

依托现代生态农业园、绿色工业园区、文旅集中发展区促进绿色新投资，制定促进绿色投资、推进生态产品价值实现的政策措施或行动方案。促进绿色金融发展，引导金融机构向绿色投资转型，关注绿色产业领域投资机会，培育绿色投资者。线下依托国家或地区重要会展品牌积极参加生态产品商务与投资峰会、推介展销博览会；线上通过生态产品云招商等活动，推进生态产品资源方与投资方

高效对接。

2. 培育"两山"转化消费市场，搭建生态产品供给方与需求方桥梁

加强四川黄河流域生态产品市场营销和产品推广，积极参加中国国际农产品交易会、中国西部国际博览会等重大生态产品推介、交易和展示展销活动，支持行业协会、专合组织等开展各类生态产品推介活动，通过区域性生态产品消费节扩大市场影响力。在"第一书记代言"、直播带货、自制小视频等推介方式上加强创新，结合新旧媒体，提高特色生态产品的品牌知名度。抓住扶贫协作、定点帮扶、对口帮扶等政策机遇，建立工作联系机制，推动特色生态产品与县外州外省外批发市场、综合超市建成合作关系，拓展市场销路，快速获得经济效益；加强与物流企业和电商的合作，组织和引导龙头企业与大型电子商务企业合作，开展网络展销活动，借助电商扶贫，开辟线上线下的销售渠道。

3. 建立信息数据共享智慧平台，畅通生态产品供应链各环节

生态产品供应链是供应端、物流端、消费端、回收端和数据端的闭合链条，搭建信息数据共享平台，可以直接连通多个端口，降低流通的盲目性。规划建设四川黄河流域农特产品智慧运营中心，提供农产品展示、交易、结算、集散、电商、冷链、仓储、物流、加工、科研培训、供应链金融、产品检测等多种产业服务。吸引知名品牌数字农业采购中心等行业渠道商到场对接，实现"产地+渠道"精准对接。

(三) 创新生态价值实现的品牌诱导机制

1. 创建区域公用品牌

区域公用品牌是产地、品类和文化的凝结，具有主体多重性、公共属性与区域自然资源、历史文化、社会资源等特色优势的不可转让性等特性。深度挖掘四川黄河流域气候气象、地质地貌、山水林田湖草湿地峡谷等自然资源禀赋特色，赋予区域公用品牌个性内涵与内容能力，不断提升区域品牌形象。挖掘多民族融合的历史文化、民族文化、地域文化、风土人情、宗教文化、人文景观等文化积淀，丰富区域公用品牌文化内涵，并增强其外显度与知名度。

2. 健全标准认证体系

标准既是技术规则，也具有制度性作用，是参与创新和竞争的重要手段。在"两山"转化领域，标准需要先行一步在生态产品价值实现中发挥基础性作用。生态产品一旦进入国家标准体系，也就等于进入了国家和行业重点推广和扶持，基于广泛的市场认可可以获得高端定位与高溢价收入，同时体现企业社会和行业责任，树立良好的企业品牌。当前政府绿色发展的初期，要积极释放市场主体标准化活力，满足生态产品价值实现标准化数量和质量不断提升的需求。全面推广绿色产品标识、标准和认证，常态化围绕国家目录开展对标创标工作。推进国家

生态原产地保护产品评定、国家地理标志保护产品评定、国家级生态原产地产品保护示范区相关认证评定工作。健全产品质量安全检测与生态环境监测，引导和鼓励农业生产经营主体开展良好农业规范（GAP）、"三品一标"产品质量认证和环境管理体系标准（ISO 14000）、食品安全管理体系（ISO 22000）、食品安全体系规范（HACCP）等标准认证。鼓励引导企业积极开展有机、绿色基地认证。

（四）加强川甘青黄河源区区域合作与共建共享

1. 多方拓展补偿资金来源

积极争取国家从补偿范围、补偿金额等方面加大对黄河上游水源涵养区的生态保护投入力度。拓宽横向合作范围，以川甘青为联合体，在更大范围内与黄河中游、下游地区建立横向补偿关系，充分发挥下游地区经济发达与川甘青地区水源涵养的优势互补，采取资金补助、对口协作、增量收益、产业转移、人才培训、共建园区等方式实施横向生态补偿。积极建立黄河上游水源涵养区生态产业发展基金，探索建立政府投资与社会资本共同出资、合理分摊的投入机制。

2. 联合开展黄河文化资源普查、建档

分级分类完善保护名录，构建按照保护类型和价值主题归类的数据信息平台，加快推进黄河文化公园建设。争取具有国际影响力的国际性文化交流平台，组织高层次、高水准的黄河文化对话交流活动，建设国际艺术交易中心，发展黄河文化博览，培育黄河文化软实力。

3. 打造具有影响力的"黄河源区"生态文化品牌

积极谋划部省共建国家生态旅游示范区，组建黄河流域自然—文化双遗产申遗联盟。培育并共同打造"黄河源区"生态文化品牌与"黄河源区"区域公用品牌，丰富品牌文化内涵，不断提升品牌形象，形成具有黄河源区特色的生态产品体系。

参考文献

［1］金凤君，林英华，马丽，陈卓. 黄河流域战略地位演变与高质量发展方向［J］. 兰州大学学报（社会科学版），2022，50（1）：1-12.

［2］彭绪庶. 黄河流域生态保护和高质量发展：战略认知与战略取向［J］. 生态经济，2022（1）：177-185.

［3］郭险峰，封宇琴. 四川黄河流域生态环境治理的逻辑、难点与对策［J］. 西昌学院学报（社会科学版），2021（1）：177-185.

［4］周强伟，李萌. 长效机制推进四川黄河流域生态保护与高质量发展［J］. 当代县域经济，2021（10）：8-10.

［5］吕忠梅.习近平法治思想的生态文明法治理论之核心命题：人与自然生命共同体［J］.中国高校社会科学，2022（4）：4-15+157.

［6］褚松燕.环境治理中的公众参与：特点、机理与引导［J］.行政管理改革，2022（6）：66-76.

［7］周升强，赵凯.农牧民生计转型路径选择及其影响因素分析——以黄河流域农牧交错区为例［J］.干旱区资源与环境，2023（6）：88-96.

［8］王秀英，陈帅，等.非农就业对农户收入的影响研究——基于黄河流域中上游地区1770户调研数据［J］.干旱区资源与环境，2023（4）：45-53.

［9］任海军，唐天泽.黄河流域上游产业生态化与生态产业化协同发展研究［J］.青海社会科学，2023（1）：40-48.

［10］张震，徐佳慧，等.黄河流域经济高质量发展水平差异分析［J］.科学管理研究，2022（1）：100-109.

［11］马红涛，楼嘉军.黄河流域经济—环境—旅游耦合协调时空分异及影响因素［J］.社会科学家，2021（12）：94-99.

高质量发展下对外贸易效率
评价及影响因素

——基于黄河流域九省区的实证分析

曹 雷

（河南省社会科学院统计与管理科学研究所，郑州 450002）

摘要： 黄河流域生态保护和高质量发展是重大国家战略。本文基于高质量发展理论，以对外贸易效率为切入点，运用 DEA-Malmquist-Tobit 模型，对 2012～2021 年黄河流域九省区的对外贸易效率进行静态和动态分析。研究发现：黄河流域对外贸易综合效率展现出积极的波动增长态势，但区域内部的对外贸易效率呈现出显著的不均衡性，其中，甘肃在过去 10 年间，其综合效率、规模效率及纯技术效率均实现了有效状态；相比之下，其他省份则展现出不同程度的效率差异。进一步分析显示，黄河流域对外贸易的全要素生产率分布呈现出鲜明的地域特征，即下游地区效率最高，上游次之，中游相对较低。在影响因素探索中，第二产业增加值占 GDP 比重，第三产业增加值占 GDP 比重、互联网接入端口数为正向推动对外贸易综合效率的关键因素，而外商直接投资及高等教育人才比例虽然重要，但在本研究期内未直接显现显著正向作用。

关键词： 对外贸易效率；DEA-Malmquist-Tobit 模型；黄河流域

一、引言

改革开放 40 多年来，我国在改革中前进，在开放中发展，对外开放已经成为我国的基本国策。从党的十八大报告提出"全面提高开放型经济水平"，到党的十九大报告提出"推动形成全面开放新格局"，再到党的二十大报告强调"推进高水平对外开放"，充分表明我国的对外开放一以贯之，并不断向更大范围、

作者简介：曹雷，河南省社会科学院统计与管理科学研究所高级统计师，研究方向为新型城镇化、现代化研究等。

更深层次、更多领域挺进。新时代我国经济的高质量发展必然要求开放型经济的高质量发展，而对外贸易是我国开放型经济的重要组成部分，是畅通国内外双循环的关键枢纽。

黄河流域是我国第二大流域，承载着全国 1/3 的人口，贡献了 1/4 的 GDP 和消费市场，对于我国新发展格局的构建具有不可替代的战略地位。然而，在迈向高水平对外开放的过程中，黄河流域也面临传统比较优势减弱、贸易层次有待提升和贸易结构亟待优化等挑战。黄河流域生态保护和高质量发展战略的实施，为黄河流域 9 个省区外贸高质量发展带来了新机遇。在此背景下，科学评估黄河流域对外贸易效率，衡量外贸发展水平，对构建更加开放、包容、可持续的对外贸易新格局，促进区域乃至全国经济的繁荣与发展，具有深远的现实意义和战略价值。

对外贸易是一个国家或地区参与国际经济合作与竞争的重要方式和渠道，是畅通国内国际双循环的关键内容。在经济全球化背景下，外贸高质量发展可以理解为生产中各种要素组合达到更高效配置的过程，是"量"和"质"都持续增长的发展方式，而质的提升是外贸竞争力的根本保证。张金灿等（2022）采用静态固定效应模型和动态 GMM 回归模型，实证分析跨境电商对外贸高质量发展的影响，认为跨境电商的发展显著促进外贸高质量发展。张志强和张玺（2020）运用 DEA-BCC 模型测算了我国高新技术行业出口贸易效率，并对如何提升我国出口贸易国际竞争力提出建议。马林静（2020）构建了包含外贸结构优化度、外贸绩效水平、外贸竞争力、外贸规模地位以及外贸发展可持续性五个维度的外贸增长质量评价体系，对中国外贸增长质量综合指数进行了测算，并对该指数进行了时序趋势分析和结构分异分析。张金灿等（2023）研究提出中国外贸高质量发展水平呈现"高—高"或"低—低"的空间集聚态势，区域层面呈现梯度效应。蔡春林和张霜（2023）通过测度 2001～2020 年我国外贸一线与二线城市经济高质量发展和外贸高质量发展水平，发现外贸高质量发展对经济高质量发展具有一定的助力作用，但是助力效果存在区域异质性。

现有研究虽已广泛探讨了外贸发展的多个维度，但在特定区域及外贸高质量发展与生态保护双重目标下的动态分析上仍显不足。特别是针对黄河流域这一重要生态经济区，其对外贸易效率及其驱动因素的全面评估尚属空白，同时，贸易效率概念的模糊性也限制了深入研究的开展。

鉴于此，本文旨在填补这一研究空白，通过构建一套科学的对外贸易效率评价指标体系，并运用 DEA-Malmquist-Tobit 模型方法，对 2012～2021 年黄河流域 9 省区的对外贸易效率进行静态与动态的双重剖析，不仅有助于清晰界定贸易效率的内涵，还能深入揭示影响该区域外贸效率的关键因素，为黄河流域在新发展格局下实现对外贸易的高质量发展提供实证依据和策略建议。

二、研究方法

（一）DEA-Malmquist 模型构建

数据包络分析（Data Envelopment Analysis，DEA）作为一种高效且广泛应用的效率评估工具，其核心在于通过整合多个具有可比性的指标，构建一个综合评价体系，并将这一体系下的实际表现与生产前沿面（即最优表现边界）进行对比分析，以反映被评估对象在给定资源和技术条件下，其对外贸易活动接近最优水平的程度。表达式如下：

$$\operatorname{Max} Y_k = \sum_{r=1}^{s} \lambda_r y_{rk} - \mu_k \quad r = 1, 2, \cdots, s; \; k = 1, 2, \cdots, n \tag{1}$$

$$\sum_{i=1}^{m} \theta_i x_{ik} = 1 \quad i = 1, 2, \cdots, m$$

$$\sum_{r=1}^{s} \lambda_r y_{rk} - \sum_{i=1}^{m} \theta_i x_{ik} - \mu_k \leq 0 \quad \lambda_r, \; \theta_i \geq 0 \tag{2}$$

其中，Y_k 为第 k 个决策单元的综合效率；y_{rk} 为第 k 个决策单元的第 r 个产出变量；λ_r 为第 r 个产出变量的权重系数；μ_k 为第 k 个决策单元的规模报酬指标；θ_i 为第 i 个投入变量的权重系数；x_{ik} 为第 k 个决策单元的第 i 个投入变量。

为克服传统 DEA 模型在评估决策单元效率时仅能提供相对效率值，而无法深入揭示纯技术效率（Pech）和规模效率（Sech）动态变化的局限性，学者们创新性地将 DEA 方法与 Malmquist 生产率指数相结合，不仅扩展了 DEA 的应用范围，还使得我们能够更全面地分析决策单元在对外贸易活动中的效率变动情况。具体来说，Malmquist 指数被分解为技术效率变化（Effch）和技术进步变化（Techch）两部分，从而能够分别衡量决策单元在管理和技术层面的效率提升情况，以及技术进步对其生产效率的贡献。在这种框架下，全要素生产率（Tfpch）作为对外贸易综合效率的衡量指标，综合反映了决策单元在时间序列上的效率变动趋势。

进一步地，技术效率（Effch）在考虑到规模报酬可变性的情况下，可以细分为纯技术效率指数（Pech）和规模效率指数（Sech）。纯技术效率指数反映了决策单元在既定规模下，通过优化资源配置和管理水平提升效率的能力；而规模效率指数则揭示了决策单元是否处于最优生产规模，以及偏离最优规模对效率的影响。通过比较这些指数的变动情况，可以清晰地判断出决策单元在对外贸易活动中的效率提高方向。当 Malmquist 指数或其分解成分（如纯技术效率指数、规模效率指数）的变动大于 1 时，表明相应的效率有所提升；反之，则意味着效率下降。表达式如下：

$$Techch = \left[\frac{D'(x_{t+1}, y_{t+1})}{D^{t+1}(x_{t+1}, y_{t+1})} \frac{D'(x_t, y_t)}{D^{t+1}(x_t, y_t)} \right]^{1/2} \qquad (3)$$

$$Effch = \frac{D^{t+1}(x_{t+1}, y_{t+1})}{D'(x_{t+1}, y_{t+1})} \qquad (4)$$

$$Tfpch = Techch \times Effch = Sech \times Pech \times Techch \qquad (5)$$

（二）Tobit 回归模型

Tobit 回归模型属于受限因变量模型的一种，其基本思想是从全部模型中随机抽取 n 组样本观测值，观测 n 组样本最大概率的估计量，从而计算出最合理的参数估计量。由于 DEA 模型测算出的对外贸易效率值介于 0~1，且是相对聚集的离散数值，故使用 Tobit 回归模型进一步分析对外贸易效率的影响因素及其影响程度。Tobit 模型数学表达式如下所示：

$$Y_t^* = \alpha_t + \sum \beta_t X_{tj} + \varepsilon_t \qquad (6)$$

$$t = 1, 2, \cdots, n; \ j = 1, 2, \cdots, r$$

$$Y_t^* = \begin{cases} Y_t^*, & Y_t^* > 0; \\ Y_t^*, & Y_t^* \leqslant 0 \end{cases} \qquad (7)$$

其中，Y 为对外贸易综合效率；X 为自变量；β 为自变量对应系数；n 为省份样本数；r 为对外贸易效率影响因素数量；ε 为随机误差项，且服从正态分布。

三、指标选取与数据来源

（一）指标选取

1. 效率评价指标

（1）投入指标。综合相关学者的研究成果和要素禀赋论，本文选取人力资本和技术创新为投入指标。其中，第三产业从业人员占总就业人数的比重不仅体现了劳动力结构的变化，还间接反映了劳动生产率的提升和产业结构向更高层次的转型，是促进对外贸易效率提升的重要因素。因此，选用第三产业从业人员占比来衡量人力资本。技术创新作为对外贸易发展的核心驱动力，其重要性不言而喻。考虑到黄河流域各省份在技术资本投入上的差异以及数据的可获得性，采用 R&D 经费支出作为衡量技术创新的指标。

（2）产出指标。借鉴其他学者的思路，本文选取贸易开放水平和贸易竞争优势两个指标作为贸易效率的产出变量。为量化区域贸易的开放程度，我们采用贸易依存度（TO 指数）作为贸易开放水平的衡量指标。具体计算方式为：TO =（X+M）/GDP，其中 X 代表出口额，M 代表进口额。同时，为评估在国际贸易中的竞争力，引入了贸易竞争优势（TC 指数）作为另一个产出指标。TC 指数通过计算进出口贸易差额与进出口贸易总额之间的比值，衡量了地区在国际贸易中的相对优势。具体计算公式为：TC＝（X−M）/（X+M）。这一指标对于揭示对外贸易的竞争力水平和市场地位具有重要意义。

对外贸易效率评价指标体系如表 1 所示。

表 1　黄河流域对外贸易效率评价指标体系

项目	一级指标	二级指标
投入指标	人力资本	第三产业从业人员占比
	技术创新	R&D 经费支出
产出指标	贸易开放水平	对外贸易依存度
	贸易竞争优势	贸易竞争优势指数

2. 效率影响因素指标

为进一步研究影响黄河流域九个省区对外贸易效率的因素，综合相关学者的研究成果及数据的可得性、科学性、可比性，确定 4 个一级指标，5 个二级指标作为解释变量，以全面剖析这些因素对贸易效率的影响。

（1）产业结构。在全球化背景下，产业结构的调整与优化是驱动对外贸易结构转变的核心力量。产业结构不仅决定了区域内货物与服务贸易的总量与构成，还深刻影响着贸易的国际化进程。本文采用第二、第三产业增加值占 GDP 的比重作为衡量标准，以评估产业结构对贸易效率的提升作用。

（2）投资情况。外商直接投资（FDI）作为区域经济的重要融资渠道，其流入不仅带来了急需的资金，还伴随着先进的生产技术、管理理念以及国际市场，对促进对外贸易规模的迅速扩张和技术溢出效应显著。本文选取外商直接投资作为关键指标，分析其对贸易效率增长的催化作用。

（3）从业人员受教育水平。人力资本是经济增长与贸易发展的核心驱动力之一。高素质的人力资本不仅能够提升制造业的出口竞争力，还能推动对外贸易结构的持续优化与升级。

（4）新型基础设施。新技术革命缩短了产业链和价值链，加速了对外贸易方式的转变，传统货物贸易向数字贸易转型，会促进贸易效率的提升；同时新技术发展催生了新型基础设施。因此，本文选取互联网宽带接入数端口作为衡量新型基础设施建设的指标，以分析其对提升贸易效率的重要作用。上述各影响因素指标体系如表 2 所示。

（二）数据来源

本文以 2012~2021 年为研究期间，基础数据均来自历年《中国统计年鉴》《中国劳动统计年鉴》及黄河流域 9 个省区统计年鉴。由于 DEA 模型要求数据非负值，本文对指标数据进行了无量纲化处理，具体方法如下：

表2　黄河流域对外贸易综合效率影响因素指标体系

一级指标	二级指标
产业结构	第二产业增加值占 GDP 比重
	第三产业增加值占 GDP 比重
投资情况	外商直接投资
从业人员受教育水平	大专及以上从业人员占比
新型基础设施	互联网宽带接入端口数

$$x_{ij}^{*}=0.1+\frac{x_{ij}-\min(x_j)}{\max(x_j)-\min(x_j)}\times 0.9 \tag{8}$$

四、实证分析

（一）DEA-BBC 模型静态效率分析

以 2012~2021 年的数据为样本，借助 DEA-BCC 模型与 DEAP2.1 软件测算黄河流域 9 个省区对外贸易方面的效率表现，各年度对外贸易效率的综合效率值、纯技术效率值、规模效率值如图 1 所示。

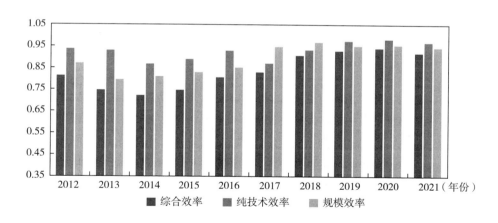

图1　2012~2021 年黄河流域 9 个省区平均对外贸易效率

从整体上看，党的十八大以来，黄河流域 9 个省区对外贸易综合效率呈波动上升趋势，从 2012 年的 0.820 升至 2021 年的 0.921，提高 0.101，提高幅度高于规模效率和纯技术效率。规模效率在多数年份内高于综合效率，但两者之间的差距正逐年缩小，从 2012 年的 0.055 缩小至 2021 年的 0.028，反映出贸易规模在持续优化调整。纯技术效率方面，其在多数年份均维持在较高水平，从 2012 年的 0.941 提升至 2021 年的 0.971，显示出黄河流域在技术应用和效率提升上的稳步进展。然而在 2018～2021 年，对外贸易的规模效率却出现了下降趋势，这主要归因于全球经济环境的剧烈变动，包括中美贸易摩擦、逆全球化趋势、贸易保护主义的兴起等，这些外部冲击严重影响了全球贸易和投资活动，使黄河流域乃至我国的对外贸易面临严峻挑战。面对百年未有之大变局，以习近平同志为核心的党中央高瞻远瞩，作出了构建以国内大循环为主体、国内国际双循环相互促进的新发展格局的战略决策，为发挥我国及黄河流域超大规模市场优势、深化改革开放指明了前进方向。经过调整，我国外经济循环的权重正发生深刻变化，对外贸易依存度已经从 2006 年峰值的 64.2% 下降到 2022 年的 34.8%，经济增长已越来越多地依靠国内消费和投资。尽管如此，在 2012～2021 年，黄河流域对外贸易的纯技术效率增速相较于规模效率增速显得较为缓慢。这主要因为新发展格局的构建是一个长期过程，技术创新虽然对经济高质量发展具有重要推动作用，但其成果转化和应用需要时间和资源的积累。同时，规模效率长期高于综合效率和纯技术效率，也进一步印证了我国对外开放政策和新发展格局对于促进贸易规模扩大、领域拓宽和结构优化的积极作用。

2012～2021 年黄河流域 9 个省区平均对外贸易效率如表 3 所示。

表 3　2012～2021 年黄河流域 9 个省区平均对外贸易效率

省区	综合效率	纯技术效率	规模效率
山西	0.736	0.798	0.910
内蒙古	0.620	0.845	0.721
山东	0.905	1.000	0.905
河南	0.814	0.907	0.899
四川	0.742	0.859	0.866
陕西	0.900	0.976	0.920
甘肃	1.000	1.000	1.000
青海	0.850	1.000	0.850
宁夏	1.000	1.000	1.000
平均值	0.841	0.932	0.897

从表 3 的数据分析中，我们可以观察到在过去 10 年里，黄河流域 9 个省

区中，甘肃与宁夏在对外贸易的综合效率和规模效率上表现尤为突出，均达到了有效状态。而在纯技术效率方面，则有山东、甘肃、青海、宁夏4个省区表现优异。分布格局呈现出"两边高、中间低"的现象。值得注意的是，甘肃虽作为西部省份，但其对外贸易的综合效率、规模效率和纯技术效率均有效。究其原因在于，党的十八大以来，甘肃坚定不移践行绿色发展理念，将生态保护与经济发展有机结合，成功打造了全国首个一千万千瓦级风电基地，展现了其在新能源领域的领先地位。同时，甘肃还高度重视科技创新，通过高水平建设兰州白银国家自主创新示范区和兰白科技创新改革试验区，综合科技创新水平指数较2012年提高了近12个百分点，增幅在全国名列前茅、增幅居全国第8位。此外，甘肃的基础设施建设也取得了显著成就，公路和铁路网络不断扩展和完善，为对外贸易的发展提供了坚实的物质基础。在对外开放方面，甘肃抢抓"一带一路"倡议带来的历史机遇，深度融入西部陆海新通道建设，打造了一系列对外开放平台，如国际陆港空港、兰州新区综合保税区等，为对外贸易的拓展提供了有力支撑。同时，甘肃还通过举办文博会、兰洽会、药博会等具有影响力的展会活动，不断提升自身的国际知名度和影响力，吸引了众多海内外客商前来投资兴业。目前，甘肃已与180多个国家和地区建立了经贸往来关系，2012~2021年与共建"一带一路"国家和地区进出口额累计超过2902亿元①。可以预见，随着新时代西部大开发战略的深入推进，独特的区域位置使甘肃在新时代西部大开发中前景可期，打造一个全方位、多层次的对外贸易新格局。

（二）Malmquist 指数模型动态效率分析

为更全面地理解黄河流域9省区对外贸易效率的演变态势，利用 Malmquist 指数模型从动态视角对其做进一步分解（见图2）。由图2可知，2012~2021年黄河流域的对外贸易全要素生产率总体上呈现波动中上升的趋势，而纯技术效率和规模效率则保持着相对平稳的增长。值得注意的是，全要素生产率在特定年份（如2014~2015年和2017~2018年）出现了显著波动，这主要归因于技术进步率的剧烈变动。在多数时间段内，纯技术效率和技术进步是全要素生产率变化的主要驱动力，但2017~2018年，技术效率则成为主导因素。具体到效率指标上，2012~2021年，黄河流域的对外贸易技术效率、纯技术效率和规模效率均实现了正增长，分别达到了1.017、1.006和1.012，表明各方面效率均有所提升。然而，技术进步的平均值仅为0.981，这意味着技术进步未能充分转化为生产率的增长动力，反而在一定程度上抑制了全要素生产率的提升。

---

① http：//www.gansu.gov.cn/gssgzf/gsyw/202310/1731779734.shtml.

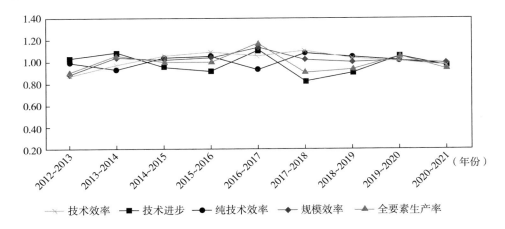

图 2　2012~2021 年黄河流域对外贸易效率 Malmquist 指数分解结果

从表 4 的 Malmquist 指数分解结果来看，黄河流域 9 个省区的全要素生产率均值为 0.992，略低于理想水平，这主要受青海和内蒙古两地较低的全要素生产率影响。这一现象反映出黄河流域在技术进步方面仍有待加强，未来存在较大的提升空间。同时，技术效率、纯技术效率和规模效率的变化均超过 1，显示出整体发展态势的积极面，验证了黄河流域生态保护和高质量发展战略在促进生产要素流动、优化资源配置及提升规模效益方面的积极作用。

表 4　2012~2021 年黄河流域 9 个省区对外贸易效率 Malmquist 指数分解结果

省份	技术效率变化	技术进步变化	纯技术效率变化	规模效率变化	全要素生产率变化
青海	0.997	0.975	1.000	0.997	0.972
四川	1.027	0.969	0.999	1.028	0.996
甘肃	1.000	0.989	1.000	1.000	0.989
宁夏	1.000	0.983	1.000	1.000	0.983
内蒙古	1.027	0.949	0.982	1.046	0.975
陕西	0.980	0.931	0.994	0.985	0.912
山西	1.072	0.973	1.066	1.006	1.044
河南	1.022	0.981	1.004	1.017	1.002
山东	1.010	1.048	1.000	1.010	1.058
平均值	1.015	0.978	1.005	1.010	0.992

为进一步对比分析,将黄河流域 9 个省区分为上游、中游、下游三大区域,并分别进行了对外贸易效率的 Malmquist 指数分解(见图 3)。结果显示,2012~2021 年,黄河流域对外贸易效率全要素生产率呈"下游>上游>中游"分布特点,且中游和上游的全要素生产率均未达到 1。这反映了不同区域在对外贸易效率上存在的差异,可能与地理位置、经济基础、政策环境等多方面因素有关。当前,全球贸易环境复杂多变,地缘政治冲突、通货膨胀、货币政策收紧及金融市场动荡等不利因素交织,给黄河流域各省区的对外贸易带来了严峻挑战。然而,随着黄河流域生态保护和高质量发展战略的深入实施以及新发展格局的构建,沿黄各省区正积极融入"一带一路"倡议和 RCEP 协定,依托各类开放平台,不断优化营商环境,激发市场活力,以期进一步提升自贸协定利用率和国际竞争力。未来,黄河流域有望在对外贸易领域实现更高质量的发展。

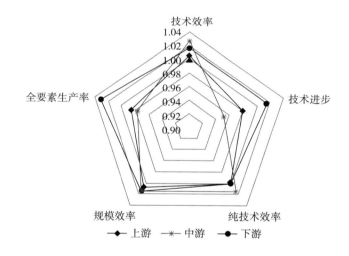

图 3 2012~2021 年黄河流域 Malmquist 指数分解结果

(三) 对外贸易效率影响因素分析

利用 STATA 软件对 2012~2021 年黄河流域 9 个省区对外贸易综合效率及相关变量做 Tobit 模型分析,同时为减少共线性对结果的影响,对指标数据进行对数化处理,结果如表 5 所示。

表 5 黄河流域 9 个省区对外贸易综合效率影响因素回归结果

解释变量	系数	标准误	t 值	P>t
第二产业增加值占 GDP 的比重	2.994	1.326	2.260	0.027

续表

解释变量	系数	标准误	t 值	P>t
第三产业增加值占 GDP 的比重	4.110	1.576	2.610	0.011
外商直接投资	−0.064	0.027	−2.370	0.020
大专及以上从业人员占比	−0.531	0.747	−0.710	0.479
互联网端口接入数	0.051	0.050	1.030	0.307

注：＊＊＊、＊＊、＊分别表示在 1%、5%、10%的水平上显著。

由表 5 回归结果发现：产业结构中的第二产业增加值占 GDP 比重、第三产业增加值占 GDP 比重与对外贸易综合效率呈显著正相关，这表明随着黄河流域产业结构向高级化和合理化方向演进，特别是第二产业和第三产业的蓬勃发展，不仅促进了外贸结构的持续优化，还显著提升了对外贸易效率。外商直接投资与对外贸易效率显著但负相关。反映出随着我国经济实力的增强，在吸引外资时不再单纯追求规模扩张，而是更加注重外资带来的管理、技术和经验等要素。值得注意的是，大专及以上从业人员占比与对外贸易效率之间的关系并不显著，且呈微弱负相关。这说明尽管黄河流域外贸结构的转型升级亟须高素质专业人才的支持，但当前的人才结构可能尚未充分满足这一需求。因此，加强人才培养和引进，提升从业人员的专业技能和综合素质，将是推动外贸高质量发展的关键。互联网接入端口数作为新型基础设施的代表，与对外贸易效率呈显著正相关。这表明随着地区网络基础设施的不断完善，高效的信息传递和互联互通能力为外贸合作提供了强有力的支持，极大地促进了外贸活动的及时性和高效性。新型基础设施的快速发展已成为推动黄河流域对外贸易高质量发展的新引擎。

五、研究结论与政策建议

本文综合运用 DEA-Malmquist-Tobit 模型，对 2012~2021 年黄河流域 9 个省区对外贸易效率进行了全方位、多维度的静态与动态评估，并选取 5 个影响因素研究其对外贸效率的影响，研究结论如下：

从效率评价结果来看，整体上黄河流域的对外贸易综合效率展现出一种波动中上升的趋势，这得益于新发展格局的引领、产业结构的积极调整以及创新资源的有效投入。然而，在省际层面，外贸效率的差异显著，仅有甘肃与宁夏 2 个省区在综合效率和规模效率上均表现优异，而纯技术效率方面则有山东、甘肃、青海、宁夏 4 省区达到有效状态。特别地，甘肃作为西部省份，其综合、规模及纯技术效率均展现出强劲的有效性，值得其他省区借鉴。通过 Malmquist 指数分解，发现黄河流域 9 省区的对外贸易全要素生产率在 2012~2021 年总体也呈现波动上升趋势。纯技术效率和规模效率的增长相对稳定，但全要素生产率的分布却呈现出"下游优于上游，上游优于中游"的梯度特征，且中游与上游地区的全要素生产率均未达到理想水平。Tobit 回归模型进一步揭示了影响对外贸易效率的多元因素。其中，外商直接投资虽与外贸效率显著相关，但表现为负向影响，可能反映了外资利用结构与外贸效率提升之间的不匹配。而大专及以上从业人员占比与外贸效率之间未呈现显著关联，且略带负向影响，提示了专业人才队伍建设与外贸转型需求之间的不匹配现状。相反，产业结构中的第二、第三产业占比以及新型基础设施（如互联网接入端口数）对外贸综合效率产生了积极的正向影响，凸显了产业结构优化与信息化建设在提升外贸效率中的关键作用。

针对黄河流域对外贸易效率提升与高质量发展目标，结合当前研究结论与新发展格局的构建需求，提出以下建议：

1. 深化省际与区域协作，强化对外贸易集群效应

习近平总书记指出，协调发展，就要找出短板，在补齐短板上多用力，通过补齐短板挖掘发展潜力、增强发展后劲。黄河流域 9 个省区应携手并进，精准识别并补强产业链短板，促进资源优化配置，避免产业同构和低水平竞争，通过差异化发展形成互补优势。依托核心城市的资源优势，推动技术、资本向周边辐射，有序引导劳动密集型产业转型升级与合理布局，实现上下游产业深度融合与协同发展。紧抓"一带一路"建设战略机遇，通过自贸区、自贸港、综保区、跨合区、边合区等对外开放高地建设，鼓励支持外贸企业依托大数据、物联网、移动互联网、云计算等新技术推动服务贸易模式创新，增强出口产品的国际竞争力，促进贸易平衡发展。

2. 强化科技创新引领，培育本土企业的核心竞争力

习近平总书记指出，创新是一个民族进步的灵魂，是一个国家兴旺发达的不竭动力。在激烈的国际竞争中，惟创新者进，惟创新者强，惟创新者胜。面对我国外贸传统竞争优势削弱的局面，主动创新、变要素驱动为创新驱动是推动黄河流域外贸高质量发展的必要途径。通过强化企业创新主体地位，加大对创新型企业和中小微企业的政策与资金支持，激发市场创新活力。抓住新一轮科技革命和产业变革机遇，鼓励企业加大研发投入，完善知识产权保护体系，促进产学研深度融合，加速科技成果向现实生产力转化。构建具有国际竞争力的先进制造业集群，确保产业链供应链的安全高效与自主可控，为国内外市场提供高质量的产品与服务。

3. 加快基础设施建设，优化外贸发展的硬件环境

为缩小黄河流域内外贸发展的区域差距，需大力推进交通、信息等基础设施建设。优化交通网络布局，提升水运、铁路、公路的综合运输效率，降低物流成

本。完善信息网络，充分发挥互联网的作用，推动新型基础设施建设，促进5G技术、大数据、工业互联网等新基建的发展，提升贸易高质量发展内生动力。深度参与全球产业分工和合作，用好国内国际两种资源两个市场，不断拓宽贸易领域，推动优质农产品、制成品和服务进口。多渠道培育贸易新增长点，积极发展"丝路电商"，鼓励企业在相关国家开展电子商务，努力拓展中国式现代化的发展空间，开放红利惠及世界。

参考文献

［1］王瑞峰，李爽.中美贸易摩擦背景下中国外贸高质量发展的评价［J］.中国流通经济，2019，33（12）：16-24.

［2］曲维玺，崔艳新，马林静，等.我国外贸高质量发展的评价与对策［J］.国际贸易，2019（12）：4-11.

［3］张金灿，邓云杰，张俊涛.跨境电商、营商环境与外贸高质量发展［J］.价格理论与实践，2022（7）：156-159+204.

［4］马林静，梁明，夏融冰.推动新时代中国贸易高质量发展的思考［J］.国际贸易，2020（7）：41-46+71.

［5］张金灿，邓云杰，张俊涛.中国外贸高质量发展的测度及时空演变特征研究［J］.商业经济研究，2023（2）：128-131.

［6］王敏，范佳缘，王丽洁，等.高质量发展下对外贸易效率评价及影响因素——基于长江经济带11省市的实证分析［J］.华东经济管理，2022，36（4）：45-51.

［7］马林静.基于高质量发展标准的外贸增长质量评价体系的构建与测度［J］.经济问题探索，2020（8）：33-43.

［8］蔡春林，张霜.外贸高质量发展助力经济高质量发展机制研究［J］.亚太经济，2023（1）：143-152.

［9］付文宇，赵景峰，李彦.中国对外贸易高质量发展的测度与评价［J］.统计与决策，2021（22）：130-134.

黄河流域城市群生态效率评价与路径提升分析

王元亮

（河南省社会科学院智库研究中心，郑州 451464）

摘要： 提升生态效率是实现黄河流域生态保护和高质量发展的重要途径。2009~2019 年，黄河流域城市群生态效率总体呈先上升后下降的趋势，2009~2013 年呈上升趋势，2014~2019 年呈下降趋势，各城市的生态效率差异较大。黄河流域城市群生态效率的空间分布不均衡，从"中间低，两边高"转变为"中间高，两边低"的分布格局。本文提出统筹协调人—水—产业之间的关系，建设生态型城市群；推动黄河流域城市群创新发展，建设创新型城市群；以都市圈引领城市群发展，建设复合型城市群；推动黄河流域城市群错位发展，建设特色型城市群的提升路径。

关键词： 黄河流域；城市群；生态效率；路径

生态效率对区域经济、资源、环境的协调统一以及生态文明建设的推进具有重要的现实意义，是实现黄河流域生态保护和高质量发展的重要途径。城市群作为国家新型城镇化的主体形态，在生产力布局中承担着战略支撑点的作用，但黄河流域城市群在发展过程中面临着日益严重的资源与生态环境胁迫压力，城市群内部发展不平衡、不协调等问题。如何在实现城市群发展的同时最大程度上保护好生态环境，促进城市群内部协调发展，提升城市群整体发展质量和水平，已成为黄河流域城市群生态保护和高质量发展面临的一个重要问题。

一、城市群生态效率研究进展

生态效率是衡量投入产出效率的综合指标。生态效率指标在工业、农业、林

作者简介：王元亮，河南省社会科学院智库研究中心副研究员，研究方向为区域经济。

业、旅游业等行业微观层面，以及国家、省、市等宏观层面得到了广泛应用。随着我国新型城镇化的迅速发展，城市群生态效率研究取得了丰富的成果。例如，卫晓庆等（2020）认为，在新型城镇化发展背景下京津冀城市群城市土地生态效率存在明显的空间差异。任宇飞（2017）等对我国东部沿海地区四大城市群生态效率进行了评价，得出各城市群生态效率差异较大的结论。陈立泰等认为，长三角、长中游城市群产业结构变迁对生态效率的影响均存在空间溢出效应，成渝城市群仅存在本地效应。王胜鹏等基于非期望产出模型测算了黄河流域旅游生态效率，提出不同流域科学合理发展旅游业的政策建议。

总体来看，一是宏观层面研究城市群生态效率的比较多，而考虑城市群内部差异研究还不够深入。二是生态效率评价对象选择上以省际（区域）尺度较多，但该尺度下的效率评价很难体现区域内部地区发展的异质性和不均匀性，而市域尺度可更好地体现区域效率的差异性。三是研究区域多集中在东部沿海等发达地区，而对于生态环境脆弱、经济发展相对缓慢的黄河流域研究比较少。鉴于此，本文利用非期望产出的 SBM 模型测算黄河流域城市群生态效率，以期研究结果对其他城市群的生态可持续发展具有一定的指导意义。

二、黄河流域城市群基本概况

2019 年 9 月 18 日，习近平总书记在郑州主持召开黄河流域生态保护和高质量发展座谈会并发表重要讲话，把黄河流域生态保护和高质量发展纳入国家重大战略。这是深度推进我国生态文明建设的重大战略考量，是实现南北交融、东西互补的区域协调发展战略的重要部署。在全面落实习近平总书记重要讲话精神的过程中，需要特别关注以城市群为主体形态支撑黄河流域生态保护和高质量发展。黄河流域城市群包含兰西城市群、宁夏沿黄城市群、呼包鄂榆城市群、关中平原城市群、太原城市群、中原城市群、山东半岛城市群 7 个城市群，其人口及主要经济指标占我国城市群的 20% ~ 25%，但占黄河流域 9 个省区的比重高达 60% ~ 70%，是黄河流域人口高密度的集聚区，也是环境污染综合治理与生态保护的重点区，在黄河流域高质量发展中具有非常重要的地位。

三、黄河流域城市群生态效率评价

（一）评价指标体系

基于科学性、全面性和可操作性等原则以及数据的可获取性，构建黄河流域城市群生态效率评价指标体系，如表 1 所示。投入指标从资本、劳动力、土地、用电、用水等方面，分别选取了固定资产投资、年末社会从业人员、城市建设用地面积、全社会用电总量、全社会用水量 5 个指标。期望产出指标从经济、社会两个方面，分别选取地区生产总值和人均 GDP 两个指标。非期望产出指标从环境产出方面，分别选取工业废水排放量、工业二氧化硫排放总量和工业烟尘排放量 3 个指标。

表 1　黄河流域城市群生态效率评价指标体系

指标体系	一级指标	二级指标
投入指标	资本投入	固定资产投资
	劳动力投入	年末社会从业人员
	土地投入	城市建设用地面积
	用电投入	全社会用电总量
	用水投入	全社会用水量
期望产出指标	经济产出	地区生产总值
	社会产出	人均 GDP
非期望产出指标	环境产出	工业废水排放量
		工业二氧化硫排放总量
		工业烟尘排放量

（二）研究方法

本文采用基于非期望产出的 SBM 模型研究黄河流域城市群生态效率。DEA（Data Envelopment Analysis）模型是由 Charnes 和 Cooper 提出的一种评价具有相同类型投入和产出的若干决策单元相对有效方法，适用于多投入、多产出的边界生产函数的研究。

（三）数据来源

本文数据主要源自 2010～2021 年《中国城市年鉴》《青海统计年鉴》《甘肃发展年鉴》《陕西统计年鉴》《山西统计年鉴》《河南统计年鉴》《山东统计年鉴》，针对个别缺失数据则选取上一年的数据代替。

（四）评价结果

运用 MaxDEA 软件计算得出 2009～2019 年黄河流域城市群及各城市的生态效率值。

1. 黄河流域城市群生态效率评价结果

从表 2 可以看出，2009～2019 年中原城市群、宁夏沿黄城市群生态效率呈波动上升趋势，表明生态环境建设成果比较显著。山东半岛城市群、关中城市群、呼包鄂榆城市群、兰西城市群、太原城市群呈现上升后下降的总体趋势。根据计算结果，将黄河流域城市群生态效率划分为 4 个等级，生态效率平均值 ρ>0.6 为优秀，0.6>ρ>0.4 为良好，0.4>ρ>0.2 为中等，ρ<0.2 为较差。其类型如表 3 所示。

表 2　基于非期望产出的 SBM 模型黄河流域城市群效率结果

城市群	2009 年	2010 年	2011 年	2012 年	2013 年	2014 年	2015 年	2016 年	2017 年	2018 年	2019 年	平均值
山东半岛城市群	0.0424	0.7017	0.7234	0.7036	0.7174	0.6641	0.7037	0.6191	0.7628	0.7541	0.4000	0.6175
中原城市群	0.0435	0.5248	0.6237	0.5896	0.6007	0.5949	0.5491	0.5586	0.6541	0.6980	0.6097	0.5497
关中城市群	0.2999	0.5847	0.7422	0.7874	0.7285	0.7225	0.6823	0.6668	0.6841	0.6571	0.4889	0.6404
呼包鄂榆城市群	0.0679	1.0000	0.8770	1.0000	1.0000	0.8599	1.0000	0.8745	0.6972	0.6806	0.5900	0.7861
兰西城市群	0.1952	0.5039	0.5349	0.5427	0.6362	0.6087	0.4199	0.6050	0.4615	0.5456	0.4399	0.4994
太原城市群	0.0314	0.4126	0.4290	0.4171	0.3820	0.3920	0.3999	0.3876	0.4835	0.4634	0.3895	0.3807
宁夏沿黄城市群	0.0243	0.1929	0.1811	0.4067	0.1856	0.1796	0.1875	0.1783	0.2306	0.2649	0.1215	0.1957

表 3　黄河流域城市群生态效率划分类型

类型	城市群
优秀	呼包鄂榆城市群、关中城市群、山东城市群
良好	中原城市群、兰西城市群
中等	太原城市群
较差	宁夏沿黄城市群

由此可见，黄河流域城市群生态效率空间分布不均，呼包鄂榆城市群、关中城市群、山东城市群整体向好发展，区域经济和生态环境协同发展水平较高，政策制定和落实比较到位，且在空间上具有均衡性。太原城市群、宁夏沿黄城市群各城市之间发展理念差异显著，生态环境保护制度落实差异较大，造成社会经济与生态环境协同发展的空间格局不平衡。

2. 黄河流域城市群各城市生态效率评价结果

从生态效率均值来看，各城市差异较大，庆阳（1.0000）、定西（1.0000）为最优；鄂尔多斯（0.9182）、信阳（0.9177）、周口（0.9161）、商洛（0.9146）、吕梁（0.9139）、青岛（0.9137）、济南（0.9133）为次优，均超过 0.9，多为生态环境基础较好的城市；而鹤壁（0.2849）、忻州（0.2825）、晋城（0.2815）、晋中（0.2739）、银川（0.2596）、长治（0.2594）、临夏（0.2559）、太原（0.2478）、淮北（0.2396）、兰州（0.2311）、莱芜（0.2225）、白银（0.2175）、铜川（0.2071）、济源（0.2035）、中卫（0.2002）、阳泉（0.1855）、吴忠（0.1765）、西宁（0.1491）、石嘴山（0.1466）生态效率最低，均小于 0.2，并

且多为资源转型城市。处于非 DEA 有效水平的城市多数位于黄河流域上游区段，是高度依赖于资源能源为主导产业的中西部城市，如鄂尔多斯、宝鸡等城市是我国重要的能源化工基地，这些内陆城市的环境消耗，生产性资源投入过多而有效产出不足，城市资源利用、环境治理水平亟待提高。

（五）评价结论

①黄河流域城市群生态效率 2009～2019 年总体呈先上升后下降的趋势。2009～2013 年呈上升趋势，2014～2019 年呈下降趋势，各城市的生态效率差异较大。②黄河流域城市群生态效率的空间分布不均衡，从"中间低，两边高"转变为"中间高，两边低"的分布格局。③由于数据获取的局限性，以地级市为研究尺度探索城市群生态效率，考虑多尺度生态效率，是今后生态效率研究的重点方向。此外，受主观因素影响，评价指标选取难免有不足之处，今后将进一步完善。

四、黄河流域城市群生态效率的提升路径

根据以上研究，本文针对黄河流域城市群生态效率面临的主要问题，提出以下几个方面的提升路径：

（一）统筹协调人—水—产业的关系，建设生态型城市群

坚持生态优先、绿色发展，在优先保障黄河长治久安的前提下，协调好人—水—产业的关系，推动黄河流域城市群高质量发展。一是重点建好黄河流域国家自然保护区和三江源草原草甸湿地生态功能区、黄土高原丘陵沟壑水土保持生态功能区等国家重点生态功能区，建立健全黄河流域全流域生态补偿机制，积累城市群高质量发展的生态优势。二是探索建设黄河流域国家生态型城市群，把兰西城市群建成维护国家西部生态安全的重要支撑，把宁夏沿黄城市群、呼包鄂榆城市群建成国家西部人与自然和谐发展示范区，把关中平原城市群建成西部生态文明建设先行区，把太原城市群建设成为国家生态经济转型示范区，把中原城市群建成黄河流域绿色生态发展示范区，把山东半岛城市群建成黄河流域国家高效生态经济示范区。三是以黄河流域城市群一体化为主线，实现黄河流域城市群生态建设与环境保护一体化、产业发展与布局一体化、流域上中下游一体化、基础设施建设一体化、城乡发展与城乡统筹一体化、区域市场一体化、社会发展和基本公共服务一体化，把黄河流域城市群建成生态共建、污染共治、人水和谐、经济共荣的利益共同体。

（二）推动黄河流域城市群创新发展，建设创新型城市群

考虑到黄河流域城市群发展面临着发育程度低，资源型产业、能源重化工业和传统制造业比重大，新旧动能转换难度大等现实，建议将创新作为城市群发

展的动力源，走创新驱动能级提升之路，建设创新型城市群。通过科技创新、产业创新、人居环境创新和体制机制创新，加快流域产业升级转型步伐，提升高端制造业、现代服务业和高新技术产业比重，将城市群建设成为重要的先进制造业和现代服务业基地。重点把关中平原城市群建成国家创新高地，把太原城市群建设成为国家新旧动能转换先行区，把中原城市群建成国家创新创业先行区，把山东半岛城市群建成国家蓝色经济创新合作示范区。

（三）以都市圈引领城市群发展，建设复合型城市群

突出西宁、兰州、西安、银川、呼和浩特、太原、郑州、济南、青岛等国家中心城市和区域中心城市的核心引领作用，以此重点建设流域内的西宁都市圈、兰州都市圈、西咸都市圈、银川都市圈、呼和浩特都市圈、太原都市圈、郑州都市圈、济南都市圈和青岛都市圈，将都市圈建设成为黄河流域城市群高质量发展的高端高新产业、高效能综合治理、高品质优质生活的核心区和重要支撑，以九大都市圈建设为支撑拉动黄河流域七大城市群的快速发展，把城市群建成支撑黄河流域高质量发展的重要脊梁。

（四）推动黄河流域城市群错位发展，建设特色型城市群

立足黄河流域上、中、下游城市群的区位条件、资源禀赋、自然条件和发展基础，最大限度地发挥各城市群优势，明确黄河流域各城市群在全国高质量发展中的功能定位，把兰西城市群建设成为促进我国向西开放的重要支点，把宁夏沿黄城市群建设成为全国重要的能源化工新材料基地，把呼包鄂榆城市群建设成为全国高端能源化工基地，把太原城市群建设成为国家重要的能源基地与先进制造业基地，把关中平原城市群建设成为国家向西开放的战略支点，把中原城市群建设成为全国区域经济发展的新增长极，把山东半岛城市群建设成为我国北方重要的开放门户、京津冀和长三角重点联动发展区。通过七大城市群的功能错位和互补发展，在壮大自身的同时，不断缩小城市群之间的发展差距，带动流域其他地区错位发展，最终实现黄河流域的高质量发展。

参考文献

[1] 方创琳，周成虎，顾朝林，等.特大城市群地区城镇化与生态环境交互耦合效应解析的理论框架及技术路径 [J].地理学报，2016，71（4）：531-550.

[2] 金贵，吴锋，李兆华，等.快速城镇化地区土地利用及生态效率测算与分析 [J].生态学报，2017，37（23）：8048-8057.

[3] 付丽娜，陈晓红，冷智花.基于超效率 DEA 模型的城市群生态效率研究——以长株潭"3+5"城市群为例 [J].中国人口·资源与环境，2013，

23（4）：169-175.

［4］黄和平，李亚丽，王智鹏.基于Super-SBM模型的中国省域城市工业用地生态效率时空演变及影响因素研究［J］.生态学报，2020，40（1）：100-111.

［5］侯孟阳，姚顺波.1978—2016年中国农业生态效率时空演变及趋势预测［J］.地理学报，2018，73（11）：2168-2183.

［6］姚治国，陈田，尹寿兵，等.区域旅游生态效率实证分析——以海南省为例［J］.地理科学，2016，36（3）：417-423.

［7］卫晓庆，王涛，李嘉霖，等.京津冀地区新型城镇化对土地生态效率影响的实证分析［J］.生态科学，2020，39（1）：118-127.

［8］任宇飞，方创琳，蔺雪芹.中国东部沿海地区四大城市群生态效率评价［J］.地理学报，2017，72（11）：2047-2063.

［9］陈立泰，李金林，叶长华，等.长江经济带城市群产业结构变迁对生态效率的影响研究：2006—2014［J］.数理统计与管理，2020，39（2）：206-222.

［10］王胜鹏，乔花芳，冯娟，等.黄河流域旅游生态效率时空演化及其与旅游经济互动响应［J］.经济地理，2020，40（5）：81-89.

黄河流域生态保护和高质量发展的路径探析

杜梦伟

（河南省社会科学院马克思主义研究所，郑州　451464）

摘要： 黄河流域生态保护和高质量发展已上升为国家战略，这一战略的实施将促进区域协调发展、保障国家粮食安全、推动生态文明建设、巩固拓展脱贫攻坚成果。当前，黄河流域面临着生态环境脆弱、水资源利用方式粗放、区域发展不平衡、高质量发展不充分等现实困境。针对上述问题，本文建议采取如下对策和措施：防灾减灾，加强生态地质环境保护；污染防治，推进水资源集约节约利用；统筹规划，推进区域均衡协调发展；创新引领，推动黄河流域高质量发展。

关键词： 黄河流域；生态保护；高质量发展

一、黄河流域生态保护和高质量发展的重大意义

（一）促进区域协调发展

区域协调发展是推动高质量发展的关键支撑，是实现共同富裕的内在要求，是推进中国式现代化的重要内容。党的十八大以来，以习近平同志为核心的党中央高度重视区域协调发展工作，区域协调发展的理念、战略和政策体系被党中央、国务院多次提及，其重要性不言而喻。黄河流域生态保护与高质量发展上升为国家战略，能够推动黄河上游西部大开发形成新格局、中部地区实现崛起以及东部地区实现更高质量发展，缩小黄河上游的西部地区与中部、东部地区的发展差距，加快形成区域协调发展新格局。

（二）保障国家粮食安全

黄河流域是我国重要的产粮区，宁夏平原、河套平原和华北平原作为主要的

作者简介：杜梦伟，河南省社会科学院马克思主义研究所。

农耕区，粮食产量约占全国总产量的三分之一。党的二十大报告中明确指出，要全方位夯实粮食安全根基，全面落实粮食安全党政同责，牢牢守住十八亿亩耕地红线。生态环境保护和高质量发展可以促进黄河流域农业的可持续发展，保障国家的粮食安全，把饭碗牢牢端在自己手中。因此，黄河流域的生态保护和高质量发展对保障国家粮食安全的地位不可替代，对于有效落实国家粮食安全战略具有重大的政治意义和现实意义。

（三）推动生态文明建设

黄河流域生态保护和高质量发展是生态文明建设的重要内容之一。习近平指出，生态兴则文明兴，生态衰则文明衰。生态环境是人类生存和发展的根基，生态环境变化直接影响文明兴衰演替。黄河流域的生态保护和高质量发展是息息相关的，实现黄河流域的高质量发展以良好的生态环境为基本前提和重要基础，为实现更高质量的发展必将以生态文明建设作为前提，这有利于打造生态优美的生活环境，极大推动当地生态文明建设。因此，推动黄河流域生态环境保护和高质量发展对于推动生态文明建设具有重要的意义和作用。

（四）巩固拓展脱贫攻坚成果

2020年底我国脱贫攻坚战取得了全面胜利，中国全面建成小康社会的目标如期实现。但是脱贫攻坚战的胜利并不意味着战斗的结束，更不意味着一劳永逸。黄河流域生态保护和高质量发展战略的提出将保证当地生态环境和经济社会的可持续发展，以良好的生态环境为依托，以经济社会的高质量发展为目标，在习近平生态文明思想的指导下，因地制宜发展当地特色产业，促进区域的可持续发展和经济建设，建立长效脱贫机制，最终有利于巩固拓展黄河流域的9个省区特别是黄河上游省区的脱贫攻坚成果。

二、黄河流域生态保护和高质量发展的现实困境

（一）生态环境脆弱，自然灾害频发

黄河流域的生态环境极其脆弱，自然灾害频发。一方面，受到气候、地质条件和人类活动等多方影响，黄河流域的生态系统和自然环境遭到严重破坏，森林退化、沙漠化、水土流失等问题严重，生态系统失衡，洪水等自然灾害频发，这给当地的生产生活造成了严重影响；另一方面，黄河流域的大规模城市化和农业发展过程中，高质量发展不充分，高污染企业密集，工业企业生产给当地生态环境造成严重污染和破坏，极大阻碍了当地经济社会的可持续发展。保护生态环境就是保护生产力，改善生态环境就是发展生产力。黄河流域生态保护和高质量发展战略的推进亟须拯救当地脆弱的生态环境。

（二）水资源短缺，利用方式粗放

总体上，黄河年径流量仅占全国的2%，水资源总量不到长江的7%，却要给

我国15%的耕地和12%的人口提供灌溉、工业生产和日常用水，人均占有量仅为全国平均水平的27%，水资源严重短缺。在水资源难以保障的情况下，黄河流域大部分地区的水资源开发利用率高、节水技术推广难、利用方式粗放，原本紧缺的水资源在得不到高效利用的基础上更加剧了水资源保障形势的严峻。随着近年来人类活动范围的扩大和不合理活动的增多，水资源消耗总量和消耗速度大大增加，黄河的水资源供给能力已经跟不上人们的需求。同时，黄河流域大部分省区的经济发展水平相对较低，经济发展模式较为粗放，高耗能高污染的传统工业产业相对密集，未经处理的工业废水直接排江入河，严重污染了黄河流域内的水资源，造成水资源的进一步短缺。

（三）经济水平差异大，区域发展不平衡

目前，黄河上游、中游、下游流域的经济社会发展呈现出不平衡不充分的特征，位于黄河上游流域的西北地区，其总体经济社会发展水平明显落后于黄河中下游的中部地区和东部地区。根据2022年国家统计局公布的经济统计数据来看，位于黄河上游的青海省、甘肃省和宁夏回族自治区的GDP分别为3610.1亿元、11201.6亿元、5069.6亿元，中游的内蒙古自治区、陕西省和山西省的GDP分别为23158.6亿元、32772.7亿元、25642.6亿元，下游的河南省和山东省的GDP分别为61345.1亿元、87435.1亿元。上、中、下游年度GDP基本呈现出由低到高的阶梯形分布。总的来看，黄河流域各省区的经济发展水平差距较大，区域发展不均衡、不充分。

（四）创新活力不足，高质量发展不充分

黄河流域是我国的三大能源基地，即上游的水电基地、中游的煤炭基地和下游的石油基地。此外，还拥有丰富的矿产和天然气等资源，这些资源为传统工业产业的生产发展提供了坚实的基础。然而，随着生态环境的恶化、产业结构调整升级的需要、技术创新的要求，过于依赖资源的传统工业产业已经远远跟不上我国整体产业发展布局的变化。同时，由于传统资源型产业转型升级难度大，依靠创新人才和创新技术的高精尖科技产业的创新活力不足，产业深度融合不足，黄河流域的高质量发展之路仍然任重道远。

三、黄河流域生态保护和高质量发展的实现路径

（一）防灾减灾，加强生态地质环境保护

坚决打好防灾减灾攻坚战，统筹"山水林田湖草沙"综合治理，加强对生态地质环境保护。一是提高黄河流域农耕区的抗旱防洪标准，加强防灾减灾基础设施的建设完善，强化农业灾害的监测、预警、预报体系，最大力度保障黄河流域农业生产的稳定开展；二是要退牧还草、退耕还湖、封山育林，杜绝乱砍滥

伐、滥挖乱采、盗沙卖石，实施生态修复，提高整个区域的植被覆盖率以增强黄河流域的自然储蓄和水源涵养能力；三是做好防沙固沙工程的实施，根据黄河流域不同的生态地质环境，建立自然保护区，如对宁蒙地区要加强土地荒漠化、干旱风沙化治理，持续开展防沙、固沙、绿化、扩湿工程。

（二）污染防治，推进水资源集约节约利用

牢固树立"绿水青山就是金山银山"的绿色发展理念，加强污染防治，支持企业走绿色发展道路、支持农业转变资源利用方式。一方面，严格规范企业排污标准，优化污水处理技术，由政府组织实施对高污染、高排放行业的技术评估，淘汰高污染、高排放的落后产能。同时，积极推进产业结构的转型升级，指导工业产业走绿色、生态可持续发展之路，让绿色循环节能产业成为引领经济发展的重要力量。另一方面，强化污染防控，做好农业废物的资源化、绿色化利用，精准化肥用量，减少农业生产对环境的负面影响。同时，转变农业消耗水资源的方式，以技术为支撑、以绿色为导向、以优质为目标，加速农业生产内涵式、集约式发展。

（三）统筹规划，推进区域均衡协调发展

实现黄河流域生态环境保护和高质量发展要做好统筹规划、协同治理，把握整体观念，推动黄河流域均衡协调发展。一方面，黄河上、中、下游的生态环境差异大，应根据各地的生态条件、资源分布、经济水平，统筹考虑黄河流域的开发建设，上游区域着重加强生态保护，发展绿色能源产业；中游区域加快传统产业结构升级更新，以技术创新为着力点减少对传统能源的依赖；下游区域加快推进新旧动能转换，发挥地区优势大力发展高新技术产业等新兴产业。另一方面，推动黄河流域的9个省区均衡协调发展，要坚持共商共谋、利益共享，根据当地条件形成富有地域特色的产业结构，最大程度避免同质化开发、生产、经营，在差异化发展中实现优势互补、经济增长、区域协调。

（四）创新引领，推动黄河流域高质量发展

实现黄河流域高质量发展，必须发掘地区创新潜力、强化创新实践、构建创新格局，为实现高质量发展提供创新动力。首先，发挥科研院所的作用，培养符合经济社会发展需求的人才队伍，实施更加开放的人才引进战略，提高科研水平和创新能力；其次，发挥政府主导作用，鼓励、支持、引导企业提升创新能力，为企业创新创造提供资金、技术、政策支持，提升企业的核心竞争力；再次，加速科研成果的市场化、产业化应用，提高科技成果转化率，真正让创新技术走出实验室转变为创造社会财富的第一生产力；最后，积极搭建科研成果管理保护网，全面保护知识产权、尊重创新成果、激发创新活力，大力支持科研人员的知识成果转化和创业创新。

参考文献

［1］赵辰昕.国务院关于区域协调发展情况的报告［N］.中国改革报，2023-07-03（002）.

［2］习近平.高举中国特色社会主义伟大旗帜　为全面建设社会主义现代化国家而团结奋斗——在中国共产党第二十次全国代表大会上的报告［N］.人民日报，2022-10-26（1）.

［3］习近平.论坚持人与自然和谐共生［M］.北京：中央文献出版社，2022.

［4］中共中央文献研究室.习近平关于社会主义生态文明建设论述摘编［M］.北京：中央文献出版社，2017.

创新驱动黄河流域生态保护和高质量发展需要处理好几个关系

高泽敏

（河南省社会科学院创新发展研究所，郑州　473299）

摘要： 黄河流域生态保护和高质量发展离不开创新驱动。如何让黄河成为造福人民的幸福河，其核心支撑在于创新驱动。只有把创新发展放在黄河国家战略的重要位置，才能实现黄河流域高质量发展。进入新的发展阶段，实现黄河国家战略重要目标任务，需要我们在深入学习领会习近平总书记重要指示精神的基础上，准确把握创新驱动黄河战略的内在发展逻辑，在认识和实践中处理好全社会共同责任与科技界主体责任、区域创新与协同创新、政府投入支持与发挥市场力量、生产生活与生态、技术创新与制度创新、自主创新与开放创新六个方面的关系，切实落实好黄河战略的各项任务。

关键词： 创新驱动；黄河流域生态保护和高质量发展关系

创新驱动是黄河流域生态保护和高质量发展的根本动力，是贯彻落实习近平总书记在黄河流域生态保护和高质量发展座谈会上的重要讲话精神的根本举措。在新发展阶段，推动黄河流域生态保护和高质量发展，准确把握重在保护、要在治理的战略要求，必须把创新发展放在重要位置，加快提升黄河流域创新能级，更好发挥创新的支撑和引领作用，为黄河流域生态保护和高质量发展提供强大动力。

2019 年 9 月 18 日，习近平总书记在黄河流域生态保护和高质量发展座谈会上的讲话中明确提出，要加强生态环境保护，保障黄河长治久安，推进水资源节约集约利用，推动黄河流域高质量发展，保护、传承、弘扬黄河文化。这五个方面的重要目标任务，为统筹推进黄河治理保护和流域经济社会高质量发展、让黄

作者简介：高泽敏，河南省社会科学院创新发展研究所助理研究员，研究方向为创新政策与创新管理。

河成为造福人民的幸福河指明了方向、提供了遵循。其中，加强生态环境保护，要求充分考虑上游、中游、下游的差异，上游突出提升水源涵养能力，中游突出抓好水土保持和污染治理，下游突出做好生态保护工作。保障黄河长治久安，要求完善水沙调控机制，解决九龙治水、分头管理问题。推进水资源节约集约利用，要求把水资源作为最大的刚性约束，推动用水方式由粗放向节约集约转变。推动黄河流域高质量发展，要求各地区发挥比较优势，构建高质量发展的动力系统。保护、传承、弘扬黄河文化，要求要推进黄河文化遗产的系统保护，深入挖掘黄河文化蕴含的时代价值。因此，无论是加强全流域水资源节约集约利用，还是统筹谋划上、中、下游生态保护和污染治理；无论是黄河流域高质量发展，还是黄河文化传承弘扬，其关键都在于创新驱动，即要以科技创新解决生态环境保护和发展不平衡不充分问题；以制度创新保障流域协同发展和可持续发展；以管理创新、组织创新等推动黄河上中下游、左右岸生态综合治理；以文化创新保护、弘扬黄河文化等。这都需要我们必须胸怀"国之大者"，深刻认识创新在黄河战略中的核心地位，并在创新驱动发展实践中处理好各方面的关系，推动黄河流域生态保护和高质量发展战略落地生根、开花结果。

一、处理好全社会共同责任与科技界主体责任的关系

黄河是中华民族的母亲河，孕育了中华民族自强不息的民族精神，凝聚了中国人民浓厚的文化情感，是中华民族坚定文化自信的重要根基。治理黄河，历来是中华民族安民治邦的大事。黄河流域生态保护和高质量发展，既事关我国东西部区域、南北区域的协调发展，也事关促进共同富裕目标的实现。经过一代人接着一代人的艰辛探索和不懈努力，黄河治理和黄河流域经济社会发展都取得了巨大成就。同时，黄河流域依然面临着突出问题，迫切需要解决生态环境问题、提高黄河流域各省区生态环境质量，迫切需要缓解水资源矛盾、促进可持续发展，迫切需要提高生态系统质量、筑牢国家生态安全屏障，迫切需要加快转变发展方式、推动高质量发展。这些问题涉及黄河流域经济社会发展的方方面面，涉及科技创新、制度创新、政策创新等，事关黄河流域各省区全体人民的幸福。新的形势下，面对百年未有之大变局，立足新发展阶段，更加需要我们全面提升对创新的认知水平，不能认为黄河保护治理仅仅是科技创新，只是科学家的责任。而是应该在科技界提升自主创新能力的同时，全社会都要主动履行创新驱动发展的共同责任，做到创新驱动发展无死角，既要以科技创新驱动黄河流域生态保护和高质量发展战略的实施，也要通过理论创新、政策创新、管理创新、组织创新、市场创新等为黄河流域生态保护和高质量发展战略赋予强大的动力和活力。

二、处理好政府投入支持与发挥市场力量的关系

长期以来，我国在关键领域赶超世界先进水平、建设科技强国等方面，依托的最大优势就是社会主义制度优势。这一体制优势，有利于高效合理统筹政府、企业、社会各方面力量。黄河流域生态保护和高质量发展是国家重大战略，不仅需要有效的市场，也需要有为的政府。但是在这一过程中，要厘清政府和市场的边界，避免出现"两个高度依赖"，使政府力量在科技创新中既不能缺位，也不能越位和错位。一是要扭转科技创新对政府投入高度依赖的现状，处理好政府财政资金引导与企业科技投入主体的关系。政府资源投入的重点应该是强化国家战略科技力量，围绕具有全局性、关键领域和长远战略意义的重大战略科技问题。例如，通过基础理论和关键技术突破，以国家集中力量办大事的体制优势，着力水资源短缺矛盾和生态环境脆弱问题。二是要改变科技企业对政府补贴长期依赖的现状。长期补贴不仅可能会使企业患上对政府资金的依赖症，缺乏技术研发和转型升级的长期动力和压力，而且也会使行业出现低水平盲目扩张，导致资源浪费和产能过剩等。因此，政府的投资和补贴，必须有精细化的机制设计，如提高补贴的门槛标准，突出对真正致力于技术创新企业的支持。同时，要防止极端主义，发挥市场主体力量不等于政府什么也不用做，政府既要加强对基础研究、应用基础研究、战略性研究的投入，也要在科技融资平台、技术专利保护等方面为市场主体提供良好的创新环境，通过政府和市场的共同努力，推动黄河流域生态保护和高质量发展战略的实施。

三、处理好区域创新与协同创新的关系

黄河流经河南、陕西、山东、四川、宁夏、青海、山西、甘肃、内蒙古9个省区，流域总面积70多万平方千米，是一个有机整体。国家创新驱动战略实施以来，沿黄河流域各省区把创新驱动发展放在首位，加快区域创新体系建设，形成了黄河流域科技创新发展经济带：上游形成以四川、甘肃、宁夏为中心的领跑科技创新区域，中游形成以陕西、山西为引领的创新发展互动经济带，下游形成以河南、山东为支撑的创新发展格局。但是，由于受地理条件等的制约，缺乏像长江流域那样的"黄金水道"和远洋运输港口，黄河流域的城市群建设、产业集聚和经济合作并非以水资源和航运条件为基础，黄河流域各省区经济联系强度历来不高，这就导致黄河流域整体创新能力不强，各区域创新主体相对独立，全流域发展与治理难以实现高质量协同。在此情况下，只有坚持协同创新，强化全流域科技协作，加速高端人才、创新要素向黄河流域集聚，支撑黄河流域各省区产业转型升级和高质量发展，才能更好地推动黄河流域生态保护和高质量发展。

一方面，打造黄河流域科教创新高地，充分利用陕西、河南、山东、四川科教资源优势，与宁夏、青海、甘肃、内蒙古等省城市的联动发展，搭建跨区域产业技术创新平台载体，构筑黄河流域科创大走廊，构建开放协同创新网络体系，推动形成具有黄河流域特色的新型创新体系。另一方面，打造协同联动创新共同体，依托9个省区的国家自创区和高新区核心载体加强协同创新，建设产业链创新链有效融合的科技成果跨区域转移转化平台，实现9个省区科学技术创新共创共享，从而使科技创新成为推动黄河流域9个省区治理和发展深度融合的动力，不仅打通流域内创新要素流通的堵点，而且更好地融入国家发展大格局中。

四、处理好生产、生活与生态的关系

党的二十大提出，中国现代化是人与自然和谐共生的现代化，要坚持可持续发展，坚持节约优先、保护优先、自然恢复为主的方针，像保护眼睛一样保护自然和生态环境，坚定不移走生产发展、生活富裕、生态良好的文明发展道路。这就要求在推进黄河流域生态保护和高质量发展的过程中，坚持把加强生态环境保护放在首位，将生态保护和创新驱动、绿色发展等新发展理念有效地结合在一起。但是，同京津冀协同发展、长江经济带发展、粤港澳大湾区建设、长三角一体化发展等区域发展战略不同的是：在经济发展层面，黄河流域少数民族人口和贫困人口相对集中，经济社会发展相对滞后；从生态资源环境来看，黄河流域是我国重要的生态安全屏障，然而水资源短缺的矛盾突出，生态环境脆弱，资源环境承载能力弱。因此，在推动黄河流域生态保护和高质量发展的过程中，我们绝不能把生态环境保护和经济发展割裂开来，更不能对立起来，要坚持在发展中保护、在保护中发展。既要依靠与生态保护和节水产业相关的科学研究、技术创新和体制机制创新，为黄河流域生态保护和高质量发展培育新的要素市场，培育黄河流域经济发展的新动能；也要加大力度推进生态文明建设，正确处理好绿水青山和金山银山的关系，构建绿色产业体系和空间格局，引导形成绿色生产方式和生活方式，让黄河成为造福人民的幸福河。这不仅是推动黄河流域高质量发展的内在要求，更是关系中华民族可持续发展的根本大计。

五、处理好技术创新与制度创新的关系

黄河流域生态环境保护和高质量发展是一项巨大的系统工程，保护好流域生态环境，实现黄河流域高质量发展，需要不断深化改革，建立新机制、提出新制度、打造新格局。特别是黄河流域是我国重要的经济地带，农业和畜牧业基地地位重要，煤炭储量极为丰富，基础原材料和基础工业实力较强。但同时，黄河流域9个省区产业结构与长江流域主要城市和城市群相比存在较大差距，传统产业

大而不强，先进制造业等新动能发展滞后，在新一轮科技和产业变革中处于劣势。因此，抓住新一轮科技革命机遇，必须全面深化科技体制改革，形成支持全面创新的基础制度。因为只有通过优化配置、整合重组，才能持续推动各类创新要素深度融合、创新生态持续改善，真正形成黄河流域生态保护和高质量发展的创新驱动力。具体来说，要按照《黄河流域生态保护和高质量发展科技创新实施方案》，结合各地区实际，强化黄河治理和保护的技术创新，重点针对水资源短缺矛盾和生态环境脆弱等突出问题，紧紧抓住水沙关系"牛鼻子"，通过基础理论和关键技术突破、沿黄地区科技创新走廊构建，推动由黄河源头至入海口的全域科学治理，支撑黄河流域生态保护与高质量发展重大战略的实施。同时要深化体制机制改革，推动黄河综合治理的制度创新，构建区域协同保护机制，打破区域行业壁垒，创新流域系统综合治理新模式，加快构建内外兼顾、陆海联动、东西互济、多向并进的黄河流域开放新格局，形成推进黄河流域生态保护和高质量发展强大合力，提升黄河流域高质量发展水平。

六、处理好自主创新与开放创新的关系

黄河流域生态保护和高质量发展是事关中华民族伟大复兴的千秋大计，是继往开来的长期战略任务。习近平总书记指出，我们强调自主创新，绝不是要关起门来搞创新。在加快构建以国内大循环为主体、国内国际双循环相互促进的新发展格局的背景下，信息、知识、技术、人才等创新要素的跨区域流动会更趋明显，经济和科技联系会更加紧密。要充分认识到，当前黄河生态问题仍面临点面复合、多源共存、多型叠加的严峻局面，传统的生态治理技术还难以满足当下的需求。尤其是与长江经济带各省市相比，黄河流域9个省区在创新投入和创新效率方面仍存在较大差距。以创新驱动黄河流域保护和高质量发展，必须坚持开放合作。其一，要有开放思维，抛弃"峡谷意识"。只有坚持引进来与走出去相结合，主动融入全球、全国科技创新网络，才能吸引和集聚创新优质资源，在更大范围、更高领域、更深层次上提升创新能力。其二，要有合作意识，善于借势用势。充分利用科技援青、科技支宁、科技兴蒙东西部合作机制，推进沿黄河省份与东部地区深度科技创新合作，实现创新要素互联互通；充分讲好"黄河故事"，在传承创新中以黄河文化魅力吸引各类创新要素，在开放合作中不断增强黄河流域创新发展的内生动力，使黄河流域资源优势转化为高质量发展胜势。党的二十大报告强调，要加快实施创新驱动发展战略。只要坚持立足自主创新，坚持开放创新，我们就一定能战胜各种挑战和困难，以高水平创新引领支撑黄河流域高质量发展，让黄河成为造福人民的幸福河。

参考文献

［1］习近平.在黄河流域生态保护和高质量发展座谈会上的讲话［J］.求是，2019（20）：4-11.

［2］何立峰.扎实推进黄河流域生态保护和高质量发展［EB/OL］.［2021-11-24］.http：//finance.ifeng.com/C/8BQKHWOOBZW.

［3］任保平.黄河流域高质量发展的特殊性及其模式选择［J］.人文杂志，2020（1）：1-4.

［4］郭晗，任保平.黄河流域高质量发展的空间治理：机理诠释与现实策略［J］.改革，2020（4）：74-85.

［5］方丰，唐龙.科技创新的内涵、新动态及对经济发展方式转变的支撑机制［J］.生态经济，2014，30（6）：103-105+113.

黄河流域生态环境综合治理与
高质量发展研究

郭　婧

（青海省社会科学院生态文明研究所，西宁　810000）

摘要： 黄河流域是我国重要的经济地带和生态安全屏障，流域污染综合治理问题备受关注。本文聚焦于流域环境污染系统治理的实施做法与成效，并通过审视与思考，总结提炼了加强黄河流域生态环境治理的途径，指出在未来几年发展过程中，黄河流域的各省区应坚持以水为基础，有效保障生态环境安全、不断提升现代环境治理能力，在治理方式、发展方式、民生保障和黄河文化等方面呈现出新的战略走向。

关键词： 黄河流域；生态环境；综合治理；高质量发展

一、前言

2019 年 9 月 18 日，习近平总书记在河南郑州主持召开黄河流域生态保护和高质量发展座谈会，为保护好黄河流域生态环境，促进沿黄地区经济高质量发展指明了方向，明确了目标。随着黄河流域生态保护和高质量发展上升为重大国家战略，2020 年 10 月 8 日，中共中央、国务院印发了《黄河流域生态保护和高质量发展规划纲要》（以下简称《黄河规划纲要》），拉开了新时代黄河流域生态保护和高质量发展的历史大幕。2021 年 10 月 22 日，习近平总书记在山东济南主持召开深入推动黄河流域生态保护和高质量发展座谈会并发表重要讲话。习近平总书记两次重要讲话深刻阐明了黄河流域生态保护和高质量发展的重大意义，作出了加强黄河治理保护、推动黄河流域高质量发展的重大部署，推动黄河生态保护、黄河治理和黄河流域经济社会发展取得巨大成就。黄河流域是我国重要的经

作者简介：郭婧，青海省社会科学院生态文明研究所助理研究员。

济地带和生态安全屏障，流域污染综合治理问题备受关注。习近平总书记在黄河流域生态保护和高质量发展座谈会上提出，治理黄河，重在保护，要在治理。要坚持山水林田湖草综合治理、系统治理、源头治理，统筹推进各项工作，加强协同配合，推动黄河流域高质量发展。经过长期的综合治理，黄河流域生态环境治理及其发展已取得显著成效。这对于扭转黄河流域生态环境系统恶化趋势和提升生态系统质量中发挥着不可替代的作用。

二、黄河流域环境治理实施做法与成效

（一）深入推进农业面源污染防治，流域水环境质量得到有效改善

党中央、国务院高度重视农业面源污染防治工作，习近平总书记强调，要以钉钉子精神推进农业面源污染防治。中华人民共和国农业农村部、中华人民共和国生态环境部等出台了《重点流域农业面源污染综合治理示范工程建设规划（2016—2020 年）》加快转变农业发展方式，打响了农业面源污染防治攻坚战。黄河流域开展农业面源污染防治以来，防治工作取得明显成效。一是农业面源污染监测能力不断加强。逐步建成了流域农业面源污染治理监测平台建成，开展了农业面源污染长期定位监测工作，基本掌握了流域农业面源污染状况，形成了常态化、动态化、制度化的长效机制。例如，2022 年初，山东省东营市东营区农业面源污染治理监测平台已建成并投入使用。截至 2022 年 5 月，内蒙古巴彦淖尔市以产地环境净化为核心，以精准测污为手段，高质量完成了农业面源污染普查，农牧业投入品可追溯体系建设有序推进。二是节肥节药技术大面积推广应用。实施化肥农药零增长行动，开展化肥减量增效试点，加大农作物病虫害绿色防控力度。此外，在沿黄九省区农业面源污染治理中，宁夏化肥利用率 40.4%，农药利用率 40.1%，畜禽粪污综合利用率 90%。甘肃省首创的"西北典型土壤肥力演变及减肥增效创新技术"使化肥减量 30%~50%，目前这一科技创新技术已在武威、张掖、天水和平凉等地累积应用。三是秸秆地膜综合利用成效明显。因地制宜推广农作物秸秆饲料化、肥料化、基料化、原料化、燃料化等利用方式；2022 年初，肥料化、饲料化和基料化等农用比重达到 40% 以上，形成了农用为主、多元发展的利用格局。实施农业清洁生产示范项目，截至 2020 年底，内蒙古各秸秆综合利用项目旗县新增秸秆转化量 246 万吨，各废旧地膜回收利用示范旗县回收地膜面积达 446.9 万亩。四是强化种植业污染源头管控。根据流域农业污染源类型分布、地理气候条件等因素确定了农业面源治理试点地区，做到了分区分类采取治理措施。例如，甘肃省利用能源升级转型农业环境，生态治理为重点加强科学技术支撑，强化种植业污染源头管控，有效推动循环产业发展。陕西省坚持源头减量、过程控制、末端利用的治理路径，推行干清粪工艺和干

粪、沼渣、沼液、肥水还田利用模式，实现粪污零排放。黄河流域在深入推进农业面源污染防治上，重点突出流域上下游、左右岸、干支流协同治理，通过减少农业投入品、提高资源化利用率，结合生态措施和工程措施，提高了综合治理的系统性和整体性。与十年前相比，2021年黄河流域农业源产生的化学需氧量、氨氮污染排放量占污染排放总量的比例显著增加，增加百分比分别达到了47%和81%，这表明了开展农业源的污染控制是黄河流域污染控制攻坚的重点。

（二）推进工业污染协同治理力度，氮氧化物排放强度有效降低

近年来，随着工业的发展黄河流域的主要污染物中，臭氧污染问题越发严重。因此，针对这一问题黄河流域持续推进工业污染协同治理力度。针对臭氧的两种前驱物——挥发性有机物和氮氧化物制定了有效减排目标。一是注重臭氧与$PM_{2.5}$的协同治理。在遏制臭氧污染上升趋势的同时，降低了$PM_{2.5}$浓度；优化了$PM_{2.5}$和臭氧协同治理的科学技术，同时为减排路径提供保障，确保了氮氧化物和挥发性有机物实现流域范围内的"双控双降"。例如，甘肃省加强黄河流域工业污染源管控治理，建成了沿黄38个县级以上工业园区污水集中处理设施，严控严管新增高污染、高耗能、高排放、高耗水企业。建立了以排污许可为核心的固定源管理制度，累计核发排污许可证5126张，重点管理排污单位1799家。二是实现了流域重点高耗能行业节能监察全覆盖。深化环评领域"放管服"改革，对黄河流域石化、煤化工等高污染行业项目进行严格环评审查。其中，四川省借助工业污染治理项目，推进重点行业清洁化技术改造和强制性清洁生产审核，实施重点行业低（无）挥发性有机物源头替代，重点乡镇开展"散乱污"集中排查整治等，从而持续推进空气质量的改善。2022年上半年，$PM_{2.5}$、PM_{10}年均浓度持续下降，大气网格化监测系统和大数据平台已建成使用，确保氮氧化物排放强度有效降低。

（三）深入开展固体废弃物排查整治，流域废物利用处置能力得到提升

深入开展固体废弃物排查整治，是从源头推动污染治理、改善黄河流域生态环境的重要举措。近年来，习近平总书记就固体废物与化学品环境管理领域先后作出多次重要指示批示，涉及禁止"洋垃圾"进口、"无废城市"建设试点、"白色污染"综合治理、危险废物和医疗废物利用处置等多个方面。因此，2021~2022年，生态环境部集中开展了黄河流域"清废行动"。其中，2022年集中排查整治陕西、山西、河南、山东4省黄河干流沿岸、渭河陕西段沿岸、汾河山西段沿岸和石川河沿岸，覆盖面积56875平方千米。

开展"清废行动"是强化固体废弃物监管的重要手段。一是对黄河流域中上游固体废弃物倾倒情况进行了全面摸排整治，科学处置各类违法倾倒固体废弃物问题，特别是历史遗留固体废弃物问题，解决了的固体废弃物环境污染问题，

同时有力提升了黄河流域危险废物利用处置能力和全过程信息化监管水平。二是建立了固体废弃物遥感解译标准，固化了技术流程，形成了一套成熟的"卫星遥感+无人机遥感+地面排查"的天地空一体化固体废弃物执法业务体系，开创了固体废弃物核实与整治的新模式，实现了固体废弃物调查与执法的信息化管理。目前，已开展黄河干流中上游内蒙古、四川、甘肃、青海、宁夏5个省份24个地级市约7.5万平方千米的遥感识别，结合实地调查，确认问题点位497个，整改完成率98.4%。各地各部门累计投入资金约2400万元，清理各类固体废弃物882.6万吨，在有效防范黄河中上游沿线生态环境安全风险的同时，形成了"遥感排查—分批交办—地方整改—专家帮扶—遥感再看"的闭环管理工作模式，取得显著成效。

（四）开展矿山生态环境综合治理，矿山生态环境逐步修复

矿山生态修复是加强生态文明建设的重要内容，也是黄河流域自然生态治理修复的关键环节。以黄河流域露天矿山集中开采区、生态功能脆弱区，以及黄河干流和主要支流左右岸、重要交通干线沿线、城镇周边为重点区域，优先对破坏生态严重、影响人民群众生产生活和区域可持续发展的废弃露天矿山开展生态修复，消除或减轻地质灾害隐患，修复已损毁的土地资源，提升了历史遗留矿山与周边地形地貌景观和谐度，矿山生态环境得到逐步修复。例如，2022年5月，甘肃省白银市平川区通过创新"国家储备林+N"模式，加速推进融入产业发展、矿山生态修复、采煤沉陷区恢复治理等项目的国家储备林建设。青海省自启动黄河流域矿山生态修复以来，稳步推进历史遗留矿山生态修复工作。此外，黄河流域各省区对黄河流域历史遗留矿山生态破坏与污染状况进行了调查评价，实施了矿区地质环境治理、地形地貌重塑、植被重建等生态修复和土壤、水体污染治理等项目同时探索了利用市场化方式推进矿山生态修复。在矿山治理方面，黄河流域各省区成效显著。根据《中国国土资源统计年鉴》统计，在矿山企业数方面，四川的矿山企业数最多，而青海、宁夏矿山企业数相对较少。在矿山企业数变化方面，黄河流域各省区矿山企业数在最近几年均有所下降，且各省区矿山环境治理资金整体处于上升趋势。其中内蒙古、山东和山西在矿山环境治理投资中投入相对较高。整体来看，在矿山治理方面，黄河流域各省区重视程度逐步加强，并取得了一定的成果，矿山生态环境逐步修复。

（五）加大重点河湖水污染治理力度，水资源可持续利用结构不断优化

黄河流域河流水系网络包含干流和支流。由许多个湖盆水系演变而成的，目前留下来的较大的三个湖泊为河源区的扎陵湖、鄂陵湖和下游的东平湖。黄河流域水污染治理取得阶段性成果，是黄河流域9个省区加强重点河湖水污染治理力度取得的成效。例如，2018年，内蒙古黄河流域列入《水污染防治行动计划》

考核的 16 个断面中，与上年相比，共有 10 个断面的水质类别实现提升，黄河干流的 6 个断面水质全部达到 II 类。乌梁素海湖区总体水质也由劣 V 类提高到 V 类，局部达到 IV 类。2020 年，汾河流域实时掌握水体水质状况、预警预报等，对保留的 449 个入河排污口加强水质监测，超标排放的限期治理、封堵，完善监测体系。侧面说明黄河流域河湖管护责任体系基本形成，黄河流域"四乱"问题增量基本得到遏制，加强了智慧河湖的建设。此外，近年来，黄河流域特别是中上游降水量明显增加。根据《2020 中国生态环境状况公报》显示，黄河流域监测的 137 个水质断面中，I ~ III 类水质断面占 84.7%，比 2019 年上升了 11.7%；无劣 V 类水，比 2019 年下降了 8.8%。其中，干流水质为优，主要支流水质良好。2011 年以后工业和农业用水量减少，农业用水量减少是节水型农业发展取得显著成效的体现，工业用水量减少是经济新常态下去过剩产能的成效体现。黄河流域 9 个省区水资源使用结构不断优化，这对于水生态环境修复，促进流域资源环境生态的协同保护均具有重要意义。

三、展望

黄河流域的生态环境治理关乎千秋万代，但黄河流域的独特生态特点决定了其分布广、难治理的特性。必须维护好黄河流域及沿黄地区的生态平衡，确保经济社会的可持续发展。首先，充分认识到黄河流域生态环境治理的重要性，对其存在的水土流失、水旱灾害频发、水污染以及水资源浪费等问题深入分析查找原因，通过采取依法治理、科技治理、公众参与、加大投资以及创新管理等一系列手段来解决问题；其次，需要强化对尚未被污染的水源的保护，从根本上阻断水源污染，避免重蹈"先污染，后治理"的覆辙；最后，要快速开展生态治理的工作。因此，在进行治理的过程中，必须对传统的行政区划治理方式加以打破，全面树立"水危机"意识，利用法制化的管理工具，协同推进生态环境的保护与发展。在实现黄河流域生态环境保护、治理和修复的同时，确保我国经济社会的持续、健康、稳定发展。

参考文献

［1］梁兰珍.黄河流域生态环境的治理与可持续发展研究［J］.环境科学与管理，2021（5）：171-174.

［2］潘文琛，毛建斌.加强黄河流域生态环境治理途径研究［J］.化工设计通讯，2020（10）：171-172.

［3］张弼，张朝阳.建设环境污染防治率先区　助力黄河流域生态保护和高

质量发展［J］.世界环境，2020（6）：82-83.

［4］高国力，贾若祥，王继源，窦红涛.黄河流域生态保护和高质量发展的重要进展、综合评价及主要导向［J］.兰州大学学报（社会科学版），2022（2）：35-46.

［5］山仑，王飞.黄河流域协同治理的若干科学问题［J］.人民黄河，2021（10）：7-10.

［6］邓生菊，陈炜.新中国成立以来黄河流域治理开发及其经验启示［J］.甘肃社会科学，2021（4）：140-148.

黄河流域制造业绿色化转型研究

韩树宇

（河南省社会科学院数字经济与工业经济研究所，郑州　450002）

摘要： 黄河流域制造业占比较大，能源消耗和碳排放量大，推进制造业绿色化转型面临着工业化水平低、资源依赖度高、生态环境脆弱、区域差异突出、创新动能不足等诸多挑战。黄河流域各省区必须协调推进、精准施策，多角度、全方位推进制造业绿色化转型，加快构建绿色经济体系、现代化产业体系、绿色能源保障体系等，以科技创新引领制造业绿色低碳发展，推进黄河流域生态保护和高质量发展。

关键词： 黄河流域；制造业；绿色化转型

2019 年 9 月，习近平总书记在郑州主持召开黄河流域生态保护和高质量发展座谈会并发表重要讲话，提出"黄河流域生态保护和高质量发展是重大国家战略，要坚持生态优先、绿色发展"。2021 年 10 月，习近平总书记在济南主持召开深入推动黄河流域生态保护和高质量发展座谈会，明确指出要坚定走绿色低碳发展道路。制造业价值链长、关联性强、带动力大，是构建现代产业体系的重要抓手，是高质量发展的重要保障。黄河流域各省区制造业绿色化转型的空间和潜力巨大，区域内制造业发展历史和发展基础较好，在我国工业体系中占据着重要的地位，而且区域内工业增加值占全国工业增加值的 1/4，在全国制造业中拥有较高的比重，对黄河流域实施制造业绿色化转型具有一定的必要性。同时，在黄河流域生态保护和高质量发展国家战略的加持下，黄河流域制造业绿色化转型的目标、方式更加清晰，制造业绿色化转型的政策支持力度更大、机遇和前景也更加广阔，推进制造业绿色化转型将更加有的放矢。

作者简介：韩树宇，河南省社会科学院数字经济与工业经济研究所研究实习员。

一、黄河流域制造业绿色化转型面临的挑战

（一）工业化水平低，资源依赖度高

黄河流域大部分省份拥有丰富的煤炭、矿石等自然资源，经济发展对资源性产业有较高的依赖程度，产业结构以煤炭、钢铁等资源密集型产业为主。黄河流域是我国重要的工业基地，但工业化水平整体仍然偏低，中上游省份更多依赖资源型产业，转型发展相对较慢。黄河流域内蕴含着十分丰富的煤、油、气、风、光、地热等多品种能源资源，对资源依赖程度较高，能源消耗量巨大。2020 年，黄河流域 9 个省区的工业能源消费 15.8 亿吨标准煤，占全国工业能耗总量的 32.5%。万元工业增加值能源消费量为 1.4 吨标准煤，远高于全国平均 0.95 吨标准煤。黄河流域石化、冶金、非金属矿物制品、电力四大高耗能行业能源消费量占工业能源消费总量的比重约为 67.7%。石化化工、纺织等五大高耗水行业用水量占工业用水量的比重约为 58%。能源消耗量居高不下造成的碳排放压力、水资源过度消耗压力、固体废弃物堆积等资源环境问题也日益突出。整体来看，黄河流域工业化水平偏低，整个流域农业劳动力平均占比达到 28%，显著高于全国平均水平；城镇化率平均只有 60.2%，显著低于全国平均水平。从制造业内部结构来看，上游省份传统资源密集型产业占比高，高耗能、高耗水、高排污问题比较突出。

（二）生态环境脆弱，碳减排压力大

黄河流域是我国重要的生态走廊和生态屏障，它串联青藏高原生态屏障、北方防沙带、黄土高原生态屏障，流经众多生态脆弱、敏感和重要地区。但黄河流域资源环境承载力有限，流域生态敏感性强，生态脆弱区面积最大，荒漠化、沙化土地集中分布，生态脆弱的问题依然突出。此外，局部环境污染严重，是重要的污染负荷中心，黄河流域污染物排放明显高于全国平均水平，生态环境治理亟须加快步伐。黄河流域产业结构偏重的特点也导致该流域污染物排放强度高。黄河流域煤化工产业集聚，据《中国能源报》显示，每吨煤直接液化将产生 5.8 吨二氧化碳，间接液化将产生约 6.1 吨二氧化碳；煤制天然气会产生 4.8 吨二氧化碳；煤制烯烃约产生 9 吨二氧化碳。黄河流域现代煤化工产业碳排放量占全国同行业碳排放总量的 70% 以上，以当前黄河流域的能源消耗情况，未来该区域碳排放压力依然巨大。

（三）区域差异突出，制造业发展不均衡

黄河流域制造业呈现阶梯状空间分布格局，产业结构具有非均衡性。受地理区位、要素禀赋、发展阶段及政策环境等诸多因素的制约，黄河流域各省区的制造业发展呈现较大差异化，整体呈现"上游省份发展水平较低、中游省份发展水

平一般、下游省份发展程度较高"的阶梯状空间分布格局。2021 年,黄河流域全口径工业增加值为 94261.22 亿元,其中黄河下游省份的山东、河南工业增加值分别为 27243.6 亿元、18785.3 亿元,占黄河流域各省区工业比重达到 48.83%,工业比重接近黄河流域的一半;黄河流域上游的青海、甘肃、宁夏、内蒙古四个省区工业增加值总量为 11388.83 亿元,这四个省区的工业增加值占黄河流域省份的比重为 12.08%,上游和下游工业规模存在较大的差距。从工业占比来看,截至 2021 年,黄河流域工业增加值占 GDP 的比重为 32.86%,但黄河流域工业占比较"十二五"末的 37.3% 下降了 4.44 个百分点。

(四)动能转换不足,绿色转型压力大

在旧动能转化方面,黄河流域大部分省区倚重倚能、资源依赖的格局尚未彻底改变,煤炭、化工、冶炼等传统企业存量大,产业结构整体偏重,资源利用效率不高,环境承载能力有限。在新动能培育方面,黄河流域各省区的科技创新力度较低,研发经费投入规模和投入强度差距较大,且流域内领航企业少、新型研发机构研究推进力度有待加强、企业创新活力不足的问题明显。以全国各地区研究和实验发展经费投入为例,2020 年,黄河流域 R&D 经费投入为 4833.4 亿元,其中山东、河南、四川的 R&D 经费之和达到 3638.44 亿元,占黄河流域的 75.28%,是支撑黄河流域研发经费投入的主要地区。从研发经费投入强度来看,2020 年,黄河流域的 R&D 经费投入强度为 1.9%,而黄河流域 R&D 经费投入强度在 1.9% 以上的仅有山东、四川和陕西,分别为 2.3%、2.17% 和 2.42%,只有陕西的 R&D 经费投入强度超过全国平均水平。黄河流域研发投入显著不足,工业发展根基不牢,培育科技创新任重道远,支撑制造业企业绿色化转型的技术创新水平较低,绿色化转型压力巨大。

二、黄河流域制造业绿色化转型路径

(一)根据基础资源精准施策,推动制造业绿色化转型

黄河流域上中下游地跨中国东部、中部、西部,是在南北经济分化背景下推动我国经济高质量发展的重要支撑。对于制造业基础较好的省份,要坚持以高质量发展为抓手,以科技创新为驱动,谋深做实数字经济,分行业打造一批优质"领航型"企业,培育一批专注于先进制造业细分领域的"专精特新"中小企业,促进产业链上下游、大中小企业融通发展,进一步优化产业结构,切实提升产业链现代化水平。对于制造业基础相对薄弱的省份,坚持以实现双碳目标为抓手,积极推进绿色制造生态体系建设。

(二)加快新旧动能转换,推动黄河流域发展实现新跨越

新旧动能实现有效转换,是解决发展不平衡不充分问题的重要标志。黄河流

域内各省区需要坚持把做实做强做优实体经济作为主攻方向，以先进制造业集群为抓手，加快推动新旧动能转化。相对发达的省区，要进一步激活市场潜力，挖掘传统动能增长潜力，推动传统产业高端化、智能化、绿色化转型升级；积极引导各类生产要素更多向中心城市和城市群聚集，提高资源配置效率，加快发展高质量、专业化的先进制造业集群。相对欠发达的省区在优化传统产能方面，以提高供给能力和供给水平为目标，推动产业发展方式转变，促进产业提质增效升级；在壮大新动能方面，要立足地区资源禀赋优势，充分发挥本地区比较优势，重点发展优势明显、特色突出的先进制造业集群。

（三）加强中心城市引领，推动黄河流域城市间产业协同发展

推动黄河流域制造业绿色化转型需要进一步强化中心城市和周边城市的产业联动。黄河流域各省区应建立健全黄河流域协商机制，积极搭建各方沟通平台，深化区域合作。充分发挥黄河流域中心城市先进制造业创新优势，依托黄河流域内临近城市的产业发展基础，进一步培育先进制造业都市圈，加快城市间产业协同发展，充分调动各行政区协同发展的积极性和主动性，深化分工合作，实现中心城市与周边城市有机衔接，进一步提高黄河流域制造业发展质量。

三、黄河流域制造业绿色化转型的对策建议

（一）以"双碳"为目标推进制造业绿色化转型

以碳达峰、碳中和为抓手，推进经济高质量发展与绿色低碳发展的融合，是全面建成社会主义现代化强国的应有之义和必由之路。以碳达峰、碳中和工作推动经济发展模式转变，也是化解我国生态环境风险、生态环境安全的重要途径。因此，要明确碳达峰、碳中和的开局思路。碳达峰、碳中和工作应围绕高质量发展，凝聚全社会力量，促进低碳发展和供给侧结构性改革深度融合，进一步完善相关政策体系和体制机制。

（二）全面统筹协调推进制造业绿色化转型

对于制造业基础较好的省份，要坚持以高质量发展为抓手，以科技创新为驱动，谋深做实数字经济，分行业打造一批优质"领航型"企业，培育一批专注于先进制造业细分领域的"专精特新"中小企业，促进产业链上下游、大中小企业融通发展，进一步优化产业结构，切实提升产业链现代化水平。对于制造业基础相对薄弱的省份，坚持以实现"双碳"目标为抓手，积极推进绿色制造生态体系建设，针对重点领域、重点区域进行清洁生产改造，通过能源清洁高效利用行动计划，进一步强化工业资源综合循环利用，逐步打造产业绿色协同链接，进一步激发企业技术创新和绿色发展潜力。同时，立足本地资源优势，集中力量打造特色产业链，构建产业链供应链生态体系，加速区域布局升级。

（三）加快能源结构升级保障绿色化转型

发展清洁能源，是改善能源结构、保障能源安全、推进生态文明建设的重要任务。一是要加快非化石能源发展。积极推进太阳能高效利用，有序推动风能资源开发利用，统筹有序推进氢能、水能和核能发展。二是要促进化石能源绿色转型。推动煤炭绿色高效发展，适度发展优势煤种先进产能，加快火电结构优化升级，持续优化调整存量煤电，淘汰退出落后和布局不合理煤电机组，充分挖掘油气生产潜力，稳定常规油气资源产量。三是构建新型电力系统。加强电力灵活调节能力建设，加快推进在建抽水蓄能电站建设，推动电力系统适应高比例新能源并网运行，增强电力系统清洁能源资源化配置能力。

（四）建立健全绿色低碳循环发展的经济体系

要多措并举建立健全绿色低碳循环发展的经济体系。一是要在改善发展动力上持续发力。加大绿色低碳循环创新技术供给，提高创新技术市场转化率，以技术创新推动传统产业转型升级，通过设备更新、技术改造等手段实现清洁高效生产，降低能源消耗。二是要加快推进生产体系向绿色低碳循环发展方向转型。实施严格的环境规制和绿色产品扶持政策，综合运用经济、法律和必要的行政手段促进企业淘汰落后产能、降低低效产能、深化节能改造等，加快形成清洁、高效利用能源的新格局，以"双碳"目标倒逼能源行业及关联行业实现转型，加快新旧动能转换。三是加强已经形成的区域特色经济。深化流域内部之间的分工联系，加快能源工业、大农业及高品质的种植业与农区畜牧业等的经济转型与技术升级，依据黄河流域各省区的发展特征因地制宜、精准施策，构建具有地域特色的现代产业体系。

（五）以科技创新引领制造业绿色低碳发展

一是全面推进工业领域能耗管理。对高能耗工业开展能耗管控管理，利用大数据、区块链、工业互联网技术推广试行智慧能源管理系统。二是推动传统行业重点领域绿色化转型。以新一轮技术改造为引领，加快数字化、智能化进程，促进企业生产管理全流程效率提高，生产过程清洁化和资源利用高效化。三是大力发展节能环保产业。围绕固体废弃物处理及回用技术装备、气体有害物收集及回用技术装备等大力发展节能环保装备、先进环保和资源循环利用产业。四是加强绿色低碳科技创新。鼓励绿色低碳技术研发，加快科技成果转化。五是探索大数据、云计算等信息技术在碳排放源锁定、碳排放数据分析、碳排放监管、碳排放预测预警等场景应用，提高数字化减碳能力。

参考文献

［1］王海杰，李同舟，贾傅麟. 黄河流域制造业绿色竞争力评价及空间分异

研究［J］.山东社会科学，2022（1）：49-57.

　　［2］任保平，豆渊博.碳中和目标下黄河流域产业结构调整的制约因素及其路径［J］.内蒙古社会科学，2022（43）：2+121-127.

　　［3］何苗.黄河流域先进制造业的高质量发展［J］.宁夏社会科学，2022（3）：146-154.

　　［4］张文会，韩建飞，丛颖睿.统筹推进黄河流域工业高质量发展［J］.中国工业和信息化，2022（5）：54-59.

PPP 模式融入黄河流域横向生态补偿机制的效度、问题与路径分析

胡骁马

（河南省社会科学院商业经济研究所，郑州　450014）

摘要：党的二十大报告指出，必须牢固树立和践行"绿水青山就是金山银山"的理念，站在人与自然和谐共生的高度谋划发展。黄河流域横向生态补偿作为以经济手段弱化经济发展和生态保护间内在张力的典型实践形式，是中国式现代化要求下黄河流域生态保护和高质量发展的必由之路。进一步地，PPP 模式（政府和社会资本合作模式）可以对现有以政府为主导的横向补偿机制提质增效，使横向生态补偿机制在黄河流域生态保护和高质量发展中的制度优势进一步外显。鉴于此，本文首先对 PPP 模式与横向生态补偿机制进行结合的可行性和耦合效度进行分析，其次剖析了二者融合发展中出现的现实问题，最后给出了 PPP 模式与黄河流域横向生态补偿进一步深化融合的政策思考。

关键词：PPP 模式；黄河流域；横向生态补偿机制

一、引言

自党的十八大以来，我国黄河流域生态补偿机制建设发展迅速。黄河流域已经初步建立了纵向与横向、省际与省内相结合的复合型生态补偿机制，有效促进了黄河流域的生态保护和高质量发展。但是，黄河流域横向补偿实践相较于纵向补偿而言较为滞后，且仍存在由政府主导、财政支撑所造成的如社会主体参与度较低，生态物品与服务供给不足，财政压力较大等一系列问题。黄河流域整体发展水平较为落后，进一步扩大了现有以政府主导的横向流域生态补偿机制在实践中存在的矛盾。本文认为，对现有黄河流域横向生态补偿体系进行改革和优化的

作者简介：胡骁马，河南省社会科学院商业经济研究所助理研究员。

关键在于进一步提高市场化运作程度，积极引入社会资本，构建多元主体的可持续横向生态补偿机制。PPP 模式可以有效促进生态产品的价值实现，进而平衡黄河流域内省份，尤其是上游后发展省份的生态保护与经济发展之间的关系，从而形成经济发展和生态保护和谐共生的高质量发展新局面（任保平和豆渊博，2022）。鉴于此，本文首先对 PPP 模式和黄河流域横向生态补偿的耦合效度进行分析，进而剖析 PPP 模式应用中存在的问题并针对性地给出政策思考，以为构建纵横交错、东西相济的覆盖黄河全流域的立体生态补偿机制，促进黄河流域生态保护和整体高质量发展提供有建设性的思考。

二、PPP 模式与黄河流域生态补偿实践结合的耦合效度分析

（一）PPP 模式与黄河流域横向生态补偿有较高的耦合协调度

首先，政府与社会资本在生态补偿实践中存在阶段性路径同一性，故而存在形成伙伴关系的前提。政府的终极目标是高效优质地提供公共物品和服务，而资本的唯一目的是收益最大化，虽然两者在最终目标上存在无法统一的矛盾，但是两方达成最终目的的路径具有同一性，即项目的成功建设与运营。在生态补偿中，政府关注生态物品和服务的高效足量供给以及生态保护的效果，社会资本则关注供给生态物品和服务所带来的资本利得。在短期，政府和社会部门都关注如何快速建成特定项目并高效运营，提供更多的生态物品和服务，存在阶段性的路径一致性使政府与社会资本可以在短期达成伙伴关系。

其次，政府与社会资本可以形成有效的利益共享机制。利益共享机制形成的前提条件是在生态补偿中有利可图，即在传统的项目形式生态补偿中，政府主要通过指定特定社会资本进行特许经营的方式对污染治理收益进行让渡，使社会资本在生态保护中有利可图，且对社会资本的让渡比例越大，对社会资本的激励越强。进一步地，可以将项目适当扩展至如绿色农业等既有利于环境保护又可以促进当地经济发展的产业。这样不仅可以对污染进行有效的治理，达到政府提供生态物品的目的，还可以通过产业和经济的发展"做大蛋糕"，达到社会部门追求利益最大化的目的。通过政府和社会资本有效协商并达成契约，政府与社会资本的伙伴关系得到了进一步的强化，并进而促成黄河流域生态保护和高质量发展的有机统一。

最后，政府与社会资本在流域横向生态补偿中可以形成有效的风险共担机制。在生态补偿项目的实施中，存在各种形式的风险。政府可能面临补偿项目运营低效的风险，导致公共物品供给不足、生态保护效果不彰等一系列问题。社会资本则可能遇到政策导向变化、政府失信以及契约意识低下的风险，导致出现项目危殆、投资无法得到对应收益等一系列情况。通过政府和社会资本合作的模

式，政府可以通过行政手段应对政策方面的风险，社会资本可以发挥经营管理方面的优势，有效地应对项目运营中出现的问题。这样对于双方而言，项目总体风险显著降低，可以有效地达成各自的目的，从而进一步巩固政府与社会资本在生态补偿中的伙伴关系。

（二）我国政策支持 PPP 模式应用于黄河流域横向生态补偿实践

我国在促进 PPP 模式与流域生态补偿耦合方面相继发布了许多指导性文件。首先，就顶层设计而言，党的十八届三中全会发布的《中共中央关于全面深化改革若干重大问题的决定》，为我国在生态补偿领域引入社会资本进行有益补充起到了关键性的引导作用。为进一步贯彻这一精神，2014 年 9 月中华人民共和国财政部（以下简称财政部）发布了《关于推广运用政府和社会资本合作模式有关问题的通知》，对推广运用 PPP 模式中的制度设计和政策安排进行了原则性的指导。2015 年 4 月财政部进一步印发了《关于推进水污染防治领域政府和社会资本合作的实施意见》，对我国进一步在水污染防治领域大力推进 PPP 模式的应用产生了积极地影响。其次，就黄河流域具体的指导政策而言，2022 年 8 月中华人民共和国生态环境部等 12 部门联合印发了《黄河生态保护治理攻坚战行动方案》，明确支持社会资本参与黄河生态保护治理。2022 年 8 月财政部印发了《中央财政关于推动黄河流域生态保护和高质量发展的财税支持方案》，进一步指出要建立黄河流域生态保护和高质量发展多元化投入格局。研究设立黄河流域生态保护和高质量发展基金。支持沿黄河省区规范推广政府和社会资本合作（PPP），中国政企合作投资基金对符合条件的 PPP 项目给予支持。鼓励各类企业、社会组织参与支持黄河流域生态保护和高质量发展，拓宽资金投入渠道。由此可见，不断出台的顶层政策性指导意见为我国 PPP 模式和流域横向生态补偿的有机结合提供了有力的政策依据和制度支持，进一步出台的政策细则也为黄河流域开展 PPP 模式和横向生态补偿机制有机结合的实践指明了具体方向。

三、PPP 模式与流域横向生态补偿结合中存在的现实问题

（一）应收账款延期或不足额支付

流域横向生态补偿中的 PPP 项目委托人多是各地方公务事业局、水务局等政府部门，地方政府对此类账款的支付意愿不高已不鲜见。由于项目中政企关系不对等，即使地方政府存在应收账款延期或不足额支付的情况，企业一般也只能通过自筹流动资金对相关运营成本进行先行垫付，有调查指出污水处理企业应收账款已普遍增加到营业收入的 50% 以上。拖延或不足额支付费用不仅损害了政府的信用，也加重了社会资本进入生态补偿领域的顾虑。当下经济形势复杂、财政支出空间有限，政府对于按时给付社会资本账款的意愿进一步受限，黄河流域内

省份发展程度差距较大，要高度重视政府的被动延后给付对生态保护类 PPP 项目的招标、落实以及运营所造成的实际风险。

（二）项目收益率普遍偏低且价格动态调整机制不健全

社会资本对公共物品项目没有特定的倾向，利润最大化是其考虑的唯一要素。在公共物品供给项目中，社会资本首先考虑的是资本的收益，其次才是公共物品供给的质量和数量。然而，现有生态保护类 PPP 项目的收益率普遍偏低，显然挫伤了社会资本参与公共物品供给项目的积极性。此外，流域生态补偿中牵涉的项目普遍投入更高，周期更长，潜在风险更高。那么与之相对应地，此类项目的潜在参与对象自然对收益率有更高的期望，这进一步加剧了预期与实际收益率之间存在的矛盾，使该领域内 PPP 模式的发展陷入困境。进一步地，生态保护类 PPP 项目对基础设施的要求高，投资大，所以项目在稳定运营的同时，需要根据实际情况进行适当的价格调整，才能维持合理的投资收益率。但生态保护类 PPP 项目的价格调整机制背后是企业利润和公共利益之间的博弈，政府作为公共利益的代理人，在与企业进行谈判时具有优势地位和更高的议价能力，导致企业的利润空间一再被压缩，社会资本参与该领域内 PPP 项目的积极性显著下降。尤其是在面临政策变化时，如税收政策变化、环境排放标准修订以及环境规制强度改变等对项目收益产生显著影响的条件发生变化时，不健全的价格调整机制将造成企业更大的损失。

四、PPP 模式与黄河流域横向生态补偿深化融合的实践路径

（一）进一步完善风险识别和分担机制

黄河流域生态补偿中的生态保护类 PPP 项目相较于其他 PPP 项目周期更长，资金投入更大，从而存在更为复杂的风险。风险与项目的预期收益直接相关，所以科学有效的风险识别、风险管控和风险分担机制是促进社会资本积极参与流域生态补偿中 PPP 项目的重要因素。对于项目中非人力可控的风险，需要建立专业的风险评估机构，或向专业评估机构咨询，对生态保护类 PPP 模式中可能出现的风险进行先期识别，强化风险识别能力。此外，各级政府可以通过建立流域生态补偿的生态保护类 PPP 项目引导资金降低项目中的风险，提高社会资本参与的积极性（汪惠青和单钰理，2020）。除了不可抗力造成的不可控风险，项目实施过程中所面临的重要风险之一是人为风险，集中表现为生态保护类 PPP 项目中存在的应收账款支付不及时或不足额支付的情况。这一现象的本质是政府缺乏契约精神、法治精神所导致的失信行为。需要说明的是，所谓政府失信行为并不代表我国政府，尤其是地方政府有较低的可信度，事实上，大多数目中的政府失信源自项目参与主体对流域横向生态补偿中生态保护类 PPP 模式的实施方式

不熟悉而导致的政策误判。同时，黄河流域整体发展程度相对滞后，在引入 PPP 模式的实践中属于跟随者的角色，故黄河流域内政府相对存在更大的政策误判风险。虽然在推行过程中，我国地方政府失信行为的数量总体呈现显著的下降趋势，但失信行为仍时有发生。为了有效避免此类风险的产生，应首先通过契约制度强化政府部门的契约精神，明晰地方政府在契约中的权责，并明确违约的判定标准、细化违约的惩罚方式。进一步加强监管，对项目实践中由政府方违约造成的社会资本的损失予以补偿，对政府按时足额向社会资本支付进行兜底保障。同时，建立合理的风险分担机制，对项目运营中出现的风险所带来的额外成本进行合理分担。既有经验表明，合理的风险分担机制是 PPP 模式应用于黄河流域横向生态补偿的风险机制核心。项目风险分担应遵循能力原则。对于税收政策变动等带来的政策性风险，一方面政府应对政策性风险的产生负有更大的责任，另一方面政府拥有更强的应对政策性风险的能力，所以应由政府承担，自然地，此类风险产生的额外成本，也应由政府承担；对于运营中出现的风险以及额外成本，应由项目的运行主体，即社会资本承担；对于因不可抗力产生的风险，其并无明显的责任归因，也无相对承受能力更强的一方，所以应由政府和社会资本共同承担。

（二）优化初始定价机制，并适时建立复合动态价格调整机制

政府和社会资本合作项目的定价过程本质上是公众利益与私人利益的博弈，其中，私人利益追求利润最大化，而政府部门作为公众利益以及社会整体福利的代表，其目标是保证公众利益以及社会整体不受资本侵害并实现公众利益以及社会整体福利最大化。生态保护类 PPP 项目提供公共物品与公共服务与公众利益直接相关，在定价过程中应首先保证社会整体福利最大化。在此基础上，尽可能降低政府对于公共物品供给的支出责任，并尽可能地向社会资本让利，在博弈中达成最优的价格。

首先，应建立科学合理的项目初始定价机制。传统定价机制主要基于政府和社会资本两方，但是 PPP 项目，尤其是针对黄河流域的流域横向生态补偿中的生态保护类 PPP 项目产生的原动力和正当性基础均在于公众利益这一要素上（江国华，2018）。虽然政府在传统定价机制中代表公众利益，但更为直接且高效的方式是将社会公众这一项目服务方和监管方直接纳入定价机制中（崔运武，2015）。在价格公开透明的基础上，通过完善价格听证机制使政府、社会资本和公众三方充分参与黄河流域的生态保护类 PPP 模式的定价过程，进而建立科学合理的项目初始定价机制。

其次，应建立常规和特殊模式相结合的动态价格调整机制。应根据价格指数建立常规的价格调整机制，以应对长周期内因物价指数变动等因素对企业造成的

损失；同时，明确特殊的价格调整机制触发点，如税收政策调整、政府排放标准要求变动等，并以合同形式固定。应对突发事件对社会资本造成的损失，尽可能地满足社会资本预期回报率不低于初始值。在此基础上，可以根据项目运营阶段进行价格的动态调整，如在项目初期可以使用成本加成法或激励性价格规制促使企业降低成本，提高效率（刘穷志和李佳颖，2018）。当项目后期运行良好时，可酌情适当加入最高限价以限制资本过度逐利行为，进而避免其对社会和公众造成的福利损失。

参考文献

［1］崔运武．论我国城市公用事业公私合作改革的若干问题［J］．上海行政学院学报，2015，16（4）：39-50．

［2］江国华．PPP 模式中的公共利益保护［J］．政法论丛，2018（6）：31-42．

［3］刘穷志，李佳颖．PPP 定价的决定力量及利益博弈测度——基于中国高速公路 PPP 项目的证据［J］．财贸研究，2018，29（10）：76-86．

［4］任保平，豆渊博．黄河流域水权市场建设与水资源利用［J］．西安财经大学学报，2022，35（1）：5-14．

［5］史歌．高质量发展背景下黄河流域生态补偿机制的建设思路［J］．经济与管理评论，2023，39（2）：49-58．

［6］汪惠青，单钰理．生态补偿在我国大气污染治理中的应用及启示［J］．环境经济研究，2020，5（2）：111-128．

基于生态产品价值实现黄河青海流域生态系统服务价值评估

李婧梅

（青海省社会科学院生态与环境研究所，西宁　810099）

摘要： 生态系统服务有着极高甚至无法计量的价值，与人类福祉关系密切。黄河青海流域是我国重要的生态安全屏障，在黄河流域生态保护和高质量发展战略中有着不可替代的战略地位。本文基于价值当量因子法，得出 2020 年黄河青海流域生态系统服务价值达 2592.57 亿元。按不同土地利用类型区分，草地生态系统服务价值最大，占 50% 以上，其余依次为湿地、水域、森林、耕地、荒漠、裸地；按不同生态系统服务区分，黄河青海流域在调节服务方面产生的价值最高，占总价值的 68.81%，其中水文调节方面产生的价值最大，占总服务价值的 34.14%，其次为支持服务与供给服务，占比约占总价值的 20%；按生态系统服务小类分，生态价值最高的为水文调节，其余依次为气候调节、生物多样性、土壤保持、气体调节、美学景观等。

关键词： 生态系统服务价值；黄河青海流域；价值当量因子法

"黄河之水天上来"，黄河发源于青海省玉树藏族自治州曲麻莱县巴颜喀拉山北麓，每年源源不断地向下游输送清洁水源。黄河青海流域作为三江源、祁连山、青海湖、东部干旱山区等生态功能板块的核心组成部分，是森林、草原、湿地、荒漠生态系统集中分布和交错的典型区域，是重点生态功能区和水源涵养区，保护好黄河流域生态环境，不仅关系到青海自身发展，而且关系到全国可持续发展和中华民族长远发展，甚至关系到全球生态安全。黄河青海流域既是源头区也是干流区，是黄河流域重要的生态安全屏障，有力支撑着中下游省区生态保护和经济社会高质量发展，在黄河流域具有不可替代的战略地位。

作者简介：李婧梅，青海省社会科学院生态与环境研究所助理研究员，研究方向为生态环境保护、生态经济。

生态系统为人类提供了多种服务以维持人类的生存和发展，是人类赖以生存的基础。自千年生态系统评估以来，越来越多的学者确认了生态系统具有经济价值，习近平总书记也多次提到"要积极探索推广绿水青山转化为金山银山的路径""实现生态产品价值转化"，深刻揭示了人与自然、经济发展与环境保护之间辩证统一的内在规律。然而，土地利用类型变化、人口快速增长和社会经济高速发展给生态系统带来了巨大压力，导致生态系统服务退化。根据2011年联合国环境规划署报告，全球约有60%的生态系统服务退化或正在以不可持续的方式被利用。

作为衡量可持续发展水平和生态文明建设的重要突破口，依托生态系统服务打通"两山"转化的现实路径，将生态系统服务"盈余"和"增量"有效地转化为经济财富和社会福利，对于促进经济社会发展全面绿色转型有重要的理论价值和现实意义。而生态系统服务价值的准确评估是生态产品价值转化的基础。本文采用当量因子法评估黄河青海流域生态系统服务价值，为生态产品价值实现提供重要的理论支撑。

一、黄河青海流域概况

（一）自然地理

1. 青海黄河流域土地利用

本文土地利用数据源自2020年中国科学院资源环境科学数据中心1千米遥感影像解译数据产品。黄河青海流域包括青海省6州2市的35个县（区），流域面积为15.31万平方千米。流域内各类土地利用占比由高到低依次为草原、森林、荒漠、耕地、湿地、水域、建设用地，其中，草地主要由高寒草甸、高寒草原和高寒荒漠草原构成；未利用地主要以裸地、沙地等类型为主，其面积大小依次为裸岩石砾地、沙地、裸土地、戈壁、盐碱地。

2. 水资源状况

源头活水是水中钻石，具有独一无二的价值。青海境内黄河干流长度1694千米，占黄河总长度的1/3，多年平均出境水量占黄河总流量的49.4%。青海是"三江之源""中华水塔"和国家重要的生态安全屏障，境内黄河干流长度1694千米，占黄河总长的31%，多年平均出境水量达264.3亿立方米，占全流域径流量的49.4%，青海境内面积50平方千米及以上河流共有917条，常年水面面积1平方千米及以上湖泊40个，水资源总量为208.5亿立方米，占全流域的38.9%；多年平均出境水量为264.3亿立方米（含甘肃、四川入境水量61.2亿立方米），占黄河天然径流量的49.4%，出省干流断面水质保持在Ⅱ类以上，龙羊峡等7座水电站资源贡献率高，防洪调度地位十分重要。2021年，青海地表水出境水量为855.57亿立方米，其中黄河流域为408.33亿立方米。

3. 自然资源

黄河青海流域草场面积 5.6 亿亩，占全省草场面积的 81%，流域内祁连、河南、泽库等 12 县通过有机认证的草原面积达 6916 万亩。全省有机生态畜牧业生产基地达到 63 个，成为全国规模最大的有机畜牧业生产基地，认证的有机牦牛藏羊 450 万头（只），获证绿色食品、有机农产品和地理标志农产品 692 个。黄河青海流域是全国最大的冷水鱼生产基地，鲑鳟鱼等冷水鱼产量占全国的 1/3。全省可开发太阳能资源有 35 亿千瓦，风能可开发资源超过 7500 万千瓦，水能资源理论蕴藏量 2187 万千瓦，水光风互补发电项目全球领先，清洁能源供电 7 日、9 日、15 日和三江源绿电百日不断刷新世界纪录。

（二）社会经济发展

青海黄河干支流流经的县级行政区，包括 2 市 6 州的 35 个县（区），国土面积 27.78 万平方千米，2019 年末总人口为 525.21 万，地区生产总值 2264.41 亿元，分别占全省的 39.9%、86.4%、76.3%。

二、研究方法

（一）青海黄河流域生态系统服务价值体系构建

本文采用千年生态系统评估中对生态系统服务的分类，分别是支持服务、供给服务、调节服务和文化服务。供给服务主要包括生态系统为人类提供的一些实质产品，如食物、木材、药材、纤维、淡水、燃料等；调节服务是人类从生态系统调节过程中获得的收益，如水源涵养、土壤保持、防风固沙、净化污染、减轻灾害、固碳、释氧等服务；支持服务是生态系统生产和支持其他生态系统服务的基础功能，如初级生产、制造氧气和形成土壤等；文化服务是指人类从生态系统优美的环境中获得的丰富的精神生活，发展认知、娱乐消遣、美学欣赏等非物质收益（见表 1）。

表 1　生态系统服务分类与定义

一级类型	二级类型	生态服务的定义
供给服务	食物生产	将太阳能转化为能食用的植物和动物产品
	原材料生产	将太阳能转化为生物能，给人类作建筑物或其他用途
调节服务	气体调节	生态系统维持大气化学组分平衡，吸收 SO_2、吸收氟化物、吸收氮氧化物
	气候调节	对区域气候的调节作用如增加降水、降低气温
	水文调节	生态系统的淡水过滤、持留和储存功能以及供给淡水

一级类型	二级类型	生态服务的定义
支持服务	净化环境	植被和生物在多余养分和化合物去除和分解中的作用，滞留灰尘
	保持土壤	有机质积累及植被根物质和生物在土壤保持中的作用、养分循环和累积
	维持生物多样性	野生动植物基因来源和进化、野生植物和动物栖息地
文化服务	提供美学景观	具有（潜在）娱乐用途、文化和艺术价值的景观

可以看出，生态系统服务不仅包括生态系统为人类所提供的食物、淡水及其他工农业生产的原料，更重要的是支撑与维持了地球的生命支持系统，维持生命物质的生物地球化学循环与水文循环，维持生物物种的多样性，净化环境，维持大气化学的平衡与稳定。生态系统服务功能是人类赖以生存和发展的基础。生态系统服务为最普惠的公共产品，良好的生态环境与民生福祉关系密切。

（二）青海黄河流域生态系统服务价值计算

因当量因子法较为直观易用，数据需求量少，青海黄河流域生态系统服务价值采用谢高地等修正后的当量因子法评估，即单位面积生态系统价值当量的评价方法。

（1）以 1 公顷标准农田生态系统的经济价值的 1/7 为当量 Ea。

$$Ea = 1/7 n_i M_i Q_i P_i \tag{1}$$

其中，M_i 为第 i 类农作物的播种面积（公顷），Q_i 为第 i 类农作物单位面积产量（公顷/吨），P_i 为第 i 类农作物当年全国平均价格（元/吨）。结合社会经济发展状况，对研究区单位面积粮食产量创造的经济价值进行修正后计算。根据《青海统计年鉴 2021》选取在青海播种面积最广的小麦、青稞、油菜、薯类、大豆、玉米等作物为主要粮食作物，从《全国农产品成本收益资料汇编 2021》获取这几类作物的全国平均价格，由式（1）计算得到研究区生态系统服务经济价值当量因子为 1493.42 元/公顷。

（2）各生态系统服务价值的当量因子采用谢高地等修正后的当量因子表并结合中国科学院土地利用分类体系中的相应含义进行匹配。生态系统服务价值计算方法如下：

$$ESV = n_i EaEV_i L_i \tag{2}$$

其中，EV_i 为第 i 类生态系统的单位面积生态系统服务当量，Ev_i 为第 i 类生态系统的价值当量，L_i 为第 i 类生态系统的面积。

三、青海黄河流域生态系统服务价值

本文基于当量因子法，得出 2020 年青海黄河流域生态系统服务总价值为

2592.57亿元。按照不同地类区分，草原贡献的生态系统服务价值最大，占53.15%，其余各地类生态系统价值依次为湿地、水域、森林、耕地、荒漠、裸地。

按四大类生态系统服务分，黄河青海流域在调节服务方面产生的价值最高，占总价值的68.81%，其中水文调节方面产生的价值最大，占总服务价值的34.14%，其次为支持服务与供给服务，占比约占总价值的20%。按生态系统服务小类分，生态价值最高的为水文调节，其余依次为气候调节、生物多样性、土壤保持、气体调节、美学景观等（见图1）。

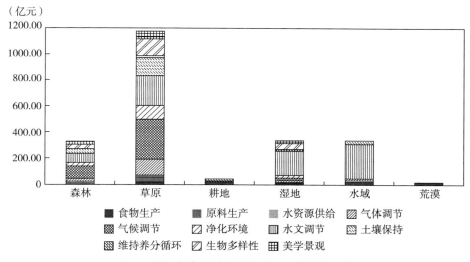

图1　2020年青海黄河流域生态系统服务价值

就不同生态系统不同服务类型来说，青海黄河流域草地生态系统在调节服务方面价值最高，占总价值的1/3，其次为水域在调节服务和草地在支持服务的价值，分别占总价值的13.23%、12.88%。就生态系统服务分项而言，草地气候调节价值最大，占整个青海黄河流域生态系统服务价值的14.04%，其次是水域在水文调节方面的价值，占总价值的12.20%，最后是草地和湿地对水文调节价值的贡献较大，分别占总价值的10.28%、8.41%。此外，草地在土壤保持、生物多样性、气体调节等方面的价值都较大，均占总价值的5%以上。由此可见，黄河青海流域生态系统服务价值可观，尤其是草地生态系统在气候调节、水文调节方面的贡献突出，不仅为当地生态产品的供给基本保障更为下游输出了优质的生态产品，对整个黄河流域人民生产生活极其重要。

基于价值当量因子生态系统服务价值评估过程可以看出，生态系统服务价值与土地利用类型，即生态系统占整个区域的面积高度相关。与 2015 年遥感监测数据相比，2020 年黄河青海流域草地面积占比提高了 2.4%，而草地是黄河青海流域产出生态服务价值最多的生态系统，2015~2020 年，黄河青海流域生态系统服务价值有较高的提升。

四、生态产品价值实现的路径

从广义上说，生态系统服务可以等同于生态产品，即生态系统在自然要求和人类行为的共同影响下所创造的能够满足人类发展需求的产品或服务。同样，生态系统服务价值可以在一定程度上等同于生态产品价值，但生态产品价值不等于经济价值，只有经过转化利用才能产生经济效益。生态产品价值实现的过程，就是将生态产品所蕴含的内在价值转化为经济效益、生态效益、社会效益的过程，是新时代生产力和生产关系重塑的过程。因此，要实现黄河青海流域生态系统服务价值的转化，还需要进一步探索其实现机制。

一是加强黄河青海流域生态保护。"山水林田湖草是生命共同体"，草地、森林、水域、湿地、农田等在水源涵养、气候调节、水文调节、土壤保持、生物多样性、空气净化等生态功能方面有较大的贡献。而各个生态系统发挥的功能并不是独立存在的，需要进一步加强系统功能，扩大草地、森林等生态空间。在城市建设、人类活动的高强度扰动环境下，维护生态系统自身健康运行和提供高质量的生态系统服务是黄河青海流域管理需要长期面临的重大问题。

二是完善纵向和横向生态保护制度，在将"绿水青山"转化为"金山银山"的同时，"金山银山"的经济价值也用于保护"绿水青山"的生态产品价值，达到"取之于生态环境，用之于生态环境"的循环利用效果。加强对生态产品价值实现的顶层设计，积极进行试点工作，并不断总结经验，将生态产品的价值核算纳入考核制度；市场方面要积极明确生态产品的市场准入条件、价格评估机制、质量标准等，做好生态产品价值的市场化转变。

三是提升黄河青海流域生态文化价值。黄河文化是黄河流域人民在长期生产劳动和社会实践活动中所创造的物质与精神文化的总和。黄河文化是扎根在黄河流域的，依托黄河国家文化公园，深度挖掘河源文化、河湟文化等具有青海特色、民族特点的文化形式，将其的文化优势转化为资源优势，发展黄河生态文化产业，提升生态系统文化价值，"靠山吃山，靠水吃水""宜山则山，宜水则水"，文旅融合，将为黄河流域经济社会发展提供新的模式和路径。

参考文献

［1］傅伯杰，周国逸，白永飞，等.中国主要陆地生态系统服务功能与生态

安全［J］．地球科学进展，2009，24（6）：571-576.

［2］陈琼，张镱锂，刘峰贵，等.黄河流域河源区土地利用变化及其影响研究综述［J］．资源科学，2020，42（3）：446-459.

［3］青海省水利厅.青海省水资源公报［Z］．2021.

［4］谢高地，甄霖，鲁春霞，等.一个基于专家知识的生态系统服务价值化方法［J］．自然资源学报，2008（5）：911-919.

［5］谢高地，张彩霞，张雷明，等.基于单位面积价值当量因子的生态系统服务价值化方法改进［J］．自然资源学报，2015，30（8）：1243-1254.

［6］吴翠霞，冯永忠，赵浩，等.基于土地利用变化的甘肃省黄河流域生态系统服务价值研究［J］．中国沙漠，2022，42（6）：304-316.

［7］张连伟，林震.保护传承黄河文化生态繁荣发展黄河生态文化［A］//黄河流域生态文明建设发展报告［M］．北京：社会科学文献出版社，2021：1-46.

黄河流域生态保护和高质量
发展的理论诠释与实践探索

刘 昊

（河南社会科学院中州学刊杂志社，郑州　450002）

摘要：统筹推动黄河流域生态保护和高质量发展是造福人民的千秋大计，已然成为一项系统性、全局性的重大国家战略。生态保护和高质量发展是黄河流域治理的两大主要内容，两者协同并进，任一不可偏废，其统筹谋划的理论逻辑是以高质量法治建设提升生态保护水平，以高品质生态环境支撑高质量发展，以高质量发展创造美好生活。该理论逻辑的基础为"守牢美丽中国建设安全底线"的生态安全观，"绿水青山就是金山银山"的绿色发展观，"大江大河生态保护和系统治理"的整体系统观。在理论的实践展开过程中，应确立以"治水"为核心的生态治理方针，强化以"严法"为引领的法治体系建设，贯彻以"保民"为根本的经济发展理念，践行以"铸魂"为使命的传统文化赓续。

关键词：黄河流域；生态保护；高质量发展；理论实践

　　黄河流域生态保护和高质量发展是一项重大国家战略。2019 年 9 月 18 日，习近平总书记在郑州主持召开黄河流域生态保护和高质量发展座谈会时发表重要讲话，强调要坚持"绿水青山就是金山银山"的理念，坚持生态优先、绿色发展，以水而定、量水而行，因地制宜、分类施策，上下游、干支流、左右岸统筹谋划，共同抓好大保护，协同推进大治理，着力加强生态保护治理、保障黄河长治久安、促进全流域高质量发展、改善人民群众生活、保护传承弘扬黄河文化，让黄河成为造福人民的幸福河。根据上述重要讲话的精神，2021 年 10 月 8 日，中共中央、国务院印发的《黄河流域生态保护和高质量发展规划纲要》（以下简称《纲要》），要求以此作为当前和今后一个时期黄河流域生态保护和高质量发

　　作者简介：刘昊，河南社会科学院中州学刊杂志社助理研究员。

展的纲领性文件。2022 年 10 月 30 日，中华人民共和国第十三届全国人民代表大会常务委员会第三十七次会议通过了《中华人民共和国黄河保护法》（以下简称《黄河保护法》），并于 2023 年 4 月 1 日正式开始施行，为黄河流域生态保护和高质量发展提供了根本遵循和行动指南。由此可以看出，近年来我国对黄河流域生态保护和高质量发展的顶层设计和整体统筹正越发强化，已由过去相对单一和孤立的区域性治理议题，逐渐上升为一项系统性、全局性的重要国家战略。

一、黄河流域生态保护和高质量发展的本体认知

黄河流域生态保护和高质量发展是一项复杂而艰巨的系统性工程，既存在"环境保护"与"经济发展"难以兼顾的所谓"传统矛盾"①，也面临"先天体弱多病"与"区域发展极度不均衡"等极具流域特色的掣肘难题。统筹推动黄河流域生态保护和高质量发展必须先对这项重要的国家战略做全面而深入的解读，以为后续各项工作的展开提供理论依据和方向导引。

（一）黄河流域生态保护和高质量发展的概念解构

黄河既是中华民族的母亲河，也是中华民族的幸福河。历史上，黄河为中华民族的繁衍生息提供了优良的物质生活条件，孕育出了古老而伟大的中华文明。时至今日，黄河流域的治理依然是关乎中华民族伟大复兴，牵涉中华民族永续发展的重要国家大计。黄河对于我国政治、经济以及文化的重要意义不言而喻，但同时是一条极为凶险的"危河"，历史上曾出现过"三年两决口、百年一改道"，给流域内的人民带来了极为深重的灾难。中华人民共和国成立以来，黄河流域的开发进入到快速发展时期，但随着开发进程的不断推进，粗放原始的生产方式却又导致黄河生态情况的进一步恶化，低质量发展的弊端开始逐渐反噬流域内的改革发展成果，生态保护与经济发展之间呈现紧张的对立关系。基于黄河流域治理正在面临的艰难局面，流域内强化生态保护和经济转型的改革呼声日益迫切。黄河流域生态保护和高质量发展概念的提出就是为了解决上述治理困局，一方面是以生态保护为前提坚决维护流域内人民的生命财产安全，另一方面是以绿色发展为理念推动经济的健康可持续发展。需要强调的是，生态保护和高质量发展是以"和"作连接，意在强调两者之间的统筹谋划，协同并进，任一不可偏废，这正是对所谓"传统矛盾"作出的理论宣战。

（二）黄河流域生态保护和高质量发展的逻辑梳理

黄河流域生态保护和高质量发展的理论逻辑可以分为三个递进的层次。第一

---

① 传统观点认为，环境保护与经济发展存在与生俱来的对立矛盾，具体表现为人类经济活动对生态系统需求的无限性与生态系统资源更新能力有限性之间的矛盾；人类经济活动排污量的无限性与生态系统净化能力有限性之间的矛盾。参见张春晓，李艳霞. 新发展理念与我国生态经济基本矛盾化解［J］. 甘肃社会科学，2020（5）：148-149.

个层次，以高质量法治建设提升生态保护水平。相较于其他治理模式，法治以独具的权威性、约束性而成为生态文明建设的根本保障，立法、执法、司法等多元要素的耦合性构成了法治系统现代化的基本表征。法治建设为生态保护工作提供明确的法律依据、详细的行动方案以及强大的制度保障，提升黄河流域生态保护的成效势必要立足于高质量的法治建设。第二个层次，以高品质生态环境支撑高质量发展。经济的发展必然要依托生态环境所提供的各类物质资源和能量，高质量发展的核心内容就是提高发展的过程中对这些自然物质和能源的利用效率和水平，提升发展的经济性、安全性、科学性以及可持续性。高水平的生态环境不仅创造了安全而稳定的经济发展场域，也为经济发展的转型提供了重要的物质能源供给。第三个层次，以高质量发展创造美好生活。发展的最终目的是实现人民生活水平和质量的提高，而高质量发展是发展的高级阶段，不仅要紧紧兜牢民生保障的底线，更要让人民群众在发展的过程中感受到幸福。黄河流域的高质量发展就是要将黄河打造为造福人民的"幸福河"，让人民共享高质量发展所带来的丰硕成果。

二、黄河流域生态保护和高质量发展的理论基础

黄河流域生态保护和高质量发展的国家战略并非凭空出现，而是积淀于生态文明建设的丰富理论和伟大实践，融汇在社会主义市场经济发展与改革的历史进程中，是长期以来黄河流域治理能力和治理水平的总结、优化以及展望。因此，为坚持理论导向，加深理论认识，有必要对黄河流域生态保护和高质量发展的理论基础予以探求。

（一）"守牢美丽中国建设安全底线"的生态安全观

党的十八大报告提出，要把生态文明建设放在突出地位，融入经济建设、政治建设、文化建设、社会建设各方面和全过程，努力建设美丽中国，实现中华民族永续发展。黄河流域的生态保护与高质量发展是生态文明建设中极为重要的理论单元，守牢"美丽中国建设的安全底线"就是要保障黄河流域长久安澜，为流域内政治、经济以及文化的发展创造安定的发展空间。因此，有鉴于黄河极为重要的核心生态地位，黄河流域的生态保护工作必须坚持"底线思维"的方法，从最坏的发展方向去预防可能产生的风险和危机，并根据最坏的打算和预想，提前制定防范的思路和指导方案。鉴于此，将守牢黄河流域生态保护的底线分为以下两个方面：一方面是守牢黄河流域集体安全的底线，重点保障的是人类能否生存以及可持续发展的重大问题，以人类整体的视角去审视人类现在以及未来的命运；另一方面是守牢黄河流域基础安全的底线，基础安全底线的突破必然是流域内生态环境或生态系统面临极大的风险或已受到严重破坏，因而必须保证黄河流

域的生态保护红线不被突破。在黄河流域生态保护具体工作的开展中，应当以重点河段、枢纽、城市等重要节点作为工作的重点，以"集体安全"和"基础安全"为抓手，坚决守牢"美丽中国建设安全底线"。

（二）"绿水青山就是金山银山"的绿色发展观

2005年，习近平在浙江省湖州市安吉县天荒坪镇余村进行调研时，针对当地干群下决心关掉了矿山，但对依靠生态发展经济信心不足的疑虑，第一次提出了"绿水青山就是金山银山"。"绿水青山就是金山银山"的完整表述为"我们既要绿水青山，也要金山银山。宁要绿水青山，不要金山银山，而且绿水青山就是金山银山"。"两山论"是生态文明建设的重要指导原则，是协调平衡生态保护与经济发展之间紧张关系的处断规则，应然成为统筹推进黄河流域生态保护和高质量发展的核心理论思想。具体而言，首先，"我们既要绿水青山，也要金山银山"要求黄河流域生态保护和高质量发展的工作开展必须协同并进，既不能为了发展经济而牺牲生态环境，也不能以保护生态环境为借口消极应对经济改革与增长的重任；其次，"宁要绿水青山，不要金山银山"要求黄河流域各级政府在处理生态环境与经济发展之间出现的冲突时，必须坚持生态优先的理念，在生态环境利益与社会经济利益之间坚定地选择前者；最后，"绿水青山就是金山银山"要求黄河流域的高质量发展必须是基于"绿色发展"的理念，以是否有利于人民高品质生活的创造来定义高质量发展中的"高质量"，携手共筑人与自然和谐共生的命运共同体。

（三）"大江大河生态保护和系统治理"的整体系统观

黄河流域生态保护与高质量发展需要在整体统筹的基础上进行推动，而整体统筹的理论基础、制度框架以及运行机制应当统一于"大江大河"系统治理的整体系统观下。加强大江大河生态保护和系统治理，事关国家发展全局，对实现中华民族伟大复兴的中国梦具有基础性保障性作用。党的十八大以来，在习近平总书记的科学指引下，长江、黄河等大江大河和重要湖泊湿地生态保护治理更加注重理念引领、建章立制、统筹推进，生态保护治理成效显著，充分彰显我们党对治水规律的认识与把握达到了新高度。整体系统观对于黄河流域生态保护和高质量发展的统筹作用体现在以下两个方面：其一，黄河流域"人与自然生命共同体"的构建要求流域内的生态保护和高质量发展必须充分认识自然、尊重自然、顺应自然、爱护自然，妥善处理生态保护与经济发展之间的矛盾冲突，达致人与自然生命和谐共生的美好状态；其二，黄河流域的治理需要坚持统筹谋划、协同推进的基本原则，立足于全流域和生态系统的整体性，坚持共同抓好大保护，协同推进大治理，统筹谋划上中下游、干流支流、左右两岸的保护和治理。总而言之，黄河流域生态保护和高质量发展的统筹谋划，应是以"大江大河生态保护和系统治理"的整体系统观为重要理论基础。

三、黄河流域生态保护和高质量发展的实践探索

黄河流域生态保护和高质量发展的总体布局已然形成，但相关实践工作的展开依然还处于"摸着石头过河"的初步阶段，流域内诸多"先行示范区""核心示范区"依然还承担着落实政策、积极尝试、积累经验以及反馈完善的重要职能。因此，结合理论和实践中出现相关问题，本文拟就当前黄河流域治理中出现的问题提出以下四点建议：

（一）确立以"治水"为核心的生态治理方针

黄河流域的生态保护问题涉及的生态要素复杂多样，各河段区域生态条件也各不相同，虽然相关政策法规已经考虑周全，部署严密，但生态保护工作面临的突发状况依旧颇多，突出矛盾和问题仍然不少。因此，建议黄河流域的生态保护工作基于国家相关政策法规的精神，建立以"治水"为核心的治理方针，以"水"问题的治理作为生态保护工作开展的重要抓手，并将"治水"进一步细化为"洪水治理""污水治理"以及"用水治理"三个重要领域。以"治水"为核心的生态治理方针就是为了将黄河流域的生态保护工作重新梳理，化繁为简，以减少因工作面的复杂和差异化的问题，出现的重点不明、深度不够、效果不好的现象。

（二）强化以"严法"为引领的法治体系建设

《中华人民共和国黄河保护法》（以下简称《黄河保护法》）的出台是《纲要》中"强化法治保障"专节规定的重要立法实践。《黄河保护法》是我国黄河流域整体性治理的重要依据，其中多个法律条款对流域治理的体制机制建设予以方向指引。但是，《黄河保护法》属于黄河流域生态保护的基础性法律、行政性法律，其单一法律文本的功能还无法满足黄河流域治理"最严厉法治"的需求。黄河流域生态保护的法治保障既需要严密法网，也需要严厉手段。因此，建议强化以"严法"为引领的法治体系建设，一方面支持沿黄省区出台地方性法规、地方政府规章，对流域内环保工作的执法和司法问题查漏补缺，另一方面要提升民法、刑法等其他部门法对黄河流域法治建设的关注，加大对流域内生态违法行为的惩治力度，切实增强法治的统一性和权威性。

（三）贯彻以"保民"为根本的经济发展理念

黄河先天的生态条件劣势造成流域内经济发展相当不充分、不均衡、不系统，流域内经济高质量发展的基础条件普遍较差。实现黄河流域经济高质量发展的工作不能急于求成，急功近利，而是应当脚踏实地，久久为功的优先保障流域内人民的基本生活保障，着力提升人民的物质生活质量和水平。因此，建议黄河

流域的高质量发展工作要贯彻以"保民"① 为根本的经济发展理念，大力支持流域内的跨区域大通道、互联信息中心、能源输送通道等重要基础设施建设，并依托基础设施建设扩大就业，增强流域内各城市枢纽的互联互通，为构建区域城乡发展新格局创造条件。此外，各地在高质量发展工作的开展中应当树立正确的政绩观，坚持发展为了人民，发展成果由人民共享，积极践行"保民"的经济发展理念。

（四）践行以"铸魂"为使命的传统文化赓续

黄河是中华民族的发祥地，是中华文明的重要符号，黄河流域的传统文化资源极为丰厚。但碍于过去黄河流域经济发展质量不高，地区经济发展不均衡等掣肘因素，黄河流域部分地区的文化资源开发还处于比较低的水平，流域内不同地域的传统文化资源开发也尚未形成以黄河为轴的传统文化矩阵。因此，建议践行以"铸魂"为使命的传统文化赓续，以黄河为纽带筑牢中华民族的根和魂。就"物质性"传统文化资源而言，应当积极开展流域内物质文化资源的全面调查和认定，对文物古迹、红色革命文物以及古籍文献等重要物质文化资源采取跨区域的开发和保护。就"非物质性"传统文化资源而言，要在国家的统一部署下果断破除地域限制，各地合力完善黄河流域非物质文化遗产保护名录体系，共同保护黄河流域内戏曲、武术、民俗、传统技艺等非物质文化遗产。在此基础上，我们还应当积极讲好新时代黄河文化的新奋斗、新成就和新期待，继续为中华民族的伟大复兴植根铸魂。

参考文献

［1］习近平.在黄河流域生态保护和高质量发展座谈会上的讲话［J］.求是，2019（20）：4-11.

［2］李宜馨.黄河文化与黄河文明体系浅议［J］.中州学刊，2022（12）：146.

［3］张祖增.整体系统观下黄河流域生态保护的法治进路：梗阻、法理与向度［J］.重庆大学学报（社会科学版），2024（4）：212-224.

［4］周亚东.底线思维：习近平治国理政的重要方法之一［J］.理论视野，2017（2）：23-26.

［5］张森年.习近平生态文明思想的哲学基础和逻辑体系［J］.南京大学学报，2018（6）：10.

_____

① 《国语·周语上》："至于武王，昭前之光明而加之以慈和，事神保民，莫弗欣喜。"韦昭注："保，养也。"

［6］习近平.在哈萨克斯坦纳扎尔巴耶夫大学演讲时的答问［N］.人民日报，2013－09－08（1）.

［7］钱勇.加强大江大河生态保护和系统治理［N］.人民日报，2021－11－12（9）.

［8］周珂，蒋昊君.整体视域下黄河流域生态保护体制机制创新的法治保障［J］.法学论坛，2023（3）：86.

黄河流域城市群生态保护和
高质量发展的空间路径研究

刘一丝

（河南省社会科学院中州学刊杂志社，郑州　450002）

摘要： 城市群作为黄河流域高质量发展的主要载体，其发展质量和辐射带动能力直接影响黄河流域的生态保护和高质量发展状况。近年来，黄河流域城市群总体发展态势良好，形成了以轴串群的"十"字形空间组织格局，以及以都市圈为支撑的"一沿九鼎"格局，城市等级作用显著。但黄河流域城市群也存在总体发育程度低，产业发展水平低，空间发展差异显著，流域城市群间联动发展水平差异显著等一系列问题。为此，应因地制宜提升城市群承载力，强化生态文明建设，推动城市群生态保护协作治理，加快新旧动能转换，共建沿黄现代产业合作示范带等。

关键词： 黄河流域城市群；生态保护；高质量发展

黄河流域是我国重要的生态屏障和经济地带，黄河流域生态保护和高质量发展是新时代的重大国家战略。2019年9月，习近平总书记在郑州主持召开黄河流域生态保护和高质量发展座谈会提出，治理黄河，重在保护，要在治理。2020年1月3日，习近平总书记在中央财经委员会第六次会议上强调，黄河流域下大气力进行大保护、大治理，推动沿黄地区中心城市及城市群高质量发展，这对于我国区域协调发展、经济格局的重塑具有重要意义。城市群作为黄河流域高质量发展的主要载体，其发展质量和运行效率对黄河流域高质量发展有重要影响。探索黄河流域城市群生态保护和高质量发展的空间路径，既有利于推动黄河流域生态保护与高质量发展，也为我国城市群协同发展提供参考。

作者简介：刘一丝，河南省社会科学院中州学刊杂志社助理研究员。

一、黄河流域城市群发展现状

（一）以轴串群的"十"字形空间组织格局

我国城镇化战略呈现"三纵两横"的特征，在我国5条城镇化主轴线中有4条经过黄河流域，黄河流域城市群也正处在这一战略格局中。沿陆桥城镇化主轴线为东西向国家城镇化发展主轴线，串联5大城市群，依次是兰西城市群、关中平原城市群、晋中城市群、中原城市群、山东半岛城市群。包成渝昆城镇化主轴线连接呼包鄂榆城市群、宁夏沿黄城市群和关中平原城市群，以轴串群的"十"字形空间组织格局形成。

（二）以都市圈为支撑的"一沿九鼎"格局

黄河流经的九大城市圈成为支撑城市群高质量发展的重要支撑，自上而下依次经过西宁、兰州、银川、呼和浩特、太原、西安、洛阳、郑州、济南和青岛都市圈，对于黄河流域城市群空间格局的形成意义重大，逐步形成"一沿九鼎"的支撑格局。

（三）城市等级作用显著

黄河流域各城市群内各城市高质量发展水平差异较大，呈现"中心—外围"格局。城市群按照空间组织类型可以分为单核型城市群、双核型城市群以及多中心型城市群。关中城市群、呼包鄂榆城市群、中原城市群、晋中城市群和宁夏沿黄城市群这五个单核城市高质量发展水平群呈现出从核心城市向外围城市经济的降低态势，而兰西城市群和山东半岛城市群两个双核城市群表现出双核向外经济高质量发展水平显著降低的态势。太原、郑州、呼和浩特、兰州、西宁、银川、西安、济南等省会城市，同时是城市群的核心城市，忻州、晋城、白银、周口、商洛、海北、吴忠等地区，处在城市群的边缘，受核心城市的辐射带动不足，交通区位条件较差，等级较低。

二、黄河流域城市群发展存在的问题

（一）总体发育程度低

我国现有19个城市群，其中国家级城市群5个、区域性城市群8个、地区性城市群6个。五个国家级城市群是中国城市群的核心部分，其GDP排名均位于金字塔顶端，八个区域性城市群是中国持续建设的城市群体系，六个地区性城市群是中国积极引导培育的地区。在黄河流域所处的七大城市群中，没有国家级城市群，仅包含3个区域性城市群以及4个地区型城市群。且按照城市群规模等级来划分，我国现有特大城市群3个、较大城市群8个、一般城市群8个。黄河流域所处的七大城市群仅有较大城市群3个、一般城市群4个。黄河流经区域面积广阔，资源丰富，但城市群所包含各省份 GDP 偏低，经济综合实力较弱，经济基础存在明显差异。黄河流域城市群各省份所处的经济发展阶段不同，发展水平存在着显著差异，上游、中游、下游城市群基本呈现上游落后、中游崛起、下游发达的态势，由低到高呈阶梯形分布。2020 年，山东、河南、四川的 GDP 表现优异，GDP 位居全国前六，有力地拉动了黄河流域整体的经济发展水平，但与其他发达城市群所包含的省份的经济发展水平相比仍有很大差距。2020 年，广东省全年总产值最高达 110761 万亿元，全国占比为 10.9%，已经超过黄河流域各省份总和的1/3。山东地处我国东部沿海地区，经济发展相对较快，2020 年山东 GDP 为73129.0 亿元，占流域 GDP 总值的 28.8%；而地处西部城市群的青海、宁夏两省GDP 较低，山东 GDP 是青海 GDP 的 24 倍；2020 年青海、宁夏的 GDP 仅为3005.92 亿元、3920.55 亿元，占流域 GDP 的比重较低，分别为 1.2%、1.54%。这种经济发展不均衡的问题，在一定程度上影响了要素资源在流域内的自由流动，尤其是当上中游城市群的传统产业转型升级步伐相对较慢，而战略性新兴产业又发展不足，内生动力匮乏时，对外对内开放程度均偏低，流域内要素流动更加会流向下游发达城市群，更会加速资源的错配，延缓流域内市场一体化的发展进程。

（二）产业发展水平低

产业结构的转型升级是后发国家推动经济增长进程的有效途径，黄河流域各城市群工业化发展程度较低，产业结构相对落后。我国城市群的发展模式根据产业专业化指数（区位熵）可划分为 4 种类型，分别是以生产性服务职能为主且具有新兴制造业优势的城市群、以传统加工制造业为主的城市群、能矿资源生产加工较为发达的城市群、以农业经济为主并有一定工业基础的城市群。其中，黄河流域所属城市群传统加工制造业为主的有 2 个，以能矿资源生产加工为主的有 5 个，产业发展水平整体较低。黄河流域各城市群的产业结构不在同一水平上，三大产业的产值比重落差较大，各城市群产业基础差异较为突出，劳动力转移就业尚未完成，经济发展水平参差不齐。各城市群的主要就业人员，依然集中在了第一产业和第二产业，传统产业转型升级依然滞后于工业化的进程，各城市群的产业结构有待进一步的优化。截至 2020 年底，除山西和山东两省外，其余 7 个省份的第一产业产值比重均高出 7.7% 的全国平均水平；在第二产业产值比重中，仅四川和甘肃低于 37.8% 的全国平均水平；第三产业产值比重仅甘肃高于 54.5% 的全国平均水平，甘肃、宁夏的第三产业中容纳的就业人数低于第一产业。

（三）城市群空间发展差异显著

黄河流域城市群空间发展总体呈现自东向西、自下游至上游降低的大格局下，山东半岛和中原城市群空间发展水平较高，兰西和晋中两个城市群空间发展水平明显偏低。山东半岛城市群共由 8 个城市组成，其中，特大城市 2 个。2019年，山东半岛城市群人口达到 2386 万人，城市群 GDP 达到 2.9 万亿元在全国 19个城市群中排名第六；人均 GDP 为 12.3 万元；地均 GDP 为 10119 万元/平方千米。兰西城市群共由 6 个城市组成，但无特大城市。2019 年，兰西城市群共有535 万人，城市群 GDP 达到 0.4 万亿元；人均 GDP 为 6.9 万元，地均 GDP 为2853 万元/平方千米，与山东半岛城市群差异较大。

（四）流域城市群间联动发展水平差异显著

黄河流域城市群间的联动高质量发展是黄河流域高质量发展的核心推动力。从黄河流域的地理位置来看，中部地区有关中平原和山西中部城市群，西部地区有兰州—西宁、宁夏沿黄和呼包鄂榆城市群，东部地区有中原城市群以及山东半岛城市群。黄河流域城市群经济发展水平的空间格局呈现中部地区低，东西部地区高的"S"形特征，区域发展显著不均衡，且黄河流域核心城市群内部城市的高质量发展水平呈现明显的"中心—外围"格局，核心城市多分布于黄河流域的中下游地区，其高质量发展程度明显高于中上游地区。此外，在城市群的协调发展方面，黄河流域城市群之间缺乏联动性，核心城市的辐射带动能力较弱，城市群间缺乏互和共赢的耦合发展体制机制。

三、黄河流域城市群生态保护与高质量发展对策建议

（一）因地制宜提升城市群承载力

黄河流域上游地区要对既有土地的合理分割和实用化与空间化布置，以据点开发、网络联系为重心，发挥都市圈载体作用，着力提高产业、人口集聚力，推动能源重化工产业实现绿色转型，以及城市群与生态环境和谐统一。中游地区应持续推动西安市与关中平原城市群人口集聚能力和创新能力的提升，积极融入共建"一带一路"工程。下游地区以集约发展作为基本理念，提升各中心城市的人口、经济承载力以及可持续竞争力，促进新旧动能转换，提升国际影响力、竞争力。强化水土资源和环境容量约束，构建特色优势现代产业体系。根据城市群内外部及其各个城市的定位，"以水而定、量水而行"，合理配置和高效利用黄河水资源。

（二）强化生态文明建设，推动城市群生态保护协作治理

生态环境的负外部性和治理的复杂性要求跨域生态环境治理应坚持系统性和整体性的原则。首先，流域治理是典型的跨域治理，首要任务是制定规章制度，为各主体开展工作提供依据，监督各主体严格按照规章制度开展实践，落实好主体责任，协调好人—水—产之间的关系，争取生态效益和社会效益的双赢。就城

市建设而言，推动城市资源利用方式转变，把水资源作为最大刚性约束。通过实施区域水价改革，改变城市用水和农业用水的收费标准，抑制不合理的生产与生活用水需求，保证黄河水资源的可持续利用。其次，加大环境协同治理力度，推进主要污染联防联治。长江、珠江等大江大河的治理实践为流域治理提供了经验借鉴，流域系统性观念要求跨域环境治理加强区域协同、部门联动。其中，建立专项领域领导小组并召开联席会议是实现跨域协同治理常态化的主要手段，加强后续的监督落实，可以有效推动沿黄城市群开展污染联防联控的常态化工作。最后，推进区域生态一体化建设，做好跨区域生态建设与保护的协调与衔接。根据黄河流域上游、中游、下游不同的生态特征和治理侧重，明确沿黄各大城市群的重点治理任务，逐步从小区域的生态一体化建设向黄河全流域延伸，构建包含山地、水土等生态要素在内的黄河流域生态安全格局，积累城市群高质量发展的生态资本。

（三）加快新旧动能转换，共建沿黄现代产业合作示范带

黄河流域高质量发展需要新旧动能转换和产业转型升级作为支撑。一是以工业互联网为抓手，推动数字赋能传统产业发展。抓住大数据和互联网赋能产业发展的契机，推动产业链数字化转型升级，突破产业协同的地域空间阻隔，主动寻求与中原城市群、关中城市群等黄河流域主要城市群和重要制造业基地的合作，培育壮大跨行业、跨领域工业互联网平台。二是供给与需求两端同时发力，推动构建流域现代能源体系。供给侧强化能源资源统筹开发，利用新技术加快传统产业转型升级，提高传统能源的利用效率；消费侧优化能源消费结构，在"双碳"目标的约束下，通过对生产设备的迭代更新，从根源上加大节能减碳力度和动能转换。三是以产业链为主轴，探索新动能合作空间。从旧动能向新动能的转换升级，根本上在于资源流动与优化。为弥补黄河流域上游、中游、下游产业动能结构不均衡的现状，一方面要引导下游地区的优势产能向上转移，调整并完善中上游产能布局，另一方面中上游地区的高新技术企业要充分发挥优势，主动寻求与下游创新能力强、产能结构优的企业合作。

参考文献

［1］方创琳.黄河流域城市群形成发育的空间组织格局与高质量发展［J］.经济地理，2020，40（6）：1-8.

［2］马海涛，徐楦钫.黄河流域城市群高质量发展评估与空间格局分异［J］.经济地理，2020，40（4）：11-18.

［3］汪芳，苗长虹，刘峰贵，等.黄河流域人居环境的地方性与适应性：挑

战和机遇［J］.自然资源学报，2021，36（1）：1-26.

　　［4］张杰.发挥中心城市和城市群引领带动作用［N］.中国社会科学报，2021-01-29（003）.

　　［5］邓祥征，杨开忠，单菁菁，等.黄河流域城市群与产业转型发展［J］.自然资源学报，2021，36（2）：273-289.

人水和谐视角下的黄河流域生态保护和高质量发展

柳 迪

（河南省社会科学院中原文化研究杂志社，郑州 450007）

摘要： 人水和谐是处理一切人水关系的重要指导思想和必须坚持的基本原则，是人水关系的最高目标。对黄河流域生态保护和高质量发展问题的探讨就需要从人水和谐的基点出发，由此本文指出黄河流域生态保护和高质量发展当前面临的主要问题和挑战，并从贯彻新时代中国特色社会主义生态文明思想、完善黄河流域生态治理政策体系、发展并弘扬黄河文化三个方面阐释如何保护和发展黄河流域，以期达到人与自然和谐共生，为流域社会经济发展提供支撑，同时进一步助力实现中国式现代化。

关键词： 人水和谐；黄河流域；高质量发展；生态保护

习近平总书记曾指出，黄河流域生态保护和高质量发展，是党中央从中华民族和中华文明永续发展的高度作出的重大战略决策，并将其上升为国家战略，统筹推进水资源节约、水灾害防治、水生态保护修复，水生态文明建设成效显著。党的二十大报告提出，中国式现代化是人与自然和谐的现代化，其中人水关系是人和自然和谐的重中之重。因此，从人水和谐视角探讨黄河流域是非常必要的。

一、人水和谐理论

人与自然的关系是自然界中最基本和最基础的关系，可以将其简单理解为人文系统和自然系统的关系。长期实践证明，人类是不可能主宰自然界的，而应主动与自然界协调好关系，实现人与自然的和谐共生。因此，人类与自然之间不是主宰与被主宰的关系，而是和谐共生的关系。随着人口的增长与社会经济的快速

作者简介：柳迪，河南省社会科学院中原文化研究杂志社研究实习员。

发展，各方用水需求与矛盾激增，河道内水资源量不断被压缩，河流生态功能逐渐退化，水生态问题日益凸显。为了保护人类赖以生存的自然系统，并促进经济社会与生态环境协调发展，2006 年，左其亭教授从人水系统相互作用的角度提出了人水和谐理论。该理论指出：人水和谐是指"人文系统"与"水系统"通过博弈，达到的一种相互协调、共同发展的良性循环状态。主要包括以下三个方面：水系统自我更新能力得到维护和改善，确保水资源的可持续利用；人类生存得到保障，经济社会高速发展；"人文系统"和"水系统"长期协调，走可持续发展的道路。

人水和谐是处理一切人水关系的重要指导思想和必须坚持的基本原则，是人水关系的最高目标。党的二十大报告中指出，中国式现代化是人与自然和谐共生的现代化。那么我们对于人水和谐，抑或人水共生理念的解读就可以说是人与人、人与水处于自然的、良性的共处状态，区域、涉水行业、用水户、水资源、水生态、水环境、社会经济发展等各相关因素表现出一种满意的运行和发展状态。具体而言，这就要求水资源的开发利用必须协调处理各供水、各用水、水资源承载力之间的关系，确保合理有序地开发和利用水资源，实现水资源与经济社会的良好发展。实现人水和谐共生，是推进建设人与自然和谐共生的现代化生态基础和支撑保障。

目前，学术界关于人水和谐的主要观点已经从最开始坚持以人为本到后来坚持人与水和谐相处，再到今天坚持全面、协调、可持续的发展观。可以看出，我们对待人和水的关系更加的客观、理性。人水和谐相处是人与自然和谐相处的基础和重要内容，人类对于水资源的开发利用，要在可持续发展下，要在满足自身需要的同时也应当尊重大自然，符合自然发展规律。

二、黄河流域面临的主要问题

黄河发源于青海省巴颜喀拉山脉，流经甘肃、内蒙古、山东等 9 个省份，最后注入渤海。黄河流域是中华民族文明的发祥地，是中国大地进入农耕文明的发源地。目前，黄河流域面临着水资源利用效率低下、水资源供需与配置矛盾突出、旱涝灾害、水沙关系不协调、水污染严重等诸多挑战。尤其是近年来，该流域发展对水资源的需求也急剧上升，部分地区用水需求剧增、天然水缩减，水资源供需不平衡等问题仍然突出，实现水资源高效利用成为黄河流域高质量发展亟须打破的瓶颈。

（一）水资源利用效率较低

水是人类生存之本，是推动中国式现代化的必要保障。联合国曾提出未来几十年人类面临的主要挑战是如何在承受气候变化、健康威胁的同时，用有限的水资源、能源、土地去满足 90 亿人口的需求，如何处理发展和资源有限的这种矛盾，最大的可行性就是提高资源的利用和可持续效率。通过左其亭等对黄河流域各省份水资源利用效率的统计分析，2008~2018 年，山东省水资源利用水平位于前列；青海、四川、甘肃、陕西、河南等省份均未达到生产前沿（水资源利用效率低于 0.8），并且宁夏水资源利用效率低于 0.4（见图 1）。

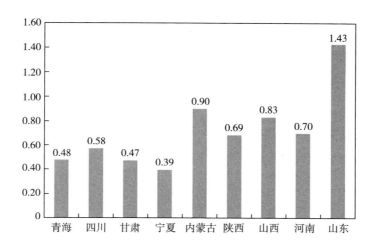

图 1 2008~2018 年黄河流域九省份水资源利用效率

（二）水资源供需与配置矛盾尖锐

黄河流域是我国水资源供需矛盾最为突出的地区。《黄河水资源公报》数据显示，2021 年黄河利津站以上区域水资源总量为 888.76 亿立方米。2021 年黄河供水区总取水量为 501.45 亿立方米，其中地表水取水量（含跨流域调出的水量）和地下水取水量分别占总取水量的 78.9% 和 21.1%。

2021 年黄河流域分行业取水量如图 2 所示。2021 年黄河供水区地表水取水量为 395.78 亿立方米，其中农业、工业、生活、生态取水量占地表水取水量的比例分别为 62.3%、8.2%、12.4%、17.1%。2021 年，该流域地下水取水量为 105.67 亿立方米，其中农业、工业、生活、生态取水量占地表水取水量分别为 58.0%、13.1%、27.2%、1.7%。可以看出黄河流域产业用水结构失衡，其中农业是占比最大，用水最多的，消耗量超过其他用水的总和；并且生态用水在其中占比极低，水资源被严重占用。

（三）旱涝灾害

干旱灾害会导致土壤中的营养成分加速分解，进而导致土壤肥力下降，影响农作物收成，同时由于气候干旱，土地水分蒸发速度加快甚至会出现土地干裂现

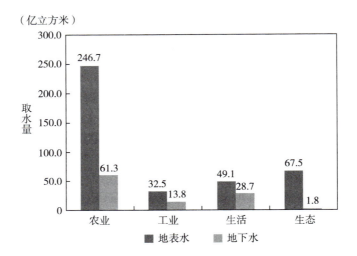

图 2　2021 年黄河流域分行业取水量

象，以及土壤盐碱化等次生灾害的发生。洪涝灾害会减少农作物收成、土壤沙碱化等，同时，溢出的河水还会造成城市建筑破坏、沿河受灾人口的增加，以及水运航道的阻塞等城市经济发展问题。

经查阅相关文献，2004~2018 年黄河流域 9 个省区的干旱灾害直接经济损失总体平稳波动大致维持在 250 亿元左右，灾损率总体呈现下降趋势维持在 0.3% 的水平；黄河流域洪涝灾损率和灾害年均直接经济损失总体呈现整体趋势上升，其中，在 2010 年、2013 年以及 2018 年有三个峰值，分别为 1200 亿元、1000 亿元以及 700 亿元。黄河流域由于复杂多变的气候影响，其降水、地表水、地下水等水资源分布存在时间空间不规律的现象，这种现象间接造成了旱涝灾害的形成，给人类社会的生产生活带来了严重影响，制约了该区域经济的高质量发展。

（四）水污染问题突出

2018 年黄河流域水质评价河长 23043.1 千米，其中Ⅰ~Ⅲ类、Ⅳ~Ⅴ类和劣Ⅴ类水质河长分别占全流域水质评价河长的 73.8%、13.9% 和 12.3%。这是由于多种因素造成的。概而论之，一方面是水资源开发利用不合理，水资源的过度开发利用，造成生态环境功能失能严重；另一方面无论是居民生活用水还是工业用水一定会产生污染，而这种污染如果没有得到及时有效的处理，超过了水自净的能力本身，就会危害生态环境。黄河流域流经 9 个省区，其流域内居住人口众多，而且又是重要的能源和化工基地，很多沿河分布的企业和工业园区，若是污染治污水平再相对落后那必然会使黄河流域水污染问题加剧。

（五）水沙关系不协调

黄河水沙关系不协调，其输沙量和含沙量都是世界上最大和最高的，黄河绝大部分的泥沙来源于中游河口镇与三门峡之间。而河流水沙的减少变化直接影响黄河下游两岸的河道和河势情况，进而影响人们生存生活，由此水沙关系是影响黄河流域生态保护和发展的重要因素。汛期的水沙不协调将会影响全年的水沙不协调，黄河年内沙量主要集中在 6~9 月，呈现出水少沙多状态，7 月的水沙不协调度最高，以水多沙少状态为主，这在很大程度上是自然发展的结果。那些由于人类活动发展需要所导致黄河水沙关系不协调，影响黄河流域生态环境的行为，可以通过人类的参与去加以控制。

三、对黄河流域保护和发展的建议

治国必先治水。黄河流域作为我国的重要流域之一，保护和发展黄河流域也是推动中国式现代化的重要一环。黄河流域涉及多个行政区域，环境复杂多变，因此在保护和发展黄河流域的道路上会遇到很多困难和阻碍，也会有很多机遇和创新。习近平总书记指出，要科学分析当前黄河流域生态保护和高质量发展形势。那么在保护黄河流域、发展黄河流域时就要求我们要坚持问题导向，系统、全面、准确地把握黄河流域的整体情况以及发展过程中的问题，做到科学论证。

第一，必须以新时代中国特色社会主义生态文明思想为指导，树立并践行绿水青山就是金山银山的理念，达到人水和谐的美好状态，以高品质的黄河生态环境支撑黄河流域的高质量发展，从而进一步推动人水和谐的良性循环，真正实现人与自然和谐共生的现代化。

第二，必须做好顶层设计方案，完善黄河流域生态治理政策体系。黄河流域的保护和高质量发展单靠某个省的努力是难以实现的，需要整个黄河流域共同努力，打破区域之间的界限，对黄河流域进行统筹规划，以多种形式，由地方政府联合科研院所、高等研究院校、水务集团等组建协同创新平台及技术创新战略联盟，以有效实现资源共享效应。成立黄河流域生态保护和高质量发展组织，充分评估、科学研判黄河流域生态环境，制定并实施该流域生态保护和高质量发展相关法律法规，规范并促进黄河流域企业在良性发展的同时能够更好地保护黄河流域生态环境。

第三，必须传承和弘扬黄河文化，唤醒人们的保护意识。黄河流域生态保护和高质量发展具有主要责任和关键作用的主体便是"人"，人水和谐的理念主体也是"人"。以文化人，以文育人。因此，这就需要做好文化建设的相关工作，挖掘并阐释好，弘扬好黄河文化，唤醒人们对保护黄河、激起黄河的主人翁意识和集体责任感。具体而言，各个流域要修复并整理黄河文化发展脉络，保护好与黄河有关的古建筑，守护好黄河文化基因，传承好黄河文化所蕴含的精神力量，为该流域生态保护和高质量发展提供坚实可靠的文化根基。

黄河作为我们的母亲河，不仅关乎中国式现代化的实现，更关乎中华民族伟大复兴的美好愿景。人与自然是生命共同体，人水和谐是人与自然和谐共生的其中一个面向。只有坚持人水和谐的基本思路，以新时代中国特色社会主义生态文明思想为思想引领，完善好生态治理政策体系、传承和弘扬好黄河文化，才能不断推动实现黄河流域生态保护和高质量发展。

参考文献

　　［1］左其亭，张云.人水和谐量化研究方法及应用［M］.北京：中国水利水电出版社，2009.

　　［2］张丽娜，吴凤平.依靠科技创新促进人水和谐共生［J］.中国科技论坛，2023（7）：8-10.

　　［3］左其亭，张志卓，马军霞.黄河流域水资源利用水平与经济社会发展的关系［J］.中国人口·资源与环境，2021，31（10）：29-38.

　　［4］夏军，石卫.变化环境下中国水安全问题研究与展望［J］.水利学报，2016，47（3）：292-301.

　　［5］闪靓.旱涝灾害对黄河流域经济增长影响研究［D］.西安：西北大学，2022.

　　［6］时芳欣，郜国明，王远见，等.基于不协调度的黄河下游水沙变化分析［J］.人民黄河，2020，42（5）：52-55+61.

推动黄河流域生态保护和
高质量发展的路径研究

史云瑞

（河南省社会科学院统计与管理科学研究所，郑州　450002）

摘要： 黄河流域生态保护和高质量发展战略既是引领黄河流域生态文明建设的根本遵循，也是推进"人与自然和谐共生"的中国式现代化的题中之义。虽然我国在黄河流域生态保护治理方面取得了巨大成效，但是流域生态治理问题、区域协调发展问题和产业转型升级问题一直制约黄河流域经济高质量发展。本文针对推动黄河流域生态保护和高质量发展存在的问题，从加大黄河流域生态环境保护力度、提升对外开放水平、推动传统产业转型升级三个维度提出对策建议。

关键词： 黄河流域；生态环境；高质量发展；产业转型

"推动黄河流域生态保护和高质量发展"是党的二十大为实现黄河流域协调发展做出的重要战略部署。黄河作为我国重要的生态屏障和重要的经济地带，如何推动黄河流域生态保护和高质量发展不仅是我国经济社会发展和生态安全的重要议题，也是事关中华民族伟大复兴和永续发展的千秋大计。然而在推动黄河流域生态保护和高质量发展的实践过程中，流域生态治理问题、区域协调发展问题和产业转型升级问题一直制约黄河流域的经济发展。因此，本文立足于生态保护和高质量发展两大发展理念，对推动黄河流域生态保护和高质量发展的路径展开研究，以期加快构建黄河流域经济发展的区域增长极。

一、制约黄河流域生态保护和高质量发展的因素分析

（一）黄河流域的生态环境和水资源形势较为严峻

虽然近年来黄河流域生态治理取得显著成效，上游水源涵养能力稳步提升，

作者简介：史云瑞，河南省社会科学院统计与管理科学研究所助理研究员。

中游水土保持能力有效增强，下游河口生物多样性明显增加，但是黄河流域依旧面临生态脆弱和水资源短缺等问题，制约黄河流域经济高质量发展。

一方面，流域生态环境较为脆弱。由于黄河流域大部分地区位于干旱和半干旱地带，青海、甘肃、宁夏等黄河上游地区沙漠化问题突出，内蒙古、山西、陕西等黄河中游区域土质疏松、植被稀少，导致黄河流域生态环境极为恶劣。与此同时，黄河流域水污染较为严重。流域内高污染企业废水不达标排放以及农业用水污染是黄河流域水污染的主要因素。根据最新的调查显示，虽然 2022 年黄河流域水污染治理取得显著成效，劣Ⅴ类水质断面比例同比下降 1.5 个百分点，比例达到 2.3%，但是仍然高于全国的劣Ⅴ类水质断面比例 1.6 个百分点。

另一方面，黄河流域水资源较为短缺。由于黄河流域降水量比较少，其河道很多地方处于干旱和半干旱的地区，导致黄河平均天然年径流量仅为 580 亿立方米，仅占全国的 2%；黄河流域内人均水量和耕地亩均水量只有全国的 22% 和 16%。和其占全国经济总量 25.37% 的数据相比，水资源的严峻形势对黄河流域经济高质量发展形成了巨大的刚性约束。

（二）黄河流域同其他区域的经济发展水平存在较大差距

黄河流域 9 个省区的经济发展水平相比其他区域存在明显差距，并且这一差距处于不断扩大趋势。例如，2011 年黄河流域 9 个省区 GDP 占全国 GDP 的比重为 29.65%，长江流域 11 个省的 GDP 比重为 35.51%，2022 年黄河流域 9 个省区的 GDP 比重下降为 25.37%，而长江流域 11 个省的 GDP 比重增长至 38.64%。[①] 差距不断拉大的原因在于黄河流域经济发展的内生动力不足。一方面，黄河流域煤炭、有色金属资源较为丰富，在一定程度上提高了技术进步和市场化转型的机会成本，对传统产业的路径依赖和"资源诅咒"导致产业技术创新动力不足，产业转型步伐相对缓慢；另一方面，虽然黄河流域的研究型大学、科研院所和科研投入具有一定的数量和规模，但是市场化转型相对滞后，缺乏像长江流域那样的区域市场容量和市场化水平，导致专利技术和科技产品在市场竞争不充分的情况下难以被合理定价，不完善的市场价格体系会引起市场激励不足和生产要素的流失。因此，要加快完善黄河流域市场体系，着力提升微观企业的技术创新能力，推动区域经济高质量发展。

（三）黄河流域的产业转型升级面临压力

产业是区域经济发展的重要根基，推动产业转型升级有助于吸纳就业和拓展经济发展规模，推动区域经济的高质量发展。近年来，黄河流域地区高度重视流域的环境治理工作，严控高污染、高耗水、高耗能项目，加快新旧动能转换步

---

① 数据来源：《中国统计年鉴》。

伐，大力培育新产业、新业态，有效整治黄河流域的生态环境，提升了经济发展水平。但是，黄河流域大部分区域依旧以农业和资源型产业为主，产业转型升级较为缓慢，以"高投入、高排放和低效率"为特征的粗放型经济发展模式没有得到根本性的转变，新旧动能转化面临较大压力。例如，在黄河流域9个省区中，甘肃、青海和宁夏自身产业结构单一、科技含量不足，需要提升区域产业布局规划的科学性和合理性，发挥西部地区的比较优势，通过强化区域分工协作优化产业整体布局，实现黄河流域产业协调发展。

二、推动黄河流域生态保护和高质量发展的基本路径

（一）打造生态黄河：加大对黄河流域生态环境的保护力度

生态保护是黄河流域生态保护和高质量发展战略的重要内容，是推动黄河流域经济高质量发展的必然路径。由于黄河流域生态保护是一个跨越多省的复杂系统工程，因而要树立大局意识，秉持分区治理、系统修复的思维，要求不同省份开展跨区域的生态保护协同治理。

对于黄河上游地区而言，需要贯彻落实"全面保护、重点治理、局部开发、服从自然"的生态保护和治理思路，严格限制过度放牧、无序开发、毁林开荒等破坏性生产活动，加大对天然林、湿地、沙化土地的保护力度。在生态红线区域，通过产业扶持、教育扶贫、创业支持等政策推动生态移民，减少上游生态区的生产建设活动，系统推进生态保护和修复建设功能，从源头上保障黄河水资源的生态安全。

对于黄河中游地区而言，应当秉持"科学保土、精准治水、协同发展"的治理思路和治理模式，从单一的水土治理向水土保持和经济社会发展协同转变。针对黄土高原泥沙流失和环境污染问题，全面强化水土保持检测监督，创新黄土高原生态治理体制机制，加大对水土流失和退耕还林还草的推进治理，建立水土保持监测站网，动态监测黄河流域生产建设项目的水土保持情况。同时积极探索多元化、市场化的区域生态补偿机制，依据"谁受益，谁补偿"的原则，受益地区对生态保护地区提供经济补偿。

对于黄河下游地区而言，其生态治理定位为洪涝灾害治理和水污染防治。由于黄河下游流经华北平原，该地区是经济发展和生态保护矛盾突出的地带，因而需要构建"防洪保安、节水减污、生态富民"的协同治理体系，从生产和生态两个方面着手推动黄河下游生态保护和高质量发展。完善环境保护和产业发展政策，鼓励和扶持科技型产业发展，加强对过度开采地下水、乱排放污水等环境污染行为的监管；加强黄河流域生态环境保护与"三农"政策相融合，以科学的绿色生态理念为指导，利用先进的农业生产技术，大力发展绿色生态农业，优化

农业经济结构和产业布局，促进农业发展的同时，有效治理和保护农业生态环境。

（二）构建开放高地：全面提升黄河流域对外开放水平

黄河流域作为一个经济整体，不仅需要破除内部经济联系的障碍，推动生产要素在黄河上中下游自由流动，而且要积极对接国内国际高标准经贸规则，加快建设更高水平的开放型经济新体制，打造区域对外开放新高地。首先，建立健全黄河流域跨省份合作新机制。加快打造沿黄现代产业合作示范带，加强黄河流域9省自主创新示范区与其他经济区域的战略对接，搭建黄河流域、长江流域、泛珠三角等区域要素市场化配置和交流合作平台。其次，建设沿黄达海大通道大枢纽大网络。以山东为开放门户实现"以海引陆、以陆促海、海陆联动"，一体化构建黄河流域陆海统筹、东西互济的开放体系；推动黄河流域物流枢纽网络建设，大力发展多式联运，做大做强高端航运服务，推进多层次一体化综合交通枢纽建设。最后，搭建高能级开放合作平台。高标准建设黄河流域自由贸易试验区，支持济南、郑州、西安等城市建立对接国际规则标准、吸引集聚全球优质要素的体制机制，深入推进建设具有国际先进水平的国际贸易"单一窗口"，实现国际贸易业务全流程全覆盖，进一步提升贸易便利化水平。

（三）打造绿色引擎：推动黄河流域产业转型升级

推动黄河流域产业转型升级，既要结合各地区的经济发展实际、区位特点、资源禀赋优化产业布局，引导各省结合自身特点找准定位、错位发展，打造具有核心竞争力和品牌影响力的特色优势产业，又要转变经济发展方式，以创新驱动带动黄河流域产业转型升级，取消高能耗、高污染、高耗能产业，培育和壮大绿色低碳节能产业。

首先，巩固提升特色优势产业。结合本地区的优势特色资源和比较优势，引导传统优势产业与新技术、新工艺、新模式相结合，推动优势产业向高端化、智能化、绿色化迈进。例如，黄河上游地区的畜牧业、有色金属、装备制造业等传统产业拥有比较优势，应鼓励传统优势产业通过兼并重组、委托开发和购买知识产权等方式提升企业的核心竞争力，吸引上下游配套产业集聚，延伸产业链、提升价值链，推动产业链式布局、专业化配套、集群化发展。

其次，发展战略性新兴产业。根据战略性新兴产业的发展阶段和特点，抢抓机遇，明确重点发展方向和发展任务，实施战略性新兴产业跨越发展工程，培育形成一批具有核心竞争力、品牌影响力高的新兴产业链群和龙头企业。加快5G网络、数据中心、人工智能、工业互联网、物联网等新型基础设施建设，支持各省份在产业集聚区创建研发核心区、中试基地、科研技术创新平台，推进物联网、大数据、人工智能与实体经济相结合，最大限度地将黄河流域的自然资源、文化资源转化产业价值的增值项。

最后，优化黄河流域产业空间布局。汇聚创新动能推动黄河流域高质量发展，既要引导优势产业向特定区域集中布局，壮大产业集群规模，形成产业集聚效应和规模效应，又要优化产业空间布局，不同区域结合自身特点合理定位、错位发展，形成产业配套和关联集成效应。鼓励黄河上游地区以转型提质、培育载体、壮大优势产业集群为方向，积极发展光能、风能等新能源产业，大力拓展装备制造业、有色冶金等传统产业的产业链；黄河中游地区以环境保护、生态供给、拓展业态为路径，围绕传统能源化工产业，大力发展新能源汽车、电子信息、生物医药等新兴产业，推动产业绿色化、低碳化发展；黄河下游地区以特色高效、保障粮产、发展特色产业集群为任务，河南、山东等农业大省应大力推进节水农业发展，同时围绕农业产业，大力发展高端制造业和现代服务业，实现现代农业和先进制造业、现代服务业深度融合。

参考文献

［1］曲永义.以产业链协同推动黄河流域生态保护和高质量发展［J］.城市与环境研究，2023（1）：3-7.

［2］刘娇妹，王刚，付晓娣，等.黄河流域河南段生态保护和高质量发展评价研究［J］.人民黄河，2023，45（7）：7-13.

［3］于文浩，张志强.新时代黄河流域生态保护和高质量发展的理论逻辑及路径选择［J］.价格理论与实践，2022（9）：89-92+205.

［4］任保平.黄河流域生态保护和高质量发展的创新驱动战略及其实现路径［J］.宁夏社会科学，2022（3）：131-138.

［5］肖安宝，肖哲.生态保护前提下黄河流域高质量发展的难点及对策［J］.中州学刊，2022（3）：80-87.

区域深度协同助推黄河流域
高质量发展的路径和政策

席江浩

（河南省社会科学院经济研究所，郑州　250002）

摘要： 作为包含经济、社会、自然资源、文化等各方面的复杂巨系统，黄河流域的高质量发展应从全局出发、以大系统观整体统筹，需要相关地方政府、市场主体、社会各界等通力合作、深度协同。区域深度协同主要体现在三个方面：第一，制度协同，构建围绕黄河流域生态保护和高质量发展的专门法律法规体系，建立区域协同的制度保障；第二，产业协同，整合黄河流域各省市现有产业链资源，加快培育新兴产业，构建泛黄河流域产业链体系，形成区域协同的产业基础；第三，创新协同，构建黄河流域各类协同创新平台、推动形成流域创新生态系统，以创新协同引领黄河流域开放共创的高质量发展格局。区域深度协同在于强调政府在协调各方利益中的核心作用，发挥市场在配置资源中的基础作用，重视社会各界的关切和参与，构建政府为核心、市场为基础、社会为依托的多元创新治理体系和发展格局。

关键词： 黄河流域；高质量发展；区域协同

在 2019 年黄河流域生态保护和高质量发展座谈会上，习近平总书记指出，黄河流域是我国重要的生态屏障和重要的经济地带，是打赢脱贫攻坚战的重要区域，在我国经济社会发展和生态安全方面具有十分重要的地位。黄河流域生态保护和高质量发展，同京津冀协同发展、长江经济带发展、粤港澳大湾区建设、长三角一体化发展一样，是重大国家战略。习近平总书记指出黄河流域的问题"表象在黄河，根子在流域"，要求"共同抓好大保护，协同推进大治理"。

作为一个复杂巨系统，黄河流域生态保护和高质量发展涉及经济、社会、文

作者简介：席江浩　博士，河南省社会科学院经济研究所助理研究员，研究方向为数字经济和创新经济。

化、自然资源等众多领域，具备牵涉范围广、历史渊源长、空间跨度大、主体关系复杂等特点。2021 年 10 月 22 日，习近平总书记在深入推动黄河流域生态保护和高质量发展座谈会上强调，把系统观念贯穿到生态保护和高质量发展全过程。提升区域协同能力，创新黄河流域协同治理体制机制，推动黄河流域经济社会协同发展，是加强黄河流域生态保护和高质量发展的重要举措。

一、区域深度协同是黄河流域高质量发展的根本要求

黄河流域涵盖范围广、地区发展差异大，是黄河流域生态保护和高质量发展的难点之一。2022 年，黄河流域的 9 个省区中 GDP 最高的是山东省（87435.1 亿元），最低的是青海省（3610.1 亿元），相差 23 倍。区域深度协同是黄河流域生态保护和高质量发展的必然要求，是在大系统观要求下推动黄河流域高质量发展的重要举措。区域深度协同不仅包含政府之间在面对生态保护和灾害防治方面的协同，同时更在于市场、社会等力量共同参与黄河流域生态保护和高质量发展。黄河流域作为包含经济、社会、自然资源、文化等各方面的复杂巨系统，应从全局出发、以大系统观整体统筹，需要各地方政府、市场主体、社会各界等通力合作、深度协同。

二、区域深度协同推动黄河流域生态保护和高质量发展优势互补

黄河流域上游地区生态环境好、水资源充足，人口较少但经济社会发展相对落后；中游地区能源资源丰富但生态环境脆弱；下游地区农业发达，经济社会发展水平较高，但水资源约束较大。各省份需要结合自身优势，利用地区有利条件进行发展。区域深度协同能够有效降低无效资源消耗，提升黄河流域自然资源利用效率，提升落后地区发展水平。利用黄河流域各地区的资源禀赋差异，加强区域间产业协同，构建沿黄河流域生态产业链，通过创新加快黄河流域高质量发展。

三、区域深度协同推动黄河流域要素资源高效流动

黄河流域 9 个省区空间跨度大、资源错配严重、上下游经济联系较弱，尚未形成以产业链为基础的协同关系。高质量发展关键在于从依赖土地要素、资源要素等转向以数字要素、技术要素为核心的发展模式，需要加快要素流动和高效配置，破除要素跨区域流动限制。区域深度协同推动沿黄河流域生产要素、创新要素的跨区域高效流动，激发上游欠发达地区的生产力发展潜力，提升黄河流域经济社会均衡发展水平。要素流动推动泛黄河流域产业链体系的形成，进一步增强黄河流域跨区域的协同能力。

四、区域深度协同推动黄河流域形成高度开放的高质量发展格局

黄河流域生态保护和高质量发展涉及产业布局、自然资源保护和开发、城市发展、农业生产等众多领域，现有以水利部黄河水利委员会（以下简称黄委会）为核心的管理机制显然不能满足跨区域、跨部门的全面统筹协调需求。区域深度协同不仅在于政府层面的政策制度上的协同，更在于通过引入市场和社会力量，以市场为基础进行黄河流域自然资源的开发利用，避免"公地悲剧"。世界上发展较好的流域经济均表现出高度开放的特点。流域经济系统是具有外部开放边界和内部复杂相互作用的经济地域系统，开放是高质量发展的本质要求。区域深度协同首先要求黄河流域各地区对流域内其他地区保持高度开放的状态，促进流域内经济流动；其次以流域内核心地区为基础，打造对外开放平台，利用更为广泛的资源为黄河流域谋发展，如中欧班列、丝绸之路等。

五、区域深度协同推动黄河流域高质量发展的路径

区域深度协同可以概括为三个方面：制度协同、产业协同和创新协同。制度协同指黄河流域各地方政府之间制度层面上以及通过立法形成的法律层面上的协同机制。产业协同指黄河流域各地区通过产业链形成的协同机制。创新协同指黄河流域各创新主体形成的协同机制。三者相互支撑，共同推动黄河流域高质量发展。区域深度协同在于以制度协同为保障，以产业协同为基础，以创新协同为引领，发挥政府的核心作用、市场的基础作用、社会的监督作用，构建政府、市场、社会等共创共享、协同治理的黄河流域生态保护和高质量发展格局。

六、制度协同为黄河流域高质量发展提供制度保障

区域深度协同涉及范围广泛、部门众多、利益关系复杂，需要通过构建较为完善的法律制度体系、明晰权责，为协同提供制度保障。黄河流域生态保护和高质量发展的难点在于资源和权益的跨区域划分难以明晰，上下游地区的资源分布和消耗水平极度不平衡。现有的管理体制很难适应越来越复杂的黄河流域生态保护和高质量发展的要求，需要建立更为稳固和广泛的协同治理体系。制度协同是产业协同、创新协同的重要基础。无论是产业协同还是创新协同均涉及大量资源的流动和再分配，这个过程都无法避免不同区域、不同主体之间的利益纠葛。制度协同为跨区域的经济资源流动提供制度保障，为跨流域利益纠纷提供快速通道，提升经济流动效率。

七、产业协同加强区域间经济联系，完善黄河流域生态治理体系

产业协同避免区域间无效竞争、过度竞争，将有限资源用于发展，提升资源

利用效率。黄河流域各地区需利用自身资源禀赋差异，合理分工，推动形成以生态保护、产业升级为核心的产业链体系，以此为契机加速产业转型、淘汰落后产能。高质量发展，发展是基础，高质量是核心。高质量发展在于产业从劳动密集型转向技术密集型、从资源消耗型转向创新驱动型。黄河流域产业结构整体上呈现偏资源密集型特征，传统产业大而不强，高新技术产业发展较为滞后。产业链协同有利于以线带面，通过重新整合黄河流域产业链资源，推动黄河流域产业链转型升级，加快生态产业链的形成和发展。产业协同在于发挥市场在配置黄河流域生产资源方面的基础作用，形成协同治理、共同发展的长效机制。

八、创新协同推动区域产业转型升级，加快创新发展

创新是经济发展的核心动力，是黄河流域高质量发展的重要引擎。创新协同有利于活跃区域创新资源，推动创新要素跨地区流动，加快创新的产生和扩散。创新协同不仅在于区域间的协同，同时在于区域内各类创新主体间的协同。加快培育黄河流域创新生态，提高创新资源集聚程度，加快创新转化，是推动黄河流域高质量发展的关键。创新协同还在于利用先进技术提升区域间协同能力，如采用数字技术提升创新资源跨区域流动效率。加快产业数字化进程，促进产业资源跨区域流动，提升产业协同能力。

九、区域深度协同推动黄河流域高质量发展的政策

区域深度协同要摆脱各地方政府之间的一事一议式的事务协同，建立以专门法律体系为基础的制度协同；要改变单纯依赖政府行政命令式的协同，建立以产业链为基础的经济协同，发挥市场的重要作用；要调整现有治理方式，加快产业转型和发展方式转变，积极引导市场和社会等其他力量参与构建多元创新治理体系，加快形成创新驱动、高度开放的高质量发展模式。黄河流域高质量发展关键在于处理好资源和利益的跨区域分配和再分配问题。发挥市场在配置资源中的基础作用，发挥政府在协调各方利益中的核心作用，重视社会各界的关切和参与，构建政府为核心、市场为基础、社会为依托的多元创新治理体系。推动各类数字平台建设，发挥平台在协调黄河流域跨区域资源流动、提升资源利用率、提升生态保护水平等方面的重要作用。

十、构建黄河流域产业协同机制，建设黄河流域产业链体系

第一，黄河流域各区域优势互补，推动建立黄河流域生态产业链。各区域可以通过整合现有生态产业，发挥各省市产业优势，建立较为完备的生态产业链，形成以生态产业链为基础的协同治理结构。第二，整合现有产业链，完善黄河流

域产业链链长制度。通过"链长"企业强链、固链，在跨区域产业链协同中发挥核心作用。发挥国有企业在产业链发展中的核心带动作用，以若干大型国有企业为基础，整合国有企业产业资源，构建和完善黄河流域产业链体系，加快建设具有竞争力的产业集群。第三，推动数字产业链发展。加快实施数字化转型战略，加快传统产业数字化转型，加快数字政府、数字城市建设。培育和壮大利用数字技术进行黄河生态保护和治理的相关企业、产业，推进黄河流域相关产业数字化转型，提升区域数字化发展能力。加快数字技术在水资源利用、灾害预警等方面的利用，全面提升黄河流域数字化协同治理能力。

十一、建立健全黄河流域生态治理和高质量发展协同法律体系

第一，在现有相关法律法规的基础上，构建围绕黄河流域生态保护和高质量发展的专门法律，完善协同治理法律体系。围绕城市发展、农业生产、水资源利用、防沙固土、灾害防治等，构建综合治理法律体系。第二，在国家层面上，做好对黄河流域协同治理的顶层设计，完善各区域考核体系，杜绝各自为政，推动区域主动做好协同治理工作。第三，建立健全生态补偿机制。有效发挥市场在配置资源方面的基础作用，推动下游地区和上游地区建立生态补偿协同机制，探索互惠互利、协同发展的生态保护和高质量发展格局。

十二、推动各类平台建设，发挥平台在协同治理过程中的重要作用

第一，以中央企业和国有大型企业为基础，构建产业平台、生态协同治理平台。平台在资源集聚、要素优化配置、创新扩散方面具有重要优势。黄河流域各省份应协同推动各类平台建设，畅通各省份生产要素流通渠道，发挥平台的规模效应，提升协同治理能力。发挥平台在配置资源、协调各方、优势互补等方面的基础作用。第二，推动黄河流域跨区域数字平台建设。加快黄河流域数字产业培育，识别具有成长潜力的平台型企业，加快数字平台建设。整合资源，合理分工，围绕黄河流域水资源利用、灾害防治、农业发展等领域构建各类数字平台。通过数字平台加快黄河流域各省份的数字化转型，推动产业升级，加快数字产业链培育和发展。

十三、加快创新驱动高质量发展战略实施，构建黄河流域协同创新机制

第一，推动高校、科研院所、企业等参与黄河流域生态保护和高质量发展中，构建多元创新主体交互的区域创新生态系统。加快创新转化，推动新兴产业

的快速培育和发展。第二，加强区域创新生态系统之间的协同、联动，打造黄河流域共生、共创、共享的流域创新生态系统。构建跨区域创新平台，加快产业链、创新链、价值链融合发展。第三，构建政府、市场、社会等众多主体参与的多元治理体系，不断创新多元治理结构，全面提升黄河流域协同治理能力和发展水平。

十四、推动黄河流域城市群建设，加快城市群协同发展

第一，依托国家战略，发展壮大山东半岛、中原、关中平原等城市群，培育发展山西中部、呼包鄂榆、兰州—西宁、宁夏沿黄等城市群。城市是经济社会发展的重要形态，是高质量发展的核心载体。城市群建设要以高质量发展为目标，遵循生态保护、绿色发展原则，全面提升黄河流域城市群发展水平。第二，建立健全城市群一体化协调发展机制和成本共担、利益共享机制，统筹推进基础设施协调布局、产业分工协作、公共服务共享、生态共建环境共治。以山东半岛、中原、关中平原等较发达城市群为核心，以汽车、消费电子等重点产业链为基础，加快构建优势互补、合作共赢的协同发展格局，推动黄河流域城市群高质量发展。

参考文献

［1］习近平.在黄河流域生态保护和高质量发展座谈会上的讲话［J］.求是，2019（20）：4-11.

［2］新华社.习近平主持召开深入推动黄河流域生态保护和高质量发展座谈会并发表重要讲话［EB/OL］.（2021-10-22）［2023-08-15］.https：//www.gov.cn/xinwen/2021-10/22/content_5644331.htm.

［3］郭晗.黄河流域高质量发展中的可持续发展与生态环境保护［J］.人文杂志，2020（1）：17-21.

［4］黄燕芬，张志开，杨宜勇.协同治理视域下黄河流域生态保护和高质量发展——欧洲莱茵河流域治理的经验和启示［J］.中州学刊，2020（2）：18-25.

［5］刘曙光，许玉洁，王嘉奕.江河流域经济系统开放与可持续发展关系——国际经典案例及对黄河流域高质量发展的启示［J］.资源科学，2020，42（3）：433-445.

［6］陈才，刘曙光.区域经济地理学方法论建设初探［J］.地理研究，1999（1）：2-7.

［7］廖建凯，杜群.黄河流域协同治理：现实要求、实现路径与立法保障［J］.中国人口·资源与环境，2021，31（10）：39-46.

黄河中下游地区高质量发展研究

袁 博

（河南省社会科学院工业经济研究所，郑州　450000）

摘要： 黄河中下游河长 1992 千米，占黄河总河长的 36.5%，流经内蒙古、陕西、山西、河南和山东 5 个省份，流域面积占黄河总流域面积的 48.7%，黄河中下游地区是黄河人口最密集、基础设施最完善、经济最发达的地区。《黄河流域生态保护和高质量发展规划纲要》对黄河流经地区提出了更高的发展要求，黄河中下游地区是黄河流经地区中人口活动和经济发展的主要区域，对黄河流经地区的整体高质量发展具有举足轻重的意义和作用，进一步加快黄河中下游地区的高质量发展，促进黄河流经地区的整体发展。

关键词： 黄河中下游地区；高质量发展；产业经济

黄河是我国第二长河，自西向东流经 9 个省份，黄河流经地区是中华文明最主要的发源地，曾创造出辉煌灿烂的古代文化，黄河流经地区是国家重点发展区域，工农业快速发展，特别是工业发展迅速，已经从传统的农耕地区实现工业化，改革开放后黄河流经地区经济快速发展，但相对于环渤海地区、长江三流经地区和珠江三角洲地区仍然较慢，经济发展水平和质量不高，近年来黄河流经地区通过一系列举措促进经济发展，2022 年黄河流经 9 个省份的 GDP 总量为 30.7 万亿元，占全国 GDP 总量的 25.4%，其中山东、四川和河南三省第一产业增加值常年位居省级行政区前三位，同时第二产业增加值均位居全国前列，黄河流经地区已经成为我国经济发展的重要区域。

鉴于黄河流经地区近年来取得的发展成果，中共中央、国务院印发了《黄河流域生态保护和高质量发展规划纲要》（以下简称《纲要》），强调黄河流域生态保护和高质量发展是重大国家战略，要共同抓好大保护，协同推进大治理，着

作者简介：袁博，河南省社会科学院工业经济研究所助理研究员，研究方向为产业经济。

力加强生态保护治理、保障黄河长治久安、促进全流域高质量发展、改善人民群众生活、保护传承弘扬黄河文化，让黄河成为造福人民的幸福河。推动黄河流域生态保护和高质量发展，具有深远历史意义和重大战略意义。保护好黄河流域生态环境，促进沿黄地区经济高质量发展，是协调黄河水沙关系、缓解水资源供需矛盾、保障黄河安澜的迫切需要；是践行"绿水青山就是金山银山"理念、防范和化解生态安全风险、建设美丽中国的现实需要；是强化全流域协同合作、缩小南北方发展差距、促进民生改善的战略需要；是解放思想观念、充分发挥市场机制作用、激发市场主体活力和创造力的内在需要；是大力保护传承弘扬黄河文化、彰显中华文明、增进民族团结、增强文化自信的时代需要。

《纲要》对黄河流经地区提出了更高的发展要求，黄河中下游地区是黄河流经地区中人口活动和经济发展的主要区域，对黄河流经地区的整体高质量发展具有举足轻重的意义和作用，进一步加快黄河中下游地区的高质量发展，促进黄河流经地区的整体发展。

一、黄河中下游地区发展现状分析

黄河中下游河长 1992 千米，占黄河总河长的 36.5%，流经内蒙古、陕西、山西、河南和山东 5 个省份，黄河中下游地区是黄河人口最为密集、基础设施最完善、经济最为发达的地区，黄河中下游五省占据黄河流经省级行政区 GDP 前六位中的五席，GDP 总量达到 23.04 万亿元，占黄河流经地区 GDP 总量的 75%，黄河中下游五省发展现状各不相同，各有特点（见图 1）。

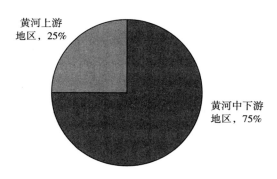

图 1　黄河流经地区 GDP 构成

（一）山东省

山东简称"鲁"，位于我国东部沿海，陆域面积为 15.58 万平方千米，海域面积为 4.73 万平方千米，自北而南与河北、河南、安徽、江苏 4 省接壤，山东是黄河出海口所在地，是黄河流经的唯一临海省级行政区，中华人民共和国成立后山东快速发展，经济实力显著增强，是我国经济最为发达的省份之一，GDP常年位居省级行政区前三位（最高曾经是第二位），山东是农业大省，其中第一产业增加值常年位居全国第一，第二产业和第三产业同样发达。2022 年，山东GDP 达 87435 亿元，稳居省级行政区全国第 3 位、黄河流经地区第 1 位，以济南和青岛为中心城市的山东半岛城市群是我国重要的城市群之一。

（二）河南省

河南简称"豫"，位于我国中部，总面积 16.7 万平方千米，东接安徽、山东，北接河北、山西，西连陕西，南临湖北，河南素有"九州腹地、十省通衢"之称，21 世纪后随着交通基础设施建设速度的加快完善，河南的地理交通优势开始显现，逐渐成为全国重要的综合交通枢纽和人流物流信息流中心，经济快速发展，河南是农业大省，第一产业增加值常年位居省级行政区前三，第二产业同样发达。2022 年，河南 GDP 达 61345.05 亿元，河南省为主体、以郑州市为中心城市的中原城市群是国家级城市群，是我国重要的城市群之一。

（三）陕西省

陕西简称"陕"或"秦"，省会西安，位于我国内陆腹地，黄河中游，东邻山西、河南，西连宁夏、甘肃，南抵四川、重庆、湖北，北接内蒙古，总面积为20.56 万平方千米，陕西地理位置绝佳，是连接中东部地区和西北地区的交通纽带，近年来陕西经济发展迅速，已经成为内陆省份新的增长极。2022 年，陕西GDP 达 32772.68 亿元，位居省级行政区全国第 14 位、黄河流经地区第 4 位、西北地区第 1 位，以西安为中心的关中平原城市群为国家级城市群，是我国重要的城市群之一。

（四）山西省

山西简称"晋"，位于中国华北，东与河北为邻，西与陕西相望，南与河南接壤，北与内蒙古毗连，总面积为 15.67 万平方千米，山西是煤炭大省，煤炭产量常年稳居全国最前列，近年来山西积极进行产业结构调整和转型升级，经济快速发展。2022 年，山西 GDP 同比增长 4.4%，高于全国平均水平，达 25642.59亿元。

（五）内蒙古自治区

内蒙古自治区简称"内蒙古"，地处我国北部，东北部与黑龙江、吉林、辽宁、河北交界，南部与山西、陕西、宁夏相邻，西南部与甘肃毗连，北部与俄罗斯、蒙古国接壤，横跨东北、华北、西北地区，总面积达 118.3 万平方千米，内蒙古矿产资源丰富，有资源储量居全国之首的有 17 种、居全国前 3 位的有 43种、居全国前 10 位的有 85 种，其中稀土资源存储量居世界首位，煤炭保有量超过全国的 1/4，煤炭产量常年位居全国最前列，能源产业的兴起也带动了内蒙古整体经济的快速发展。2022 年，内蒙古 GDP 同比增长 4.2%，高于全国平均水平，达 23159 亿元。

二、黄河中下游地区发展特点分析

（一）传统产业优势明显，互补性强

黄河中下游五省的传统产业整体发展规模和质量较高，特别是农业和工业，其中山东和河南是农业大省，第一产业增加值和粮食产量常年位居全国省级行政区最前列，2022 年山东第一产业增加值为 6299 亿元，同年河南第一产业增加值为 5817.78 亿元。2022 年山东粮食产量为 5543.8 万吨，河南粮食产量达 6789.4 万吨，山东和河南两省粮食产量占全国粮食总产量的近 18%，超过 1/6，鲁豫两省是我国最重要的粮食生产基地。

除农业外，黄河中下游地区的第二产业同样发达，2022 年山东和河南的第二产业增加值分别为 35014 亿元和 25465.04 亿元，分列全国第 3 位和第 5 位，山东和河南是建筑业大省，2021 年两省的建筑业增加值分别完成 6094.5 亿元和 5619 亿元。黄河中下游地区主要工业品产量在省级行政区中同样名列前茅，在能源产量方面表现突出。2021 年，山西、内蒙古、陕西煤炭产量分别为 11.93 亿吨、11.39 亿吨和 7 亿吨，以巨大优势包揽省级行政区煤炭产量前 3 名，三省的煤炭总产量高达 29.32 亿吨，在全国煤炭总产量的占比高达 71%，不仅是国内，甚至是全球煤炭生产中心地区；2021 年，内蒙古和山东发电量分别达 5952.6 亿千瓦·时和 5808 亿千瓦·时，分列全国第 2 位和第 3 位；2021 年陕西和内蒙古天然气产量分别达 294.13 亿立方米和 290 亿立方米，分列全国第 3 位和第 4 位；2021 年，陕西石油产量达 2552.8 万吨，位列全国第 4。黄河中下游地区制造业同样较为发达，汽车、化工、冶金、制药、食品加工和装备制造业在全国占有重要地位。

黄河中下游地区不仅传统产业优势明显，产业互补性同样较强，其中山东和河南在农业、建筑业和制造业方面优势巨大，是全国重要的粮食、建筑和工业品生产基地，陕西、山西和内蒙古三省的能源产业发达，在全国乃至全球都占有重要地位，五省已经构建了完善的传统产业体系。

（二）基础设施完善，陆路交通发达

黄河中下游地区中东部为平原，其中山东平原面积占全省总面积的 65.6%，河南平原面积占全省总面积的 55.7%，位列省级行政区平原面积占比的第 2 位和第 3 位，两省近年来持续加快基础设施建设，山东是连接京津冀和长三角两大经济区的重要通道，地理位置极其重要，截至 2022 年底山东高铁运营里程达 2446

千米，排名全国最前列。河南地处中原地区，与西部地区、长三角、京津冀和山东半岛均相邻，地理位置极其优越，截至 2022 年底河南高铁里程达 2176 千米，位居省级行政区最前列。河南已经实现所有地级市通高铁，其中时速 350 千米高铁运营里程达 1924 千米，位居全国第一，省会郑州已建成 8 个方向的跨省高铁，成为全国首个"米"字形高铁枢纽。山东和河南两省不仅高速铁路建设发展快速，高速公路同样不甘示弱，截至 2022 年底山东和河南高速公路通车里程均突破 8000 千米，位居全国前列，同时两省的高速公路网密集便捷，高速公路密度均超过 4 千米/百平方千米，同样位居全国前列。

近年来黄河中下游地区积极主动通过陆路交通加快与境内外的经贸往来，陕西省省会西安是古代丝绸之路的起点，2015 年共建"一带一路"倡议开始实施，西安成为陆上丝绸之路的重要节点城市，再一次发挥了贯通东西往来的重要作用，2016 年 8 月西安开通了中欧班列，开启了中欧陆路经贸往来的新篇章，经过数年发展，中欧班列"长安号"已经成为中欧班列的中流砥柱，2020 年西安成为中欧班列五大集结中心城市，2022 年中欧班列"长安号"开行量首次突破 4600 列，达到 4639 列，同比增长 20.8%，累计开行 16054 列，西安成为全国中欧班列开行城市中首个年度开行量突破 4600 列的城市。另一个中欧班列集结中心城市——郑州开通的郑欧班列同样经贸往来成果显著，此外济南、青岛和呼和浩特都纷纷开通中欧班列，经贸往来的日益频繁快速推动着经济发展。2022 年，山东、河南、陕西和内蒙古进出口总额均创新高，黄河中下游地区的经贸发展前景一片大好。

（三）经济发展和环境保护并举

《纲要》强调生态保护和高质量发展要同步进行，将生态保护提到了和经济发展同等重要的地位，黄河中下游地区在黄河流经地区中工业最发达、人口最为稠密，平衡经济发展和环境保护之间的关系是当务之急，近年来沿线五省严格贯彻"绿水青山就是金山银山"的理念，已采取了多种保护措施，自然环境较以往有显著改善：内蒙古拥有国内最大面积的草原，积极实践生态保护，大力发展旅游业，促进经济发展；陕西在秦岭生态保护方面成果突出，2020 年森林覆盖率达 43.06%，为五省最高；河南通过持续的生态保护，森林覆盖率从 1980 年的 9.97% 提高到 2020 年的 24.14%，高于全国平均水平，成果优异；近年来山西通过环境治理，优良天数和优良水体比例持续提升；山东利用沿海的特殊位置积极打造沿黄生态廊道，部省共建"智慧生态黄河"平台，2022 年全省空气质量优良天数达 70% 左右，威海、烟台和青岛常年位居城市空气质量排名最前列。

黄河中下游五省除了各自的生态保护措施，还联手与上游省份共同改善黄河水质，位于河南省会郑州的黄河水利委员会持续加强黄河水质检测，经过流经省份的共同努力，2022 年黄河流域地表水Ⅰ类至Ⅲ类断面比例达到 87.5%，同比提高 5.6 个百分点，黄河干流首次全线达到Ⅱ类水质，黄河干流全线水质持续改善，黄河中下游地区生态保护治理取得阶段性成效。

三、黄河中下游地区发展存在的问题

黄河中下游地区虽然 GPD 总量和占黄河流经地区 GDP 总量的占比都较高，但仍然存在一些问题，进而影响黄河流经地区的整体经济发展。

（一）整体发展质量不高，第三产业薄弱

黄河中下游地区经济总量大，产业体系完善，但经济结构不合理，2022 年五省的第三产业增加值占各自 GDP 的比重均低于全国 52.78% 的平均水平，其中山东的第三产业占比最高，为 52.75%，仍低于全国平均水平，而内蒙古第三产业增加值占比仅为 40%，山西的第三产业增加值占其 GDP 总量的比重也仅为 40.8%，两省与第三产业占比最高达 83.9% 的北京相比差距较大，同时山西的第二产业增加值占比高达 54%，位居全国第一，是唯一超过 50% 的省级行政区，黄河中下游地区的产业结构还有待进一步优化。

除了第三产业占比较低，黄河中下游地区的人均经济指标同样不高，2021 年黄河中下游五省中仅有内蒙古和山东人均 GDP 超过全国平均水平，其中内蒙古人均 GDP 最高，为 8.54 万元，人均 GDP 最低为河南，仅为 5.94 万元，而黄河中下游五省整体人均 GDP 为 7.7 万亿元，低于全国平均水平，人均可支配收入、城镇居民人均可支配收入、农村居民可支配收入、人均存款、人均消费支出等人均指标同样低于全国平均水平，黄河中下游地区的高质量发展任重道远。

（二）地区协同发展水平低

黄河中下游地区的不同省份间自然环境、经济发展和文化习俗的差别较大，并没有形成区域协同一体化发展体系，黄河中下游地区包括中原城市群、山东半岛城市群和关中平原城市群，其中中原城市群和关中平原城市群为国家级城市群，中原城市群与其他城市群相邻，交通紧密相连，人员往来频繁，但经贸往来偏少，各经济区缺乏更大范围内一体化协同发展的政策和战略，形成了各自为政发展的局面。同样，分属不同省级行政区的京津冀城市群、长三角城市群和粤港澳大湾区一体化协同程度较高，经济发达，黄河中下游地区的城市群一体化协同发展与上述三大城市群差距较大。

（三）生态保护力度不足、效果不佳

《纲要》指出，生态保护和高质量发展同等重要，黄河中下游地区近年来生态保护方面取得长足进步，黄河水质和植被恢复成果显著，但生态保护方面的措施和政策仍然偏少，力度仍然不够，在反映生态环境的多个指标方面效果仍然不

尽如人意。黄河中下游地区五省植被覆盖率整体偏低，其中最高的陕西植被覆盖率为 43.06%，五省中仅有陕西和河南两省的植被覆盖率高于全国平均水平，山西、内蒙古和山东均低于全国平均水平，其中山东森林覆盖率甚至不足 20%，仅为 17.5%；黄河中下游地区空气质量较差，中华人民共和国生态环境部公布的 2022 年全国 168 个重点城市空气质量情况中，陕西的渭南和咸阳空气质量位居前两位。黄河中下游地区生态保护效果不佳，与其他地区差距较大。

四、促进黄河中下游地区高质量发展

黄河中下游地区有其自身独特的优势，但同时尚存在诸多问题，已经显著影响整体发展，近年来黄河流域生态保护和高质量发展已经上升到国家层面，黄河中下游五省要紧密围绕《纲要》制定相应的发展战略和措施，促进黄河中下游地区高质量发展。

（一）加快传统工业转型升级，重点发展战略性新兴产业

黄河中下游地区在传统工业时代优势明显，近年来随着先进制造业和新兴产业的发展，优势已经逐渐缩小，甚至开始阻碍经济发展，黄河中下游地区积极进行传统工业转型升级，大力发展节能、环保、高效和附加值高的战略性新兴产业。山东高端装备制造业、河南新材料产业和陕西新能源汽车产业已经成为各自地区重点发展的战略性新兴产业。2021 年，山东高端装备制造业营业收入达到 1 万亿元，河南新材料营业收入达到 5252 亿元，[①] 已成为全国重要的高端装备制造和新材料生产基地。陕西新能源汽车产业近年来飞速发展，2022 年全省新能源汽车产量同比增长 272%，达 102 万辆，首次超过 100 万辆，创历史新高。

黄河中下游地区除了大力发展本土产业，还积极引进外部先进企业以帮助和提升产业发展，新能源汽车产业是近年来国家大力扶持和快速发展的战略性新兴产业，可以快速促进经济发展和本土就业，黄河中下游地区省份积极引入外部先进新能源汽车企业，河南、陕西和山东三省都在积极引进全球最大新能源汽车——比亚迪，其中陕西是比亚迪汽车业务的发源地，2003 年 1 月全球第二大电池生产商比亚迪收购西安秦川汽车，获得汽车生产资质，由此正式进入汽车制造领域。此后西安一直作为比亚迪主要的整车制造基地，2020 年后比亚迪销量暴涨，2022 年西安比亚迪工厂产量达 100.8 万辆，其中新能源汽车产量 99.5 万辆，成为全球首个百万量级的新能源汽车工厂，是目前比亚迪全球最大工厂。此外，比亚迪郑州和济南工厂都在建设中，其中比亚迪郑州工厂共规划六期，涵盖了比亚迪整车、零部件、动力电池、电子信息等业务，整车规划产能超过 100 万辆，

---

① http://baijiahao.baida.com/s? id=1750216325957569381&wfr=spidor&for=pc.

届时将成为比亚迪新的全球最大工厂。此外，比亚迪还在太原、安阳、宝鸡等城市建立工厂，促进当地经济发展。

（二）以历史文化为核心优势，大力发展第三产业

黄河中下游地区的河南、山西和陕西三省是历史文化大省，陕、晋、豫三省是中华文明的发源地，直到元朝之前都是政治中心和核心发展区域，西安、郑州、洛阳、开封、安阳、大同五市是中国十大古都，占古都数量的一半以上，陕、晋、豫三省聚集和保留着大量的历史文物，其中山西和河南两省的全国重点文物保护单位数量高居省级行政区前两位，陕西省全国重点文物保护单位数量位列第5，三省的全国重点文物保护单位数量均进入前5名，此外山东省全国重点文物保护单位数量位居第9，同样是历史文化大省，陕晋鲁豫四省的文化旅游资源极其丰富。

除了历史文化资源丰富，陕、豫、鲁三省还是红色文化大省，陕西延安是革命圣地，党中央老一辈革命家在这里生活战斗了13个春秋，领导了抗日战争和解放战争，培育了延安精神，是全国爱国主义、革命传统和延安精神三大教育基地，河南林州红旗渠精神和大别山长征精神至今影响着一代又一代人，山东沂蒙山人民在抗日战争和解放战争作出了巨大的贡献和牺牲。黄河中下游地区丰富的历史文化和红色文化资源可以使游客更加深入地了解国家历史文化和精神传承，实现传统文化教育和爱国主义教育的双重目标。黄河中下游地区第三产业发展水平不高，以历史文化为核心优势大力发展旅游产业，可以同时促进交通运输、文旅产品、酒店住宿等相关产业发展，形成良性的第三产业整体发展。

（三）加强区域协同发展，重点打造两大经济带

虽然目前黄河中下游地区一体化发展程度不高，但有一体化发展的雄厚基础，山东、河南和陕西三省相邻，陆路交通便利，同是经济大省，分列2021年省级行政区GDP第3位、第5位和第14位，位居黄河中下游地区GDP前三，占黄河中下游地区GDP总量的78.8%，GDP百强城市中陕、豫、鲁三省共上榜30座城市，占百强城市总数量的将近1/3，其中青岛、郑州、西安、济南的GDP长期位居城市GDP排名前列，陕、豫、鲁三省各有自身的特色优势产业，经济结构类似，同时三省的文化习俗相近，《纲要》的出台进一步促进陕、豫、鲁三省的一体化发展，使山东、河南和陕西各自的优势产业强强联合，同时产业链互补发展，最终组成陕豫鲁经济带，共同促进三省的整体发展，未来力争成为国内重要的经济带。

除了陕豫鲁经济带外，陕、晋、蒙三省同样有一体化发展的基础和潜力，三省互为邻省，能源产业同为各自的优势产业，其中煤炭是其绝对优势产业，2021年陕、晋、蒙三省的煤炭产量包揽了省级行政区煤炭产量前3名并遥遥领先其他

地区，同时在天然气产量方面三省均进入前十，此外陕西石油产量排名第4。陕、晋、蒙三省的能源产业优势较大，同时互为邻省的交通便利，有利于组成能源产业经济带，形成优势产业的集聚发展效应。陕豫鲁经济带和陕晋蒙两大经济带以陕西为支点，形成更大的经济圈，最终促进黄河中下游地区的整体经济发展。

参考文献

［1］徐辉，师诺，武玲玲，张大伟.黄河流域高质量发展水平测度及其时空演变［J］.中国工程科学，2020（1）：115-126.

［2］金凤君.黄河流域生态保护与高质量发展的协调推进策略［J］.改革，2019（11）：33-39.

［3］任保平，张倩.黄河流域高质量发展的战略设计及其支撑体系构建［J］.改革，2019（10）：26-34.

第二部分

黄河流域生态保护和
高质量发展的河南实践

黄河流域九省区区域文化竞争力分析评价报告

杨 波

（河南省社会科学院文学研究所，郑州 450002）

摘要： 2022 年以来，黄河流域九省区在文化建设方面取得了一些新进展、呈现出不少新气象：制定出台了一系列相关的政策举措，打造出一批特色鲜明的黄河文化旅游品牌，讲好新时代保护传承弘扬黄河文化的故事，拉动黄河流域文化旅游消费动力，文化事业和文化产业表现出齐头并进的发展态势。本文通过比较沿黄九省区的重要文化资源、居民人均收入与消费支出情况、文化旅游业主要指标、文化及相关产业发展状况等内容，分析了打造沿黄九省区文旅超级品牌的发展难题，由于沿黄各省区在文化建设方面的投入侧重不同，故而在文化综合竞争力上的表现也稍显参差。本文认为，应坚持多措并举，不断提高沿黄九省区的区域文化竞争力，推动文化产业成为国民经济的重要支柱产业。

关键词： 黄河流域；区域文化；竞争力

黄河流域生态保护和高质量发展是习近平总书记亲自谋划、亲自部署、亲自推动的重大国家战略。2022 年 8 月，中共中央办公厅、国务院办公厅印发的《"十四五"文化发展规划》指出，"十四五"时期是我国在全面建成小康社会基础上开启全面建设社会主义现代化国家新征程的第一个五年，也是推进社会主义文化强国建设、创造光耀时代光耀世界的中华文化的关键时期。这一宏大的目标定位为黄河流域文化旅游高质量发展提供了重要的战略机遇。党的二十大报告再次强调，要促进区域协调发展，推动黄河流域生态保护和高质量发展。站在新的历史起点上，黄河流域九省区应持续推动优秀传统文化创造性转化、创新性发展，为培育经济发展新动能、推动社会转型新升级、提高区域文化竞争力提供更

作者简介：杨波，文学博士，河南省社会科学院文学研究所（黄河文化研究所）副所长、研究员，主要研究方向为中国古代文学文献整理与研究、文化学研究。

加持久的内驱动力。

一、黄河流域九省区区域文化竞争力比较分析

5000 年的文化积淀，为黄河流域留下非常厚重的文化资源。"十四五"以来，在建设文化强国的发展进程中，沿黄九省区以推动黄河流域生态保护和高质量发展为契机，积极培育现代文化市场主体，不断优化文化产业结构，引领传统文化产业转型升级，推动服务方式朝多元化方向发展，文化与旅游、科技的融合模式日渐清晰，"文化+"战略朝着多维度融合方向逐渐迈进。

1. 黄河流域 9 个省区特色文化资源比较

黄河流域九省区地处华夏历史文明发源的中心区域，传统文化底蕴深厚，保存文化资源众多。以国务院公布的 142 座历史文化名城为例，黄河流域九省区就占了 45 座，占比 1/3。其中，河南共拥有世界文化遗产 5 处，即洛阳龙门石窟、安阳殷墟、登封"天地之中"历史建筑群、丝绸之路河南段、大运河河南段；拥有不可移动文物 65519 处，数量居全国第二，其中全国重点文物保护单位 420 处，省级文物保护单位 1170 处，国家历史文化名城 8 座。山西现有不可移动文物 53875 处，其中全国重点文物保护单位 531 处，是全国最多的省份，尤其是宋以前木结构建筑独占全国 70% 以上；拥有国家历史文化名城 6 座，世界文化遗产 3 处。众多的国宝文物、革命遗址、遗物等构成黄河文化独特的风景线（见表 1）。

表 1　黄河流域九省区重要文化资源比较

省份	国家级文物保护单位（处）	历史文化名城（座）	世界文化遗产（处）	特色文化资源
青海	51	1	1	河湟文化
甘肃	150	4	3	丝路文化
四川	262	8	5	河源文化
宁夏	37	1	0	彩陶文化
内蒙古	149	1	1	草原文化
山西	538	6	3	三晋文化
陕西	270	6	3	关中文化
河南	420	8	5	中原文化
山东	226	10	3	齐鲁文化

2. 沿黄九省区居民人均可支配收入与消费支出情况比较

近年来,沿黄九省区经济社会发展步伐总体加快,各省区的文化影响力和市场占有率明显加大,但不同省份之间在经济、社会、文化、生态等方面仍然存在着发展不平衡的现象。从 2021 年沿黄九省区居民人均可支配收入与消费支出情况如表 2 所示。

表2　2021年黄河流域九省区居民人均可支配收入与消费支出情况表 单位:元

省份	城镇居民			农村居民		
	人均可支配收入	人均消费支出	人均文化娱乐消费支出	人均可支配收入	人均消费支出	人均文化娱乐消费支出
全国	47411.9	30307.2	922.8	18930.9	15915.6	280.5
青海	37745.3	24512.5	637.8	13604.2	13300.2	204.8
甘肃	36187.3	25756.6	721.5	11432.8	11206.1	164.1
四川	41443.8	26970.8	744.8	17575.3	16444.0	272.3
宁夏	38290.7	25385.6	726.4	15336.6	13535.7	148.7
内蒙古	44376.9	27194.2	818.5	18336.3	15691.6	285.9
山西	37433.1	21965.5	651.5	15308.3	11410.1	186.5
陕西	40713.1	24783.7	672.3	14744.8	13158.0	199.9
河南	37094.8	23177.5	690.7	17533.3	14073.2	224.1
山东	47066.4	29314.3	1399.0	20793.9	14298.7	278.6

资料来源:《中国文化及相关产业统计年鉴2022》。

从表 2 可以看出,2021 年黄河流域九省区城镇居民人均可支配收入与人均消费支出均低于全国平均水平;除山东外,其他 8 个省区农村居民人均可支配收入均低于全国平均水平;除四川外,其他 8 个省区的农村居民人均消费支出均低于全国平均水平;除内蒙古外,其他 8 个省区的人均文化娱乐消费支出均低于全国平均水平;无论是城镇还是农村,居民人均可支配收入与人均消费支出情况与经济发达的省份相比还有很大差距,亟须进一步挖掘文化消费的内生动力。

3. 黄河流域九省区文化旅游业主要指标比较

近年来,随着文化和旅游业的深度融合,黄河流域九省区文化旅游业的发展水平也各有不同。表 3 试以 2019 年沿黄九省区接待入境过夜游客和国际旅游收入情况以及 2023 年春节期间的旅游数据为例,简要加以比较说明。

表 3　2019 年黄河流域九省区接待入境过夜游客和国际旅游收入情况

省份	接待入境过夜游客 （万人次）	外国人 （万人次）	国际旅游收入 （百万美元）
青海	7.3	4.7	33.4
甘肃	19.8	11.4	59.1
四川	414.8	313.1	2023.8
宁夏	12.7	3.6	69.3
内蒙古	195.8	186.6	1340.1
山西	76.2	49.8	410.0
陕西	465.7	329.6	3367.7
河南	180.4	113.8	947.0
山东	404.2	294.4	3413.1

资料来源：《中国文化及相关产业统计年鉴 2022》。

从表 3 可以看出，2019 年黄河流域九省区接待入境过夜游客和国际旅游收入情况相差较大。陕西、四川、山东三省相对较好，但与同期接待入境过夜游客业绩更为骄人的广东（3731.4 万人次）、云南（739.0 万人次）、上海（734.7 万人次）、广西（624.0 万人次）、福建（566.0 万人次）相比，与同期国际旅游收入更为显著的广东（20521.3 百万美元）、上海（5147.4 百万美元）、北京（5192.5 百万美元）、云南（5147.4 百万美元）、江苏（4743.6 百万美元）相比，黄河流域的文化旅游业还有很大的上升空间。2023 年，黄河流域九省区的文化旅游业正有序恢复正常。以春节假期的统计数据为例，四川旅游接待人数位居全国第一，共接待游客 5387.59 万人次，实现旅游收入 242.16 亿元，同比分别增长 24.73%和 10.43%；青海共接待游客 139.3 万人次，实现旅游收入 18.39 亿元，同比分别增长 33.6%和 25.1%；甘肃共接待游客 1012 万人次，实现旅游收入 55 亿元，同比分别增长 35%和 31%；宁夏共接待游客 152.63 万人次，实现旅游收入 6.33 亿元，同比分别增长 22.51%和 5.65%；内蒙古共接待国内游客 477.24 万人次，实现旅游收入 25.37 亿元，同比分别增长 10.80%和 9.51%；河南共接待游客 3375.28 万人次，实现旅游收入 175.21 亿元，同比分别增长 21.90%和 34.00%；山东共接待游客 3916.3 万人次，实现旅游收入 260.3 亿元。[①]

4. 黄河流域九省区文化及相关产业主要指标比较

近年来，黄河流域九省区文化产业增加值呈现出螺旋式上升的发展态势。从

---

① 山西省和陕西省的统计数据缺失，此处暂未列入。

黄河流域九省区文化产业增加值的变化趋势来看，目前只有限额以上文化批发和零售业企业还保持着较为平稳的发展态势，规模以上文化制造业企业和文化服务业企业受到一定程度的影响，其中青海和甘肃两省规模以上文化制造业企业的利润总额出现了负增长，青海、甘肃、宁夏、山西、内蒙古规模以上文化服务业企业的利润总额均出现大幅度的负增长。试以 2021 年黄河流域九省区规模以上文化及相关产业的主要指标为例加以说明（见表 4）。

表 4　2021 年黄河流域九省区文化及相关产业主要指标

省份	规模以上文化制造业企业		限额以上文化批发和零售业企业		规模以上文化服务业企业	
	单位数（个）	利润总额（万元）	单位数（个）	利润总额（万元）	单位数（个）	利润总额（万元）
青海	8	−2380	11	1206	31	−19443
甘肃	20	−86	37	6648	131	−29608
四川	553	792096	354	150709	1524	4670641
宁夏	14	7950	19	2249	41	−789
内蒙古	10	5390	40	46878	116	−44909
山西	48	1240	114	25868	207	−16078
陕西	226	491596	321	55546	1118	197146
河南	997	675142	580	161895	1318	455391
山东	1111	1882816	723	275335	1092	504949

资料来源：《中国文化及相关产业统计年鉴 2022》。

在黄河流域生态保护和高质量发展的版图中，文化产业的发展具有举足轻重的位置。从上述文化企业统计数据来看，各省区规模以上文化制造业企业、限额以上文化批发和零售业企业、规模以上文化服务业企业的发展情况各有千秋。由于各省区的总体发展思路和企业发展能力不尽相同，黄河流域文化产业的发展前景也不容乐观。2020 年沿黄九省区文化产业增加值及占 GDP 比重情况如表 5 所示。

表 5　2020 年黄河流域九省区文化及产业增加值及占 GDP 比重

省份	增加值（亿元）	占 GDP 比重（%）
全国	44945	4.43

省份	增加值（亿元）	占 GDP 比重（%）
青海	51	1.71
甘肃	187	2.08
四川	2037	4.20
宁夏	103	2.61
内蒙古	375	2.18
山西	405	2.27
陕西	694	2.67
河南	2203	4.06
山东	2709	3.72

资料来源：《中国文化及相关产业统计年鉴 2022》。

尽管近些年黄河流域各省区都在加大文化产业发展力度，努力提高文化产业发展水平，但受制于各省的经济发展水平和文化发展基础，九省区的文化产业发展水平并不平衡，无论是发展规模、产业体量还是占 GDP 的比重，都远远落后于先进省份。如何提升黄河流域九省区文化及相关产业的增加值，使其逐渐成长为经济发展的新的增长极，进而不断提高企业对经济增长的贡献率，是摆在黄河流域各省区面前的一个现实问题。

二、黄河流域九省区推进文化建设存在的发展难题

随着我国文化产业对社会经济增长的贡献率越来越高，从区域视角来考察文化产业的发展态势进而提升区域文化竞争力的问题，也越来越引起社会各界的高度重视。总体来说，沿黄九省区文化旅游产业起步虽然不晚，但区域文化竞争力在各省文化建设中的作用尚未得到充分发挥，仍然面临着诸多现实发展难题。

1. 公共文化建设"硬件"和"软件"不足

一个地区的文化产品是当地文化的重要载体，也是一座城市的重要名片。目前，黄河流域很多旅游景区在公共文化服务方面缺乏"硬件"和"软件"，文化产品和文创产品趣味性不足，艺术价值和实用价值不强，无法真正凸显地域文化特色，在文化市场占比还很低，需要在思路创新、技术创新、内容创新等方面不断改进提升，持续推出更多像故宫口红、翠玉白菜阳伞、朝珠耳机、《红楼梦日历》等深受消费者青睐的文化创意产品，以充分释放群众丰富多样的文化需求。

2. 文化旅游市场资源整合度不高

旅游是文化最大的市场，推动文旅产业融合发展是大势所趋。黄河文化资源并不独属于某一个省份，而是沿黄各省份共同拥有的文化资源。目前，全国各地的黄河文化资源还较为分散，省与省之间、地区与地区之间往往缺乏有效联动，很多地方不同部门各自为政，文化规划和旅游规划各行其是，在一定程度上忽视了文化与旅游之间的共享与互补，导致很多历史文化密码仍"藏在深闺人未识"，成为制约黄河流域各省区文化旅游发展的现实困境，需要进一步通过完善产业链、打造供应链、提升价值链等手段来提高文旅资源的市场化程度。

3. 文旅品牌综合影响力有待提升

有学者认为，2022年虽然文化旅游行业全年持续"低气压"，但也是行业不断洗牌、文化旅游主体不断实现"弯道超车"的一年，一些文化品牌的影响力波动起伏非常明显。根据迈点研究院最新发布的"2022年文旅集团品牌影响力100强榜单"，其中排名前十的品牌及其MBI指数分别是携程集团（855.6）、华侨城集团（674.9）、中国旅游集团（636.3）、复星旅文（620.1）、曲江文旅（578.0）、中国东方演艺集团（473.1）、中国中免（441.5）、凯撒旅业（424.9）、首旅集团（407.0）、锋尚文化（381.4），黄河流域九省区只有陕西的曲江文旅一家进入前十名，文旅资源优势与综合影响力还不相匹配，文化品牌的综合影响力有待于进一步提升。

4. 文旅龙头企业仍需要持续发力

2022年以来，黄河流域九省区围绕保护传承弘扬黄河文化这一发展目标，积极谋划、持续推动区域文化品牌的打造与塑造，极大提升了各省区的文化形象和文化地位。根据"2022年文旅集团品牌影响力100强榜单"，沿黄九省区共有30家旅游公司进入排行榜，各家公司名称及排名依次列举如下：曲江文旅（5）、陕旅集团（14）、山西文旅集团（17）、山东文旅集团（18）、成都文旅集团（22）、陕文投集团（23）、甘肃省公航旅集团（26）、华夏文旅（34）、济宁孔子文化旅游集团（38）、建业文旅（39）、银基文旅集团（41）、四川旅投（48）、兰州新区科文旅集团（50）、青岛旅游集团（51）、西安旅游集团（55）、敦煌文旅集团（56）、蜀南文旅集团（62）、甘肃文旅集团（70）、潍坊滨海旅游集团（72）、菏泽文旅集团（74）、洛阳文旅集团（76）、雅安文旅集团（83）、济南文旅发展集团（85）、榆林文旅集团（87）、兰州黄河生态旅游开发集团（90）、威海文旅集团（94）、临沂文旅集团（96）、开封文投集团（98）、华旅集团（99）、山东龙冈旅游集团（100）。其中山东共有10家入选，位居九省区第一名；陕西共有7家入选，位居第二名；四川、甘肃、河南均有4家入选，并列第三名；山西1家入选，位居第四名；其余四省区没有入选名单。打造文旅业的旗舰劲旅，亟须提升本土龙头企业发展的数量、质量与韧性。

5. 文旅消费新潜力仍需持续挖掘

近年来，黄河文化这一品牌借助主流媒体的推介，美誉度和影响力逐渐提升，在主流媒体上的网络传播力也在不断提高。但与那些超级文化品牌的传播力和影响力相比，与周边文旅发展先进的省市相比，黄河流域的文化资源优势尚未转化成有效的产业优势，行业文化品牌的影响力尚未转化成生产力，文旅产业没有发挥出应有的社会效益和经济效益。在新经济常态下，人们对文化产品的需求更加个性化、理性化、多元化，对旅游观赏性、体验性、互动性等方面要求更高，这就要求文旅市场及时做出积极转变和应对。从前述2021年黄河流域九省区居民人均可支配收入与消费支出统计情况来看，黄河流域在释放文化和旅游消费潜力方面仍有很大空间。相对于其他一些不温不火的旅游景区，黄河流域各省区仍需将文化创意和文化旅游有机结合起来，加快推动文化旅游、数字传媒、创意设计、工艺美术等重点文化产业向动漫、影视等潮流行业延伸，力争实现"一个文化IP，多领域多区域收益"，将黄河文化打造成世界了解黄河流域、了解黄河文化的一个重要窗口，进一步提升行业品牌的影响力、竞争力、生产力。

三、推进黄河流域九省区文化建设高质量发展的对策建议

文化是国家和民族之魂，也是国家治理之魂。为在新的历史起点上进一步推动黄河流域文化建设繁荣发展，黄河流域九省区应充分发挥文化在激活发展动能、提升发展品质、促进经济结构优化升级中的作用，坚持以文塑旅、以旅彰文，推动文化和旅游在更广范围、更深层次、更高水平上融合发展，打造独具魅力的中华文化旅游超级IP。

1. 推动文化资源有效整合

推动文化资源有效整合，是关乎文化旅游产业发展的首要问题。而文化资源整合和科技创新一样，也是实施创新驱动的有效途径。一是通过自然地理资源与文化资源融合，倾力打造黄河文化旅游带长廊。二是通过历史人文资源和文化资源融合，依托西安、成都、郑州、开封、洛阳等历史古都或历史文化名城，重点建设黄河不同时段、不同风格的文化片区。三是通过多种资源有效整合，积极推进国家级、省级全域旅游示范区建设，让人们认识到传统文化的重要作用，明白创新驱动是实现经济高质量发展的核心动力，差异化推出更多高质量文化产品，打造出一条内涵丰富、业态完整、设施完备的国家级康养产业链条。

2. 推动文化消费升级转型

近年来，人们对文化消费的多元需求刺激着文化产业由单一型业务向综合供应链服务转型，逐渐拓展出"文旅+"等新业态和新品牌。其中"夜经济"是刺

激文化消费的新着力点，也是尚未充分开拓的新领域。例如，河南结合自身情况，提出了"建设30个省级夜间文旅消费集聚区"的目标定位，鼓励和推动夜间文化和旅游经济的发展，为开拓更广泛领域的跨界融合提供新借鉴。同时，黄河流域还需要建设更多文化产业中心，既体现出层次多样、韵味丰富的城市内涵，又能实现城市内部各板块之间的功能互融，还能为当地的文化旅游业开掘出更大的发展空间。

3. 推动产业要素功能融合

随着全国各地城市化进程的加快，资金、人力等要素源源不断流向城市，城市已成为文旅业发展的主要阵地，专业人才成为经济活动的重要主体。亟须培养更多创新型科技人才和各类急需紧缺专门人才，打造国内一流文旅文创专业团队。要有开放的、时代的、产业化的视野，将那些"藏在深闺人未识"的传统文化资源寻找出来、整理出来、挖掘出来，对优秀传统文化进行再审视、再发掘，推动产业要素功能融合，并针对不同的目标客户开发出相适宜的不同产品，让原创内容在不同形式的再创作中绽放光芒，让传统文化品牌更具核心竞争力。

4. 推动区域联动空间拓展

各城市乃至城市内部各区域在文旅产业上的各自为营，是束缚文旅资源实现价值最大化的主要原因之一。有效解决这个问题，需要高起点规划文化创意城市建设，推动城市与地区之间的互动与联合，持续提升黄河文化的综合影响力、竞争力和软实力。文化作为社会生产的高级要素，正在通过产业内融合、跨界融合等多种形式，融入社会生产的不同环节、不同部门、不同领域等，以文化为纽带的现代产业体系应在经济社会中发挥更多作用。建议以黄河流域九省区的中心城区为核心，以省会城市和重要节点城市为门户，通过城市间的文化资源的联动和互补，打造一条首尾完善、功能齐备的文化旅游产业链，持续提升声名远播的黄河文化品牌。

5. 推动黄河文化成果转化

文化产品的品质是提高文化产品市场占有率的关键。打造高质量的文化产品，需要各种生产要素的优化整合，涉及政、产、学、研等多个部门。一是从生产销售层面来看，要依据市场需求进行多种形式的创新表达，持续推动文化与科技深度融合，对文化作品进行创意性转化，以求满足不同层次、不同兴趣的消费者的认可。二是从技术支撑层面来看，要充分利用大数据、智能监控以及信息过滤技术，不断健全文化市场监管和文化产品评价体系，尽量做到动态化举措与静态化制度的有机结合，有效提高文化产品市场占有率，倾力打造健康发展有活力的文化市场。三是从宣传推介层面来看，需要搭建各种文化服务平台，做好相应的转化资金、转化技术、转化成果的宣传推介，以及文化产品的前沿市场培育等。政府要长期有效地组织学校、研究机构、宣传部门等进行重点宣传、推介，推动文化事业和文化产业的有效对接，培育出更多更具竞争力的河湟文化品牌、丝路文化品牌、陶瓷文化品牌、关中文化品牌、马王堆文化品牌、晋祠文化品牌、河洛文化品牌、黄帝文化品牌、齐鲁文化品牌、非遗文化品牌等，不断提高黄河流域九省区的区域文化竞争力，推动文化产业成为国民经济的重要支柱产业。

践行国家黄河战略需要把握五大关系

袁金星

（河南省社会科学院创新发展研究所，郑州　450002）

摘要： 黄河是中华民族的母亲河，黄河流域是中华文明的发祥地之一，是我国重要的生态屏障、经济地带。推动"黄河流域生态保护和高质量发展"，是着眼中华民族伟大复兴、经济社会发展大局、黄河流域岁岁安澜的重大战略布局，同时是长期、复杂而又艰巨的系统工程，为此要正确认识和把握生态保护和经济发展、谋划长远和干在当下、整体推进和重点突破、流域和区域、治沙和治水等五大关系，方能更好践行国家黄河战略。

关键词： 黄河战略；高质量发展；生态保护

黄河是中华民族的母亲河、中华文明的摇篮。黄河流域省份有着全国约30%的人口，经济总量约占全国的26.5%，是我国重要的生态屏障和重要的经济地带。2019年，黄河流域生态保护和高质量发展上升为重大国家战略，是着眼于中华民族伟大复兴、经济社会发展大局、黄河流域岁岁安澜的重大战略布局。同时，统筹推动黄河流域生态保护和高质量发展是一个长期、复杂而又艰巨的系统工程。为此，践行国家黄河战略，必须从战略层面正确认识和科学把握五大关系。

一、科学把握生态保护和经济发展的关系

黄河流域是国家重要的生态涵养地和生态保护带，生态功能极为重要。同时，黄河流域也是我国重要的粮食生产核心区、能源富集区，是国家实现现代化的重要经济发展支撑带，所以准确把握生态保护和经济发展的关系就成为践行国家黄河战略的首要问题、基础性问题。解决这一认识问题，必须坚持绿色发展理念，破除"经济发展代价论""生态治理包袱论"误区，充分认识生态保护与经济发展是相互影响、相互作用和互为因果的"互动关系"，两者不是矛盾对立的关

作者简介：袁金星，河南省社会科学院创新发展研究所副所长。

系，而是既对立又统一的辩证关系。为此，一方面要深刻认识到绿水青山是生态资源，是经济高质量发展非常重要的保障，要坚持生态优先，始终把生态保护摆在黄河流域高质量发展首要位置。另一方面要积极加快黄河流域经济转型，遏制传统粗放型发展惯性，推动沿黄各区域根据在全流域中的生态功能定位发展特色产业，把生态资源有效转化为生态资产，进而形成经济优势，发展优势。把握好这个前提，黄河流域才能主促进生态保护和经济发展的辩证互动中实现双赢的价值目标。

二、科学把握谋划长远和干在当下的关系

任何一项宏伟的事业、关键的决策，在酝酿过程中，离不开决策者的高瞻远瞩、深谋远虑，在实施过程中，离不开继任者的接力传承、埋头苦干。谋划长远和干在当下，是相互统一、密不可分的。保护黄河是事关中华民族伟大复兴的千秋大计，因此，践行国家黄河战略必须坚持谋划长远和干在当下相统一。一方面，要突出规划引领。规划是先导，纲举才能目张，抓规划就是抓科学，就是抓长远。沿黄各省区要以《黄河流域生态保护和高质量发展规划纲要》为根本遵循，主动认领，主动谋划、主动跟进，加快出台子规划，把各自的"路线图""时间表"与中央要求高度统一起来、深入融入进去，做到同轨并向、同频共振。另一方面，要紧紧抓住"实干"这个强大的武器。谋划的眼光放在未来，但行动的脚步要落到现在。沿黄各省区要在黄河安澜、环境治理、高质量发展、文化传承等重大问题上开展专题研究，一项项推进、一件件落实，使"路线图"变成"施工图"，使"时间表"变成"计程表"，一步步接近目标。只有这样，才能实现总体谋划和久久为功相统一，让黄河成为泽及万世的幸福河。

三、科学把握整体推进和重点突破的关系

"整体"和"重点"是一个问题的两个部分，整体是全局性的，重点虽然是局部性的，但对整体具有非常重要的意义，整体推进是重点突破的最终目的，重点突破是整体推进的必然路径，两者是相辅相成、相互促进的关系。黄河流域是一个巨系统，生态、经济、社会、资源等各子系统联系密切，往往"一荣俱荣，一损俱损"，因此践行黄河流域生态保护和高质量发展，要把握好整体推进和重点突破这一对具有战略性、统领性的关系。一方面，要树立"一盘棋"思想，坚持统筹谋划。要站在全局的高度来综合考虑生态大保护、创新发展、产业转型、区域合作等各种关系，增强各项措施的关联性和耦合性，实现上下游、干支流、左右岸协同推进，防止单兵突进、顾此失彼。另一方面，要突出问题导向，以点带面。上游、中游、下游作为局部，要立足各自的差异性，统筹考虑流域、生态功能区、生态系统的特点及其他因素，因地制宜，找准突破口、着力点。例

如，上游要着眼于提升水源涵养能力，中游要重点开展水土流失治理，下游要注重湿地生态系统的保护等。这样才能做到全局和局部相配套、渐进和突破相衔接，实现整体推进和重点突破相统一，绘就"保护黄河富九省"的新历史画卷。

四、科学把握流域和区域的关系

流域是以河流为中心形成的特殊自然区域，是整体性极强、关联度很高的区域，上中下游、干支流、各地区间相互制约，相互影响极为显著。从经济学视角来看区域是指由人的活动所造成的具有特殊地域特征的经济社会综合体。因此，黄河流域本身也是一类重要的经济区域，但是由于行政区划的存在，造成流域内要素流动、水资源利用、地方利益与流域全局利益等诸多矛盾。因此，践行国家黄河战略，要从宏观上把握好流域和区域的关系。一方面，要牢牢抓住流域治理这个"牛鼻子"。准确把握山水林田湖草沙的关系，全力以赴"保"，系统全面"治"，统筹推进综合治理、系统治理、源头治理，不断提升黄河流域生态保护治理的系统性、整体性、协同性。另一方面，要坚持流域与区域结合。要积极深化改革，突破区域行政分割，理顺中央与地方、流域与流域、区域与区域之间的关系，建立起统分结合、整体联动的流域管理体制。同时，要大力重塑黄河流域的经济地理，通过打造黄河流域的核心增长极和中心城市群，促进人口和产业聚拢，并优化资源空间配置，提高整个流域人口和经济活动的空间集聚度，推动区域一体化发展。只有这样，才能兼顾流域利益和区域利益，形成共同探索高质量发展的强大合力。

五、科学把握治沙和治水的关系

习近平总书记在主持召开黄河流域生态保护和高质量发展座谈会并发表重要讲话，指出黄河水少沙多、水沙关系不协调，已经成为黄河生态保护和治理中复杂难解的症结所在。黄河流域最大的问题是生态脆弱，最大的威胁是洪水，暴雨、特大暴雨等极端天气，水量剧增，给河流治理和防洪带来了很大困难。与此同时，黄河水少沙多，含沙量和输沙量居世界大河前列，黄河泥沙淤积和河床抬高是流域一大难题，导致防洪能力下降，严重威胁沿岸人民群众生命财产安全。可以说，治水和治沙是相互关联、相互影响的两个关键因素，只有通过综合施策，协调治水和治沙，才能实现黄河流域的可持续发展。一方面，要完善水沙调控机制，解决九龙治水、分头管理问题，实施河道和滩区综合提升治理工程，减缓黄河下游淤积，特别是要坚持以水定城、以水定地、以水定人、以水定产，推动用水方式由粗放向节约集约转变；另一方面，要坚持实施天然林保护、三北防护林体系建设、退耕还林、退牧还草、荒漠化治理等生态保护和修复工程，从源头上防沙固沙，减少水土流失，方能为切实解决黄河流域的水沙灾害提供根本保障。

以新消费产业引领河南
换道领跑的思考与建议

刘晓萍

（河南省社会科学院数字经济与工业经济研究所，郑州　450002）

摘要： 消费是驱动经济增长的关键引擎，随着消费需求不断迭代升级，新消费群体不断壮大，新消费产业迅速发展。当下，积极培育新消费产业成为新一轮区域竞争焦点，谁做好新消费大文章，谁就能把握发展主动权。聚焦河南，新消费产业竞争力日益凸显，新消费品牌加速崛起、新消费生态日益完善、新消费全国研学基地正在形成，但是与湖南、四川、陕西等省份相比，河南省新消费产业发展仍存在差距，如何推动消费规模优势转化为产业发展优势，以培育壮大新消费产业助力河南换道领跑，亟待破题。

关键词： 新消费；换道领跑；河南

河南是农业大省、人口大省，坐拥全国第五的庞大消费市场，具有培育壮大新消费品牌的综合实力和巨大潜力。面对已经来临的新消费时代，河南应加快育壮大新消费产业，以新消费产业引领全省换道领跑。

一、河南新消费产业竞争力日益凸显

面临新一轮消费升级趋势，河南新消费产业正在凭借一批草根崛起的品牌、一批强竞争易复制的经营模式以及日渐完善的产业生态，全力打造产业发展的新赛道。

1. 河南新消费品牌加速崛起

当前，河南新消费品牌正在由单点开花走向批量发展。全球独角兽企业蜜雪冰城，全球门店超 32000 家、年营业额超 200 亿元；国内最大的食材连锁超市锅

作者简介：刘晓萍，河南省社会科学院数字经济与工业经济研究所副研究员，主要研究方向为产业经济学。

圈食汇，门店已超过 10000 家、年营业收入近百亿元；被称为线上"宜家"的致欧家具，刚刚拿下河南跨境电商"第一股"；同城生活服务平台 UU 跑腿，业务覆盖全国 176 座城市、从业人数 260 万；此外，火锅黑马巴奴、餐饮供应链第一股千味央厨、数字城际出行服务平台哈哈出行、集合式生活美学品牌代字行等一大批国内知名品牌不断发展壮大，姐弟俩、西部来客、槐店王婆等连锁品牌在餐饮领域快速崛起。

2. 头部企业引领打造新消费生态

深入研究河南新消费产业发展历程，最突出特征就是得益于头部企业的引领带动，尤其是在食品新消费领域，基于蜜雪冰城、锅圈食汇、巴奴火锅等一批行业龙头赋能，食材供应链、冷链技术及物流、餐饮设计等产业环节日益完善，也培育了华鼎冷链物流、林品牌设计等一大批新消费企业。例如，蜜雪冰城背后的大咖国际，通过自建生产基地布局生产端，以纵轴"糖奶茶咖果粮料"七大核心品类和横轴"设备、包材、RTD"，在为旗下门店提供茶饮原料、物料、设备的基础上，向行业开放供应链资源、提供一站式饮品解决方案，重塑河南饮品行业生态。锅圈食汇通过整合布局 17 大现代化中心仓、1000 多个前置冷冻仓，打造了常温、冷藏、冷冻等多规格、标准化、高效率的仓储物流配送体系，提升了河南冷链整体配送能力。

3. 郑州打造全国新消费研学热门基地

当前，进入新消费时代，从农业到食品制造，再到餐饮连锁、商业零售，郑州依旧有着优异的表现。尤其在餐饮连锁领域，据不完全统计，郑州拥有百家以上门店的餐饮企业超过 50 家，拥有千家以上的门店超过 10 家。正因为如此，山东、湖南、海南等多地政府部门、商会企业、创业人士纷纷来郑学习取经，新型中介组织打造多条郑州餐饮研学课程，如蜜雪冰城、巴奴火锅、千味央厨、阿五美食、姐弟俩土豆粉等品牌都是游学热点企业，郑州也已经成为全国新消费研学的重要目的地。除此之外，郑州也在成为重要的新消费人才孵化基地，早在 2015 年蜜雪冰城成立的"蜜雪商学"，仅 2022 年蜜雪商学累计培训人数超 90000 人，线上培训 App"蜜学堂"累计参与人数超 310000 人。

二、外省发展新消费产业的经验借鉴

新消费不仅是经济增长的重要引擎，还是提升区域竞争力的主要途径。近年来，四川、陕西、湖南、广东等省份以推动省会城市建设国际消费中心城市为引领，积极发展新消费产业，成都、西安、长沙等城市纷纷成为网红消费之城，其发展经验值得借鉴。

1. 持续完善的政策体系引领

近年来，多个城市围绕新消费产业出台一系列支持政策，持续完善政策环境，其中最为典型的就是成都。围绕发展新消费、构筑新场景，成都先后出台了《成都市以新消费为引领提振内需行动方案（2020—2022 年）》、新消费发展"16 条"、《新消费产业生态圈十四五规划》。2022 年，成都又发布了《场景营城成都创新实践案例集》和《场景营城创新地图》，进一步强化场景营城的示范引领效果。成都新消费以场景打造为突破口，从满足人们对美好生活向往的"个体需求"再扩散到城市发展治理场景，以政策引领逐步构建新消费产业形态。

2. 塑造独具特色的新消费产业名片

当前，各城市都通过打造新消费产业名片，增强消费目的地辨识度。例如，长沙充分发挥其"娱乐时尚之都"影响力，全力打造食品新消费品牌创新策源地，从文和友、茶颜悦色、墨茉点心局等全国闻名的新消费品牌，到柠季、零食很忙等 20 多家新消费上市后备企业，当下"到长沙吃喝""打卡网红店铺"已经成为长沙的城市标签。又如，西安围绕千年古都发力文旅新消费，以秦始皇帝陵、西安城墙等老牌景区以及大唐不夜城、长安十二时辰等新兴消费街区为载体，推动"白天来西安、夜晚回长安"的新消费形象深入人心。

3. 打造具有全球影响力的标志性商圈

通过打造世界级地标性商圈、举办国际重大赛事活动，全力提升消费资源集聚能力，已经成为各个城市提升全球消费影响力的重要途径。例如，广州持续打响"千年商都"品牌、擦亮"电商之都"等五大城市消费名片，打造出全国首个万亿级别的天河路商圈。长沙依托网红经济、夜间经济的城市基因，聚焦食品新消费赛道，以新消费品牌汇聚的五一商圈为中心，打造全国知名的吃喝打卡目的地。

4. 搭建新消费产业生态圈

新消费产业发展逻辑不同于传统实体制造业，新消费更加关注需求端，更加聚焦技术驱动、理念变革及模式创新下消费呈现出的新趋势、新热点、新赛道，因此产业生态圈搭建更显重要。例如，长沙注重搭建新消费服务平台，在全国首创成立长沙新消费研究院，举办首届中国（长沙）城市新消费峰会，成立"长株潭新消费联盟"，设立新消费产业专项基金，不断集聚新消费产业发展要素。此外，成都也打造了新消费产业生态圈联盟，建立新消费产业广泛合作机制。

三、培育壮大河南新消费产业的对策建议

以新技术、新模式、新业态、新赛道为代表的新消费产业，在推动食品产业转型升级、文旅产业融合发展上具有重要作用，对标先进地区，以培育壮大新消费产业引领河南换道领跑仍需统筹谋划、精准推进。

1. 构建"1+2+3"新消费产业发展格局

参考借鉴先进省份及城市新消费发展思路，建议打造新消费产业"1+2+3"

发展格局。"1"即"一国际消费中心城市":加快推动郑州建设国际消费中心城市,引导新消费产业要素集聚发展,持续强化郑州在全省新消费产业发展中的核心支撑及引领带动作用。"2"即"新食品+新文旅两大地标性赛道":积极发挥河南产业优势和区域特色,聚焦新食品、新文旅两大产业领域,全面提升河南新消费产业辨识度,打造独具中原特色的地标性产业。"3"即"新消费产业三年行动计划":从省级层面高位谋划,研究出台三年行动计划,培育一批新品牌、打造一批新场景、创造一批新产品。

2. 打造"一会一节"新消费活动品牌

积极发挥大会大节活动效应,打造新消费高层次交流平台,连接域外高端资源。一是谋划中国新消费产业大会,以中国(郑州)新消费产业品牌峰会为基础,提升规格、扩大影响。与此同时,支持鼓励平台型企业,开展多形式创意展会、生态型大会,塑造良好产业生态。二是谋划举办中国新消费品牌(河南)欢乐节,以主流媒体+电商平台+优质企业+行业协会的联合模式,通过展馆沉浸式体验、新消费品牌产品展销、网红主播带货等形式,提高河南新消费产业影响力。

3. 实施"十百千"新消费专项提升行动

一是培育十大新消费区域品牌,支持省内各地市聚焦到细分赛道,结合国家地理标示品种、非遗老字号、知名旅游景点、市集潮玩,打造如通许酸辣粉、洛阳汉服妆造等十大新消费区域品牌。二是打造百个新消费场景,以消费场景化、场景项目化,搭建一批新消费场景,打响一批新消费商圈。三是开发推广千件消费新产品,聚焦食品、服装、家居、餐饮等河南优势消费领域,强化消费数据验证创新研发,强化时尚设计赋能,打造一批紧盯消费趋势的新品、爆品。

4. 建立"平台+资金+人才+营销"支撑体系

围绕平台、资金、人才、营销等,完善新消费产业支撑体系。一是建立新消费产业联盟,推动河南新消费产业生态圈开展广泛合作。二是建立新消费产业基金,吸取锅圈食汇外迁教训,秉持"投早投小"理念,重视创业早期企业,提高基金容错率。三是建立新消费产业研究院,依托蜜雪商学,联合头部企业、电商平台、咨询机构、学术院所成立研究院,开展趋势研究、实践跟踪、模式输出及人才培训。四是强化品牌营销,借鉴湖南新消费品牌充分利用湖南卫视媒体资源从而走向全国的营销策略,联合河南卫视挖掘品牌文化和故事,用内容营销打造品牌影响力。

加快推进河南黄河流域
水资源节约集约利用

郭志远

（河南省社会科学院城市与生态文明研究所，郑州 450002）

摘要：水资源短缺问题是黄河流域经济社会可持续发展和生态环境保护的最大制约和短板①。河南黄河流域是典型的资源型缺水地区，虽然近年来河南沿黄各地在水资源节约集约利用方面付出了诸多努力，但是依然存在着水资源"先天不足"、利用效率"后天不高"、工程性缺水广泛存在、调度管理能力不足等问题。为此，要牢固树立"以水定城、以水定地、以水定人、以水定产"的发展思路，切实提高水资源配置能力②，加快推进农业、工业、城镇等重点领域节水，严格用水全过程管理，推动河南黄河流域水资源节约集约利用走在流域前列，为实现黄河流域生态保护和高质量做出河南贡献。

关键词：河南；黄河流域；水资源；节约集约利用

作为中华民族的母亲河，黄河是一条资源性缺水河流，水资源总量不到长江的 7%，人均占有量仅为全国平均水平的 27%③。习近平总书记在黄河流域生态保护和高质量发展座谈会上明确指出，黄河水资源量就这么多，搞生态建设要用水，发展经济、吃饭过日子也离不开水，不能把水当作无限供给的资源，要把水资源作为最大的刚性约束，推动用水方式由粗放向节约集约转变④。河南沿黄的郑州、开封、洛阳、新乡、焦作、濮阳、三门峡、济源 8 个城市 2021 年人均水

基金项目：黄河流域河南段生态经济系统耦合协调发展研究（批准号：2022BJJ056）。

作者简介：郭志远，河南省社会科学院城市与生态文明研究所副研究员，主要研究方向为城市经济、生态经济。

① 郭志远. 做好黄河流域水资源节约集约利用大文章［N］. 学习时报，2020-09-16.

② 严婷婷，刘定湘，罗琳，樊霖. 水资源消耗总量和强度双控行动落实情况分析与思考［J］. 水利发展研究，2017（11）：89-93.

③④ 习近平总书记 2019 年 9 月 18 日在黄河流域生态保护和高质量发展座谈会上的讲话。

资源量 538 立方米，远低于黄河流域人均水资源量 905 立方米的平均水平，更远低于国际公认的人均水资源 1000 立方米的紧缺标准，属于典型的资源型缺水区域。水资源短缺问题已经成为河南黄河流域经济社会可持续发展和生态环境保护的重要制约和短板，加快河南对沿黄地区水资源节约集约利用进行深入研究具有重要的理论价值和现实意义。

一、河南黄河流域加强水资源节约集约利用的主要做法

在既有水资源量难以大幅增加的情况下，河南沿黄各地不断强化水资源承载能力的刚性约束，通过加快建设引黄灌溉、引黄调蓄等重大水利工程，促进全省跨流域水资源配置体系得到快速优化提升。

（一）严格强化水资源刚性约束

贯彻落实"以水定城、以水定地、以水定人、以水定产"的发展理念，以水资源刚性约束倒逼发展方式转变。严格用水指标管理，健全各省份用水总量和强度控制指标体系，将用水总量控制指标落实到地表水源和地下水源。通过加强取水许可管理，强化动态监管，全面推广取水许可电子证照应用，严格取用水管理。

（二）加强重点领域水资源节约集约利用

农业方面，一方面，广泛"开源"，实施小浪底北岸灌区、小浪底南岸灌区、赵口引黄灌区二期、西霞院水利枢纽输水及灌区等工程，推进引江济淮工程（河南段）跨区域调水工程建设，构建调蓄并举水网水系；另一方面，努力"节流"，积极调整农业种植结构，推进农业水价综合改革，优化农业用水结构，实现节水优先，还水于河。在工业方面，持续推进钢铁、电力、化工等高耗水企业的节水示范改造，淘汰落后的高耗水工艺，推广节水技术和装备，传统的"吃水大户"变成了如今的"节水大户"。

（三）厉行生活节水

以建设节水型城市为抓手，系统提升城市节水水平。结合村镇生活供水设施及配套管网建设与改造、农村厕所革命等，推广普及农村生活节水器具。制定河南省节水型社区、节水型乡村建设标准，引导城乡居民形成节水型生活方式。

（四）推进非常规水源利用

将再生水纳入各地区水资源统一配置，实行再生水配额管理，县级以上水行政主管部门应当逐步明确年度再生水最低利用额度。加强雨水在旱作农业、工业生产、城市杂用、生态景观等方面的应用。

二、河南黄河流域水资源利用存在的主要问题

近年来，河南沿黄各地通过合理调整产业布局和结构，推广先进节水技术工

艺，节水效果不断显著，但是粗放的用水现象依然存在，不合理的用水需求消耗着宝贵的水资源。

（一）水资源"先天不足"问题长期存在

从先天来看，河南黄河流域一直"体弱多病"，生态本底差，水资源十分短缺。河南沿黄的郑州、开封、洛阳、新乡、焦作、濮阳、三门峡、济源八个城市2021年人均水资源量538立方米，远低于黄河流域人均水资源量905立方米的平均水平，更远低于国际公认的人均水资源1000立方米的紧缺标准，属于典型的资源型缺水区域。而且水资源时空分布不均衡，区域性、季节性缺水问题突出。沿黄地区地表水资源南部大于北部、山区大于平原，由西至东递减，地表水资源的地区分布与土地及人口的分布不相匹配，加剧了水资源的短缺。

（二）水资源利用效率"后天不高"问题依然严重

由于粗放性发展惯性、条块性管理惰性等问题不同程度地存在，农业"大水漫灌"现象仍然普遍存在，工业水污染屡见不鲜，不合理的用水需求消耗着宝贵的水资源。人们缺乏对中水、雨水等非常规水利用的足够认识，地下水超采严重，河南沿黄地区占据全省经济总量的一半以上，但产业结构偏重、偏粗、偏短，整体质量和效益不高，加上长期粗放发展的影响，沿黄许多地区水资源利用方式依然较为粗放，经济社会发展与水资源趋紧的局面长期存在。

（三）"工程性缺水"问题广泛存在

"工程性缺水"问题是制约河南沿黄地区水资源利用的一个重要现实问题，特别是广大豫西的山区和丘陵地区，由于广大山区和丘陵地区地表水开发利用条件较差，目前地表水资源开发利用率较低，工程性缺水问题突出。河南西部山丘区等地表水供水能力不足且保证率极低，地下水资源贫乏，农村人畜饮水安全存在较大隐患。如洛阳多年平均降雨量为691.3毫米，多年平均水资源总量为28.15亿立方米，其中多年平均地下水资源量为17.76亿立方米，黄河干流年引水指标2.55亿立方米，水资源相对充足。但是独特的地形地貌和水资源时空分布不均匀，又缺少引水和蓄水的骨干工程，导致跨区域水资源调配成本较高，能力不足，多年来总指标利用率不足65%，水指标利用率较低。

（四）水资源统一调度管理能力有待提升

"多龙管水"现象，为河南沿黄各地的水资源管理和资料共享等方面带来不便。随着人口的增长、工农业和城市建设的发展，水的供需矛盾日趋尖锐，加之"多龙管水"体制的束缚和对水资源的分割管理，导致水资源得不到优化配置和高效利用。除体制上的原因外，也有机制、制度方面的原因，缺乏综合协调机制、信息共享机制。此外，水利建设与管理体制还有待完善，"重建轻管""重规模轻效益""重骨干轻配套""重经济轻生态"等问题仍不同程度存在；已建工程管理不完善，管理运行机制不健全；基层水利比较薄弱，经费缺乏保障，工程老化失修，效益衰减，专业人才缺乏，发展后劲不足。

三、推动河南黄河流域水资源节约集约利用的对策建议

在今后的发展中，河南沿黄各地要树牢"以水定城、以水定地、以水定人、以水定产"的发展理念，把水资源作为最大的刚性约束，提高水资源配置能力，严格用水全过程管理，加强重点领域节水工作，推动用水方式由粗放向节约集约转变，以水资源的可持续高效利用助推经济社会高质量发展。

（一）提高水资源配置能力

首先，要强化指标刚性约束，提高水资源配置能力，用足用好黄河干流分配指标，推进水资源确权和水权市场建设，支持利用黄河"错峰蓄水"、湿地"存水净水"、连网连库"循环用水"，实现一水多用、循环增效；严格实行区域流域用水总量和强度控制。其次，要用足用好黄河干流分配指标，推进水资源确权和水权市场建设，强化节水约束性指标管理，统筹考虑小浪底南岸灌区、西霞院水利枢纽输水及灌区、故县水库灌区和小浪底北岸灌区等引黄灌区用水需求。再次，完善引黄调蓄体系，以引黄入洛、引畛济涧、陆浑水库引水、故县水库引水、前坪水库引水、新安提黄六大引用水示范工程建设为主体，新增水源为重点，构建大中小微相结合的引黄调蓄工程体系，全面提高黄河水资源调蓄能力。最后，以黄河干流为轴线、支流为骨干，推动引黄渠系与自然水系连通，增强水资源调配能力，真正留得住天上水、利用好地表水、保护好地下水。

（二）严格用水全过程管理

首先，加强水源地保护，重点推进饮用水源地规范化建设，开展集中式饮用水源地环境保护专项行动，加快推进饮用水水源保护区内农村污水、垃圾的集中收集处理，防范饮用水环境风险，保障饮水安全。培养节约集约用水全民节水意识。其次，严控水资源开发利用强度，加强相关规划和项目建设布局水资源论证及节水评价工作，合理规划人口、城市和产业发展。强化节水监督考核。再次，科学评价区域水资源承载力，划定水资源承载能力地区分类，实施差别化管控措施。水资源超载地区要制定实施用水总量削减计划；建立健全覆盖主要农作物、工业产品和生活服务业的先进用水定额体系。最后，推进水资源确权和水权市场建设，逐步建立节水目标责任制，将水资源节约和保护的主要指标纳入经济社会发展综合评价体系，实行最严格水资源管理制度考核。

（三）推进农业节水增效

针对农业这一用水大户，根据当地的水土资源现状，科学确定农业产业结构和种植结构；大力推广节水型农作物种植，严格控制高耗水农作物。大力推广高

标准粮田建设，加大大型灌区水利基础设施建设，加大节水技术应用，积极发展智慧灌溉农业，提高农业全行业灌溉用水效率。规模化发展高效节水灌溉，通过低压管道输水灌溉、喷灌、微灌等先进高效节水灌溉和智慧灌溉技术，推广膜下滴灌和膜上微灌等田间节水灌溉技术，加强高效节水技术的综合集成与示范，推进有条件地区的农业高效节水灌溉规模化发展。在地下水超采严重的地区，严格限制开采深层地下水用于农业灌溉，通过轮作休耕、削减灌溉面积、发展集雨节灌等多种方式，增强蓄水回补能力。

（四）加强工业领域节水减排

加强顶层设计，从省级层面积极落实主体功能区战略，加大工业结构调整和布局优化，在生态环境脆弱、地下水超采严重的地区，严禁上马高耗水项目，并加大技术改造，全面淘汰高耗水工艺和高耗水设备。首先，要大力实施工业企业深度节水技术改造、工业企业水效领跑者、水循环梯级利用三大行动，优化工业生产布局，促进工业少耗水、排清水、循环利用水。其次，重点围绕有色金属、造纸、采矿、农产品加工、纺织等水资源消耗重点行业，建立健全企业用水数据在线采集，开展实时全天候监控，加强用水全过程监督管控。再次，加大财政补贴力度，支持企业用水大户开展节水技术改造及再生水回用改造，通过循环用水、废污水再生利用、高耗水生产工艺替代等节水工艺和技术。最后，大力推动现有企业、产业集聚区和各类专业园区开展循环用水、节约用水改造，加大节水设施和水循环利用设施建设力度，积极推动企业上下游之间开展串联用水、循环用水。

（五）全面推进城镇节水降损

严格按照"以水定城、以水定人"的总体要求，落实"国家节水行动"。按照水生态系统的规律，全面提升城市节水的科学性和系统性，将节水理念和节水技术应用到城市规划、建设、管理各个环节和方方面面。首先，加强城镇水生态体系规划，通过水—能源纽带系统优化城镇水循环格局，实现沿黄地区城镇优水优用、循环循序利用。其次，完善城镇节约集约用水政策和制度体系建设，用完善有力的制度为沿黄各地城镇化过程中水资源节约集约利用戴上"紧箍咒"。再次，在沿黄城市全面展开城镇供水管网分区计量管理和"一户一表"改造，全面改造老旧供水管网，降低管网漏损率；号召市民积极应用生活节水器具。最后，从政府机关开始，加大学校、医院等用"用水大户"进行节水技术和节水设施改造，积极引导各单位、社区、小区和企业开展节水行动，以此推动河南沿黄城市全部建成节水型城市。

参考文献

［1］唐克旺，石秋池. 黄河治理要有新思维［J］. 水资源保护，2020（12）：

86+89.

　　［2］郭志远.做好黄河流域水资源节约集约利用大文章［N］.学习时报，2020-09-16.

　　［3］郭志远.推进黄河流域水资源节约集约利用［N］.中国社科报，2020-09-16.

黄河文化旅游带高质量
发展的河南探索与实践

张　茜

（河南省社会科学院改革开放与国际经济研究所，郑州　450002）

摘要： 随着"一带一路"建设与黄河流域生态保护和高质量发展国家战略的实施，打造具有国际影响力的黄河文化旅游带，对传承黄河文化、促进沿黄各地区发展具有重要意义。河南省作为黄河文化旅游带的重要省份，是黄河文化旅游带高质量发展的先锋。本文以河南的探索与实践为例，对河南黄河旅游带发展的现状进行分析，找出存在的问题，提出完善战略规划，突出主题形象，构建网络发展，整合创新驱动等对策，以期为河南黄河文化旅游带的高质量发展提供一定的参考。

关键词： 黄河文化旅游带；高质量发展；河南

2019年9月，习近平总书记在河南郑州主持召开黄河流域生态保护和高质量发展座谈会并发表重要讲话。自此，黄河流域生态保护和高质量发展成为国家重大战略。2020年5月，河南省召开文化旅游大会，强调要以弘扬黄河文化为抓手，积极推动河南文化旅游高质量发展。2021年10月，国务院印发的《黄河流域生态保护和高质量发展规划纲要》提出，保护传承弘扬黄河文化，打造具有国际影响力的黄河文化旅游带。河南作为黄河文化的发祥地之一，是黄河文化旅游带的重要省份，研究河南黄河文化旅游带的探索与实践，对推动河南省黄河文化旅游带高质量发展具有重要的实践意义。

一、河南黄河文化旅游带的发展现状

（一）河南黄河文化旅游带的资源现状

黄河干流在河南全长711千米，流经三门峡、洛阳、济源、焦作、郑州、新

作者简介：张茜，博士，河南省社会科学院改革开放与国际经济研究所副教授。

乡、开封、濮阳 8 个省辖市 24 个县（市、区）；主要支流为伊洛河与沁河，在河南境内黄河流域面积为 45 万平方千米，占河南总面积的 27%。

全国 8 大古都中，河南黄河文化旅游带占其三，分别为洛阳、郑州、开封三地，拥有大量的影响广、价值高的自然和文化旅游资源。河南省沿黄各市旅游资源丰富，共有 226 家 A 级旅游景区，其中 191 处国家级景区，52 项国家级非物质文化遗产代表性项目，367 个省级非物质文化遗产代表性项目。

（二）河南黄河文化旅游带的顶层探索

2011 年，国务院已明确指出要建设黄河文化旅游带等一批重点旅游景区和精品旅游线路。随着黄河流域生态保护和高质量发展国家重大战略的深入推进，河南黄河文化旅游带迎来了新一轮快速发展的战略机遇。2020 年，河南省文化和旅游厅（以下简称文旅厅）提出打造"郑汴洛"黄河文化国际旅游目的地，并开展了系列调研活动；2021 年，文旅厅将河南作为黄河国家文化公园重点建设区；2021 年，中共河南省第十一次代表大会再次强调，要大力保护、传承、弘扬黄河文化，打造具有国际影响力的黄河文化旅游带。2021 年 5 月，"郑汴洛"黄河文化国际旅游目的地建设前瞻问题暨行动方案研究项目进行招标成果公示；同年 8 月，"郑汴洛"黄河国际文化旅游目的地建设座谈会召开。2021 年联合河南省委宣传部，文旅厅开启黄河文化月，集中展示弘扬黄河文化。以上举措，从顶层设计层面更好地保护传承弘扬河南黄河文化旅游带，助力黄河流域生态保护和高质量发展。

（三）河南黄河文化旅游带的基层实践

目前，河南黄河文化旅游带的基层实践表现为以黄河风景名胜区与游览区为重点，形成了自然生态景观与人文历史景区相结合的旅游产品格局。具体如下：

黄河风景名胜区与游览区：河南省黄河流域拥有多个风景名胜区，如郑州市黄河风景名胜区、郑州黄河花园口风景区、开封柳园口黄河游览区、长垣黄河滩区生态游览区、三门峡黄河丹峡峡谷风景区、黄河小浪底风景区等，这些景区以黄河为依托，展示了黄河的自然风光和文化魅力。

黄河生态资源保护区：河南省黄河文化旅游带拥有丰富的生态资源，如新乡黄河湿地鸟类自然保护区、孟津黄河湿地保护区、黄河故道等，这些生态资源为黄河文化旅游提供了自然景观和生态体验。

历史文化遗址与旅游景区：河南省黄河文化旅游带拥有众多著名的历史文化遗址，如三门峡函谷关、洛阳龙门石窟、白马寺、济源王屋山、嵩山少林寺等，这些遗址见证了黄河文化的发展历程，具有极高的历史、艺术和科学价值。

博物馆与文化馆：河南省黄河文化旅游带有多家博物馆和文化馆，如黄河博物馆、河南博物院、洛阳博物馆、开封博物馆等，这些博物馆收藏了大量的黄河文化文物，展示了黄河文化的历史与传承。

民间艺术与非物质文化遗产：河南省黄河文化旅游带拥有丰富的民间艺术和非物质文化遗产，如河南豫剧、少林功夫、开封汴绣等，这些文化遗产体现了黄河文化的民间特色和地域风格。

二、河南黄河文化旅游带高质量发展存在的问题

本文在梳理河南省黄河文化旅游资源、顶层探索与基层实践的基础上，结合旅游地系统理论，发现河南省在黄河文化旅游带发展中取得成绩的同时，存在以下问题。

（一）河南黄河文化旅游带战略规划不足

河南省在黄河文化旅游带建设的战略规划不足，主要表现在缺少整体规划、多头管理明显。一方面，在河南省黄河文化旅游带的建设过程中，尚未形成完整的、系统的整体规划。位于河南黄河文化旅游带的8个省份24个县（市、区）具有不同的区位条件、地理环境、文化旅游资源、旅游客源市场等，因此，亟须在省级层面对各个地市的黄河文化旅游发展进行统一规划，明确各地市的形象定位，避免出现形象雷同、同质化竞争的现象。

另一方面，河南黄河文化旅游带多头管理明显，政策协同性不足。目前形成了水利部系统为主体，各级地方政府以及社会相关部门共同开发管理的格局。黄河主干道与小浪底水利枢纽以水利部黄河水利委员会为代表的水利部系统为主要管理开发单位；各地方政府开发的名胜区、游览区为各级地方政府管理以及部分社会资本的融入。多头管理容易导致管理过程烦琐，协调成本高，政策执行力度不足，出现政策执行的真空地带，从而影响黄河文化旅游带的高质量发展。

（二）河南黄河文化旅游带主题形象不明确

郑、汴、洛三地作为河南黄河文化旅游带的重点城市，如何与河南黄河文化旅游带的其他城市进行资源整合与形象升级，是目前河南黄河文化旅游带面临的难题。尽管三地长期以古都的形象作为河南省的旅游名片，但由于缺乏以黄河文化主题的旅游产品体系，黄河文化旅游带的开发出现了黄河文化元素与主题形象的挖掘不足，缺乏统一的主题元素与视觉识别、缺乏连贯性的主题旅游线路，精品旅游线路吸引力差，产品组合缺乏深度、广度与长度等问题。

（三）河南黄河文化旅游带空间带动有限

目前，河南黄河文化旅游带呈现区域式、分段式、单元式的开发格局，不仅容易造成黄河文化旅游带资源整合上的割裂，还极易形成各地市与景区的各自为政、分散经营和同质竞争等问题。例如，河南黄河文化旅游带呈现郑州都市旅游区、洛阳古都旅游区、开封古都和三门峡旅游区四大旅游区，各大旅游区的建设

均强调本地区的资源特质，割裂与其他城市的文化关联，未形成河南黄河文化带旅游带整体文化格局。

此外，河南黄河文化旅游带上的其他城市，如济源、新乡、濮阳，其文化和自然资源虽然丰富，但其空间上呈点状分布，并未与郑、汴、洛三地形成空间轴线，导致各地区之间在旅游资源的规划开发、旅游产品线路设计、旅游形象塑造与营销以及旅游部门政策制定等方面存在偏差，在一定程度上形成了人力、物力和财力的浪费，不利于河南黄河文化旅游带的高质量发展。

（四）河南黄河文化旅游带区域合作缺乏

河南黄河文化旅游带的建设面临着地域空间和行政区划双限制，目前仍没有形成区域旅游的合作框架与机制。位于黄河文化旅游带不同区段的 8 个省份 24 个县（市、区）自然生态和文化类型各不相同，在缺乏合作机制的引导下，容易造成各地市旅游资源整合不足，影响旅游吸引力；信息共享不畅，难以迅速应对复杂的市场变化；互利共赢意识淡薄，在推动共同项目等方面存在困难等问题，甚至出现同质化竞争。区域合作机制不完善，不利于河南黄河文化旅游带的高质量发展。

三、河南黄河文化旅游带高质量发展的对策

（一）完善战略规划，加强顶层设计

要实现河南文化旅游高质量发展，需要从战略角度完善规划，加强顶层设计。一是编制和实施河南黄河文化旅游带总体规划与相关的专项规划。总体规划需要统筹考虑河南省内 8 个省份 24 个县（市、区）黄河文化旅游带的整体性与一体化发展。通过充分的市场调研和资源评估，从省级层面建立科学全面、统一有效的规划体系，确保各地市的旅游开发在统一形象的基础上突出特色、相互协调，形成战略互补。

二是设立河南黄河文化旅游带综合性权威协调机构。该机构以政府为主导，吸纳专家学者、企业代表等，定期召开会议，协调并解决河南黄河文化旅游带旅游资源保护和利用方面出现的问题，打破地域空间和行政区划的双重限制，共同研究解决多头管理问题。

（二）丰富产品体系，突出主题形象

深入挖掘黄河文化内涵，围绕"食住行游购娱"旅游六要素，丰富河南黄河文化主题旅游产品体系。一是打造黄河风景名胜区为代表的母亲河畔体验产品，如黄河农耕体验、传统工艺制作等；二是创新旅游产品形式，如黄河民宿、黄河主题酒店、黄河主题露营地、黄河文化互动体验馆、黄河文化演艺秀、黄河文化学习营等，让游客在体验过程中更好地感受到黄河文化的独特魅力。

在黄河文化主题产品体系的基础上，明确核心主题，构建突出的主题形象。在河南黄河文化旅游带开发"黄河文化探索"核心主题的旅游线路，如串联黄河沿线历史文化资源的"黄河历史探索之旅"；引导游客深入黄河流域，探索其丰富自然生态的"黄河生态探秘之旅"等；通过雕塑、主题公园、文化墙等标志性景点和地标建筑的打造，呈现与黄河相关的艺术作品、历史图片、文化符号等，增强游客对河南黄河文化的感知，从而形成鲜明的主题形象。

（三）遵循空间理论，构建网络发展

经济地理的空间网络结构理论认为，在经济发展到一定阶段后，中心城市形成了增长极，交通沿线形成了增长轴，随着两者的影响范围不断扩大，会在较大的区域形成域面与网络。网络空间结构将强化已有的点轴系统，提高区域各节点与域面之间生产要素交流的深度与广度，促进区域经济一体化发展。

推动河南黄河文化旅游带的资源空间分布特征已由"点—轴"开发模式向网络结构模式转变。一是"点—轴"格局已经形成。郑州已成为河南文化旅游带的增长极，轴线为连霍高速和郑少洛高速的交通线路。二是促进构建网络空间格局。提高河南三门峡、洛阳、济源、焦作、新乡、开封、濮阳七个节点城市之间文化旅游资源、旅游产品、旅游线路与旅游营销等方面的合作力度与广度，将济源、新乡、濮阳等地的黄河旅游资源与"郑、汴、洛"三地形成空间网络，加强各地区之间的联系，促进旅游资源共享和区域协调发展。

（四）整合创新驱动，促进区域合作

从主体与载体创新两方面整合创新驱动。政府、企业和社会等是河南黄河文化旅游带建设的主体，要逐步完善主体创新机制。政府层面，由文旅厅牵头，建立黄河文化旅游委员会，对各地市的总体形象、发展定位、开发重点等进行系统谋划与管理；企业层面，通过联盟，组建、参股等方式组建跨区域旅游企业集团；社会层面，鼓励成立由学校、社区、志愿者参与的民间组织。

载体创新方面，以申报黄河世界文化遗产为契机，以互联网为载体，构建"河南黄河文化旅游带"合作平台，通过建立官方网站与手机 App 等构建涵盖"食住行游购娱"旅游全产业链，实现河南文化旅游带 8 个省份 24 个县（市、区）之间在资源保护、旅游产品、线路开发和品牌宣传等方面的全方位合作，促进区域旅游协同发展，为建设具有国际影响力的黄河文化旅游带进行探索与实践。

参考文献

［1］习近平.在黄河流域生态保护和高质量发展座谈会上的讲话［J］.求是，

2019（20）：1-3.

　　［2］张赜.论政府主导下的河南黄河旅游黄金带研究［J］.三门峡职业技术学院学报，2020，19（1）：36-39+74.

　　［3］李超喜.河南省黄河文化国际旅游带的创建路径研究［J］.旅游纵览，2022（13）：80-82.

　　［4］杨越，李瑶，陈玲.讲好"黄河故事"：黄河文化保护的创新思路［J］.中国人口·资源与环境，2020，30（12）：8-16.

　　［5］唐金培.创新驱动多方联动龙头带动推进黄河文化旅游带建设［N］.中国旅游报，2021-09-14.

　　［6］张新斌.关于打造黄河文化主地标的构想［EB/OL］.［2023-01-17］.ht-tp：//www.hnskl.org/zhuanti/zyzk/2021/zt7/2023-01-17/15856.html.

　　［7］石培华，王莉琴.黄河文化旅游研究进展与理论框架构建——基于国际河流文化旅游对比研究［J］.地理与地理信息科学，2023，39（2）：107-116.

新发展格局下郑州市高水平对外开放的成效、困境与对策

贾玉巧

（郑州市社会科学院经济所，郑州　450015）

摘要：近年来，郑州坚持把枢纽优势转化为物流优势和贸易优势，推动了外贸经济量质齐升、开放通道网络持续拓展、开放平台蓄势崛起、开放机制更加完善。但是，还存在着对高水平对外开放认识不到位、外贸产业层次还处于产业链的中低端环节、四路协同度有待继续优化等问题。随着我国的开放模式逐步由商品和要素流动型开放向规则、规制、管理、标准等制度型开放转变，郑州市应积极主动迎合国家开放模式的转变，充分发挥自身的区位、中间人才数量大、超大市场腹地、内陆地区口岸品种数量多功能全等优势，提升郑州市对外开放能级，助推郑州全面转型升级。

关键词：郑州市；开放平台；制度型创新

党的十九届五中全会指出，坚持实施更大范围、更宽领域、更深层次对外开放，依托我国超大市场优势，促进国际合作实现互利共赢。随着我国成为世界第二大经济体，我国经济迈入经济高质量发展阶段，我国的开放模式逐步由商品和要素流动型开放向规则、规制、管理、标准等制度型开放转变。郑州市应积极主动迎合国家开放模式的转变，充分发挥自身的区位、中间人才数量大、超大市场腹地、内陆地区口岸品种数量最多功能最全等优势，在充分理解高水平对外开放的视野下，以推动口岸经济从通道经济向产业经济转变为核心，以中间人才为基础的相对创新优势为支撑，以发挥河南超大市场对全球优质生产要素的虹吸能力为牵引，持续拓展开放通道网络，完善对外开放政策支撑体系，全面提升郑州高水平对外开放能级，助推郑州全面转型升级。

作者简介：贾玉巧．郑州市社会科学院经济所副所长、副研究员，主要研究方向为区域经济发展问题研究。

一、郑州市高水平对外开放中遇到的问题及成因分析

（一）思想认识问题：高水平对外开放的战略内涵认识不足

本文发现对高水平对外开放战略内涵的认识不足已经成为影响政府、企业制定开放政策、参与开放活动的第一障碍。一是对更大范围开放的认识不足。加入世界贸易组织（WTO）后，我国作为发达国家产业梯度转移的接受者，主要开放国家是西方发达国家，随着我国在全球价值链中位置的提升，产业升级需求不断旺盛，我国不仅要继续向西方发达国家开放，提升自身技术创新能力，同时加大对发展中国家的开放力度，推动构建新型国际关系和人类共同体，来改善我国面临严峻的外部环境。二是对更宽领域开放的认识不足。改革开放后我国主要集中在承接劳动密集型制造业，随着我国高素质人力资源的积累及高端生产及生活性服务业的需求，我国主动提供各种便利，对咨询、芯片、软件等高新技术产业扩大开放。三是对更深层次开放的认识不足。我国从以贸易和投资自由化的沿海沿边开放，转向依托自贸区、自贸港为开放平台，以制度型开放为核心内容，建立新的规则体系。

（二）产业层级问题：处于产业链条的中低端环节

本文发现，尽管贸易结构更加优化，贸易方式更加灵活，但是贸易的产品依旧偏向于劳动密集型产业，这与我国高水平对外开放需求不是很匹配，同时不利于郑州市产业的转型升级。一是以加工贸易组装为主。2021年郑州市加工贸易额4681.4亿元，占全省总进出口额的80%。二是服务贸易比重低且层次不高。2021年郑州市以高新技术为核心的服务贸易基本为零。从已获得数据来看，租赁贸易2.9亿元，保税物流贸易221.2亿元，共占总进出口贸易的3.8%，其他服务贸易基本没有。

（三）开放通道问题：四路协同度不高

一是优势随着周边城市交通的快速发展，开放通道有所削弱。二是龙头物流企业的缺乏导致物流各个环节整合效率低，物流成本偏高，造成发展枢纽经济内生动力不足。三是空中、陆上、网上、海上四路各方自成体系，未形成高效联动推进机制。重点体现在空运、铁路、水运和公路运输数据信息格式不统一、数据不互通、信息不共享，多式联运信息断链，多种运输方式间衔接不畅，全程物流效率低下，无法形成覆盖全流程多式联运数据交换集成网络。

（四）政策问题：政策性支持体系欠缺

围绕口岸经济、跨境电商和综保区发展缺乏完善的政策性支持体系，特别是省级层面的支持政策。随着全国跨境综试区、功能性口岸的不断增加，各地纷纷出台了含金量较高的扶持政策，政策性支持体系的缺失，使实验区面临的竞争压

力进一步增大。由于新郑机场货运补贴降低，航空港区没有跨境出口政策扶持，致使 2022 年以来郑州新郑综保区跨境电商出口业务量出现明显下降。

二、推进郑州高水平对外开放的思路与着力点

郑州市应积极主动迎合国家开放模式的转变，充分发挥自身的区位、中间人才数量大、超大市场腹地、内陆口岸品种数量最多功能最全等优势，在充分理解高水平对外开放的视野下，以推动口岸经济从通道经济向产业经济转变为核心，以中间人才为基础形成的相对创新优势为支撑，以发挥河南超大市场对全球优质生产要素的虹吸能力为牵引，持续拓展开放通道网络，完善对外开放政策支撑体系，提升郑州市高水平对外开放能级，助推郑州市全面转型升级。

（一）转变观念，积极融入国家高水平对外开放战略

一是充分认识高水平对外开放是中国经济发展到现阶段的必然选择。随着我国经济在全球价值链位置的提升及劳动力工资的上涨，必然要求我国经济从劳动密集型向资本和技术密集型转型，如占郑州半壁出口江山的富士康作为劳动密集型代工型电子信息企业，未来向其他欠发达地区转移是一种必然趋势，因此必须加快航空港区由富士康诱发的本地劳动密集型电子产业集群向资本和技术密集型电子产业集群转型，推动电子信息产业向产业高端攀登。二是充分理解制度性开放是高水平对外的核心内容。我国的对外开放都是被动式接受西方发达国家规制的开放，随着我国向全球价值链高端迈进，必然要求完善和调整现有的规则体系，制定适合现实需求的全球规则体系，引领新一轮经济全球化。因此郑州市应借助《区域全面经济伙伴关系协定》的契机，推进郑州的制度型开放战略的步伐。

（二）充分利用郑州本地的中间人才优势，助推外贸产业层级提升

郑州市普通本专科毕业生在九大中心城市中，规模仅次于广州（130 万），拥有 116 万，并且年均增速位于全国中心城市第 1 名。普通本专院校毕业生（本文定义为中间人才）是支撑郑州产业的依靠力量和核心力量，因此推动外贸产业从劳动密集型向技术密集型转变，不仅要大力引进高层次创新人才，而且要紧紧发挥本地中间人才的优势。一是大力发展中间产业。树立全产业链思维，依托郑州市的优势产业和主导产业，结合"一带一路"建设及 RCEP 沿线国家及城市的产业需求，大力发展食品产品种类研发、纺织布料品质研发、服装设计、机电产品的应用研发和整合等，逐步改变郑州以代工为主的低附加值出口结构。二是出台人才政策，全方位解决中间人才的流失问题。借助郑州市提出的"青年人才新政"，在以中间产业为突破口增加就业岗位的基础上，在安居住房、医疗教育、文化氛围等方面为本地中间人才提供安心、安业的高质量综合服务保障，真正让

本地中间人才能够留得住，让本省本市的中间人才成为建设郑州的中坚人才。

（三）发挥内陆口岸综合优势，推动口岸经济由"通道经济"向"产业经济"转型

截至 2022 年 3 月，郑州有航空、铁路 2 个一类口岸，新郑经开 2 个综保区，汽车、粮食、肉类、活牛、邮政①、药品等 9 个功能性口岸，是功能性口岸数量最多功能最全的内陆城市，口岸经济具有良好的发展基础，因此郑州应以"口岸+"为突破口，整合各类资源，推动口岸经济由原来的"通道经济"向"产业经济"转型。一是推进"口岸+"产业链的融合发展。依托航空港区精密电子、新型显示、智能装备等优势产业，按照"口岸+高端制造"的思路，推动研发、维修、再制造等下游产业集聚发展。依托跨境电商政策优势，按照"口岸+跨境电商+物流"的思路，鼓励现有物流企业与国外大中型物流公司通过合资、控股等多种形式进行联合，培养一批有核心竞争力的口岸物流企业集团，形成跨区域、跨国物流业务，同时，加快线上平台建设，提升跨境电商综合服务能力，助推跨境贸易便利化。按照"口岸+消费"的思路，推进医药、企业、水果、化妆品等展示、集散，依托郑州打造国际消费中心的目标，支持高端消费品牌跨国公司在郑州口岸设立亚太分拨中心。按照"口岸+总部经济"思路，依托航空、铁路一类口岸，发展租赁、融资、保险、信托等生产性服务业，为企业提供配套服务，并带动楼宇经济的发展。二是推进口岸与城市功能融合。加强口岸基础设施建设，推进口岸与郑州市基础设施互联互通，重点推进水电气暖等基础设施联网、共享共建，围绕口岸，合理布局金融、保险、人才、技术等产业服务机构，配套建设居住、商业、娱乐、休闲等设施，形成与城市一体化的发展格局。

（四）充分发挥河南超大市场腹地优势，助推郑州对全球优质生产要素的虹吸效应

国家层面提出，把握中国人均 GDP 超过 1 万美元，中等收入阶层有 4 亿人的超大市场需求，形成对全球优质资源的虹吸效应，倒逼本土企业的引致创新。郑州作为全国人口拥有 1 亿人口的省会，并且中等收入阶层有 2200 万人，有能力充分发挥河南超大市场腹地优势，助推郑州对全球优质生产要素的虹吸效应。一是优化的创新创业制度环境，引进人力资本、技术资本和知识资本。以全球化企业为目标，以自贸区为载体，推进投资和贸易便利化的制度性改革，吸引技术、知识向郑州集聚，激发郑州的创新创业活力。二是鼓励河南企业走出去建立"国内—全球"知识流动管道。依托河南省超大市场优势迅速成长起来的企业，

---

① 2022 年 3 月郑州国际邮件经转口岸由国家批复升级为国际邮件枢纽口岸。

在走出去的过程中虹吸国外先进生产要素尤其是高层次人才，提升国内企业在全球创新网络中的地位，逐步建立以我国为主的全球价值链。

（五）创新"四路"协同的体制机制，强化郑州枢纽通道优势

四路协同的优化问题是关系到郑州发展枢纽经济的最基础问题。一是继续推进"郑州空港＋陆港公司"的衔接。持续推进"郑州国际航空货运枢纽＋"和"中欧班列（郑州）＋"建设工程，打造"干支结合，枢纽集散"的高效集疏运体系，引领带动郑州成为我国中部乃至亚太区域国际物流枢纽。二是设立高效统一的大监管区。有效整合监管职能、力量及资源，设立大监管区，统一代码，统一监管，实现所有国际国内货物、物品在监管区域内自由流动调拨。三是打通数据交换平台。打破多种运输方式间信息壁垒，提高数据交互水平，改善数据交换效率，提升信息挖掘能力，实现多式联运数据高度共享，流程闭环管理，各种方式高效协同作业，解决专业性信息化系统间的信息孤岛问题。建立省级协调机制。建立更加快速高效的"省市区企"联动协调推进机制，实行省市区企定期例会制度，研究梳理空港、陆港、跨境电商发展思路，及时协调解决问题，确保"四路"建设各项措施落到实处，形成更高层次、更具竞争力的枢纽优势、物流优势、开放优势。

（六）完善政策支持体系，发挥政策引导效应

在当前国际形势日益严峻的形势下，在稳外贸的基础上，提升外贸层级是当前最大的任务。一是积极出台支持政策。2022年3月，中华人民共和国商务部发布《关于用好服务贸易创新发展引导基金 支持贸易新业态新模式发展的通知》，鼓励以融资新途径支持贸易新业态新模式。各地也陆续出台一系列支持政策。例如，安徽提出22条措施推动外贸新业态新模式高质量发展，包括加强跨境电商载体平台建设、支持使用和建设海外仓、发展保税维修和离岸贸易、加强贸易创新环境建设等。此外，云南、江西、宁夏、辽宁等多地明确加快发展外贸新业态新模式的相关支持政策。河南、郑州亟须出台相关政策，支撑外贸发展。二是继续加大资金扶持力度。设立外经贸发展专项资金，统筹支持外经贸企业参加展览会、在境外设立国际营销服务网络、发展"海外仓"业务等，保障外贸企业稳定发展。

参考文献

［1］李燕燕.创新完善"四路协同"体制机制打造内陆开放新高地［N］.河南日报，2020-09-25.

［2］王梁.发展口岸经济 提升开放平台能级［N］.河南日报，2021-12-22.

［3］何雄.政府工作报告［N］.郑州日报，2022-05-06.

［4］叶辅婧.我国高水平开放若干重要问题辨析［J］.开放导报，2022（2）：7-12.

［5］叶光林.郑州城市发展报告（2021）［M］.北京：社会科学文献出版社，2021.

［6］加快建设更高水平开放新高地——访郑州市商务局党组书记、局长张波［N］.郑州日报，2022-03-02.

"立法、执法、司法、守法四位一体"
保护黄河母亲河

张俊涛

（河南省社会科学院，郑州 450002）

摘要：黄河是中华民族的母亲河。保护黄河，要建立内部协同创新机制、外部协同创新机制、一体化协同创新机制、建立生态保护基地机制、一府一委两院联动机制等。保护黄河要从加强地方性立法、严格执法、能动司法、纪委监委依纪依法执纪执法、全民守法四位一体保护母亲河。

关键词：四位一体；公益诉讼；能动司法；法治意识

黄河是中华民族的母亲河。它哺育了沿黄九省区的人民，孕育了黄河文明。2019年习近平总书记在郑州主持召开黄河流域生态保护和高质量发展座谈会上强调，保护黄河是事关中华民族伟大复兴的千秋大计。黄河流域生态保护和高质量发展是国家的重大战略。黄河流域法治保障涉及立法、执法、司法、守法等。要保护黄河，把黄河流域治理好，我们必须在党的绝对领导下，依靠人民群众，坚持"立法、执法、司法、守法"四位一体，坚持纪委监委、公、检、法、司多机关协同治理。"协同"一词，来源于古希腊，本意为协作、合作。德国物理学家赫尔曼·哈肯在1971年提出了系统协同理念，其核心内容为结构各要素之间的协调有序。

一、国内外研究现状

（一）国内关于流域治理研究的现状

目前，国内关于黄河流域协同治理法治化研究的论文、课题较少，研究也比

基金项目：2023年最高人民检察院检察理论课题"两法衔接与行政违法行为检察监督融合研究"（GJ2023D39）成果。

作者简介：张俊涛，法学博士，河南省社会科学院、河南省检察业务专家。

较片面、不够系统，没有从整体论、系统论研究。立法方面，有的研究《中华人民共和国黄河保护法》（以下简称《黄河保护法》）的基本原则，如韩卫平的《黄河法的基本原则》俞树毅的《黄河流域生态保护和高质量发展之立法保障初论》、吴迪的《"河长制"下黄河流域立法研究》、徐贵一的《〈山东黄河条例〉起草中的热点和难点问题研究》等。执法方面，如杜鹏涛的《浅谈加强基层水行政执法工作的对策》、陈曦的《黄河河务部门是否具有行政强制权的理论与实务探讨》、窦仲毅的《历城黄河水行政执法"行政圈""司法圈"的思考启示》等。司法方面，如张国强的《发挥司法职能为黄河流域生态保护和高质量发展提供优质司法保障》、张俊涛的《以公益诉讼为视角谈黄河母亲河的司法保障》、刘佳的《黄河流域生态保护和高质量发展法治保障——以行政公益诉讼为切入点》、何永威的《行政公益诉讼诉前检察建议督促县级以上地方人民政府解决黄河流域环境资源问题的实践探索》。守法方面，如王丽的《黄河流域河南段非法捕捞水产品情况调研分析》中涉及守法内容等。

（二）国外关于流域治理研究的现状

国外也有对流域的研究，如美国、俄罗斯、澳大利亚、日本等，这些研究对我国保护黄河具有借鉴意义。美国的流域治理主要由政府主导、公民诉讼、检察官诉讼三部分组成，其中政府主导的流域治理侧重在防污治污的基础上进行流域的综合开发和产业合理布局，公民诉讼和检察官诉讼倾向于保障公民环境权，取得环境治污的事后救济，同时督促排污企业进行流域治理。美国《田纳西流域管理局法》（TVA法）首开流域综合治理先河。美国通过立法完善体制机制，实现了田纳西河的综合治理和整体性保护，也使该流域从一个贫穷落后的地区转变为一个环境优美、工业较为发达的中等发达地区。美国田纳西河流域综合治理的成功实践，是一个立法保护的典型事例。

美国克拉克福克河的治理对我国协同治理法治化黄河具有借鉴意义。美国克拉克福克河流治理位于蒙大拿州西部，源自落基山脉分水岭，它曾是众多野生动物物种的栖息地，并为周边居民供给饮用水和灌溉用水。从19世纪末开始，该河上游发展起密集的金属开采和冶炼行业，导致该流域的水、土壤和空气遭受重金属污染。1980年，美国通过了《超级基金法》，从法律上移除了环境案件中传统侵权诉讼面临的障碍，企业承担责任的方式发生了变化。1993年，克拉克福克河流域的大部分地区被正式认定为超级基金场地，检察官根据此法提起诉讼，要求责任方承担修复场地责任和自然资源损害赔偿。

澳大利亚《水法》确定了统一的治水体系，对于治理墨累—达令河（该河全长3750千米，是澳大利亚最长的河流）收到较好的效果，对我国黄河治理具有借鉴意义。

日本的《河川法》和《水循环基本法》，目的是治理河川、防洪与水利开发，《水循环基本法》将日本所有的水资源交给一个部门统筹——水循环政策本部管理，由其协调其他部门。美国、澳大利亚、日本等都采用的是流域统一立法的模式。

俄罗斯联邦伏尔加河流域的综合治理与立法保护实践。伏尔加河是俄罗斯的母亲河，全长 3692 千米，伏尔加河流域是一个整体，所以，不能孤立地保护上游、中游或者下游，也不能孤立地保护某一河段，而必须具有整体思维、系统思维，不能对其进行条条块块的"切割式"保护。1998 年，俄罗斯联邦总检察长签署了《俄罗斯联邦总检查院关于伏尔加河自然保护检察院的第 34 号命令》，将"伏尔加河自然保护检察院"更名为"伏尔加河跨地区自然保护检察院"。在俄罗斯联邦，总检察长签署的命令，属于国家法律的范畴。无论是"伏尔加河自然保护检察院"还是"伏尔加河跨地区自然保护检察院"，都是通过立法的方式保护伏尔加河，从而实现对伏尔加河流域的综合治理，避免了伏尔加河流经的各个联邦主体对其进行条条块块的"切割式"保护，实现了对伏尔加河的综合治理。

二、立法、执法、司法、守法"四位一体"保护黄河坚持的原则

（一）坚持党的绝对领导

关于党的领导，怎么强调都不为过。中国共产党的领导是中国特色社会主义的本质特征。东西南北中，工农商学兵，党的领导是一切的。办好中国的事情，必须靠党。保护黄河母亲河，必须坚持党的绝对领导。黄河流域生态保护和高质量发展是国家的重大战略，因此，必须坚持党中央的领导。沿黄九省要坚持党中央的领导，贯彻党中央关于黄河流域生态保护和高质量发展的战略部署。

在立法方面，在党的领导下，制定并实施《黄河保护法》，下一步，还要制定其他的规范性文件。在执法司法方面，执法机关要在党的领导下严格执法、公正司法、能动司法。守法方面，沿黄九省区的人民要"树立黄河是人民的黄河"，切实增强法律意识，遵守法律，在法治的轨道上依法保护黄河。

（二）坚持以人民为中心

我国是社会主义国家，人民是国家的主人。我国发展的目的是让人民群众过上好日子。立法、执法、司法、守法"四位一体"保护黄河母亲河的目的是让黄河安澜，让沿黄的人民过上好日子，让沿黄的人民喝上干净的黄河水、呼吸上新鲜的空气，让黄河上中下游、左右岸都安全。

关于黄河的立法、执法、司法、守法，最终都是为了让沿黄的人民群众都有满满的获得感、幸福感、安全感。

（三）坚持法治保障

法律乃治国之重器，良法乃善治之前提。法治是治国理政的基本方式，治理

黄河、保护黄河必须坚持法治保障。保护黄河，要运用法治思维和法治方式。

要科学立法，我国已经制定了《黄河保护法》，沿黄九省要根据各自的省情河实际情况，制定地方性法规，保护黄河。治理黄河、保护黄河，执法司法机关，要严格公正文明规范执法司法。沿黄九省的人民群众要提高保护黄河的法律意识。

（四）坚持一体保护的原则

黄河流域生态保护和高质量发展，是系统工程，必须坚持一体保护的原则。科学立法、严格执法、公正司法，离不开全民守法。因此，要想保护黄河，必须坚持一体保护的原则。如果不能做到一体保护，保护黄河肯定不会收到最佳的效果。

立法、执法、司法、守法，必须同向发力、同频共振，才能保护好黄河母亲河。必须把立法、执法、司法、守法作为一个系统工程，不能偏废，才能真正把黄河的事情办好。

三、创新保护黄河母亲河的机制

（一）建立"1+X"内部协同创新机制

所谓内部协同创新机制是在检察长的领导下（或者检察长包案），以公益诉讼检察部门（代表1）为主，刑事检察、民事检察、行政检察、法警、技术等部门（代表X）为辅的办案机制。具体就是，公益诉讼检察负责调查，法警负责维护秩序，技术负责勘查、检验鉴定；如构成犯罪需要刑事检察协同，刑事检察也参与；如需要行政检察，行政检察同样需要协同。

（二）建立外部协同创新机制

外部协同创新机制是在检察长的领导下，吸收外部的专家学者，成立专家咨询、服务公益诉讼案件办理的机制。2018年7月29日，最高人民检察院民事行政诉讼监督案件专家委员会成立暨第一次专家论证委员会召开，这是最高人民检察院借助"外脑"办理民事行政案件的有力举措。

（三）建立一体化协同办案创新机制

一体化创新机制就是根据黄河流域环境公益诉讼案件的疑难程度、跨不同的省份等，在上级检察机关的领导下，整合市属、省属、最高检公益诉讼检察部门的力量办理黄河流域环境公益诉讼案件。例如，公益诉讼一体化办案机制研究。保护黄河流域、办理黄河流域的公益诉讼案件的办理难度大、鉴定难、调查核实难、收集证据难，因此，最好采用一体化办案机制。又如，黄河流域水污染案件，由于水的流动性，污染行为、损害后果可能不在一个县、一个市，甚至一个省，因此，为了办好公益诉讼案件，就必须建立一体化的办案机制。最高检办理的南四湖案仁，就是采用一体化的模式成功办理的。

（四）建立黄河流域生态环境司法保护基地机制

推动在沿黄九省区设立生态环境司法保护基地，推动设立黄河流域生态环境损害赔偿金账户。生态环境司法保护基地，对于补植、复绿等恢复生态环境具有重要作用。

（五）探索沿黄9个省区建立一府（政府）一委（监察委）两院（法院、检察院）联动机制

浙江等省份建立了府检联动机制。但府检联动机制并不能发挥最佳的效果。要想发挥最佳的效果，必须建立一府（政府）一委（监察委）两院（法院、检察院）联动机制。因此，河南可以先进行探索。建议，河南省建立一府（政府）一委（监察委）两院（法院、检察院）联动机制，针对黄河保护出现的问题，及时召开联席会议，共同发布黄河保护的有关规定，保证同向发力、同频共振。

四、"立法、执法、司法、守法四位一体"保护黄河母亲河

（一）立法方面

在党的领导下，加强有关黄河保护的立法研究。法治保障，立法要先行。立法是黄河保护、治理的基础。沿黄九省要加强地方性立法，来保护黄河。对于河南省来说，河南省要在黄河保护法的基础上，尽快出台配套的关于黄河保护的地方性法规。

根据立法法的规定，一是省级人大常委会要加强黄河保护的地方性立法工作。二是地级市的人大常委会，如郑州市人大常委会、洛阳市人大常委会等要结合本地实际，加强地方性法规的立法工作。三是沿黄九省的省级人民政府可以制定关于黄河保护的规范性文件等。

（二）行政执法方面

河南的行政机关要依法行政。河南的生态环境、水行政机关要加大行政执法力度。对于破坏黄河流域的行政违法行为要进行行政处罚。

在进行行政处罚时，一是遵守行政程序法。按照行政程序法的有关规定，对行政违法行为进行行政处罚并告知被处罚人，如果需要听证的，及时告知被处罚人享有听证权。满足被处罚人的知情权、陈述权、申辩权。二是遵守行政实体法。在进行行政处罚时，要根据违法行为人违法行为、违法性质、违法情节、违法后果等进行行政处罚。三是做好行刑衔接。对于行政机关办案中发现，违法行为已经构成刑事犯罪的，要及时移送有关机关进行刑事处理。如果属于公安机关立案管辖的，移送公安机关立案侦查。

（三）司法方面

1. 公安机关

公安机关既是行政机关，也是侦查机关。根据刑诉法的规定，公安机关侦查的罪名最多，刑事管辖范围最广。对于黄河流域的刑事犯罪，如果属于公安机关管辖的，公安机关要依法立案。要按照立案的条件，依法立案、依法侦查、依法收集证据。对于侦查终结的刑事案件，及时移送检察机关审查起诉。如果达不到刑事立案条件的，不予立案。

公安机关管辖的罪名最多，管辖涉黄河的刑事案件也最多，是保护黄河母亲河的重要司法力量。因此，公安机关要加大打击破坏黄河流域生态环境的犯罪行为。

2. 检察机关

对于公安机关移送涉黄河的刑事案件，检察机关要依法起诉污染环境、非法采矿、盗伐滥伐林木、环境监管失职等破坏黄河生态的犯罪行为。要严格按照起诉的条件，依法审查起诉；达不到起诉条件的，不予起诉。

加大涉黄河的公益诉讼案件办案力度。首先，加大刑事附带民事公益诉讼办案力度。对于破坏黄河的生态环境刑事案件、非法采矿案件、盗伐林木刑事案件等，在提起公诉时，依法提起刑事附带民事公益诉讼案件。其次，加大民事公益诉讼案件办案力度。对于污染黄河及其黄河支流的民事案件，检察机关要加大民事公益诉讼办案力度。再次，加大行政公益诉讼案件办案力度。对于行政公益诉讼案件，检察机关在办理时要运用好诉前程序和诉讼程序。检察机关办理的行政公益诉讼案件，检察机关运用诉前程序能够解决问题的，运用诉前程序。如果检察机关发出检察建议后，行政机关仍不履行职责，或者整改不合格的，检察机关要提起诉讼程序。又次，探索刑事、民事、行政、公益诉讼四大检察融合发展的黄河保护新模式。落实最高人民检察院、公安部联合发布的《关于健全侦查监督与协作配合机制的意见》，实现河南公安机关、检察机关协作配合保护黄河的新路子。办好黄河流域刑事附带民事公益诉讼、行政公益诉讼案件的质效，发布河南检察机关的典型案例。最后，最高检要及时发布涉黄河保护的四大检察典型案例。习近平总书记强调，一个典型案例胜过一沓文件。目前，检察机关已经发布了刑事检察、民事检察、行政检察、公益诉讼检察的典型案例，关于黄河保护的典型案例和指导性案例有公益诉讼、刑事检察等方面的典型案例、指导性案例。

3. 审判机关

审判机关要加大审理涉黄河的刑事案件。一是对于污染黄河及其支流的刑事案件、盗伐林木罪、非法采矿罪破坏性采矿、盗伐滥伐林木、非法捕捞水产品、非法猎捕杀害珍贵濒危野生动物、环境监管失职、毁损文物、毁损名胜古迹、盗掘古文化遗址、古墓葬、盗掘古人类古脊椎动物化石、非法采伐、毁坏国家重点保护植物罪等，审判机关要依法审判。在审理时，要加大对罚金刑的适用力度。刑法规定有罚金刑的，依法做出罚金的判决，使被告人得不偿失。让涉黄河流域的犯罪者，既要受到自由刑的处罚，也要受到财产刑的处罚。环境资源案件集中管辖。审判机关对资源环境案件要探索集中管辖。例如，河南省发布的《关于实行省内黄河环境资源案件集中管辖的规定》，确立郑州铁路运输法院集中管辖，实现以流域生态系统为单位跨行政区划环境资源案件集中统一审判模式。其他沿黄九省审判机关也要实现环境资源案件集中管辖模式。

二是沿黄九省审判机关要能动司法，加强黄河生态系统的整体保护，设立生态环境损害赔偿金账户，建立生态环境司法保护基地。濮阳、洛阳等审判机关都建立了生态环境司法保护基地。

三是发挥行政审判职能。监督行政机关依法行政。要加强对行政机关不履行环境违法行为的查处职责案件的审理，督促行政机关履职尽责。对于行政机关申请的行政非诉案件，审判机关及时做出裁定，并移送执行部门及时执行。对于行政处罚等错误的行政非诉案件，审判机关要不予裁定执行。

四是发挥民事审判和赔偿职能，维护黄河长治久安。对于涉及黄河的民事案件，审判机关要依法、及时审理，发挥审判定分止争、解决矛盾纠纷的司法功能。

五是审判机关要及时发布涉黄河流域的典型案件。最高人民法院要及时发布涉黄河的各类典型案例，一方面指导司法机关依法办理案件，另一方面教育、引导人民群众依法办事、遵纪守法。

六是开展巡回审判，提高普法效果，增强人民群众的守法意识。审判机关要积极开展巡回审判，到工厂、案发地、学校、社区巡回审判，以案为鉴、以案促改，提高人民群众的法律意识。

七是构建司法机关办理案件发现的职务犯罪案件线索向纪委监委移送机制。对于审判机关发现的职务犯罪线索，及时移送纪委监委立案查处。

（四）纪委监委

纪委监委是党的监督机关。纪委监委要依法依纪行使权力。要把违纪、违法、犯罪一体办理，确保不敢腐、不能腐、不想腐。

一是对于违纪的案件，纪委监委要依法执纪调查。对于给予纪律处分的，依纪处理。纪在法前，要把纪律挺在前面。

二是对于违法的案件，要依法办理，依法处理。能够通过行政处罚的，从社会治理的角度看，要给予行政处罚。

三是对于犯罪的案件，依监察法依法办理，该留置的依法留置、依法调查、依法收集、固定证据，调查终结后，依法移送检察机关审查起诉，纪委监委要依法行使调查权。

（五）守法

"黄河保护"，与每个人都息息相关，因此，保护黄河，人人有责。不管任何人，都要守法。黄河流域保护、治理要求公民守法。

一是党员干部，要带头守法。法律面前，人人平等。任何人都不能凌驾于法律之上。党员干部要严格要求自己，严于律己。同时，培育好的家风，严格要求配偶和亲属。

二是人民群众要遵纪守法。我国是法治国家，人人都要在法律的框架内活动。因此，人民群众要遵守保护黄河的法律法规。

三是任何人都要运用法治思维和法治方式指导自己的行为，依法办事。意识支配人的行为，法律意识高了，自然，犯罪的人就少了。

四是要加大宣传力度，引导沿黄人民群众遵守法律。要加大宣传力度，以典型案例为警示，教育人民依法行使权利。

保护黄河要坚持"立法、执法、司法、守法四位一体"，运用整体论、系统论的方法论，在党的绝对领导下，依靠人民群众，在纪检、公、检、法、司、行政机关的共同参与下，保护黄河母亲河，确保黄河流域生态保护和高质量发展战略依法稳步推进，让黄河成为造福人民的幸福河。

鹤壁：创新引领，开拓黄河流域高质量发展新局面

侯淑贤

（河南省社会科学院鹤壁分院，鹤壁 458031）

摘要： 党的二十大报告提出要加快构建新发展格局，着力推动高质量发展。黄河流域作为国家重要生态屏障和经济地带，对我国经济社会发展、生态安全有着关键作用。科技是第一生产力，创新是第一动力，黄河流域的生态保护和高质量发展离不开创新。近年来，鹤壁市聚焦建设新时代高质量发展示范城市、打造黄河流域生态保护和高质量发展样板区的发展定位，坚持以创新型城市建设为统领，深入实施创新驱动发展战略，在搭载体、建平台、精技术、转模式、优生态上做文章，奋力开拓黄河流域高质量发展新局面。

关键词： 黄河流域；高质量发展；创新；鹤壁实践

引言

党的十九届五中全会审议通过的《中华人民共和国国民经济和社会发展第十四个五年规划和2035年远景目标纲要》中明确提出要推动黄河流域生态保护和高质量发展。黄河流域生态保护和高质量发展是我国实施区域重大战略，推动区域协调发展的重大举措。黄河流域生态保护和高质量发展，同京津冀协同发展、长江经济带发展、粤港澳大湾区建设、长三角一体化发展一样，是重大国家战略。在新发展格局下，创新作为引领经济高质量发展的核心动力，对于实现黄河流域高水平科技自立自强，助力黄河流域生态保护和高质量发展有着举足轻重的作用。2019年9月，习近平总书记在郑州主持召开黄河流域生态保护和高质量发展座谈会上提出，让黄河成为造福人民的幸福河。近年来，鹤壁市深入贯彻习近平总书记在黄河流域生态保护和高质量发展座谈会上的重要讲话精神，抢抓黄河

作者简介：侯淑贤，河南省社会科学院鹤壁分院研究实习员。

流域生态保护和高质量发展机遇，深入实施创新驱动发展战略，充分利用丰富的黄河文化和现代资源，开拓了创新强市新局面，实现了科技创新发展新突破，科技综合实力进入全省第一方阵。

一、创新驱动高质量发展的动力分析

创新是一个民族进步的灵魂，是一个国家兴旺发达的不竭动力。实施创新驱动发展战略，是以习近平同志为核心的党中央综合分析国内外大势，立足于国家发展全局作出的重大战略抉择。在创新推动经济发展的过程中，要素结构不断优化整合，供给结构不断优化高端，需求结构不断优化合理，产业结构不断优化升级，资源环境不断得到协调发展，社会公平不断得到促进，经济、社会、生态三者均衡发展，最终实现城市的高质量发展。创新是驱动高质量发展的核心动力，创新驱动要素的引入可有效实现城市从传统资源要素导向向创新要素导向的转变，创新载体、技术创新、模式创新、创新生态等驱动要素是保障城市实现高质量发展的内生动力。

创新载体是驱动高质量发展的必要动力。创新载体是加速创新知识创造、传递、聚合和转化的基础和必要条件，具体包括促进新知识的产生、新知识向新技术的应用转化、新技术向新产品转化、新产品向新产业转化，以及促进这一过程中各类知识聚合的一切中间媒介，学术界一般认为创新载体具有承载、转化、催化三种功能。由于创新具有"知识创造、传递、聚合和转化"的本质，与创新载体具有的功能相契合，因此创新载体是创新过程实现的基础和必要条件。

技术创新是驱动高质量发展的核心动力。技术创新是基于新知识、新技术等引发的新产品或新服务以及新工艺等在产业中的首次应用，进而实现价值增值的活动。技术创新通过推动资源要素升级，提升要素禀赋结构，促使新的技术改进，达到良性循环，从而对经济增长起到促进作用。技术创新为城市高质量发展提供技术支持，是至关重要的核心动力。

模式创新是驱动高质量发展的关键动力。商业化是实现创新设计价值的重要途径和手段。企业以往的创新活动主要集中于技术平台，以及对新产品、新技术、新工艺的开发和应用。随着知识技术的商品化，技术逐渐不再是竞争中的唯一要素，产品性能创新越来越容易被模仿和超越。因此，企业需更加关注经营模式和服务模式等模式创新。模式创新通过从各个环节进行全面创新满足被忽视的市场需求，进而将新技术、产品和服务更加快速地推向市场提升企业竞争力，打造全新市场，更好地带动城市经济高质量发展。

创新生态是驱动高质量发展的强劲动力。创新生态是指企业、政府、科研院所、金融机构、中介机构等创新主体相互关联影响形成的创新群落，及其与创新环境（市场、制度、文化、设施等）之间相互依存形成的有机整体和动态系统。在创新生态这个多层次多中心的复杂网络中，既包含创新主体的生存状态，也包含创新主体之间的协作关系，以及创新主体、创新群落与创新环境之间的互动关系，它们统一于城市创新活动的整个动态过程中，集聚形成高质量发展合力，把创新驱动的新引擎全速发动起来，进而通过基础研究、应用研究、成果转化、商品化和产业化等一系列的创新过程，促进创新成果的转化，真正让创新成为资源型城市角逐区域竞争、提升发展位势的动力源泉。

二、创新驱动高质量发展的鹤壁实践

鹤壁市是河南省下辖地级市，位于河南省北部，太行山东麓向华北平原过渡地带。近年来，按照中央和河南省委、省政府的部署，鹤壁市在创新驱动黄河流域生态保护和高质量发展方面做了大量工作，具体体现在以下几个方面：

（一）创新载体的强基作用

在经济新常态背景下，创新驱动发展战略对加快构建国内国际双循环经济新发展格局、深挖经济发展新优势正发挥着日益关键的作用。创新载体作为创新活动的重要组成部分，是构建国家创新体系的基础设施，是集聚创新要素、推进自主创新的战略高地，是新技术、新业态、新模式的策源地，是实施创新驱动战略和调整经济结构的重要依托，在我国建设创新型国家进程中发挥着重大作用。创新载体通过丰富创新资源、活跃创新要素、实现创新产业链完整多个维度夯实了城市高质量发展的基础，已成为经济高质量发展的"力量源泉"。

从理论上讲，根据不同阶段创新载体承担的任务、发挥的作用以及创新成果所处的形态的不同，可将其划分为技术研发载体、技术转化载体和技术商业化载体三种最基本的创新载体形式，以技术研发载体为基础，技术转化载体为纽带，技术商业化载体为目标，三者相互衔接、紧密结合、协同发展，构成了一个完整的创新载体体系，共同促进城市的高质量发展。在实际发展的过程中，随着我国大力推动科技创新和高新技术产业的发展，各地纷纷设立高新技术产业园区，以吸引创新型企业和高科技人才，进而推动地方经济的转型升级，汇集三种创新载体功能于一体的综合性载体建设也逐渐成为城市高质量发展的首要选择。

鹤壁市顺应高质量发展的时代潮流，紧抓新一轮科技革命和产业变革的历史机遇，坚持以数字经济引领产业转型升级，在新兴产业上抢滩占先、在未来产业上破冰突围，规划建设了53平方千米的综合性创新载体科创城，高标准建设"5+2"产业园区、鹤壁智慧岛，建设32个专业园区，新建310万平方米产业物理空间，构建"双拎空间"服务体系，持续推进"研究院+公司+园区"赋能产业模式。一批又一批高水平创新载体的建设，夯实了鹤壁市通过创新培育发展新兴产业、推动高质量发展的基础。

（二）创新平台的育化功能

现阶段，世界百年未有之大变局加速演进，科技创新作为国际战略博弈的主要战场，竞争空前激烈，但我国仍位于发展中国家的行列，科技创新系统的效率较低，基本技术、基本工艺和关键技术等依然缺乏。而高能级创新平台的建设对于实现高水平科技自立自强、建设科技强国起着关键作用。一方面，创新平台可以通过汇集创新要素资源、推动产业转型升级、促进创新链产业链融合等方式为城市的高质量发展培育不竭动力；另一方面，以平台作为关键抓手，加快建设步伐，做强承载功能，有利于形成创新成果迸发的"磁场效应"，让新兴产业布局水到渠成、重大项目落地花开有声。

鹤壁市从当初仅有的科技企业孵化器、工程技术研究中心，逐渐补充完善平台门类，一批众创空间、重点实验室、中试基地、产业研究院、新型研发机构相继设立。例如，河南省科学院鹤壁分院、河南数字城市安全研究院挂牌成立，与上海技术交易所合作的鹤壁科创服务中心已建成投用，河南卫星产业研究院、河南密码产业研究院、国家玉米改良中心鹤壁研究院、省集成光电子实验室、省高性能尼龙纤维中试基地等加快建设。目前，鹤壁市共有市级以上创新平台316家，为2012年的5倍，其中省级以上创新平台达到130家。鹤壁市明确各平台在创新链中的重点任务，实现平台链与创新链的精准匹配，使之既能支撑重点产业领域发展需求，也能支撑战略新兴技术的持续突破。

（三）技术创新的引力效应

技术进步是保证经济持续增长的决定因素，尤其是在当前世界经济形势不确定性增大、中国进入增长动力转换攻关期的内外约束背景下，创新驱动内涵式增长，已然成为经济高质量发展的重要抓手。能否顺利实施创新驱动战略，关键在于能否激励市场中微观主体的技术创新意愿和能力。在此背景下，通过推动企业技术创新，发挥技术创新的引力作用，最终实现高质量发展显得尤为重要。

近年来，鹤壁市采取多种举措深化科技体制改革、提升企业自主创新能力，在助力企业技术创新上成效显著。鹤壁元昊化工有限公司联合河南易交联新材料研究院有限公司、鹤壁联昊新材料有限公司、鹤壁中昊新材料科技有限公司，以及鹤壁元昊新材料集团有限公司合作的"秋兰姆类促进剂硫—硫键可控构建及产业化关键技术"项目获得"河南科技进步奖二等奖"。与此同时，天淇汽车模具有限公司与天津大学、河南工业大学等高校合作的"高强度汽车覆盖件模具开发及产业化"等项目在2022年获得"河南科技进步奖三等奖"。鹤壁市通过构建以企业为主体、以市场为导向、产学研结合的科技创新体系，努力集聚更多科创要素，充分发挥技术创新对城市高质量发展的引领作用。多项荣誉的获得是对鹤壁市企业技术研发水平的最大肯定，也是对技术创新引领城市高质量发展的最大认同。

（四）模式创新和变革的倍增效应

从城市的创新主体——企业的角度来看，商业模式创新能提高企业技术和产品在市场上转化变现的能力，是企业生存和发展壮大的根本。商业模式创新是企业管理创新、技术创新、产品创新的基础，也被称为"零科技"，能够创造很高的商业价值，让其获得更高的成长性和盈利能力。尤其是在新技术新业态的冲击下，市场快速变化，消费需求更加多变，电子商务迅猛发展，跨界竞争对手也层出不穷，企业既有的商业模式面临被颠覆、被淘汰的风险，必须创新商业模式才能保持其发展优势和竞争优势，甚至引领整个行业的变革和发展。

仕佳光子是鹤壁市企业商业模式创新的典型代表之一。面对新一轮科技革命和产业变革，鹤壁市着眼抢占光电子产业发展战略制高点，推动河南仕佳光子科技公司以光电子芯片研发生产为核心，围绕技术、产品、人才、市场四要素，与中科院联手创新"院地"合作模式，加快关键核心技术突破和市场化应用，探索出一条科技成果快速产业化的成功之路。

（五）创新生态的聚合效应

在创新驱动城市高质量发展的过程中，技术、理念、模式、制度等因素都不是孤立地起作用的，良好的创新生态是城市实施创新驱动战略的根本保证，能最大限度地挖掘创新潜力、释放创新活力、激发创新动力。近年来，鹤壁市积极践行创新发展理念，坚持系统谋划，突出顶层设计，在壮大创新主体上下功夫，在促进成果转化上动脑筋，"如鸟归林、如鱼得水"的创新生态基本形成。

首先，通过构建良好的创新生态促进创新主体壮大。近年来，鹤壁市在壮大创新主体队伍上采取了多种措施：一是不断培育创新型企业，将创新驱动发展主战场放在制造业和实体经济，畅通市场主体成长为创新主体的通道，扎实推进高新技术企业提质增效工程，科技型中小企业"春笋"计划等，建立"微成长、小升高、高变强"梯次培养机制。二是不断强化人才支撑。大力实施人才强市战略，坚持"人才是创新的第一资源"，实施"兴鹤聚才""挂职博士"计划，围绕"引、用、育、留"四个方向，在奖励、扶持、平台、科研、生活等方面制定《鹤壁市高层次人才奖补实施办法》专属政策，扩大人才政策覆盖面，降低人才扶持门槛，构建人才创新生态。三是不断加强校企合作。构建以企业需求为导向的服务体系，发挥出校企合作的桥梁，帮助本地企业积极与高校建立合作交流机制，以产学研和人才合作相结合为抓手，引导高校和科研院所科技成果向鹤壁市产业集聚和转移转化，为双方全面深化项目对接、技术对接、产业对接搭建了新途径，打通成果转化技术转移"最后一公里"。

其次，良好的创新生态有效推动了创新成果转化。近几年，鹤壁市通过多种方式拓宽创新成果转化渠道。一是以开放合作构筑创新共同体。支持京东、航天宏图、360、辰芯科技等龙头企业组建创新联合体，培育领军企业和"链主"企业，组建产业联盟，推行"创新中心+企业孵化+产业园区"一体化协同发展模式，带动产业链企业融通创新。二是协同创新带动核心技术攻关实现新突破。国家粮食丰产科技工程在鹤壁连续 25 次创造小麦夏玉米高产示范方国内同面积最高单产纪录；鹤壁市农科院实施的"黄淮海耐密抗逆适宜机械化夏玉米新品种培育及应用"项目，育成国审品种 4 个、省审品种 5 个，为黄淮海地区解决种源"卡脖子"问题贡献了鹤壁力量。通过协同创新，提高了创新平台研发产出率、技术转化率、成果落地率，一批科技型企业站在了创新链顶端。

三、结语

近年来，按照中央和河南省委、省政府的部署，鹤壁市在创新促进黄河流域生态保护和高质量发展方面做了大量工作，多项创新成果开花落地，如中维化纤股份有限公司、河南邦维高科特种纺织品有限公司研发生产的特种尼龙纺织面料应用广泛，海能达鹤壁天海电子信息系统有限公司让"中国天眼"1/3 的反射面板有了"鹤壁基因"。未来，鹤壁市需把自身放在全河南省、全黄河流域、全国去谋划发展，纳入"大盘子"，多争取相关的政策、资金和项目，在实现城市高质量发展的同时推动整个黄河流域的高质量发展。

参考文献

［1］韩亮.安阳市推动黄河流域生态保护和高质量发展的思考［J］.农村·农业·农民（B 版），2021（1）：6-7.

［2］孙祁祥，周新发.科技创新与经济高质量发展［J］.北京大学学报（哲学社会科学版），2020，57（3）：140-149.

［3］张志彤.战略性新兴产业的技术系统与创新载体研究［D］.成都：电子科技大学，2016.

［4］刘丹，张倩.资源型城市高质量发展的动力机制及实现路径［J］.学术交流，2022（5）：96-107.

［5］李湛，张剑波.现代科技创新载体发展理论与实践［M］.上海：上海社会科学院出版社，2019.

［6］范鑫.让科技创新成为高质量发展最大增量［N］.鹤壁日报，2022-04-12（1）.

鹤壁实践探析：以全面深化改革建设新时代高质量发展示范城市

呼田甜

（河南省社会科学院鹤壁分院，鹤壁　458031）

摘要：改革是推动城市高质量发展的活力源泉，深化高水平开放、推动高质量发展，为城市应变局、育新机、开新局指明方向。因此，城市高质量发展要以全面深化改革为切入点，科学谋划城市发展的"成长坐标"，协同推进城市发展"内涵建设"。新时代、新征程，鹤壁市聚焦深入贯彻落实党中央黄河流域生态保护和高质量发展各项决策部署，紧盯重点任务，积极谋划、主动作为，以强有力的改革助推黄河国家重大战略落实落地落细和城市高质量发展。

关键词：高质量发展；鹤壁实践；全面深化改革

党的二十大报告指出，坚持以推动高质量发展为主题，把实施扩大内需战略同深化供给侧结构性改革有机结合起来，突出强调了改革对于高质量发展的重要性。全方位改革是城市发展的动力，为城市应变局、育新机、开新局指明方向。近年来，鹤壁市持续推进全面深化改革，不断擦亮城市新名片，在城市建设中探索出一条特色的鹤壁经验道路，实现了城市发展蝶变。

一、全面深化改革对城市高质量发展的作用机制

2019 年，习近平总书记在庆祝改革开放 40 周年大会上指出：改革开放是党和人民大踏步赶上时代的重要法宝，是坚持和发展中国特色社会主义的必由之路，是决定当代中国命运的关键一招，也是决定实现"两个一百年"奋斗目标、实现中华民族伟大复兴的关键一招。现阶段，我国经济已由高速增长阶段转向高质量发展阶段，必须紧紧围绕全面深化改革这个内生动力，在解决实际问题中不

作者简介：呼田甜，河南省社会科学院鹤壁分院。

断深化改革、推动发展，以过硬的改革成效为城市高质量发展提供强劲动能、为推进中国式现代化实践注入新动力。

营商环境优化促进经济稳进提质，全面深化改革优化营商环境，有助于促进政企合作、招商引资，推动城市经济高质量发展。通过全面深化改革，发挥市场在要素资源配置领域中的决定性作用，把市场的还给市场，使各类市场主体能够公平参与市场竞争，真正实现让市场在资源配置中起决定性作用，从而最大限度地激发市场主体经营活力和创造力，促进经济稳进提质，推动城市高质量发展。数字化改革优化政务服务与社会治理。

数字化是现代化建设的关键变量和基础设施，是新发展阶段全面深化改革的总抓手，也是推动高质量发展的新引擎、创造高品质生活的新图景、实现高效能治理的新范式。以数字化思维作支撑的数字化改革，加快探索创新共同富裕的体制机制和政策框架，形成与数字变革时代相适应的生产方式、生活方式、治理方式，有利于切实优化政务服务、提升治理能力。

二、全面深化改革推动城市高质量发展的鹤壁实践

（一）营商环境：城市高质量发展的新招牌

党的二十大报告强调，"完善市场经济基础制度，优化营商环境，营造市场化、法治化、国际化一流营商环境"。一方面，营商环境是各类市场主体和城市居民进行投资经营和消费决策的重要考量标准，城市营商环境的水平直接影响着招商引资和人才引进的数量；另一方面，营商环境直接影响城市区域内各类企业的经营效益，并最终对经济发展、税收、居民就业等产生影响。

近年来，鹤壁坚持把营造一流营商环境作为稳增长稳预期、推动高质量发展的"先手棋"，以营商环境的确定性应对变化变局和各种不确定性。2020年，国务院办公厅对国务院第七次大督查发现的43项典型经验做法给予表扬，鹤壁市建立"五位一体"为企业保驾护航的典型经验做法位列其中。其服务模式如下：

第一，深耕细作，选优配齐"五大员"。2018年12月，鹤壁市委、市政府决定实施"企业服务管家"制度，建立副县级领导干部市级服务管家库，按照"以需择人、依岗选人、人岗相适"的原则，第一批选派了10名副县级干部到市重点企业担任服务管家。2023年，鹤壁市以企业服务管家为核心的"五位一体"服务专员已增派至4402名，实现了三次产业、"四上"单位、成长型中小企业全覆盖。

第二，创新求实，解决问题有"专家"。鹤壁市"五位一体"服务专员聚焦"服务最优"，坚持"一必问、三关心、三有数、三到位"，对企业做到有求必应、无事不扰；聚焦"作风最实"，坚持"勤调研、勤宣讲、勤排险"；聚焦"效果最好"，始终以"办得快、办得好、办得全"为标准，及时回应企业诉求。

第三，亲清共融，社会监督靠"大家"。鹤壁市从社会各界人士公开选聘营商环境监督员，有力推进营商环境优化提升。针对监督意见建议，建立了问题反馈解决机制，对监督建议逐项明确责任单位，实行台账管理，形成"监督—整改—再监督"的工作模式。此外，营商环境监督员还积极向社会宣传党和国家的大政方针，以及鹤壁市优化营商环境的政策措施，成为党和政府的"意见箱"和"传声器"。

第四，惠企利民，企业群众是"赢家"。"五大专员"按照"到位不越位，帮忙不添乱，参与不干预"的原则服务企业，做到统筹管理、统筹服务，各有侧重、相互配合，营造了"亲商、重商、安商、扶商、护商"的浓厚氛围。鹤壁市还大力弘扬优秀企业家精神，河南省首个设立企业家节，增强企业家获得感。

第五，深度融合，做"万人助万企"活动的主力军。鹤壁市坚持系统谋划、统筹推进，将"万人助万企"活动、"两个健康"创建进行深度融合，持续激发市场主体活力。一是聚焦企业融资难问题。深入推进普惠金融试点市建设，建成河南省首个市级普惠金融共享平台。二是聚焦项目落地慢的问题。推行"标准地+承诺制"，实现项目拿地即开工。三是聚焦企业招才难的问题。出台"1+6"人才新政，制定支持民营企业家人才队伍建设20条措施，高标准举办人才节。

（二）亲清政商关系的新势能

党的十九大报告中提出"构建亲清新型政商关系"，2023年《政府工作报告》再次指出要坚持构建亲清政商关系。如今，亲清政商关系为城市高质量发展带来促进经济发展的新势能。亲清政商关系理论统筹谋划、优化执政环境和市场环境，清晰厘定政府、市场、企业三方的关系，深化政府职能转变，激发市场活力，由此带来城市经济高质量发展的新势能。

亲清政商关系的营造为鹤壁经济发展带来了新势能，助力企业在当地生根发芽，尤其在企业合作方面，充分发挥"示范效应"。2023年1月3日，"中国改革2022年度地方全面深化改革典型案例"公布，鹤壁市推荐的"构建政企合作'京东鹤壁模式'"改革案例入选。其模式具体如下：

成立一个领导小组，全面系统推进。2018年，鹤壁与京东集团合作之初，鹤壁市成立了市长任组长的推动与京东集团全面战略合作领导小组，下设办公室，分管市领导任京东办主任，抽调精干力量组成专班，建立服务支持机制、政策及时兑现机制等，常态化推动与京东的全面合作。京东集团副总裁牵头的高管团队与鹤壁持续高频对接，为双方顺利合作提供有力保障。

出台一套政策体系，持续深化合作。鹤壁市人民政府办公室出台了《加强与京东集团全面战略合作推动全市经济高质量发展工作方案》，明确在数字经济产业园等方面深化合作。针对京东推出政策包，制定配套政策，为京东在鹤壁发展提供全方位服务保障，专项支持京东项目。免租金提供 2 万平方米办公场所，确保拎包入住。对入园企业税收地方留成部分实行三免两减半奖励。建立了"事前有规划、事中有监督、事后有评价"的闭环管理机制，确保了项目快速推进。

坚持两个双向赋能，成就合作共赢。一是企业与政府双向赋能。将有为政府和有效市场充分结合起来，同心同向共发展，规划共同商议、资源优先调配、难题共同解决、困难共同承担。二是数字与实体双向赋能。以数字促进实体、以实体反哺数字，通过"政策支持+数智引领"双轮驱动、"数据平台+产业园区"双擎支持，实现"乘数倍增"。

推动五大效应聚合，引发转型嬗变。一是数字经济"倍增效应"。京东在鹤壁设立全资子公司河南京东中原云计算有限公司，形成龙头引领、链群互助、生态发展的生动局面。二是数实融合"乘数效应"。鹤壁坚持产业立市、工业强市，推动传统产业高端化、智能化、绿色化、服务化转型发展，打造产业数字化转型样板。三是物流带动"强链效应"。双方以共建京东亚洲一号鹤壁物流园为支点，助力鹤壁构建现代流通体系。四是数字治理"蜕变效应"，打造以数字政府引领数字经济创新发展的新模式。五是政企合作"示范效应"。鹤壁和京东合作推进中小企业数字化转型和乡村数字化，全力打通数字化转型"最后一公里"。

（三）开放招商是改革创新的关键领域

招商引资是我国地方政府利用外部资源助推本地经济发展的重要路径。开放招商是经济发展的"一号工程"，是稳增长、调结构的重要支撑，有利于优化产业结构、完善产业链条，提高财政收入，增加就业机会，提高城市的综合实力，为城市发展注入新"血液"，通过开放招商可以为城市高质量发展带来新亮点。

近年来，鹤壁市将开放招商作为经济工作的"生命线"。其间，鹤壁市成功引进京东、华为、360、航天宏图等头部企业，吸引与本地产业特色相匹配的企业相继落地，推动"龙头引领、链群互动、生态发展"的产业格局加快形成。这些经验做法中，"营商环境+产业生态+招商体系"的招商模式备受关注。

聚力三招三引，培育产业生态。一是聚力招大引强，打造磁场效应。坚持"招大商、引龙头"，选定与鹤壁主导产业契合的目标企业，引进一批市场占有率高、就业带动力强的行业龙头。二是聚力招新引高，提升发展能级。围绕新业态培育、新技术引进、新模式构建，着力招引科技含量高、未来前景好、带动作用强的好项目。三是聚力招群引链，形成集聚优势。以延链补链强链为抓手，构建生产要素完备、上下游联系紧密、横向互补发展的产业生态，增强产业生态吸引力。

突出靶向精准，打造招商体系。一是构建一体化招商格局，以前瞻性谋划、精准化招商、流程化服务，推动形成更多招商成果。二是突出精准化招商方式。

突出产业招商、突出基金招商、突出智慧招商、突出节会招商，扩大招商成效。三是打造全天候招商模式。常态化开展项目洽谈对接活动，为项目签约落地提供全链条全周期全天候服务。四是完善全流程招商机制。鹤壁市出台了《关于整合招商资源创新招商机制的意见》，建立了 9 项招商工作机制，形成了开放招商"1+9"工作推进机制。

精心筑巢引凤，优化营商环境。一是化繁为简，提升企业便利度。持续深化"放管服效"改革，在项目审批、流程优化、智慧服务上协同发力。二是纾困解难，提升企业满意度。持续深化"五位一体"服务机制，大胆解"难"、着力治"痛"、及时破"堵"。三是三业联动，提升企业归属感。聚焦"推动产业发展、支持企业壮大、建强企业家队伍"，全力打造企业健康发展、企业家健康成长的温馨港湾。四是法治护航，提升企业安全感。深入推进"护航""暖心""清风"工程，出台了构建亲清政商关系"十要十不准"。

（四）数字化与社会信用

随着政府数字化转型的提质增效，信用数字化已成为政府数字化转型的重要领域。刘淑春认为，信用数字化具有易互联、易传导、易应用的特征，政府治理和市场治理的高效性与协同性必须基于信用的全面数字化支撑来实现。由此可见，以信息科技为基础的信用数字化广泛应用，对推进政府治理、市场治理的高效性与协同性具有重要意义，从而推动城市高质量发展。

近年来，鹤壁市坚持以社会信用体系建设"一根针"，穿引"信用+"工作"千条线"。2022 年 1 月，鹤壁市淇滨区被评为河南省首批社会信用体系建设示范区，是河南省唯一入选的市辖区。其经验模式如下：

注重信息归集，提升信用信息化水平。一是建设闭环式信用信息共享平台。全面打通信用信息归集、存储、管理和公示闭环，具备了面向全社会提供"一站式"信用服务能力。二是实现信用信息归集领域全覆盖，为全面开展信用综合评价提供数据支撑。三是打造信用信息归集联动大格局。依托信用信息平台，联动归集各类信用数据，夯实信用体系建设基础，实现信用信息主要单位全覆盖。

健全信用体系，实现信用全链条监管。一是以信用事前承诺夯实市场主体责任。全面梳理制定可开展信用承诺的行政许可事项，推动依法诚信经营类、审批替代型、信用修复型承诺和行业自律型信用承诺全覆盖。二是以信用分级分类提升事中监管效能。通过定期对行业市场主体开展信用评价，为监管对象采取差异化服务。三是以信用惩戒修复强化监管事后应用。建立"认定发起—响应实施—跟踪反馈—修复退出"联合奖惩工作闭环机制，对"屡禁不止、屡罚不改"市场主体开展信用修复培训。

坚持以用促建，促进深层次融合发展。一是"信用+行政管理"。重点领域全面开展信用核查，实现守信激励和失信约束；建设"诚信政府"，为 684 名行政人员及事业单位科级干部建立诚信档案。二是"信用+社会治理"。开展诚信物业创建活动，其中，新世纪广场步行街率先创新"1+6"自治模式。三是"信用+便民惠企"。依托鹤壁市普惠金融共享平台全面开展"信易贷"，帮助企业把信用转换为资产、变现为资金。四是"信用+文明创建"。推送诚信知识及教育宣传视频，引导全民树立诚信意识和增强自律意识。

三、结语

奋楫扬帆风正劲，勇立潮头奏强音。鹤壁市积极落实党中央和省委决策部署，不断推进全面深化改革向广度和深度进军，从营商环境、亲清政商关系、开放招商、数字化与社会信用等领域持续深入改革，推进城市高质量发展。如今，站在提质增效、攀升攀高的新起点，鹤壁市将继续锚定"全省第一、全国一流"的目标，以翻篇归零的心态，持续推进全面深化改革工作，为建设新时代高质量发展示范城市聚势赋能。

参考文献

［1］习近平.高举中国特色社会主义伟大旗帜　为全面建设社会主义现代化国家而团结奋斗——在中国共产党第二十次全国代表大会上的报告［N］.人民日报，2022-10-26（1）.

［2］中共中央文献研究室.习近平关于全面深化改革论述摘编［M］.北京：中央文献出版社，2014.

［3］毛振鹏.以营商环境优化推进城市高质量发展的内在逻辑和路径选择［J］.青岛行政学院学报，2023（2）：58-63.

［4］马相东，张文魁，刘丁一.地方政府招商引资政策的变迁历程与取向观察：1978—2021 年［J］.改革，2021（8）：131-144.

［5］刘淑春.信用数字化逻辑、路径与融合［J］.中国行政管理，2020（6）：65-72.

地方立法保护黄河流域生态的河南实践

胡耀文

（河南省社会科学院，郑州　451464）

摘要： 黄河流域生态脆弱，经济总量大、人口数量多，同时拥有厚重的历史文化。这些因素都凸显了黄河流域生态保护的重大意义。《中华人民共和国黄河保护法》依据黄河流域具体的生态环境，规定了保护黄河的各项措施，对黄河流域生态保护颇具指导意义。沿黄各省份保护黄河的侧重点各有不同，更具针对性的地方立法将在黄河流域生态保护中扮演着十分重要的角色。在保护黄河的地方立法缺失的背景下，河南省应当积极筹划出台保护黄河的地方立法。河南省在制定保护黄河的地方立法时，应当特别关注本地区的特殊性问题，注重省域之间沟通协调机制的构建，同时要注意技术性规范的设定。

关键词：《黄河保护法》；黄河流域生态；地方立法；河南实践

一、黄河流域生态保护的重大意义

（一）黄河流域生态脆弱

黄河流域生态较为脆弱。黄河上中游森林覆盖率低，水土流失严重。黄河中下游地区降水年内分配不均匀，水旱灾害频发。大约60%的降水量集中在6月至9月。春、夏两季降水较少，故有"十年九旱"之说。此外，泥沙的大量淤积使黄河下游河床不断上升，两岸地区每逢汛期便面临着洪水的威胁。

（二）黄河流域经济总量大、人口数量多

长久以来，中华儿女在黄河流域繁衍生息。截至2022年，沿黄九省区合计面积130万平方千米，人口总数4.2亿，地区生产总值28.7万亿元，进出口总额5.6万亿元，分别占全国的13.5%、29.8%、25.1%和14.3%。除此之外，黄

作者简介：胡耀文，法学硕士，河南省社会科学院研究实习员，研究方向为民商法学。

河流经区也是我国农产品主产区与能源资源主产地。黄河流经区是我国传统农业区，农业发展模式鲜明多样。黄河流经区也是我国重要的能源、化工、原材料和基础工业基地。黄河流域生存着大量的人口，也拥有着较为活跃的经济活动。黄河流域生态与沿岸群众的生产生活息息相关。良好的流域生态对于黄河流域群众更好地进行生产生活活动具有十分重要的意义。在此情况下，保护好黄河流域生态也就成为一个十分重要的问题。

（三）黄河流域拥有厚重的历史文化

黄河拥有悠久的历史、厚重的文化，是中华民族的母亲河。黄河在漫长岁月中养育了无数中华儿女，也孕育了华夏文明的精神特质，见证了中华民族多元一体的历史演变。从 100 多万年前的旧石器时代开始，黄河流域就已经有人类居住。进入新石器时代，早期有河南新郑的裴李岗文化、河北安磁的磁山文化；中期有河南渑池的仰韶文化；晚期有山东济南的龙山文化、甘肃临洮的马家窑文化、甘肃和政的齐家文化和山东泰安的大汶口文化等。集中在黄河流域的众多史前文化共同反映出沿黄地区农耕文明的发达。原始农业的稳定发展也奠定了夏、商、周最早进入文明社会的重要基础。发祥于黄河流域的华夏文明是中华民族共同的"根"和"魂"。先民们依偎在黄河母亲舒展的臂弯，发展农业，营建城池，发明文字，推行礼乐制度等，从而告别蒙昧时代，进入文明社会。正如伟人毛泽东所说："没有黄河，就没有我们这个民族。"我们每一个人都有义务为子孙后代守好一条大河。黄河已经超越河流本身，成为中华儿女的共同精神寄托。

二、国家层面立法保护黄河的具体措施

习近平总书记提出了"让黄河成为造福人民的幸福河"的新时代治黄目标。[①] 国家为了保护黄河，制定了《中华人民共和国黄河保护法》（以下简称《黄河保护法》）。这是我国流域生态文明建设的又一标志性立法成果。[②] 2020 年 12 月 26 日，第十三届全国人民代表大会常务委员会就通过了《中华人民共和国长江保护法》（以下简称《长江保护法》）。对比《长江保护法》与《黄河保护法》，本文发现了我国保护黄河的侧重方向。两部法律前两章均为"总则"与"规划管控"，后三章均为"保障与监督""法律责任""附则"。两部法律共通性章节在内容上虽然存在些许不同之处，但主题相同，均属保护大江大河之必要条款。我国保护黄河侧重方向体现在《黄河保护法》第三章至第八章，这也是

---

① 郑曙光. 黄河流域生态保护和高质量发展司法保障路径探究 [J]. 铁道警察学院学报，2022（5）：24-31.

② 孙佑海.《黄河保护法》：黄河流域生态保护和高质量发展的根本保障 [J]. 环境保护，2022（23）：39-43.

《黄河保护法》与《长江保护法》的主要区别所在。下文围绕《黄河保护法》中独具特色的六个章节展开分析国家层面立法保护黄河的具体措施。

（一）生态保护与修复

《黄河保护法》将生态保护与修复放在首要位置。这也显现出黄河流域生态保护的严峻性。《黄河保护法》中"生态保护与修复"章节共计十六条。概览这些条文，本文发现，我国特别重视发挥地方各级人民政府在黄河保护中的主动性。例如，《黄河保护法》第三十一条、第三十二条和第三十三条。在本章中，诸如此类的规定还有很多。依据相关规定，地方政府应当主动承担起保护黄河流域生态的神圣职责，积极作为。地方立法机关也应当适时出台保护黄河的地方立法。

（二）水资源节约集约利用

在水资源利用方面，国家对黄河水量实行统一配置。超出限额取水还需要提出申请，由黄河流域管理机构负责审批。黄河水资源节约、集约利用特别要求沿黄各省市之间的协调与配合。

（三）水沙调控与防洪安全

水沙调控属于黄河特有的调控范畴。黄河上中游森林覆盖率低，水土流失严重，大量泥沙被黄河冲积到了下游地区。多年泥沙堆积黄河河南郑州段，也成为黄河"地上悬河"的起头处。防洪安全也是一个十分需要关注的问题。在水沙调控与防洪安全方面，《黄河保护法》重视发挥地方政府的作用。例如，《黄河保护法》第六十一条、第六十九条和第七十一条。据此，各级地方政府应当担负起黄河水沙调控与防洪安全的重要职责。

（四）污染防治

《黄河保护法》将《长江保护法》中既有的"水污染防治"部分拓展至"污染防治"，这体现了绿色发展理念的深化。大江大河的污染防治不应仅局限于"水"这一部分。《黄河保护法》第七十九条、第八十条的规定表明，黄河流域污染防治是综合性的，而非局限于"水"这一领域。此外，在黄河流域污染防治方面，国家还特别注重环保标准（指标）的确定。例如，《黄河保护法》第七十三条、第七十四条和第七十五条。环保标准（指标）的确定并非调整人与人之间关系的社会性规范，而是技术性规范。在黄河流域污染防治领域，地方立法要重视发挥技术性规范应有的作用。

（五）促进高质量发展

较之于《长江保护法》中的绿色发展，《黄河保护法》中高质量发展的内涵更加丰富，它除了强调发展应当注重绿色、低碳、清洁，还要求提升黄河流域科技创新能力，优化产业布局，坚持新发展理念，实现黄河流域高质量发展。地方立法保护黄河时，应当体现促进高质量发展方面的内容。

（六）黄河文化保护传承弘扬

黄河文化是中华民族极其重要的母亲河文化，是中华文明的重要组成部分。① 黄河文化承载着华夏文明的集体记忆。② 《黄河保护法》保护传承弘扬黄河文化就是在守护属于中华民族的国家记忆，也是在守护中华民族的"根"和"魂"。黄河流域生态保护和高质量发展成为国家战略，为古老的黄河文化在新时代焕发生机活力注入源头活水。③

纵览《黄河保护法》，本文认为，在黄河保护工作中以下四个方面的问题需要予以特别关注。第一，地方政府要切实履行好保护黄河的神圣职责；第二，沿黄九省区、相邻各地市之间在黄河流域生态保护问题上应当加强沟通协调，共同保护母亲河；第三，在黄河污染防治、生态保护等问题上，应当注重标准（指标）的确定；第四，黄河文化保护传承弘扬应当摆放到十分突出的位置。虽然《黄河保护法》从国家层面对黄河保护作出了系统而全面的规定，但是分布于黄河上中下游沿黄九省区的具体情况各不相同。在黄河流域生态保护方面，各地面临的重点问题也不尽相同。各地区确实有必要在《黄河保护法》确立的黄河生态保护大框架下，制定出反映本地区特色的黄河生态保护地方立法。国家也注意到了这一问题，在《黄河保护法》中为地方立法保护黄河流域生态留下了授权性的规定。例如，《黄河保护法》第六条。

三、现有地方立法保护黄河流域生态的缺失

《黄河保护法》自 2023 年 4 月 1 日起施行。在此之前，部分省份已经出台了关于黄河流域生态保护与高质量发展的地方立法，也有部分省份即将出台或者正在计划出台一些涉及黄河生态保护与高质量发展的地方立法。但就现状而言，保护黄河流域生态的地方立法是十分缺失的。现有地方立法不仅数量较少，质量也有待进一步提升，且系统性不足，需要根据《黄河保护法》的相关规定与时代的发展变化及时更新。此外，沿黄九省区之间保护黄河流域生态的地方立法也存在不均衡现象，即部分省份保护黄河流域生态的地方立法相对发达，部分省份保护黄河流域生态的地方立法相对落后，沿黄九省区之间应当加强沟通。

一方面，沿黄九省区在地方立法保护黄河流域生态时有一些需要予以关注和解决的共通性问题；另一方面，各省区都面临着需要解决的特殊性问题。下文围

---

① 王震中．黄河文化：中华民族之根 [N]．光明日报，2020-01-08（11）．
② 魏晓璐，蒋桂芳．黄河文化：华夏文明的重要源头 [N]．河南日报，2022-07-19（05）．
③ 宋冠群．黄河流域生态保护和高质量发展国家战略背景下河南经济发展路径 [J]．黄河·黄土·黄种人，2020（8）：44-46．

绕河南省在地方立法保护黄河流域生态时都需要予以重点关注的因素展开讨论分析。

四、河南省地方立法保护黄河流域生态时需要重点关注的因素

（一）河南省地方立法保护黄河流域生态时应当特别关注本区域的特殊性问题

虽然《黄河保护法》已经在全国层面对黄河流域生态环境保护作出了系统性的安排，但是矛盾具有特殊性。沿黄省区在制定保护黄河的地方立法时应当着重关注本区域内事关黄河保护的特殊性问题。例如，黄河上游地区面临的生态环境问题主要是荒漠化、凌汛。黄河上游地区在制定保护黄河的地方立法时应当对建立生态保护区、退耕还牧返林、植树造林、爆破排凌汛等措施作出规定。黄河中游地区面临的生态环境问题主要是水土流失。黄河中游地区在制定保护黄河的地方立法时应当对固沟、保坡、大力种草植树等水土保护措施进行规定。黄河下游地区面临的生态环境问题主要是泥沙淤积、地上河、凌汛及冬春水量不足等。其中，地上河特别在河南开封、新乡段平均高出地面 6 米左右、有些高达 23 米，危险常在，有"黄河之险，险在河南"的说法。[1] 河南省在制定保护黄河的地方立法时应当对水库调水、调沙、加固堤坝、冬春工程排凌汛等措施予以特别关注。

（二）河南省应当注重省域之间沟通协调机制的构建

黄河流域的生态保护不是一朝一夕之事、单个省份可以独自完成的。[2] 黄河流域生态保护是一项系统性的、整体性的工程。除了沿黄九省发挥各自积极性、主动性，尚需加强各省之间的沟通协作。本文认为，在此过程中，常态化的沟通协调机制是十分必要的。在此之前，沿黄各省区已经就沟通协作保护黄河流域生态开展过一些活动。当前，黄河流域各省区积极主动开展合作，强化沟通协调，推动建立流域横向生态补偿机制，如山东省和河南省、四川省和甘肃省分别在黄河干流建立了横向生态保护补偿机制。但是，已签订的跨省协议多是中央政府作为"调解人"参与协调的结果，省际协同保护机制仍需进一步打通。在补偿机制协商过程中，各方在出资比例、分配比例、补偿标准等核心问题上还存在不同意见，对上游地区生态保护成本、发展的机会成本、生态产品和服务价值等因素考虑不足。另外，已签订的协议多为三年期或两年期，实施周期短，补偿可持续

① 曹源. 基于黄河流域生态保护的河南高质量发展研究 [J]. 合作经济与科技, 2022 (14): 19-21.
② 张丽. 基于黄河流域生态保护的河南省经济高质量发展路径研究 [J]. 现代营销 (下旬刊), 2020 (12): 166-167.

性存在不确定性。① 黄河保护需要渗透协同作战与共胜共赢的理念。②

在司法保护黄河流域生态方面，沿黄各省市也存在广阔的协作空间。目前，司法保护黄河流域生态的协作行为只存在于部分地区、部分法院之间，只是零星式、偶发式的，并未被以地方立法的形式固定下来。鉴于此，为了更加系统、有效地保护黄河流域生态，河南省有必要以地方立法的形式将司法机关协作保护黄河流域生态确定为一项常态化机制。

（三）河南省在黄河流域生态保护的地方立法中应当注重技术性规范的设定

在黄河流域生态保护的地方立法中，法律需要直接依据自然规律确定行为模式和法律后果。自然资源与环境保护离不开法律规范中的技术性规范。这就意味着如果在生态保护领域中缺少技术性规范的支撑，生态保护地方立法很难发挥出较好的作用。《黄河保护法》中部分条款也要求地方立法应当根据科学和技术的有关要求合理地确定黄河流域生态保护的相关标准（指标）。例如，《黄河保护法》第三十七条、第七十八条等。因此，为了更加切实有效地保护黄河流域生态，河南省地方立法保护黄河生态时应当注重技术性规范的设定。

---

① 焦思颖. 健全黄河全流域横向生态保护补偿机制［N］. 中国自然资源报，2023-03-09（001）.

② 王甲迎. 基于黄河流域生态保护的河南省经济高质量发展路径研究［J］. 科技经济市场，2022（12）：39-41.

黄河流域生态保护和
高质量发展的洛阳实践

李建华

（河南省社会科学院城市与生态文明研究所，郑州　450002）

摘要： 黄河流域生态保护和高质量发展是国家重大发展战略，对保障黄河长治久安、促进全流域高质量发展、改善人民群众生活、保护传承弘扬黄河文化具有重要意义。洛阳作为黄河流域的重要城市，在贯彻落实国家黄河流域生态保护和高质量发展战略中不断取得新成效，但也面临环境治理和生态保护形势依然严峻、高质量发展动能不足、人口规模较小等问题，需要洛阳在今后的发展中扬优势、补短板，将黄河建成水清岸绿景美惠民的生态河幸福河。

关键词： 黄河流域；生态保护；高质量发展；洛阳

黄河流域生态保护和高质量发展是事关中华民族伟大复兴的千秋大计，洛阳作为黄河流域的一个重要节点城市，近年来积极践行习近平生态文明思想，坚决贯彻落实黄河流域生态保护和高质量发展这一重大国家战略，扎实抓好新时代黄河流域大保护大治理大提升治水兴水行动，推动高质量发展取得新成效，黄河洛阳段及全流域呈现出岸绿景美的繁荣景象。

一、洛阳推进黄河流域生态保护和高质量发展的措施与成效

（一）统筹全域一体推进治理水环境

洛阳坚持以黄河干支流为重点，统筹推进伊河、洛河、瀍河、涧河和城市区内河渠治理。深入开展黄河流域突出环境问题排查整治等专项行动，清理非法占用河道岸线 181 千米、拆除违法建筑 2.96 万平方米，整治各类环境问题 280 个，水环境重点难点问题得到有效解决。2022 年，洛阳市主城区黑臭水体实现动态

作者简介：李建华，河南省社会科学院城市与生态文明研究所助理研究员。

清零，城市污水集中处理率达 99.3%，农村生活污水处理率达 46.05%，高于全省平均水平。扎实开展涉水排污单位提标改造，全市列入清单的 87 家涉水排污单位，全部达到了《河南省黄河流域水污染物排放标准》的要求。把保障南水北调水源作为重大政治任务，加强栾川县南水北调汇水区环境保护治理，向丹江口水库提供稳定 II 类的优质水源，为"一渠清水永续北送"做出洛阳贡献。加强饮用水源保护，2022 年完成 30 个饮用水水源保护区勘界及规范化建设，县级以上饮用水源地水质达标率持续保持 100%。2022 年，洛阳市水环境质量综合排名全省第一，国省控地表水断面水质达标率连续 5 年达到 100%，伊洛河（洛阳段）入选全省首批"美丽河湖"典型案例。

（二）林水相融系统修复提升水生态

洛阳科学精准实施国土绿化，2022 年完成造林 21.93 万亩、森林抚育 15 万亩，森林覆盖率位居河南省前列。洛阳实施沿黄绿化巩固提升工程，以小浪底库区周边、沿黄生态大道沿线为重点，高标准营造水源涵养林、水土保持林、沿黄景观林，完成沿黄绿化 1.3 万亩。加大洛河、伊河、北汝河等河流源头和故县、陆浑、前坪等重要水库保护力度，实施环水库生态综合治理，不断筑牢"中原水塔"。坚持山水林田湖草沙综合治理，统筹实施污染防治、湿地修复、水土保持等工程，河渠非法排污口保持动态清零，完成 270 平方千米水土流失治理任务，水生态系统得到全面修复。严格落实《洛阳市湿地保护条例》，2022 年建成国家湿地公园 2 个、大中型湿地 35 处，湿地总面积达到 49683 公顷，全市湿地保护率达 55%，高于全省平均值 2.6 个百分点。

（三）兴利除患维护水安全

洛阳把人民至上、生命至上作为维护黄河流域水安全的金标准，以洛河、伊河等黄河干支流河道安全和水库拦洪蓄水为重点，健全防汛应急体系，扎实做好灾害应急防御工作。2022 年，加固除险河堤 660 多千米、水库 156 座，强化故县、陆浑等大型水库联合调度，小浪底水利工程年均沉降泥沙 1.6 亿吨，保证中下游河道通畅。高标准开展以清淤、清障、护堤为主要内容的中小流域"两清一护"综合治理行动，洛阳先后对全市流域面积在 3000 平方千米以下的河流进行"两清一护"行动，截至 2022 年底，洛阳累计清淤河流 718 千米、清理阻水树木 64 万余棵，治理护坡 236 千米，实施水毁工程修复等重点水利项目 13 项，水安全保障能力和水灾害防御能力全面提升，以流域安全有效保障黄河安澜。

（四）集约节约高效利用保障水资源

洛阳坚持节约优先，着力推进农业节水增效、工业节水减排、城镇节水降损，完成了大唐洛阳首阳山电厂等能耗高、用水量大的火电、石化、机械制造、矿山开采等行业节水改造，2022 年更新生活节水器具 5 万多件，城市节水器具普及率达到 100%，全市万元工业增加值用水量降至 24 立方米、万元 GDP 用水量降至 19.9 立方米。坚持高效利用，着力推动优水优用、循环循序利用，高标准建设海绵城市示范区 56.8 平方千米，再生水回用量达 8318.85 万立方米/年，回用率提高至 32%。坚持调蓄并举，相继建成 12 项引调水工程，基本形成了系统完善、丰枯调剂、循环畅通、多源互补的水资源保障体系。

（五）务实重干推进高质量发展

洛阳综合实力实现跨越式提升，生产总值迈上 5000 亿元台阶，在全国城市排名跃升到 45 位。截至 2022 年底，洛阳市场主体达到 70 万户，百亿元级企业达到 16 家，洛阳钼业成为全省首家千亿元级民企，形成了 2 个千亿元级、7 个百亿元级产业集群；获得 14 项国家科技奖，数量居全省前列。改革工作连续五年入选全国典型案例。国家创新型城市、全国性综合交通枢纽城市、国家文化和旅游消费示范城市、中国服务外包示范城市等一大批试点落地开花，为高质量发展蓄势增能。文旅产业蓬勃发展，洛阳唤醒了沉睡的文化遗产，主动融入中华文明探源、"考古中国"等重大工程，谋划建设夏商文明考古研究中心；以五大都城遗址保护为依托，全面推进文旅融合重点项目建设，应天门、九洲池、天堂明堂等成为文旅新地标、网红打卡地，洛阳入选国家"十四五"重点旅游城市名单，成功加入世界旅游联盟。在河南省第十四届运动会开幕式的盛大舞台上，洛阳文化再次以其独特的魅力惊艳四座，火爆出圈，引领河洛大地的文明赓续与传承创新。此外，洛阳还积极推进社会民生事业的发展，2022 年，洛阳民生支出累计2400 多亿元，保持一般公共预算支出的 75% 以上。居民人均可支配收入年均增长 6.7%，持续高于经济增速。各级各类教育均衡协调发展，教育质量稳步提升。医疗服务保障能力持续增强，7 家医院回归公立，紧密型县域医共体实现全覆盖，基本医疗保险实现应保尽保。

二、洛阳黄河流域生态保护和高质量发展面临的主要问题

（一）环境治理和生态保护形势依然严峻

2022 年洛阳持续开展"蓝天、碧水、净土"保卫战，但在大气、水体、土壤等环境治理方面仍然有较大压力。洛阳的空气质量级别由良变成了轻度污染。洛阳市空气质量共监测 365 天，优良天数 230 天（占 63.0%），与 2021 年相比优良天数减少 16 天，细颗粒物（$PM_{2.5}$）、二氧化硫、一氧化碳、可吸入颗粒物（PM_{10}）污染程度也较去年稍有上升。地表水环境水质总体上水质状况良好，但也有二道河、涧河等河流水质略微下降。另外也有城市生活垃圾、建筑垃圾随意倾倒，商砼车洗车废水随意倾倒，对土壤带来污染等问题。洛阳还有水土流失面积 4700 多平方千米，是国家级、省级水土流失重点防治区，水土流失防治任务

艰巨。洛阳还有约 300 公顷的未修复矿区，栾川、汝阳、嵩县、宜阳等县部分耕地土壤重金属超标，生态修复治理形势严峻。

（二）推动高质量发展的新动能尚未发力

洛阳的产业结构调整正处于动力转换期，传统产业的增长动能不够强劲，新的风口产业亟待加快发展。洛阳近年来经济增速趋缓，2020～2022 年，洛阳 GDP 增速分别为 3%、4.8%、3.5%，在中西部城市中并不突出。2022 年，洛阳 GDP 被榆林和襄阳反超，丢掉了稳坐多年的"中西部非省会第一城"的位置。洛阳经济增速趋缓，主要就是因为产业的结构性矛盾。长期以来，洛阳重工业占比高，重工业占比长期保持在 80% 以上。2022 年，洛阳高耗能工业增加值占规模以上工业比重仍将近 40%，工业战略性新兴产业占比不足 15%，产业发展尚未完全摆脱路径依赖。洛阳也在积极谋求转型，但是目前高增长的新兴产业规模还较小，高新技术产业对于产业发展的贡献度较低，短时间内在推动高质量发展方面难以承担主导作用。

（三）人口集聚能力较弱

人口的集聚能力是衡量洛阳副中心城市能级的重要指标，没有人口的集聚就没有城市对周边地区的辐射和扩散。根据第七次全国人口普查，河南人口增长最多的是郑州，人口净流入率为 46.07%，其次是新乡，人口净流入率为 9.53%，洛阳作为河南省的副中心城市，其人口净流入率为 7.74%，与郑州相比差距较大。2022 年，洛阳市常住人口为 707.9 万，比 2021 年增加 1 万人。与 2012 年的 663.6 万人相比，洛阳 10 年间常住人口仅增长了 44.3 万。此外，洛阳高层次人才数量不足，在从事科技活动的人员中博士、硕士占比较小，人才是城市发展的基石，洛阳人口增长缓慢，高端人才吸引力弱，导致城市的活力不足，发展受到限制。

三、加快推进黄河流域生态保护和高质量发展的洛阳路径

（一）大力推进生态建设和保护治理

坚持山水林田湖草综合治理、系统治理、源头治理，增强黄河流域生态系统功能，打造黄河流域生态保护示范区。加强流域生态整体保护，针对水土流失等突出生态问题，开展大规模天然林保护和国土绿化提质提速行动，以黄河干流堤防为载体，积极开展水土保持、退耕还林还草等生态修复，建设以水源涵养林、水土保持林、固堤林为主的宽防护林带。加强沿黄生态廊道建设，以黄河干流和伊河、洛河、瀍河、涧河等为重点，实施黄河生态廊道提质升级重大生态工程，高标准建设小浪底南北岸生态廊道。推进河湖和湿地生态修复，依托重要河流湖泊、小浪底水利枢纽、前坪水库等建设一批重要湿地，促进国际湿地城市创建工

作。推进森林城市建设，持续推进城市周边大型森林公园、郊野公园、集中连片林地和城市绿道网络建设，增加城市绿色元素。实施村庄绿化、庭院美化等乡村增绿行动，提升乡村生态宜居水平。

（二）持续开展环境污染综合治理

坚持源头治理、综合防控，严守生态环境质量底线和生态环境准入清单，以解决人民群众反映强烈的突出环境污染问题为重点，系统推进水污染、大气污染和土壤污染综合治理，统筹推进产业、能源、交通、用地结构优化升级，从根本上改善环境质量。实施全流域清洁河流行动，严控农业面源污染，深入开展入河排污口排查专项整治，加强沿河化工园区监管整治和岸上工农业清洁生产，全面改善主要支流水环境质量。深化"控尘、控煤、控车、控排、控油、控烧"减排措施，加快能源、产业、交通、用地结构调整优化，减少工业、燃煤、机动车三大污染排放，确保大气质量持续改善。推进栾川、宜阳、嵩县、汝阳、偃师等受污染耕地集中区率先开展治理修复，防范建设用地新增污染。加强固体废弃物污染防治，推动建设全域无废城市。加强矿区环境整治，积极开展矿山地质环境保护与治理恢复，打造一批国家级绿色矿山发展示范区。

（三）扛牢保障黄河安澜的政治责任

协同推进黄河干流和支流的综合治理和水沙调控、防洪减灾等工作，筑牢黄河安澜的"洛阳屏障"。按照"增水、减沙、调控水沙"的基本思路，增强小浪底、西霞院等水利枢纽的调水调沙功能，加强与上下游、干支流协同合作，增强水库、河流泄洪排沙功能，提高泥沙资源化利用水平，减轻水库及河道淤积，提高水沙调控能力。加快完善干支流河道防洪工程体系建设，推进库区地质灾害防治，提升干支流河道综合治理水平，加强岸线资源开发与保护，加大滩区治理力度，确保防洪安全。建立黄河安澜保障体系，综合运用物联网、大数据、云计算等现代信息技术手段，依托"数字黄河"和"模型黄河"平台，提高对黄河主要干支流水情、雨情、旱情、凌情、沙情、水质等监测预警水平和应急救援指挥能力。

（四）夯实高质量发展的支撑力和驱动力

加快重塑产业格局，构建高质量发展产业支撑体系。做大做强装备制造产业、高端能源化工等优势主导产业，培育壮大机器人及智能制造、节能环保、新能源、生物医药等新兴产业，超前布局新一代人工智能、区块链、物联网、量子通信、虚拟现实等未来产业，积极培育未来产业新业态，抢占未来产业发展制高点。构建现代创新体系，为高质量发展提供强大动力。聚焦机器人、智能制造、航天航空、新材料等前沿领域，争取国家产业创新中心、国家技术创新中心、国家工程研究中心、国家科技基础设施等国家级创新载体平台在洛阳布局。充分发挥企业、高校、科研院所等创新主体作用，打通驻洛科研机构与地方政府融资平台对接转化通道，推动重大科技成果转化应用。推进高水平对外开放，以更高标准、更高水平、更深层次推进营商环境改革，营造公平有序的市场环境，为现代化洛阳建设注入强劲动能。

（五）综合施策增强人口集聚能力

对标西安、郑州等城市的人才引进政策，不断提高洛阳人才引进和人口落户政策的吸引力。一方面，需要加强政策宣传彰显人才政策的感召力，通过市内外、省内外宣传门户，大力宣传洛阳人才政策普惠力度，使省内外乃至全国范围内不同层次的人才感受到洛阳在招贤纳士方面的真诚；另一方面，以项目资助、经费支持、生活补贴、购房补贴等多种形式，切实落实在生活安居、职业发展等方面的人才引进政策，然后再通过深化人才发展体制改革、人才职称聘任方式创新等措施，实现人才"引得进、用得好、留得住"。

（六）积极讲好"黄河故事"的洛阳篇章

以弘扬黄河文化时代价值为目标，深入挖掘黄河文化时代价值，加快整合文化和旅游资源，创新文旅业态和模式，推动文旅深度融合发展，打造国际文化旅游名城和国际知名文化旅游目的地。以小浪底水利枢纽、西霞院水库等重大水利工程和湿地公园、风景名胜区、大遗址考古公园、精品博物馆、重点文物保护单位等各类自然遗产和文化遗产为重要节点，着力打造中华文明溯源之旅、治黄水利水工研学之旅等黄河文化精品旅游线路。讲好洛阳故事，推动"流量"变"留量"。创新传统文化的现代表达，加强城市文化 IP 品牌的塑造和宣传，以年轻视角、多元形式、海量资源培育城市文化品牌，推动"流量"变"长红"，助推洛阳文化不断破圈。

参考文献

［1］薛栋，许广月. 黄河流域生态保护和高质量发展战略实践路径研究——以洛阳为例［J］. 河南科技学院学报，2022（3）：30-37.

［2］2022 年河南省生态环境状况公报［EB/OL］.［2023-06-05］. https：//oss. henan. gov. cn/typtfile/20230605/a5723d8a495443929629c8415a7a933a. pdf.

黄河流域全域融合促进高质量发展的实践探索

——以鹤壁市为例

李 凯

河南省社会科学院鹤壁分院，鹤壁 458031）

摘要： 黄河流域是中国经济与文化建设的重要区域，在新时代的背景下，本文从全域融合的视角分析促进黄河流域城市的区域协调发展、推动城市高质量发展的重要因素，阐述了全域融合下推动城乡融合、中心城区布局、县域经济发展对于建设高质量发展城市的作用机理。通过剖析全域融合对城市高质量发展的促进作用，立足鹤壁，解析全域融合发展的鹤壁实践，为其他省份推动高质量发展提供经验参考。

关键词： 高质量发展；全域融合；城乡融合；县域经济；乡村振兴

引言

黄河流域城市是人类聚居最为密集的区域，是区域政治、经济、产业、人才聚集的中心。党的十八大以来，国家高度重视黄河流域城市的高质量发展。习近平总书记指出，统筹空间、规模、产业三大结构，提高城市工作全局性。一个城市要实现高质量发展，必须着眼全域、统筹谋划，构建城市全域融合发展新格局，从而促进城市结构有机优化与再生。实现一个城市结构转型与高质量发展的过程，就是促进城与乡的融合发展、打造最佳的城市空间布局、推动城市中心城区起高峰、县域经济成高原的过程，也是不断树立乡村振兴标杆、打造城乡融合样板的过程。

一、全域融合推动城市结构再生的机理

从城市结构演变过程看，城乡结构、产业布局和交通网络是城市结构重构的

作者简介：李凯，河南省社会科学院鹤壁分院。

重点。要真正实现城市功能转型、空间结构升级以及社会结构更新，使其适应、符合资源型城市高质量发展的需求，加快推进以城乡融合、产城融合为主的全域融合是必然选择和有效途径。

城市和乡村是一个血脉相融、地域相连的有机整体，只有两者贯通起来，才能共生、共存、共享。以城乡融合推动资源型城市血脉再造、结构再生，就是要打破矿、城、乡界限，通过高度协同的城乡规划、高度协调的城乡政策，统筹考虑产业协同生产空间、人口宜居生活空间、可持续发展生态空间，实现城乡地域系统人口—资源—环境均衡发展。其突出表现为城乡土地交换高平等度、基础设施高连通度、城乡产业高协同度、人口流动高自由度、公共服务高均等度、生态环境高联治度。通过全域城市化推动小城镇建设吸引邻近矿区人口的迁移以及失地农民的安置，持续推动农民市民化并最终实现城乡一体化。

现代新型化的城市要求产业与城市功能融合、空间整合，"以产促城，以城兴产，产城融合"。城市没有产业支撑，即便再漂亮，也是"空城"；产业没有城市依托，即便再高端，也只能"空转"。从城市规划角度来看，"产城融合"式发展转型的必然要求，是优化城市空间结构、提升城市核心功能的主要手段之一，是城市规划方法响应社会发展转型的主要表现形式。产城融合把产业和城市看作一个良性互动的有机整体，以城市为基础承载产业空间和发展经济，以产业为保障驱动城市更新和完善服务配套，实现产、人、城之间的互融发展。走城镇化与产业结构协调发展道路，让产业发展推动城镇化进程，让城镇化进程促进产业发展提升，从而实现城市结构的优化与再生。

二、以全域融合促进高质量发展的鹤壁实践

鹤壁市作为黄河流域城市群组成部分，在资源型城市发展的成熟期主动求变，因地制宜，从以煤炭为支点的鹤壁1.0资源驱动模式，演变为多矿区中心的鹤壁2.0生产驱动模式，随着时代的脚步，逐步发展成以淇滨区为主城区、老城区为副中心的鹤壁3.0服务驱动模式，2019年启动鹤壁东区建设，打造鹤壁4.0，引领城市迈向创新驱动高质量发展新征程。实现了从资源型老工业基地，到豫北区域中心城市的跨越。建设了具有鹤壁模式的新时代高质量发展示范城市，已经走上了成熟期到转型期发展的新阶段、新征程。

（一）以最佳城市空间布局打牢高质量发展的基础

城镇化进程对促进城市经济增长和城市空间扩展，以及提升城市竞争力都起到了积极的作用。但快速城镇化也带来了诸多"城市病"，如城市无序蔓延、空间结构失衡等。因此，必须转变城市发展方式，将有限的城市空间限定在开发边界之内，促进城市空间的更新优化。合理的城市空间布局在高质量发展城市的结

构优化与再生中，能充分让城市各部分区域协同发展，精准解决发展不平衡不充分问题，打牢城市高质量发展的基础，为城市高质量发展提供强有力的环境支撑。

鹤壁市面对建设新时代高质量发展示范城市的机遇和挑战，充分发挥国土空间规划引领作用，以城市空间最优布局助推鹤壁高质量发展，打造具有鹤壁特色的国土空间，为建设新时代高质量发展示范城市提供了强有力的规划引导、调控和支撑。

自 2014 年成为全国首家国土空间优化发展实验区以来，鹤壁市在国土空间格局优化研究、国土空间规划编制等方面先行先试，为全省、全国探索了路径、提供了经验。鹤壁市积极探索国土空间规划改革路径，统筹协调推进空间规划编制、用途管制实施、信息系统建设"三位一体"，持续优化国土空间格局。同时，结合资源禀赋条件、发展实际及区域特色，将全市国土空间划分为三大主体功能区——西部山区定位为生态保护主功能区、中部城区定位为城市建设主功能区、东部平原区定位为农业发展主功能区。在"三区"基础上又严格划定生态保护红线、永久基本农田保护红线、城镇开发边界线等"三线"，区划生产、生态、生活"三生"空间是协调自然资源科学保护与合理利用的基础性工作，为鹤壁市永续健康发展奠定基础。鹤壁市按照自然资源部关于同步构建国土空间规划"一张图"实施监督信息系统的最新要求，结合"放管服"以及工程建设项目审批制度改革，建设具备辅助空间规划编制、监测评估预警、在线并联审批等功能的国土空间规划"一张图"业务协同审批管理系统并上线运行，有效推动了节约集约用地、国土优化开发、城乡区域协同发展。

对于城市总体规划，鹤壁市引领构建了"一核双星多支点"的城镇空间结构，并持续优化"一体、两翼、多支点"的城镇空间格局，使城市各单元间的连接更加紧密，增强了城市辐射带动能力。作为全国国土空间规划试点，鹤壁市在全省率先编制完成了"多规合一"的市级国土空间总体规划，确定了新时代高质量发展示范城市、区域性创新服务中心和山水田园文化名城的规划定位，构建了"太行叠翠、三水润城、一体两翼、三区协同"的总体格局，为新型城镇化战略的实施提供了有力保障，为未来发展留足空间，为全省、全国规划编制探索了路径、提供了经验，也让这座传统资源型城市焕发出新的活力。

（二）以县域经济崛起作为城市发展中的新高原

作为全域融合的关键部分，县域是承上启下、连接城乡的关键，是我国经济发展和社会治理的基本单元。县域最大的特色是"接天线、接地气"，既要向上对接国家政策方针和战略措施，又要向下深入基层群众中间，解决群众的具体问题，因此县域治理和发展是我国治理和发展的基础。发展县域经济"成高原"，能够加快推动县域与城乡之间资源要素的双向流动，将资源优势转化为县域经济的发展优势，是促进城市区域协调发展，构建新发展格局、推动高质量发展的必然要求。

鹤壁市贯彻落实河南省委省政府着力发展县域经济战略部署，推动县域经济"成高原"工程。把县域治理"三起来"作为根本遵循，把"一县一省级开发区"作为重要载体，着眼国内国际市场大循环、现代产业分工大体系，培育壮大主导产业，建设经济强县。淇县被确定为全省首批县域治理"三起来"示范县，被赋予了打造全省县域发展"标杆"的新使命。加大浚县、淇县两县放权赋能改革力度，推进鹤淇一体化、鹤浚一体化发展，中心镇和一般镇多点支撑作用进一步加强。其中，规划建设以新区建成区、淇县县城、鹤淇产业集聚区、金山产业集聚区为基础的"大新区"鹤淇城乡一体化示范区，以强力发展鹤淇产业集聚区为支撑，加快推进鹤淇一体化。努力打造品位高端、辐射力强的复合型区域性中心城区。全面打造县域经济成高原。这些对于激发县域经济活力，着力推动高质量发展，强化鹤壁豫北中心城市能级，有着重要意义。

（三）以乡村振兴树起高质量发展的新标杆

乡村是具有自然、社会、经济特征的地域综合体，兼具生产、生活、生态、文化等多重功能，是一个城市不可或缺的组成部分，乡村与城镇互促互进、共生共存，共同构成人类活动的主要空间。一个城市的全面现代化建设和高质量发展，最艰巨最繁重的任务在乡村，最广泛最深厚的基础在乡村，最大的潜力和后劲也在乡村。党中央在深刻把握现代化国家建设规律和新型城乡关系变化特征的基础上，立足于广大农民群众对于美好生活的向往，作出了实施乡村振兴战略的重大决策部署，为新时代的城镇发展和"三农"工作指明了方向、明确了重点。乡村振兴是一个城市加速全域融合，促进城乡融合发展推动城市高质量发展的必由之路。

在大力实施乡村振兴战略的时代背景之下，鹤壁市全面发力，兴起乡村振兴之"鹤壁模式"："草粉生态"改厕模式入选全国典型模式，获得全省首批美丽乡村示范市试点、全省整市创建数字乡村示范市、淇滨区被列为国家数字乡村试点正成为一种参照与借鉴。

三、结语

鹤壁市加快全域融合促进黄河流域城市高质量发展的实践探索对于正在转型和构建新发展格局的城市是一个宝贵的参考和指南。为切实有效加大城市建设力度，积极推动城市发展的战略转型，加快建设高质量发展城市，有必要加速推动城乡一体化融合、构建中心城区布局、促进县域经济发展以及实施乡村振兴战略，着眼全域、统筹谋划，构建城市全域融合发展新格局，进而推动城市高质量发展。

参考文献

［1］杨佩卿，白媛媛.黄河流域新型城镇化的历史、特征及路径［J］.西安财经大学学报，2023，36（1）：71-84.

［2］罗楚亮，董永良.城乡融合与城市化的水平与结构［J］.经济学动态，2020（11）：36-49.

［3］刘兴宇.资源型城市产业转型与结构优化实证研究［D］.郑州：河南大学，2014.

［4］李强森.我国城市空间结构演变及其影响因素分析［D］.成都：西南财经大学，2011.

［5］李虹.城市空间布局优化研究［J］.合作经济与科技，2019（11）：40-41.

［6］欧阳世殊.全域风景化视角下的中小城市空间布局策略研究［D］.广州：广东工业大学，2016.

［7］罗平.新时代中国城乡产业融合机制论［D］.成都：四川大学，2023.

黄河流域城市高质量发展
走向共同富裕的鹤壁实践

李　珂

（河南省社会科学院鹤壁分院，鹤壁　458031）

摘要： 党的二十大将高质量发展和共同富裕纳入中国式现代化的战略布局，共同富裕是高质量发展城市的民心向往，具有丰富的时代内涵。高质量发展和共同富裕的理论与实践的耦合性内在契合了当前我国破解发展不均衡不充分问题的现实要求。黄河流域在我国经济社会发展中占有重要地位，本文以鹤壁实践为例，认为走向共同富裕需以共创促普惠发展，借助智慧城市、一刻钟生活圈，建设舒适城市；以共享促均衡发展，通过完善养老、健康城市体系，创建温情城市；以共生促协调发展，传承历史文脉实现城市底蕴共生，打造灵动城市；以共治促包容发展，加强社会治理、拓宽就业渠道，建设烟火城市，多方推动黄河流域城市走向智慧共享、发展均衡、文化充盈、容忍有度的富裕样态，实现共同富裕。

关键词： 共同富裕；高质量发展；耦合性

一、引言

高质量发展与共同富裕，前者是手段，指采用各种方法促进社会主义发展，后者是目的，指中国式现代化必须是全体人民共同富裕。[①] 总体来看，共同富裕是高质量发展的结果，高质量发展与共同富裕相互促进，两者共同推动中国式现代化的实现。

城市高质量发展是城市现代化的首要任务，既强调经济建设的中心地位，又注重发展为了人民，落脚点在于人民。黄河流域资源型城市在我国经济社会发展

作者简介：李珂，河南省社会科学院鹤壁分院。

①　杨长福，杨苗苗. 高质量发展与共同富裕及其辩证关系研究［J］. 重庆大学学报（社会科学版），2023（5）：1-14.

历史中做出了重要贡献，随着资源的衰减，面临向新型现代化工业城市转型的迫切需求，必须坚持在发展中保障和改善民生，用民生底色擦亮人民幸福生活的成色，建设宜居宜业的新型资源型城市，实现资源型城市的高质量发展。本文对高质量发展走向共同富裕进行了理论阐释，指出两者之间的耦合联系，结合鹤壁实践探索黄河流域城市走向共同富裕的现实路径。

二、高质量发展走向共同富裕的理论阐释

（一）高质量发展促进共同富裕的理论基础

社会生产力发展和生产资料公有制为我们建设什么样子的共同富裕及探索如何走出中国特色社会主义道路，实现高质量发展赋能共同富裕提供了理论基础。

社会生产力的发展是实现共同富裕的物质基础。[①] 《共产党宣言》中一方面批判了资产主义社会造成的两极分化和阶级对立，另一方面也承认了资本主义短时间内创造了巨大的生产力。生产力是社会发展的根本动力，也是高质量发展重要的组成部分。要实现人的全面自由发展和全面富裕必须大力发展生产力。生产力具有渐进性与继承性，这就决定，我们必须认清我国生产力水平还不够高、发展不平衡不充分的基本国情，向着共同富裕稳步前进。

生产资料公有制是实现共同富裕的制度前提。决定我们发展质量的不是生产力的水平与质量的高低，前提是我们生产资料所有制的社会主义性质。资本主义社会以生产资料私有制为基础，社会化矛盾加剧导致社会稳定性根基日渐薄弱。而社会主义实行生产资料公有制，保证了稳定有序的社会化生产。因此，须不断巩固生产资料公有制的主体地位。

（二）高质量发展促进共同富裕的耦合逻辑

高质量发展和共同富裕相互作用、相互影响，两者的有机互动体现了社会生产和社会分配的辩证统一，在动静交织中表现出内在的契合性与互补性。[②] 高质量发展和共同富裕在理论逻辑和价值意蕴层面的耦合为高质量发展促进共同富裕提供了可能。

高质量发展与共同富裕具有理论上的内在契合性。理论逻辑角度看，首先两者都体现了生产力与生产关系的有机统一。其中，区别于私有制所带来的贫富分化和社会割裂问题，"共同"表征的是富裕的范围及性质，蕴含着富裕的主体是全体人民，实现富裕需要共建共享。"富裕"则是相对于"贫穷"而言，其实现依托于不断发展的生产力。共同富裕是生产力和生产关系的统一，指的是人民至上、共建共享、差别有序、渐进发展的富裕样态。高质量发展包括"高质量"

①② 潘胜楠，傅慧芳. 高质量发展促进共同富裕的学理阐释与实践方略〔J〕. 中学政治教学参考，2023（24）：7-10.

和"发展","高质量"指社会发展质的有效提升和量的合理增长，其核心在于"发展"，发展是中国特色社会主义道路的基本要求，高质量发展的过程也是生产力与生产关系的协调统一。

高质量发展与共同富裕具有价值意蕴的一致性。一方面，两者在价值理念上相统一，以人为本不仅是共同富裕的价值意蕴，也是高质量发展的逻辑起点，为高质量发展赋能共同富裕提供了基本立场与价值追求。另一方面，高质量发展和共同富裕最终的落脚点都是人民群众的获得感、幸福感、安全感，没有高质量发展，就无法跨越中等收入陷阱，就无法实现共同富裕。

三、黄河流域城市高质量发展走向共同富裕的鹤壁实践

城市高质量发展是城市现代化的首要任务，鹤壁市作为黄河流域的资源型城市，立足新的发展阶段积极探索高质量发展之路，多途径推动城市走向智慧共享、发展均衡、文化充盈、容忍有度的富裕样态。

（一）智慧共享的舒适城市

城市的"高质量"首先体现在市民物质生活的丰富便捷。鹤壁市以共创促普惠发展，创新城市发展使得人民生活越来越舒适。智慧城市和一刻钟生活圈使人民幸福感和获得感不断提升。

1. 创建智慧城市服务体系，实现全民互惠

在党的二十大报告中，习近平总书记强调促进区域协调发展要"坚持人民城市人民建、人民城市为人民，提高城市规划、建设、治理水平……打造宜居、韧性、智慧城市"。智慧城市是新型城市发展模式的一种，指的是通过高效管理来应对城市化与能源消耗，充分利用现代信息和数字技术来提高公民的生活水平，借助更加灵活有效且可持续的环境来改善城市、造福市民。智慧城市的建设是推动城市高质量发展的必要举措。①

鹤壁作为黄河流域的资源型城市，全面推进省级新型智慧城市试点、省级智慧社区试点建设，目前已建成327个智慧安防小区，实现数字技术在社会治理、公共服务、城市管理、应急指挥等领域的示范应用。为维护消费者权益，鹤壁市市场监管局指挥中心创新推进消费维权工作，在国家市场监管总局效能评价中获得全国优秀，成绩位列全国第二、全省第一。

2. 打造幸福安全生活业态，实现智慧共享

城市的高质量发展以全方位、多层次满足人民日益增长的美好生活需要为宗旨，通过全面提升标准化、智慧化、品质化生活业态的建设，可以让市民享受更

---

① 江永红，邢浩然. 智慧城市高质量发展的理论内涵与支撑能力研究［J］. 蚌埠学院学报，2023，12（3）：55-62.

加便捷舒适的城市生活。党的十九大提出"以人民为中心、把人民对美好生活的向往作为奋斗目标"的发展思想，在此背景下，"社区生活圈"的概念应运而生，即在居民步行可达的范围内，配备生活所需的基本服务功能与公共活动空间，使人民幸福感越来越高。

作为河南省唯一入选的全国首批一刻钟便民生活圈试点城市，"一刻钟生活圈"已成为鹤壁市的一张新名片。游园健身、上学就医、养老购物、办事阅读，这些事出门一刻钟就能做到，让百姓的生活有了满满的幸福感。2023 年，鹤壁市在全国首先发布了《城区一刻钟生活圈·术语》《城区一刻钟生活圈·标志》两项地方标准。

（二）发展均衡的温情城市

民生连着民心，民生工程与市民生活息息相关。鹤壁市以共享促均衡发展，通过新型养老模式、健康城市样本的创新擦亮了民生底色。

1. 创新智慧养老服务模式，推动医养融合发展

保障民生没有终点，在城市高质量发展中必须不断擦亮高质量发展的民生底色，满足人民对美好生活的向往。我国城市民生领域建设进入了新阶段，养老问题重中之重，新的发展阶段养老服务的数量和质量上表现出更高的需求。近年来，随着人工智能、大数据等新兴技术的发展，智慧养老产业应运而生，成为未来养老服务的重要形式，通过互联网等与养老行业相结合，优化政府管理服务，为用户提供实时、高效、低成本的智能化的养老服务。[①] 创新智慧养老服务模式以推动医养融合，实现城市均衡发展是城市高质量发展的重要内容。

鹤壁市创新养老服务体制机制，初步形成了"四级共管（市+县区+街道+社区）、四养互补（机构+街道服务中心+社区日间照料+居家）、交互融合（智慧养老信息服务平台+线下链条式服务）、政策引领、示范带动"的智慧养老服务模式，先后被确定为中央财政支持开展居家和社区养老服务改革试点、河南省智慧养老服务平台建设试点。

2. 推进健康城市建设，健全社会保障体系

人民健康是国家富强和民族昌盛的重要标志。高质量发展城市要保障和改善民生，就要把人民的健康放在优先发展的战略位置。健康城市需要贯彻预防为主的卫生健康工作方针，加强健康教育的宣传普及，引导人民群众形成健康的生活方式和习惯，提升基本公共服务供给，加快推进运动场馆及配套设施的建设。新的发展阶段还需要健全公共卫生体系，创新协同治理，提升基层卫生服务水平。同时加强心理服务体系建设，缓解当今社会人们在经济、生活压力等因素影响下

---

① 钱宇梁. 高质量发展视域下智慧养老的现实反思与突破［J］. 经济研究导刊，2022（31）：37-39.

的亚健康状态。

健康城市是卫生城市的升级版，创建健康城市是新时期爱国卫生运动的重要载体①，是以人为核心的新型城镇化的重要支撑，是推进健康鹤壁、改善民生的重要内容，也是巩固创卫成果、建设高质量富美鹤城的重要举措。鹤壁从健康细胞工程入手，对照省级健康城市创建标准，丰富创建种类及创建内容，积极打造了健康城市建设的"鹤壁样板"。

（三）文化充盈的灵动城市

新时代，城市高质量发展须注重精神文明建设，要在提升文化服务中满足人民的精神需求，要在健全文化产业中扩大人民的文化消费，传承城市历史文脉，推动文化产业体系发展，实现城市底蕴共生，打造文化充盈的灵动城市。习近平总书记曾指出，一个城市的历史遗迹、文化古迹、人文底蕴，是城市生命的一部分。文化底蕴毁掉了，城市建得再新再好，也是缺乏生命力的。② 高质量发展城市走向共同富裕的过程中，对城市建设有了更高的要求。

鹤壁市以共生促协调发展，积极挖掘城市历史文脉，加强城市历史文化保护传承，以史塑文，以文彰史。实施黄河故道鹤壁段流域文化遗产的普查勘探工作，启动金堤河遗产保护、黎阳故城遗址勘探发掘、大伾山摩崖大佛等相关遗存的保护，不断传承城市历史文化。通过实施文化产业提升，创新文化产业运作方式，追求以文强市，实现城市文化底蕴共生。

（四）容忍有度的烟火城市

推进国家治理体系和治理能力的现代化，是中国特色社会主义现代化建设和政治发展的必然要求。目前，鹤壁市以共治促包容发展，不断加强社会治理，聚焦破解就业困境，逐步打造包容开放、安全有序的烟火城市。

1. 推进市域社会治理，提高现代化治理能力

社会治理是西方治理理论的重要组成部分，指理性经济人视角下的社会自我治理。③ 在我国，社会治理是以实现和维护群众权利为核心，发挥多元治理主体的作用，针对国家治理中的社会问题，完善社会福利、保障改善民生，化解社会矛盾，促进社会公平，推动社会有序和谐发展的过程。④ 通过社会治理，建设人人有责、人人尽责、人人享有的社会治理共同体。目前，城市高质量发展要求推

---

① 丁彩霞. 以人为尺度：健康城市发展的内涵、问题及路径［J］. 广西社会科学，2023（4）：104-112.

② 建设"文化城管"涵养城市文化底蕴［EB/OL］.［2023-07-29］. http://www.yueyang.gov.cn/web/2570/2586/2969/2970/content_ 2021621.html.

③ 王浦劬. 国家治理、政府治理和社会治理的含义及其相互关系［J］. 国家行政学院学报，2014（3）：11-17.

④ 俞可平. 推进国家治理体系和治理能力现代化［J］. 前线，2014（1）：5-8+13.

进市域社会治理，在实践中实现政治、经济、社会、文化、生态领域深度融合，不断提高现代化治理能力。

近年来，鹤壁市积极创新探索市域社会治理新模式。2021年，在全省率先出台了《鹤壁市社会治安综合治理条例》，创新实施城区社会治理"六化"和乡村社会治理"点线面"一体化工作法，被中央政法委和省委政法委推广。人民群众安全感年年攀升，2021年满意度再创历史新高，鹤壁市被评为全省最宜居城市第三名，连续多年被评为全省平安建设优秀省辖市。

2. 打通供需双向渠道，解决就业创业难题

就业问题是提高人民收入水平的基础。没有收入水平的提高，也就不会有发展成果共享、实现共同富裕的可能。就业是最基本的民生，就业总量、就业结构和就业质量是衡量就业公共服务体系高质量发展的重要指标。① 高质量发展阶段，须实施就业优先战略，推进更充分和更高质量的就业是适应时代发展、满足民众就业需求、优化就业结构的客观要求，是实现开放包容的烟火城市的重要选择。

鹤壁市统筹经济社会发展，想方设法拓展就业岗位，用心、用情、用力做好就业服务，精准发力破解"就业难""用工缺"，高效实施一揽子政策措施，提高就业的前瞻性、衔接性、匹配度，推动就业形势持续向好，夯实民生之本，让城市发展更有底气。

四、结语

持续保障和改善民生、实现共同富裕是社会主义的本质要求，是中国式现代化的重要特征，是中国共产党人的不懈追求。近年来，鹤壁立足发展现状，走出了黄河流域城市高质量发展之路。未来，鹤壁将持续深入贯彻新发展理念，加快构建新发展格局，坚持以高质量发展推动人的全面发展，实现全体人民共同富裕。

---

① 张亨明，伍圆圆. 后疫情时代就业公共服务体系高质量发展策略［J］. 河南师范大学学报（哲学社会科学版），2022，49（6）：12-18.

黄河流域文旅融合耦合
协调与发展路径研究
——以河南省为例

李鑫洁

（河南红旗渠干部学院，林州　456561）

摘要： 河南作为黄河流域的重要组成部分，在以文旅融合推动黄河流域高质量发展工作中肩负重任。分析文化和旅游产业融合发展的内在逻辑，依据 2018~2022 年的《河南省统计年鉴》《中国文化文物和旅游统计年鉴》数据，采用熵值法确定 17 个二级指标权重，借鉴耦合—协调模型解释河南省文化产业和旅游产业之间相互关联、相互影响的强弱度，研究表明 2017~2019 年河南省文旅产业融合发展状态呈现向好趋势，由轻度失调状态转变为中级协调状态；2020~2021 年河南省文旅产业融合发展水平较低，处于濒临失调状态。在此基础上，从提升政府公共服务力度、打造区域资源品牌效应、加强文旅人才队伍支撑和催生文旅产业转型升级四个方面提出河南省文旅融合发展的优化策略。

关键词： 黄河流域；文旅融合；耦合—协调模型；河南省

2021 年 10 月，中共中央、国务院印发的《黄河流域生态保护和高质量发展规划纲要》中提出，打造具有国际影响力的黄河文化旅游带。黄河流域高质量发展已上升为国家战略，并得到高度重视。2022 年 1 月 20 日，国务院发布了《"十四五"旅游业发展规划》，明确提出"以文塑旅、以旅彰文"的原则。文化与旅游的深度融合是优化我国经济发展结构的重要途径，也是实现人民愿望的必要前提。河南省黄河流域占全省面积的 40.7%，是全省的人口聚集地和主要经济带。沿黄核心区的制造业、服务业、对外贸易等产业发展均居全省前列，承担着带动引领全省经济高质量发展的重任。近年来，河南省秉承"保护第一，适度开

作者简介：李鑫洁，河南红旗渠干部学院红旗渠精神研究中心教师。

发"原则，把厚重的黄河文化资源优势转化为发展优势，不断擦亮文化旅游强省"名片"，激发文旅市场活力，以文旅融合推动黄河流域高质量发展。

一、文化和旅游产业融合发展的内在逻辑

（一）产业关联是原动力

文化是旅游的灵魂，旅游是文化的载体。文化和旅游产业密切相关，许多文化资源本身就是旅游资源，经过开发后能够成为更具吸引力的旅游产品，自然旅游资源的美也要通过文化解读来实现。文化产业抓住旅游等于抓住了广泛的市场，旅游产业抓住文化等于抓住了丰富的内涵。

（二）市场需求是推力

随着改革开放的步伐，民众的人均可支配收入和闲暇时间不断增多，有力带动旅游动机的增强和旅游需求的提升。传统单一的自然旅游已经不能满足旅游者追求形式多样、内涵丰富的审美需求，旅游者需求层次的提升需要旅游产品在开发中注入文化元素，使旅游群体在旅行过程中享受身体和精神双层面的感受，实现对旅游目的地的情感升华。

（三）政策支持是拉力

近年来，我国出台一系列政策促进文化产业和旅游产业融合发展。2018 年 4 月 8 日，中华人民共和国文化和旅游部正式挂牌，旅游的文化属性凸显。为促进文化与旅游的深度融合，从 2019 年 1 月开始，《中共中央 国务院关于支持河北雄安新区全面深化改革和扩大开放的指导意见》《横琴国际休闲旅游岛建设方案》《长江三角洲区域一体化发展规划纲要》等文件先后出台，在加快创新发展，促进文化旅游更加开放等方面多有着墨。

（四）科技进步是助力

科技进步推动文化产业与旅游产业之间的边界不断外延，推动了两者之间融合发展。科技助力传统旅游业和文化企业的转型升级，以科技为主导的新型文化旅游产业成为文化旅游融合发展的新动力和增长点，文旅融合呈现出全新的发展格局，稳步向国民经济支柱性产业迈进。例如，2022 年春季，在"豫见春天·惠游老家"活动中，"河南文旅通"通过大数据和人工智能等手段对入景区游客实时核验统计，提供可靠的数据，确保信息真实、准确、及时，为景区的"预约、限流、错峰"和资金补贴提供准确的数据支撑。

二、河南省文化产业和旅游产业融合度实证分析

（一）研究设计

1. 数据来源

本文以"文化产业发展水平"和"旅游产业发展水平"两个维度，涉及

"文化产业绩效""文化产业要素""旅游产业绩效""旅游产业要素"4个一级指标，以及17个二级指标来测量河南省文化产业和旅游产业融合度，为了保证数据的连贯性和完整性，评估数据来自2018~2022年的《河南省统计年鉴》《中国文化文物和旅游统计年鉴》。具体指标如表1所示。

表1 河南省文旅产业融合度评估指标体系

维度层	一级指标	二级指标
文化产业发展水平	文化产业绩效	艺术团体演出场次（万场次）
		戏剧演出观众人数（千人次）
		文化办公用品类商品销售总额（万元）
		规模以上文化企业营业收入（亿元）
	文化产业要素	艺术表演团体个数（个）
		文化馆群艺馆个数（个）
		文化站个数（个）
		藏书数量（册）
		文化保护管理机构（个）
旅游产业发展水平	旅游产业绩效	旅游总收入（亿元）
		国内旅游收入（亿元）
		接待国内旅游者人数（万人次）
		住宿和餐饮业零售总额（万元）
	旅游产业要素	住宿业企业个数（个）
		餐饮业企业个数（个）
		绿化覆盖面积（公顷）
		水利、环境和公共设施管理业企业单位数（个）

2. 研究方法

（1）熵值法确定权重。依据信息论，系统结构越均衡，信息熵越大，提供的信息量越小，该指标权重也越小；反之，系统结构越不均衡，信息熵越小，提供信息量越大，该指标权重越大，最终通过熵值法确定各指标权重。

具体计算步骤如下：

首先，规范化处理初始数据：

$X = (x - x_{min})/(x_{max} - x_{min})$，其中 x_{min} 表示最小值，x_{max} 表示最大值；

其次，计算指标 i 的信息熵：

$g_i = - \sum (X'_i \times \ln X'_i)$，$0 \leq g_i \leq 1$；

再次，计算指标 i 信息熵冗余度：

$e_i = 1 - g_i$ ；

最后，确定指标 i 的权重：

$$d_i = e_i \Big/ \sum_{i=1}^{n} e_i$$

熵值法计算权重结果汇总，如表 2 所示。

表 2　熵值法计算权重结果

项	信息熵值 e	信息效用值 d	权重系数 w
MMS_艺术团体演出场次（场）	0.7837	0.2001	5.37%
MMS_戏剧演出观众人数（千人次）	0.7533	0.2076	5.62%
MMS_文化办公用品类商品销售总额（万元）	0.7453	0.2328	6.58%
MMS_规模以上文化企业营业收入（亿元）	0.7125	0.2156	7.54%
MMS_艺术表演团体个数（个）	0.8352	0.1961	5.68%
MMS_文化馆群艺馆个数（个）	0.8756	0.1835	4.76%
MMS_文化站个数（个）	0.7988	0.2091	5.53%
MMS_藏书数量（册）	0.7962	0.2037	5.49%
MMS_文化保护管理机构（个）	0.825	0.15	4.43%
MMS_旅游总收入（亿元）	0.812	0.159	4.39%
MMS_国内旅游收入（亿元）	0.8657	0.1538	4.25%
MMS_接待国内旅游者人数（万人次）	0.845	0.134	4.76%
MMS_住宿和餐饮业零售总额（万元）	0.8768	0.1125	3.97%
MMS_住宿业企业个数（个）	0.7852	0.2024	6.84%
MMS_餐饮业企业个数（个）	0.5134	0.4346	13.44%
MMS_绿化覆盖面积（公顷）	0.8477	0.1387	4.38%
MMS_水利、环境和公共设施管理业企业单位数（个）	0.7354	0.2358	6.97%

（2）耦合—协调模型构建。

本文借鉴物理学中的耦合模型来解释文化产业和旅游产业之间相互关联、相互影响的强弱度。计算公式如下：

$$C = \left[u_1 \times u_2 \big/ \left(u_1 + u_2 / 2 \right) \right]^{\frac{1}{2}}$$

其中，u_1 为文化产业发展水平；u_2 为旅游产业发展水平；C 表示耦合度，取值范围为 0~1。C 值越大，表示两者发展越耦合，反之亦然。耦合协调度是衡量协调发展状况的定量指标，能够规避单纯依靠耦合度产生的误差。公式为：

$$D=\sqrt{C \times T}, \quad T=au_1+bu_1$$

其中，T 表示文化产业发展水平与旅游产业发展水平综合评价指标。a、b 分别表示文化产业与旅游产业的贡献程度，基于文化产业和旅游产业同等重要，因此均取值 0.5。D 表示耦合协调度，取值范围为 0~1，D 值越大，表明文化产业和旅游产业发展越协调，反之亦然。耦合协调度等级划分标准如表 3 所示。

表 3　耦合协调度等级划分标准

耦合协调度 D 值区间	协调等级	耦合协调程度
（0.0~0.1）	1	极度失调
［0.1~0.2）	2	严重失调
［0.2~0.3）	3	中度失调
［0.3~0.4）	4	轻度失调
［0.4~0.5）	5	濒临失调
［0.5~0.6）	6	勉强协调
［0.6~0.7）	7	初级协调
［0.7~0.8）	8	中级协调
［0.8~0.9）	9	良好协调
［0.9~1.0）	10	优质协调

（二）文旅产业耦合协调度分析

采用耦合—协调模型，测算出 2017~2021 年河南省文旅城产业融合协调度发展趋势。耦合协调度计算结果如表 4 所示，根据耦合协调度等级划分标准，2017~2019 年河南省文旅产业融合发展状态呈现向好趋势，由轻度失调状态转变为中级协调状态。河南省文化旅游产业融合发展起步较早，2016 年发布了《中共河南省委关于繁荣发展社会主义文艺的实施意见》，2017 年发布了《河南省人民政府办公厅关于创建郑汴洛全域旅游示范区的实施意见》，2018 年成立了"郑州黄河文化旅游融合发展协作体"，为文旅融合发展打下政策基础。

2020~2021 年，河南省文旅产业融合发展水平较低，处于濒临失调状态。文旅产业受外部因素影响较大，涉及餐饮、交通、购物、住宿、文娱、游览等多个环节、多个产业，其发展受多种社会因素的限制，具有一定的依赖性、波动性和脆弱性，但也极富生命力和复原力。旅游业危机应对的决策与管理机制，需要根据社会发展动态进行随时调整，从金融信贷、资金支持、税费减免、稳岗就业、社会保障等方面给予政策扶持，需要加强消费主体、市场主体和行政主体之间的良性互动，更需要加快提高旅游治理能力，完善旅游治理体系，困中寻机，主动求变。

表4　耦合协调度计算结果

年份	耦合度 C 值	协调指数 T 值	耦合协调度 D 值	协调等级	耦合协调程度
2017	0.324	0.431	0.308	4	轻度失调
2018	0.512	0.487	0.502	6	勉强协调
2019	0.881	0.678	0.769	8	中级协调
2020	0.439	0.425	0.431	5	濒临失调
2021	0.391	0.547	0.462	5	濒临失调

三、河南省文旅融合发展的优化策略

（一）精准定位，提升政府公共服务力度

政府掌握文旅产业融合发展的方向，促进文旅深入融合发展，需要政府提供规范标准、权益保障、政策支持等公共服务功能，按照国家文旅融合发展政策制定具体的规范标准，并根据文旅产业发展的具体情况提供资金、税收等优惠。特别是针对文旅融合相对落后的市、县，政府要充分发挥主导力量，提供更多公共服务。例如，地方政府邀请文旅融合发展的规划专家，对本地文化产业及旅游产业进行统筹规划，形成结构完善、层次分明的产业布局；制定相应的文旅融合发展规划、服务规范标准、市场公平竞争机制、传统文化保护规范等，以高标准、高质量的要求规范文旅产业；制定优惠政策，从资金、税收、产业发展等多维度对文旅产业主体予以政策支持，同时加大公共区域基础设施建设投入，为文旅融合发展奠定良好的公共基础。

（二）因地制宜，打造区域资源品牌效应

资源品牌效应是区域的无形资产，从一定程度上体现区域的整体形象。要打造资源品牌效应，意味着地方文旅产业要实现高水平、高质量、高信誉发展，这就要求加快推进区域景点旅游向全民共建共享的全域旅游转变。将文旅产业与公共服务、生态环境、政策法规等方面紧密结合起来，进行系统化、全方位的优化提升，促进区域资源的有机整合，从而推动文旅产业融合发展。例如，在街道、公园、广场等城市建设过程中加入黄河文化元素；完善城市公共交通、电信网络通信、环保环卫公共卫生等配套工程，尤其是旅游景区内的交通系统，努力打造旅游精品线路；提升城市游客接待能力，加强住宿业、餐饮业的硬件建设打造成集学、研、游、吃、行、娱等多种元素于一体的文旅产业品牌。

（三）招才引智，加强文旅人才队伍支撑

人才是影响文旅产业发展的重要因素，是文旅融合的智力保障。发展优秀的文旅人才队伍，首先要解决现有文旅人才培养的问题，制定有效的人才培养方案，培养懂经营、善创新的复合型人才。以文化旅游文化创新融合为主线，依托文旅网校、高校、企业、职业技术学院等平台，提升基层管理人员综合素质，推动河南文旅提质增效；以产业发展、市场需求为导向，推动校企合作，建立联培机制，联合开设文旅专业新学科，开展文旅产业高等学历教育，为地方培养文旅文创综合型、实用型文旅专业人才；积极推进文旅文创融合产、学、研合作，鼓励高校学生在河南创业，推动文旅融合研究成果孵化落地。其次要加大人才引进力度，招才引智发展文旅产业。吸引省域内外的优秀人才参与振兴文化产业和旅游产业，建立健全人才招聘、管理、考核流程，完善人才鼓励机制，让各类文旅产业人才引得来，留得住。

（四）科技创新，催生文旅产业转型升级

科技进步是推动文旅产业转型升级的关键。近年来，民众将更加认同康养旅游、生态旅游、研学旅游等新产品，倾向于以机器人、人脸识别、电子门票、智能体验系统等技术为支撑的旅游数字化、智慧化自助服务。例如，启动实施"互联网+文旅"，建设"一部手机游河南"项目，凭一部手机实现网上购票、身份证验证、AI识物、景区名片、语音导航讲解服务和景区导览、智慧厕所、智慧停车场以及旅游问题反馈等板块的工作任务。文化旅游部门可以通过大数据对旅游点游客流量、年龄结构、驻留时间进行分析，实行有的放矢地定向营销。同时，文化旅游部门可以借助互联网增加文旅品牌资讯的传播，使更多线下服务点实现数字化建设，延长文旅产业链，有力推动全省文旅产业转型升级。

参考文献

［1］刘凯霞，王伟，程金龙.黄河流域文化产业与旅游产业协调发展研究［J］.洛阳师范学院学报，2023，42（3）：1-7.

［2］宋长善.江苏文化产业和旅游产业融合发展研究［J］.艺术百家，2021，37（4）：84-91.

［3］辛欣.文化产业与旅游产业融合研究：机理、路径与模式［D］.郑州：河南大学，2013.

［4］明庆忠，赵建平.新冠肺炎疫情对旅游业的影响及应对策略［J］.学术探索，2020（3）：124-131.

［5］孔凯，杨桂华.民族地区乡村文旅融合路径研究［J］.社会科学家，2020（9）：72-77.

数字赋能黄河流域乡村生态治理体系高质量发展

——以河南省为例

刘淑琦　陈　迎　阳　澜

（四川省社会科学院农村发展研究所，成都　610000）

摘要： 数字技术是驱动乡村振兴的重要引擎，也是新时代生态环境治理与保护的关键举措。本文以黄河流域河南省为例，分析了数字赋能乡村生态治理体系的运行机制包括基层党组织机制、生态文化机制、生态转型机制、绿色发展机制、多元协同机制。基于此，得出数字赋能乡村生态治理体系的实践路径：树立数字治理新理念，健全黄河流域生态治理相关法律法规；积极引入数字科技，构建现代化黄河生态监测评估体系；打造生态产品，保障黄河流域生态治理和效益。为我国保护黄河流域的生态环境安全和高质量发展提供理论依据与决策参考。

关键词： 数字赋能；黄河流域；生态治理体系

一、引言

习近平总书记指出，环境好了，生活才能更好。良好的生态环境是区域经济发展的基础所在，坚持绿色发展理念，利用数字技术实现乡村生态治理体系的高质量发展，既是推动农业农村现代化迈向新阶段的关键一环，也是实现乡村振兴的重要支撑点，更是新时代保护黄河流域生态环境安全的核心举措。保护黄河是事关中华民族伟大复兴和永续发展的千秋大计，而"黄河之险，险在河南"，黄河河南段地理位置特殊，河道形态复杂，是黄河下游治理的重中之重。2023 年，

作者简介：刘淑琦，女，内蒙古呼伦贝尔人，四川省社会科学院农村发展研究所硕士研究生，研究方向为现代农业；陈迎，女，四川广安人，四川省社会科学院农村发展研究所硕士研究生，研究方向为农村经济；阳澜，女，四川遂宁人，四川省社会科学院农村发展研究所硕士研究生，研究方向为现代农业。

河南省印发了《黄河流域生态保护和高质量发展涉水领域专项监督方案》，将黄河流域生态保护和高质量发展与中心工作结合起来，实现保护和发展共同推进。随着互联网、大数据、云计算等信息技术的不断创新发展，数字赋能乡村生态治理，加速了农业技术的智能化，提高了农业生产的清洁度，普及了生态管理的信息服务，提升了生态管理体系的智慧化和便捷化水平。因此，对数字赋能河南省乡村生态治理体系高质量发展的运行机制和实践路径进行分析是十分有必要的。

二、文献综述

当前学者对数字技术与区域发展关系的研究已取得显著成就，研究方向主要集中在数字技术对区域经济发展的影响，对数字技术与区域生态治理的关系方面研究尚少，主要集中在数字技术在生态环境治理中的应用情况，在研究方法、调查法方面，魏斌等分析了数字技术在生态环境治理应用中的新需求。魏春城等阐述了当前数字技术赋能生态环境治理的现状，分析了新形势下生态环境信息化面临的挑战。邬晓燕分析了生态文明转型数字化的难题。李全生等提出了矿山生态环境数字孪生的科学内涵，并介绍了其总体架构、功能特点与系统构建关键技术。实证研究法方面，崔靓等测算了数字物流、生态环境治理与区域经济增长的耦合协调度，并对三者之间的耦合协调度进行了探索性空间数据分析。

综上所述，学者深入分析了数字技术与生态治理体系的关系，为本文的研究奠定了坚实的理论基础，但尚未厘清数字技术对生态治理体系影响的运行机制与实践路径。基于此，本文以河南省为例，探讨数字技术对生态治理体系的运行机制与实践路径，为我国保护黄河流域的生态环境安全和高质量发展提供了理论依据与决策参考。

三、数字赋能乡村生态治理体系的运行机制

乡村生态治理体系正从"多方视角的静态治理体系构建"转变为"立体领域的动态数字赋能构建"。数字赋能乡村生态治理体系是一个全方位、多层次的机制过程，旨在深化组织管理、激发意识活力、优化生态产业结构、实现绿色发展的持续稳定，以及高效的治理秩序。

（一）主体共建导向：引领深化治理共同体参与的基层党组织机制

推进乡村数字治理，需充分发挥基层党组织的引领作用，塑造"人人参与，人人发力，人人共享"的社会治理新格局，建设学习型、创新型、服务型基层党组织。在现实情境中，多元协同治理需充分发挥基层党组织的模范引领作用。一是提炼因地适宜的数字乡村生态治理体系，强化党委责任。二是优化数字治理宣传策略，凝聚治理参与共识。三是充分利用社会组织和群众作用，扩大治理主体范围。

四是采取"党建+"模式，发挥社会组织作用，为群众提供先进思想和理论教育。

（二）文化动力导向：创新意识培育内生性活力的生态文化机制

数字赋能在文化创造性转化、创新性发展方面起着重要作用，对生态保护、经济发展和社会进步具有推动作用。河南省充分利用其历史文化、黄河文化、民族文化、农耕文化、饮食文化和生态文化等资源，培育了激励机制，促进了村民的生态治理意识提升。一是针对村民群体，可通过深化激励措施，如推行"治理积分"制度，激发村民参与共商共治的热情。二是针对基层干部，可以建立公共学习平台，宣传那些受到群众高度认可的干部事迹。三是针对社会和企业组织，可以设立"治理榜单"，凝聚乡村内外力量，形成合力推动治理。

（三）资源技术导向：统筹分工完善数字化手段的生态转型机制

乡村数字治理体系实施的有序推进需要一定的治理资源作为支撑，借助现代化技术手段在一定程度上有助于打破资源壁垒，弥合黄河流域内的城乡资源分配不平等现象，在一定的区域内形成开放、共享的资源信息网络。一是利用数字化工具去进行乡村治理，搭建多主体合作的数字化平台，通过重塑治理空间，获得了跨区域、跨时空的交流。二是利用数字化平台也打破了传统上自上而下的治理结构，从一元主导向多方参与转化，使乡村生态治理从人为治理转化为数字化治理。三是推动乡村生态治理走向数字化的是"人治理、时治理、地治理"的三治模式，是乡村生态振兴的治理基石。

（四）生态共享导向：协调多方利益维系秩序稳定性的绿色发展机制

乡村数字治理体系的有序推进需要充足的治理资源支持。数字化技术手段可以帮助打破资源壁垒，解决黄河流域城乡资源分配不平等问题，并在一定范围内构建开放、共享的资源信息网络。一是利用数字化工具实施乡村治理，建立多主体合作的数字化平台，重塑治理空间，实现跨区域和跨时空的交流。二是推动治理结构从传统的自上而下向多方参与转变，使乡村生态治理从人为治理转向数字化治理。三是推动乡村生态治理走向数字化的基石是"人治、时治、地治"的三治模式，是乡村生态振兴的关键。

（五）动态整合导向：持续巩固治理生态体系成果的多元协同机制

持续巩固治理生态体系成果需要整合协同的支撑机制。这一机制通过数字赋能，将不同类别和层级的活动与主体在黄河流域集成起来，以乡村生态治理需求为导向，形成高效的治理规范，实现统一部署和有序推进，确保乡村生态治理秩序规范。多元协同机制利用数据挖掘和信息分类等技术，划定参与治理主体的职责权限和行动边界，实现不同主体、时间和空间中的规范有序联系和互动。一是发挥村规民约在创新数字乡村治理机制中的独特作用。二是健全监督与惩处机制，确保数字乡村治理的有效运行。三是建立安全监督机制，增强村民对数字化治理的接受和信任程度。

四、数字赋能生态治理体系的实践路径

（一）树立数字治理新理念，健全黄河流域生态治理相关法律法规

数据作为现代社会发展的重要生产要素，对于经济、社会、生态等各方面的发展逐步凸显关键化作用。数字信息作为生产要素推动着社会生产方式的变革，改变着社会生产关系。强化数字化治理体系是黄河流域生态治理的重要发展方向。为此，河南省各级政府、社会组织、个人都要树立数字治理的新理念，将数字化技术应用于黄河流域生态保护修复和生态环境治理。此外，法律的普遍性、确定性和强制性的特点决定了它们在具体社会生产生活中适用具有其他社会规范所不具备的作用，黄河流域的治理工作也需要依靠法律的强制作用来推进。河南省要对涉及黄河生态环境治理的相关法律的空白区域要尽快组织调研调查，为相关法律法规的出台给出科学论证。构建严密的法律体系，为实现黄河流域生态环境治理提供法律保障。

（二）积极引入数字科技，构建现代化黄河生态监测评估体系

黄河生态治理体系要与时俱进，利用科技治理。积极引入参考借鉴国外先进的生态治理方法和技术，不断从软硬件技术和设施建设上提高黄河流域生态环境治理的科技水平。数字技术为生态资源的监测和评估提供了技术条件，生态环境信息感知能力是开展生态治理大数据分析的前提条件，河南省要加快在黄河流域重点污染源、保护点、市借垫等地建设空气质量自动监测站点，逐步实现覆盖河南地区黄河流域的水环境、空气环境监测网络，借助视频监控等技术手段，实现即时、可视化感知地表水质和空气质量的变化。同时当监测数据突破监测站点阈值时能够实时预警，为保护黄河流域生态环境决策、管理和执法提供精确的数据支撑，从而提高环境监测效率。同时，生态环境监测可以与其他领域的监测活动相结合，可以监测生产活动对生态环境的影响，从而减少人类活动对黄河生态环境的危害。

（三）打造生态产品，保障黄河流域生态治理和效益

黄河流域生态产品价值的实现是推动生态治理、提高生态效益的重要保障。黄河流域地区有着独特的生态景观和丰富的生态资源，具备开发优质生态产品的基础条件。河南省要利用黄河流域独特的地理位置，发展优质生态产品。让更多的生态产品实现价值转化，拓宽本地财富获得渠道，提高人民生活水平，从而更好地保护黄河生态环境。生态产品的价值实现是完整的产业链——集生产、销售、购买、消费于一体的链条。此时，在生态产品全产业链中引进数字生产要素，通过数字技术拓宽生态产品的产业链和价值链。产业链条中的每一环都需要

数字化的融入，首先是生态资源需要数字化表达，其次是生态产品的生产营销需要数字化技术，最后是生态产品的服务平台也需要数字技术搭建。

参考文献

［1］魏斌，黄明祥，郝千婷，赵苗苗.数字化转型背景下生态环境信息化建设思路与发展重点［J］.环境保护，2022，50（20）：20-23.

［2］魏春戒，林治宇，赵晨，等.数字技术赋能绿色低碳发展的举措与建议［J］.环境保护，2022，50（20）：28-30.

［3］邬晓燕.数字化赋能生态文明转型的难题与路径［J］.人民论坛，2022（6）：60-62.

［4］李全生，刘举庆，李军，等.矿山生态环境数字孪生：内涵、架构与关键技术［J］.煤炭学报，2023（10）：1-15.

［5］崔靓，李晓梅，姚若羲.数字物流、生态环境治理与区域经济增长的耦合协调度分析［J］.统计与决策，2023，39（1）：29-33.

［6］杨慧，罗睿，张宇飞.数字技术赋能服务型治理的机制与发展路径——以贵阳市残疾人"一网统管"为例［J］.社会治理，2023（3）：1-9.

［7］沈永东，赖艺轩.撬动资源、凝聚共识与形成规范：数字赋能社会组织提升社区治理的机制研究［J］.中国行政管理，2023，39（4）：22-29.

［8］化新向.数字经济赋能河南农业发展研究［J］.河南农业，2023（10）：8-10.

［9］梁光明，张娇.国家治理体系现代化背景下乡村生态治理机制研究——以云南省漾濞彝族自治县光明村为例［J］.大理大学学报，2022，7（9）：29-35.

［10］葛和平，吴福象.数字经济赋能经济高质量发展：理论机制与经验证据［J］.南京社会科学，2021（1）：24-33.

［11］宋敏，肖嘉利.黄河流域生态保护与高质量发展耦合协调现代化治理体系［J］.西安财经大学学报，2023（4）：90-99.

［12］冯莉.《黄河保护法》视域下流域生态管理创新机制研究［J］.人民黄河，2023，45（7）：14-18.

［13］陈艳珍.推动黄河流域生态保护和高质量发展的对策探讨［J］.中共山西省委党校学报，2022，45（4）：65-69.

［14］林永然，张万里.协同治理：黄河流域生态保护的实践路径［J］.区域经济评论，2021（2）：154-160.

支持鹤壁市创建高质量发展示范城市背景下产业转型研究

马啸宇

（鹤壁市高质量发展研究院，鹤壁　458030）

摘要：产业转型与鹤壁市创建高质量发展示范城市的目标相契合。自河南省委、省政府印发《关于支持鹤壁市建设新时代高质量发展示范城市的意见》以来，鹤壁市作为黄河流域典型资源型城市，聚焦产业转型，以巩固传统产业优势为切入点，结合高新技术突破布局新兴产业，以符合长期稳定可持续发展要求为基规划未来产业，优化现代服务业结构来充分发挥其协调其他产业助力高效高质转型的融通作用，在转型探索中积累了诸多特点鲜明的"鹤壁经验"和"鹤壁模式"，为其他资源型城市产业转型提供了示范和参考。然而，鹤壁市仍处于制造业转型起步期与关键期的衔接阶段，面临产业创新能力薄弱、竞争优势不突出、集聚效应不明显等问题，需要从产品创新和产业融合入手提升产业创新能力；以统筹分工协作提升整体竞争力，培育中原经济增长轴线和核心区，打造活力经济轴带参与全球产业分工；以促进乡村振兴为当地制造业发展目标，把提升基础设施科学规划和高速高效建设能力作为塑造良好的营商环境切入点，促进产业落户发挥集聚效应。

关键词：产业转型；鹤壁；高质量发展；产业；资源型城市

2023 年 2 月，中共中央、国务院印发了《质量强国建设纲要》，明确建设质量强国这一推动高质量发展、促进我国经济由大向强转变的重要举措。党的十八大以来，无论是从中央层面还是河南省级层面，多次强调要坚持把发展经济的着力点放在产业转型优化上。鹤壁作为豫北地区典型的资源型城市，为实现高质量发展，积极在聚焦产业转型方面谋篇布局，在老工业基地调整改造中探索出一条充满鹤壁特色资源型城市转型的新路径。

作者简介：马啸宇，鹤壁市高质量发展研究院。

一、高质量发展城市的基础在于产业

建设现代化产业体系是加快构建新发展格局，着力推动高质量发展的一项重要任务，其重点之一在于推动产业结构转型。2020 年 8 月，习近平总书记在安徽考察时强调，要深刻把握发展的阶段性新特征新要求，一手抓传统产业转型升级，一手抓战略性新兴产业发展壮大，推动制造业加速转化发展，提高产业链供应链稳定性和现代化水平。

（一）产业转型的时代内涵

习近平总书记关于多次产业转型的论述彰显了坚持稳中求进、循序渐进的原则，不能贪大求洋，坚持推动传统产业转型升级，并且明确指出不能把传统产业当成低端产业简单退出，习近平总书记强调：充分发挥海量数据和丰富应用场景优势，促进数字技术和实体经济深度融合，赋能传统产业转型升级。2023 年 5 月17 日，习近平总书记在听取陕西省委和省政府工作汇报时指出，以科技创新为引领，加快传统产业高端化、智能化、绿色化升级改造，加快产业转型升级，推进产业基础高级化、产业链现代化，培育壮大战略性新兴产业，积极发展数字经济和现代服务业，加快构建具有融合化特征和符合完整性、先进性、安全性要求的现代化产业体系，推进经济社会发展绿色化、低碳化，加快产业结构、能源结构、交通运输结构和用地结构调整。回望过往，我国是靠传统产业发展起来的；展望未来，更要依靠技术突破实现产业结构优化，提高产业生态韧性以更好发挥产业效应。高质量发展要求必须把着力点放在产业转型上，在供给侧结构性改革上下功夫，以供给侧质量的提高凝聚经济质量优势，最终实现经济高质量发展。河南省委、省政府高度重视习近平总书记有关产业转型的指示批示，贯彻落实国家在进行产业优化升级出台的战略统筹设计。紧抓构建新发展格局战略机遇、新时代推动中部地区高质量发展政策机遇，始终坚持"四个着力"，打好"四张牌"，把发展经济的着力点放在产业转型上，持续深化各项改革，高质量发展不断取得新成就。2023 年，鹤壁市出台了《鹤壁市创建全国产业转型升级示范区实施方案》《鹤壁市产业转型升级十四五规划》等系列文件，明确产业转型升级示范区建设的总体目标、重点任务、重大项目和保障措施，为转型发展提供制度遵循。

（二）资源型城市产业转型的阶段性特征

产业转型的周期性表明，产业加速转型均与重大政策的出台密切相关，政府对产业转型有明显的引导推动作用，政策的制定要根据产业所处发展阶段和规律因地制宜灵活变动。例如，由于被规制者的行业与地区差异产生的资源型城市资源禀赋的异质性导致环境规制引导对产业结构的作用效果不同。资源禀赋通过资源产品成本比较优势来影响环境规制政策的实施效果，盲目增加环境规制强度和统一环境规制政策并不一定有助于地区生态环境和经济协调发展。

1. 低资源禀赋时期是资源型城市转型的关键时期

该时期资源型城市经历了产业转型的初始阶段，多元化的产业结构初步形成，相较于中、高资源禀赋时期有较为合理的产业结构。环境规制强度的增加促进了非资源类产业的路径创造。环境规制通过对企业的环境绩效限制，使环境成本内在化，导致企业产品成本上升；为降低成本维持产品竞争力，企业被迫由资源、能源密集型的资源类产业以及污染密集型的非资源类产业向以技术、知识密集型的非资源类产业转移。环境规制显著促进了资源类产业路径创造，该时期资源逐渐趋于枯竭，资源开采成本较高，资源开发利润低于环境规制成本，导致初级资源产品不具有竞争优势。因此，当政府实行严格的环境规制并对资源型城市主导产业产生的"三废"排放指标进行限制时，相关企业为控制污染排放并追求利润最大化，将进行生产技术升级，改变单纯依靠资源支撑的局面，向精深加工方向发展，提升产品竞争力，从而推动了资源类产业多元化发展。例如，2003~2013 年泸州市转型成效显著，环境规制水平增长了近 3 倍，推动城市由矿产资源开采等传统资源类产业转型为以电子信息、生物医药、新能源新材料产业为主的现代产业体系。

2. 中资源禀赋时期是资源型城市产业转型的起步期

城市的产业重心开始由资源类产业向非资源类产业转移。环境规制可以进一步提高非资源类产业路径创造水平，随着环境规制趋于严格，更易于驱动企业转变生产方式，促进产业结构调整，从而推动非资源类产业路径创造。同时，环境规制促进了资源类产业路径创造。相较于高资源禀赋，该时期城市资源类产品低成本比较优势逐渐减弱，环境规制的增强促使企业通过延伸产业链条、提升产品附加值等途径来应对环境规制引起的成本上升，进而推动了资源类产业路径创造。例如，2003~2013 年榆林市环境规制水平增长了 8 倍，促使城市由煤炭、石油开采为主的采掘业转型为以煤制烯烃、煤制油为主的现代煤化工产业。

3. 高资源禀赋时期是资源类产业发展的成熟期

环境规制显著促进了非资源类产业路径创造。由于该时期是资源型城市非资源类产业最为薄弱的时期，环境规制对非资源产业多样性具有显著正向作用，但其在产业结构中的比重仍然较小；相反，环境规制阻碍了资源类产业路径创造。对于追求利润最大化的厂商而言，由于其地区资源储量富足，资源类产品开采成本较低，资源开发的利润远高于环境治理产生的成本；面对环境规制，多数厂商会通过提高资源类产品产量来补偿环境规制增加的成本。例如，2003~2013 年阳泉市环境规制水平增长了 3 倍，但资源类产业多样性降低了 32%。美国的学者研究表明，环境规制对美国污染密集型行业和制造业的产业发展有着明显的负面作用。因此，根据成本收益对比分析，环境规制的提升会进一步加剧其资源类产业的路径锁定困局①。

（三）实现比较优势产业转型的理论选择

对于如何实现一国产业的转型、升级，许多经济学家在理论上进行了有益的探索。其中，较有影响的是美国经济学家迈克尔·波特提出的国际竞争优势理论。波特认为，一国的贸易优势并不像传统的国际贸易理论宣称的那样简单地取决于一国的自然资源、劳动力、利率、汇率，而是在很大程度上决定于一国的产业创新和升级的能力。由于当代的国际竞争更多地依赖于知识的创造和吸收，竞争优势的形成和发展已经日益超出单个企业或行业的范围，成为一个经济体内部各种因素综合作用的结果，一国的价值观、文化、经济结构和历史都成为竞争优势产生的来源。

在国际竞争优势理论的基础上我们可以得到启示，一国的国际竞争优势具有明显的动态性，同时，竞争优势和比较优势又是相互联系的。我们既要看到自身比较优势的潜力，又要认识到国际竞争优势的重要作用，从而改变过去单纯依赖比较成本学说的做法，而把比较成本学说和国际竞争优势理论有机地结合起来，使之成为指导提高我国国际竞争力的理论基础。

从理论上说，我国把比较成本论和国际竞争优势论相结合的关键，在于如何顺利地实现比较优势向竞争优势的转化。目前，比较优势存在陷阱的主要原因是比较优势产业一旦形成就产生了难以转向的刚性，从而使已有的比较优势不断削弱。可见，要跳出比较优势陷阱就必须打破比较优势产业发展的刚性。我国应在利用和发展比较优势产业的过程中大力增加智力和高科技投入。并引入竞争机制和技术创新机制，从而形成竞争优势和新的比较优势，通过改变优势产业组合实现产业结构转型，逐步实现从整体、静态层面量的评判标准向结构、动态层面质的评判标准转变，增强我国相关产业的国际竞争力。

（四）产业转型夯实高质量发展城市根基的作用机理

高质量发展这一表述不仅仅是对经济发展的要求，更重要的是对城市发展的要求，对城市化方向的指导。高质量发展城市的具体要求需要通过产业高质量转型升级实现。

1. 产业转型奠定高质量发展城市经济基石

产业转型速度对经济增长速度和质量均有明显的影响。推动各种生产要素的自由流动能够加快产业转型，不仅能够加快经济增长。而且能够提高经济增长的质量，夯实高质量发展城市的经济基础。加快各种生产要素的市场化配置效率，

---

① 卢硕，张文忠，李佳洺. 资源禀赋视角下环境规制对黄河流域资源型城市产业转型的影响 [J]. 中国科学院院刊，2020 (1)：79-81.

打破阻碍生产要素流动的制度性、机制性和区域性障碍，鼓励各种生产要素的自由流动，推动产业转型，对于经济规模扩大，经济总体增长，产业升级内生动力强化，产业链供应链韧性增强，产业生态长期良性存续具有深远的意义。

2. 产业转型过程中积累的宝贵经验，探索出的转型模式是发挥高质量发展城市示范和引领作用的具体表现

产业转型是高质量发展城市经济转型的核心，城市是产业转型的载体。推动高质量发展城市产业转型是全面推动中国经济结构战略性调整的需要。产业转型是高质量发展示范城市建设的重要任务，如何识别出城市产业转型的困境、制定转型的路径并据此探索出转型创新模式，对高质量发展城市有着深刻的理论意义和实践价值，也对全国经济结构的战略性调整提供了新的参考，对其他城市的产业转型路径规划提供了范例。

3. 产业转型带来的人口、就业方面的变化使城市发展环境更加稳定、公平

产业转型带来的产业集聚效应伴随着人口的集聚，产业转型本身就会增加企业对高级技术工人的需求也就是高素质就业人员的需求，一方面，知识技术群体的引入致使人口结构的优化：知识中产群体的扩大，进而推动生产技术的突破、消费的持续升级，保持发展的连续，发展模式的活力和稳定。另一方面，知识中产群体再生产，从而加快健全和完善社会主义市场经济体制和相应管理制度，推动效率和福利的动态平衡，城市发展环境更加稳定、公平。

二、鹤壁市产业转型的具体路径

首先，通过加快传统优势产业转型升级，夯实鹤壁市产业发展基础；从鹤壁市发展的实际情况出发，把推动企业高端化、智能化、绿色化、服务化"四化"改造作为传统优势产业转型升级的重要抓手，做强电子电器、现代化工及功能性新材料、绿色食品、镁基新材料等传统优势产业，提升企业发展管理水平。在2019年出台支持工业发展三年政策措施的基础上，延续制定实施覆盖面更广、含金量更高的支持工业高质量发展政策，支持技术改造、科技创新、企业培育、打造示范。根据企业发展实际，2022年鹤壁市出台了《鹤壁市决胜四季度实现"全年红"35条政策措施》《鹤壁市2023年抢抓一季度实现"开门红"十条政策措施》，对投资未达到申报省级项目门槛但达到500万元的技改项目作为市级支持内容给予奖补，进一步扩大享受政策的范围，提振企业发展信心。2022年，鹤壁市实施54个重点技改项目，累计完成投资25.2亿元，全市技改投资增速29.6%、高于省定目标7.1个百分点。累计建成省级以上智能车间（工厂）45家，省级以上绿色工厂（园区）23家。例如，天海集团由濒临倒闭的街道小厂华丽转身为汽车电子电器、新能源、汽车智能产品全面供应商，其"智能在线监

测场景"被评为国家级智能制造优秀场景。

其次，在巩固发展传统产业的基础上坚持培育壮大新兴产业，把创新作为新兴产业培育壮大的动力源。大力实施科技创新提升突破行动，积极创建国家创新型城市，努力实现依靠创新驱动的内涵型增长，使"关键变量"变成"发展增量"。扎实推进高新技术企业提质增效工程、科技型中小企业"春笋"计划等，建立"微成长、小升高、高变强"梯次培养机制。开展研发活动的规模以上工业企业占比达到57.4%，高新技术产业增加值年均增长17.5%，高于规模以上工业增速10.6个百分点。

最后，顺应数字化转型的时代浪潮，谋篇布局未来产业；坚持"现有产业未来化"和"未来技术产业化"，加快发展星链网、元宇宙、区块链等未来产业。依托航天宏图围绕卫星互联网新业态发力高分遥感全产业链构建，打造商业航天产业新生态；成立河南密码产业研究院，开展区块链技术研发及应用，孵化培育一批融合产品；瞄准元宇宙产业梳理出国内169家目标企业开展招商，京富元宇宙产业园、蓝色光标（华中）元宇宙融合创新产业园等项目加快推进，努力打造全省元宇宙产业融合创新发展示范基地。抢抓新一代信息技术机遇，以数字化转型为重点，推动产业数字化、数字产业化。积极推进"企业上云""机器换人""设备换芯"，深化天海集团汽车线束行业5G+工业互联网平台等建设，塑造一批具有行业先进水平的智能制造标杆企业。瞄准行业制高点，以数字经济为引领推动数字经济核心产业、生物技术、现代物流3个新兴产业"小苗成大树"，竞逐"新赛道"，引进京东、华为、360、航天宏图等29家头部企业相继落地，数字经济核心产业增加值占比连续两年位居全省第二。

三、鹤壁市产业转型中存在的普遍问题

1. 产业创新能力薄弱

鹤壁市当地优势产业和新兴产业中的大多数龙头企业还只是传统的生产型企业而不是创新型企业，对产业创新的技术推动能力不足，自身的产品技术档次低、产业技术水平差、技术创新能力薄弱。

2. 竞争优势不突出

省内其他地市与东部沿海的相应中心或京津冀地区的联系强度远远大于相互之间的联动程度，引致各地市内部、城市之间未能形成合理的产业分工从而出现平行竞争、过度竞争趋势。自改革开放以来，产业转移整体存在"嫁接性""选择性""分散性"，并在"碎化"和重构地方产业链基础上，引发内部更加激烈的投资、人才和发展机会的争夺。与此同时，因转型发展意识不强、管理技术提升缓慢及资金和人才等相对短缺，各城市争取优质生产资料和生产要素的竞争激

烈，遇到了优势不突出、竞争力下降的"瓶颈"。

3. 集聚效应不明显

鹤壁市作为典型的资源型城市，其中工矿企业多是国有大中型企业或军工企业，这些企业的落户形成了植入性很强的"孤岛效应"，与地方经济联系少，难以带动地方经济的发展。受地形等因素影响，鹤壁当地广大农村地区仍然是传统乡村，先进制造业对地方发展的带动作用仍然偏弱。即便是积极布局新兴产业、未来产业和现代服务业，但处于未投产、未运营和未落地的企业占比仍然很高，加上相应基础设施仍在规划和建立阶段，其集聚效应和相应辐射能力优势尚未形成。

四、解决鹤壁市产业转型问题的建议

1. 从产品创新和产业融合入手提升产业创新能力

产业创新从其内在的逻辑性分析，分为循序渐进的四个层次：第一，技术创新，技术创新是产业创新的逻辑起点。某一专业技术取得重大进步，从而使原有技术系统得到改造。第二，产品创新，只有不断推出新产品，才能使企业在激烈的市场竞争中始终处于主动的地位，获得较高的经济效益，使众多的企业进入该领域，实现产业创新。第三，市场创新，市场开拓能力是产业创新成功的关键环节。市场创新的主要内容有：一是塑造产业的竞争规则；二是开拓新的客户资源。第四，产业融合，技术——产业的关联的强弱是产业融合程度的决定性因素。

根据鹤壁当前所处转型阶段与当地发展水平，以引进先进技术进行产业融合，提升产品质量，在市场研判和关注潜在需求的基础上推动产品创新无疑是有效且适合的路径。鹤壁市布局百佳智造产业园、5G 智能制造产业园和智能车间评选，智能制造产业园项目投资 50 亿元，占地 475 亩，主要建设研发中心、生产车间、展示中心等，以 3C 电子产品为终端产品，采用统一规划建设、订单引领带动、分区独立经营方式，打造 3C 产品智能制造产业链，营造全新的智能制造产业生态。同时采用边建设、边招商、边投产、边运营建设模式，将建成集智能化产业创新技术中心、产业研发中心、智能制造总部基地和企业创新服务平台于一体的综合性智能制造产业新城。

2. 以统筹分工协作提升整体竞争力

破除行政壁垒，统筹跨地市合作，促进设施互通互联，进一步明确、细化产业分工，避免产业同构，强化遵循劳动地域分工规律的区域互补，以地区特色加深与其他地市的协同配合，培育中原经济增长轴线和核心区，打造活力经济轴带参与全球产业分工，成为国际产业的加工制造基地。以城市群整体竞争力的提升辐射带动各地市的发展。例如，当前河南省已布局以新能源汽车产业链为主题的统筹省内各地市优势整合全产业链打造中部行业内重要生产基地，鹤壁市的积极融入和参与不仅促进当地产业规模的扩大，更能巩固发展优势，促进提质升级。

3. 以营商环境力促产业集聚

以促进乡村振兴为当地制造业发展目标，推动制造业产品普及化或针对农业发展推出相应新型产品，加深与当地发展的联系。同时把提升基础设施科学规划和高速高效建设能力作为塑造良好的营商环境切入点，促进产业落户发挥集聚效应。鹤壁市不断完善顶层设计谋划东区发展，优化科创新城基础设施配置，按照"一图谱六清单"要求，结合产业发展特点开展有针对性的招商引资工作，确保实现年度行动计划，推动产业链与创新链、人才链、资金链多链融合，精准赋能产业链发展；优化对落地企业的服务，聚焦政策支持、科技赋能和要素保障等，持续提升政务服务能力，让企业安心、舒心、顺心发展；要精准招商，紧盯产业链上下游关键环节，加大项目招引力度，加强培育"链主"企业，推动以商招商，注重引育龙头项目，引领产业集群集聚发展。要整合优质资源，搭建供需对接平台，促进企业合作共赢，为鹤壁市高质量发展蓄势赋能。

"碳中和"目标下河南农业低碳转型战略

（河南省社会科学院农村发展研究所，郑州 450002）

摘要： 发展低碳绿色农业是河南践行黄河流域生态保护和高质量发展战略的重要内容。农业实现碳中和具有自身的特殊性，其既是碳排放的主要来源，也是生态固碳的重要源头，具有很强的正外部性。农业实现碳中和，关键在于要完善农业碳交易市场体系、提高政府的现代化治理能力、建立符合低碳农业规范的多元化支撑体系，做好农村人居环境整治、农业污染物排放控制和农业碳排放协同治理，用好财政、税收等政策的杠杆作用和倒逼作用，引导农业企业、社会公众和农业经营主体加快实现农业的低碳化和绿色化转型。

关键词： "双碳"目标；低碳农业；绿色农业；河南省

一、引言

党的二十大报告明确指出，要加快发展方式绿色转型，积极稳妥推进碳达峰碳中和，坚持先立后破，有计划分步骤实施碳达峰行动。实现碳达峰、碳中和，是以习近平同志为核心的党中央经过深思熟虑作出的重大战略决策，是高质量发展的重要任务内容，是事关中华民族未来发展的一场广泛而深刻的经济社会系统性变革。根据王留鑫等（2019）的研究结论，河南是我国典型的高碳农业地区。河南作为全国重要的农业大省和粮食大省，总体上存在人多地少的情况，耕地质量总体等级低于全国平均水平，农业生产依赖大量化肥投放，过量化肥投放的结果造成土壤有机质锐减，土壤本身的储碳、控碳功能严重下降，使土壤碳库难以发挥出生物圈中最大碳库的作用，进一步加大了按中央要求如期实现碳中和的压力。

尽管农业是温室气体的主要排放源之一，但由于农业生产具有生态系统的特点，与工业通过节能减排来实现碳中和不同，农业不仅是碳排放的主要源头，同

作者简介：乔宇锋，博士，河南省社会科学院农村发展研究所副研究员。

时又是一个巨大的碳汇系统，在理想条件下，农业生态系统可以抵消80%自身排放的温室气体。推进农业农村领域减排固碳，是我国碳达峰、碳中和的重要组成部分，在"双碳"目标约束下，时间紧、任务重，挑战与机遇并存（欧阳志远等，2021）。

对河南农业发展而言，"十四五"时期是农业实现碳中和的关键期和窗口期，需要按照减排固碳的具体目标，坚持不懈推动农业绿色低碳发展，建立健全农业绿色低碳发展体系，促进农业实现全面转型，通过农业减排的技术手段实现固碳的巨大潜力。大力发展绿色、低碳农业，不仅是实现碳中和的重要路径之一，对推进资源节约集约利用、促进生态文明建设、更好地实施乡村振兴战略也具有重要意义。

二、河南农业碳中和的现状及存在的问题

农业碳排放主要指在种植、养殖和农副产品加工等农业活动中产生的温室气体排放。河南农业碳排放的温室气体主要为甲烷、氧化亚氮和二氧化碳，从排放来源看，主要来源于种植、养殖和能源消耗。从细分领域看，粮食作物种植、化肥、能源消耗和动物肠道发酵是最主要的碳排放来源，约占总排放量的80%。随着农业机械化水平的提高，能源消耗逐渐超过化肥成为第一大排放源，并在2015年前后达到峰值，目前呈逐步平稳下降的态势。截至2020年底，由于能源消耗产生的碳排放约占全省农业总排放的30%，其中甲烷、氧化亚氮和二氧化碳的排放大致分别为30%、40%和30%，与全国农业排放水平大致相当。

尽管在国务院印发的《2030年前碳达峰行动方案》中，明确要求建立统一规范的碳排放统计核算体系，但实际上农业碳排放统计体系目前仍属空白。学术界对农业碳排放的计算方法较多，借鉴胡婉玲等（2020）的研究结论，基于对化肥、农药、农用薄膜、农用柴油、农业播种面积和农业灌溉六大碳排放源的计算，本文认为全国、中部地区和西部地区农业碳排放总量均在2015年、2016年达到峰值，其中河南在2015年达到峰值874.29万吨。这说明，河南农业已经普遍实现了碳达峰，目前碳排放开始呈下降态势，这与农业物资的消耗趋势是相符合的；今后实现"碳中和"目标的重点是进一步减少排放总量，坚持实施农业绿色、低碳转型，争取早日实现碳中和。

近年来，随着大力推进绿色农业，积极推动化肥减量化，做好农业废弃物综合利用，全省农业结构性减排取得了明显成果。研究表明，降低氮肥比重和能源消耗强度、适当调整畜牧业的比重，能够有效降低农业碳排放，其中控制氮肥使用比重效果最好。根据中华人民共和国农业农村部公布的数据，河南全省小麦、玉米和水稻的化肥综合利用率从2013年的33.6%已提升到2020年的40.2%。化

肥利用率的提高，也为农业减排作出了积极贡献。

尽管河南农业通过绿色转型初步实现了结构性减排，但在实现碳中和的过程中还面临着两个方面的挑战。一是农产品的质量和数量面临双提升的压力，这意味着农业生产规模和开发强度还必须提高，在此过程中必然提高的农业现代化和机械化水平，也会加大能源消耗，为巩固和减少碳排放带来不确定性和压力。二是河南全省除郑州等部分城镇化程度较高的地区外，大多数以小农户经营为主，普遍存在规模小、效益低的问题，并造成农业碳排放核算困难，很容易被排斥在碳交易市场之外，政策减排激励和市场减排红利很难直接传达到小农户，小农户也因此缺乏主动性。

河南农业在减排的过程中，普遍存在的主要问题是：绿色农业转型慢、绿色农产品供给不均衡、农村生态环境没有从根本上好转、农业废弃物利用不充分、机械化水平不高等。解决这些问题，首要是依靠先进的农业科学技术和专业农业农村人才队伍的支撑。河南在此方面存在有明显的短板，与低碳相关的农业科技研发水平相对较低，农业生产中采用的绿色技术程度不高，不仅缺乏创新和自主知识产权，科研的合作水平也处在较低层次，农民在生产经营过程中遇到的减排问题，缺乏有针对性的技术指导。基层农业推广机构对农业实现碳中和缺乏认识，从业人员的相关知识比较匮乏，无法满足农业生产实际中对减排的技术需求，更谈不上碳中和，专门从事与农业碳中和相关的专门科研机构、人才队伍和农技推广人员都亟待提高升级。

总的来看，目前河南省对农业减排和碳汇的政策和手段仍处于较为初级的阶段，各种可执行的措施原则性强于操作性，针对性不强且手段较为单一，促进低碳农业和绿色农业的政策缺乏透明度和务实性，与农业生产经营主体密切相关的权、责、利没有明确的规定。在政策实际执行中，往往优先照顾农业龙头企业或种植大户，对小农户的支持不足，但后者恰恰是农业实现碳中和的关键群体，没有小农户参与的低碳农业注定是不完整的，也是容易失败的。对农业碳汇的激励手段也通常局限在财政补贴和税收支持，对碳汇交易和市场机制的建立没有给予充分重视。

三、河南农业低碳转型策略和实现路径

1. 完善农业碳交易市场激励机制

在农业实现碳中和的过程中，碳交易是一个关键路径，它能够充分发挥市场机制在资源配置中的基础性作用，以较低的成本推动农业减排（黄巧龙等，2019），也能够实现农业和工业在碳中和方面的互通，工业通过碳交易购买农业固碳形成的碳汇，既有助于工业早日实现碳中和，也有助于反映整个社会减排的

边际成本和外部效益，增强碳交易定价的科学性和实用性。虽然目前我国尚未将农业纳入碳交易市场，但随着《全国碳排放权交易管理办法（试行）》等政策的出台，农业碳交易有望很快通过市场机制实现，这一点值得河南在今后的农业低碳转型政策制定中予以重视。从本质上讲，农业碳中和的实现，是政府治理能力现代化的一个重要方面，需要不断优化政策和市场之间的协同，需要借助制度的作用解决困扰农业高质量发展的问题。

农业碳中和是一个有机整体，其顶层设计来源于国家的各种政策法律法规，其运行手段来自市场的无形调控，碳交易市场是实现各类减排资源有效配置的最佳工具。农民作为农业碳交易市场的直接受益者，可以将农业生态效益形成的碳排放权转换为经济效益，在保证粮食安全和食品安全的同时，还增加了农民收入，有利于乡村振兴和共同富裕。例如，湖北省将贫困地区农业生产中形成的217万吨碳减排量纳入碳交易市场，直接为相关农民带来5000多万元的收益，值得在今后的政策制定中参考借鉴。

农业碳交易市场的稳健发展不可能一蹴而就，需要按照循序渐进的原则逐步推进。首先，需要分清楚主次矛盾和主要矛盾，抓大放小，将碳排放量较大的畜牧养殖业纳入强制控排范围，逐步做好农田管理和种养结合，调整养殖结构和种植结构。其次，具体到交易产品上，需要考虑到河南各地市的农业产业结构和发展层次，按照先易后难的原则，从比较容易入手的林业碳汇、湿地碳汇、新能源碳汇等，逐步扩展到农田管理碳汇、农业废弃物综合利用等难度较高的产品。最后，引导本地区所在的工业企业优先购买农业碳交易产品，选择低碳农业和绿色农业发展较好的地区作为试点，营造碳交易环境和农业改革创新意识，从规模化畜禽养殖优先着手，适时推广成功经验。

2. 提高政府现代化治理能力

我国的"双碳"目标主要是由顶层设计产生的，政府扮演着最重要的角色，主要表现在标准制定、碳汇确权、税收优惠、财政补贴等多个方面，通过各项政策的合理搭配，支持低碳农业和绿色农业的可持续发展和规模化发展，既要解决发展中存在的问题，又要引导未来发展前景的方向。因此，河南农业实现碳中和需要全省各地政府的适度干预，只有提高现代化治理能力，才能够有效地调动市场、公众和产业在此过程中充分发挥好各自的作用，才能保证形成共同治理的强大合力。

与低碳农业和绿色农业的要求相比，河南农业目前存在的主要问题是化肥农药使用量超标、能源消耗过度、农业经营主体组织化程度低等问题，要改变现状，就必须利用现代农业科技和产业化经营手段对农业进行迭代升级，其中农业生产性服务业社会化是关键。需要着力构建适合小农户生产的社会化服务体系，加强低碳农业基础设施的资金投入，形成有利于减少碳排放的能源消耗机制。在政策制定中，各级政府需要强化对低碳农业的行业指导，建立与碳中和相适应的农业服务标准和规范，加强对互联网、物联网和农业大数据的应用，因地制宜地设立本地化的农业信息服务平台，既满足农民对低碳农业的技术性指导要求，也满足政策执行中的实时监测需求，并通过更好地满足农民诉求推动社会化服务水平的提升。

农户在经营惯性的作用下，特别是考虑到低碳农业和绿色农业未来预期收益不确定的情况下，往往更倾向于固守传统的生产模式，而不愿意为绿色、低碳转型投入资金、设备等生产要素。因此，全省各级政府需要发挥税收和财政政策的导向性，一方面对愿意采用低碳设备和技术的农户提供各类政策支持，使之发挥出模范带头作用，另一方面对绿色、低碳的生产方式进入农业生产提供补贴，降低新技术的准入门槛，对积极投身低碳农业和绿色农业的经营主体给予更多的支持和补贴。同时，注重发挥政策的约束性作用，对拒不转型的高碳农业经营者进行强制性减排，征收碳排放税或令其购买碳汇指标，既达到控制碳排放的目标，又起到将落后产能清退出市场的作用。

3. 建立低碳农业多元化支撑体系

低碳的生产需要低碳的消费与之相匹配，对于全社会而言，政策制定需要引导公众对绿色观念的认知和消费模式的改变，合理控制对肉蛋禽奶的消耗，减轻畜牧业的排放压力。在国家立法层面，2021年4月29日第十三届全国人民代表大会常务委员会通过的《中华人民共和国反食品浪费法》明确规定：采取技术上可行、经济上合理的措施防止和减少食品浪费，提倡简约适度、绿色低碳的生活方式。因此，无论是从执行中央政策方面，还是从河南农业低碳转型的实际情况来看，都需要建立健全绿色消费制度，以低碳消费降低农产品生产压力，助力低碳农业和绿色农业。

在农业政策方面，除了已经出台的一系列以绿色发展为导向的政策，还需要明确以低碳农业为导向的政策、规范和标准，对农业碳排放和碳中和提出明确的约束性指标，明确相关涉农部门中具体负责碳中和的机构，保证农业减排固碳有规可依。农业实现碳中和是系统性工程，越早筹划就越利于实现碳中和，核心是科技进步，在相关配套政策中，既要激励和鼓励农业企业和科研机构在农业低碳技术方面投入更多的研发资源，也要构建与之相适应的农业、工业、科研三方信息交流管道，推动社会各界参与低碳农业的自觉性与自主性，早日实现农业碳中和。

在河南省农业生产实践中，以小农户为主的生产主体结构，决定了农户对转型风险的接受程度普遍较低，更倾向于采用传统的生产方式。无论是从减排还是固碳的角度，都需要大力推广以低碳农业和绿色农业为特征的现代农业转型，在政策制定中突出对农业生产方式的倾向性，奖励主动实施低碳农业的经营主体，引导小农户参与低碳农业并给予实实在在的经济效益。在思想观念上，河南省各地涉农部门需要结合本地区特色，采取多种宣传手段，积极组织低碳农业科普和相关农技培训，与全面推进乡村振兴战略相协同，传播低碳观念和低碳生产生活模式。在调整优化畜牧业比例的前提下，今后碳中和的重点是化肥使用减量化，提高化肥利用率就显得至关重要。在我国化肥工业以煤炭为主原料这一事实下，在生产端需要减少单位化肥的综合能耗，提高化肥（特别是尿素）的施用后利用率；在生产条件上，在农户自愿的基础上，通过有目的的组织化行为，引导农户通过土地流转实现土地的集中连片耕作，以规模化、集约化生产方式减少不必要的化肥施用和能源消耗。

参考文献

［1］王留鑫，姚慧琴，韩先锋.碳排放、绿色全要素生产率与农业经济增长［J］.经济问题探索，2019（2）：142-149.

［2］欧阳志远，史作廷，石敏俊，等."碳达峰碳中和"：挑战与对策［J］.河北经贸大学学报，2021，42（5）：1-11.

［3］杨长进，田永，许鲜.实现碳达峰、碳中和的价税机制进路［J］.价格理论与实践，2021（1）：20-26+65.

［4］金书秦，林煜，牛坤玉.以低碳带动农业绿色转型：中国农业碳排放特征及其减排路径［J］.改革，2021（5）：29-37.

［5］胡婉玲，张金鑫，王红玲.中国农业碳排放特征及影响因素研究［J］.统计与决策，2020，36（5）：56-62.

［6］黄巧龙，曾京华，陈钦.乡村振兴村农参与碳汇项目意愿研究［J］.林业经济问题，2019，39（4）：363-369.

黄河流域绿色高质量发展的鹤壁实践

秦福广

（河南省社会科学院鹤壁分院，鹤壁　458031）

摘要： 绿色是践行新发展理念的核心要义，是城市高质量发展的重要前提。黄河流域生态保护和高质量发展的国家战略对我国实现区域协调发展，贯彻落实习近平生态文明思想具有重要意义，同时，对黄河沿岸各地区提出了明确的要求。鹤壁市作为黄河流域河南段主要城市之一，近年来，在绿色发展理念的引领下，鹤壁市通过发展绿色循环发展模式、推动产业绿色升级、构建河流域生态保护模式、倡导绿色低碳生活、筑建绿色文化建设等生产生活方式，走出了一条富有特色、充满活力、绿色转型的城市高质量发展之路，并通过数智赋能推动绿色低碳科技革新，正在努力创建国家生态文明建设示范区，开辟城市高质量发展的新赛道。

关键词： 绿色发展；生态文明；高质量发展；鹤壁

一、引言

绿色代表着生命、健康与活力，是可持续发展与高质量发展的象征。生态文明建设关系到中华民族永续发展的千年大计，绿色发展是进行生态文明建设的必然选择和重要手段。党的十八大以来，在习近平生态文明思想的科学指引下，全国始终坚持绿色发展理念，坚持"绿水青山就是金山银山"的理念，全方位、全地域、全过程加强生态环境保护，生态环境保护发生了历史性、转折性、全局性变化。党的二十大报告指出，到 2035 年，我国要广泛形成绿色生产生活方式，碳排放达峰后稳中有降，生态环境根本好转，美丽中国目标基本实现。城市发展应通过推进绿色生态建设，让城市高质量发展更具活力、更可持续。

二、绿色发展推动高质量发展的理论基础

高质量发展是绿色成为普遍形态的发展，现代化必须以人与自然和谐共生为

作者简介：秦福广，河南省社会科学院鹤壁分院研究实习员。

基本前提。坚持人与自然和谐共生，不是不发展、不作为，而是要通过高质量的绿色发展，实现人与自然和谐共生的现代化。要以绿色发展理念引领高质量发展，要切实推动生产和生活体系向绿色化转型。城市高质量发展表现为城市经济活力的涌现、城市创新力的增强、城市竞争力的提升、城市生态环境的优化、城市精神文明的进步，是经济、政治、社会、文化、生态的全面发展。绿色与城市高质量发展紧密相关，是城市从追求速度经济转向高质量发展的重要标志，是实现中国式现代化的重要价值指标。具体作用机制如图1所示。

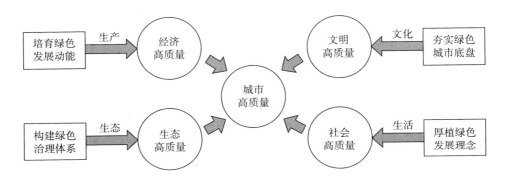

图1　绿色推动城市高质量发展的作用机制

三、绿色高质量发展的鹤壁实践

（一）绿色发展让城市更有里子

绿色发展构建高质量现代化经济体系的必然要求。绿色经济作为以市场为导向、以传统产业为基础、以经济与环境和谐发展为目标的新型经济形式，讲究效率、和谐、持续，与产业经济发展密切相关，是一种可持续发展的经济业态。以绿色发展引领传统产业优化升级和绿色产业培育，是推动资源型城市可持续发展的关键所在，资源型城市必须坚持发展绿色经济才能实现高质量发展，进而推动城市产业发展的质量变革、效率变革和动力变革。近年来，鹤壁市在推动城市绿色经济发展上，聚焦发展循环经济模式、大力推动传统产业绿色升级，走出了一条示范显著的资源型城市转型升级之路。

在发展循环经济模式方面，自2004年在河南省率先提出发展循环经济以来，鹤壁市按照"减量化、再利用、资源化"原则，大力发展循环经济，推广循环经济标准化工作，循环经济发展层次和水平不断提高。一是依靠鹤煤集团等龙头企业的带动，通过建设多类综合利用项目，将生产废弃物重加工成新型建材、循环利用生产废水、生产余热转换为集中供暖暖气，在全市范围大力构建循环型工业体系。二是按照"植物生产、动物转化、微生物还原"的农业循环经济理念，调整优化农牧业结构，最大限度地利用农业资源，促进农业领域节能减排，提高利用效率，努力建设循环型农业。三是着力构建循环型城市体系，大力推广新型墙体材料和地热、太阳能等可再生能源在建筑工程中的应用。四是不断加大环保基础设施建设，污水处理厂中水回用工程已经建成，污水回收利用后作为工业用水、景观用水，促进水资源循环利用。

在推动传统产业绿色升级方面，以鹤壁元昊化工公司为代表的新型绿色工业企业，绿色低碳转型成为其可持续发展的方向。作为国家级绿色工厂，元昊化工在绿色浪潮中通过采用先进的生产工艺，秉承物料循环使用、废弃物综合利用的理念，使整个生产过程安全环保。在生产工艺上，在生产橡胶硫化促进剂产品时，元昊化工采用的是"一步水法"工艺，在生产出高纯度高品质产品的同时，产生的副产物少、环保性好。在生产车间中，元昊化工实现了全自动化生产橡胶硫化促进剂，不仅使车间作业环境得到较大改善，而且实现了生产所需原料的循环使用，更加安全、清洁、环保。生产技术研发方面，元昊化工先后与河南省化工研究所、清华大学、南京大学等院校和科研机构建立了长期合作关系，成立的研发团队完成了多项产品清洁工艺开发技术，在提高了资源综合利用率的同时使企业清洁生产技术水平进一步提高。

（二）绿色生态增添城市生命活力

绿色生态代表着城市的健康肌体和旺盛生命力。生态保护是生态文明建设的一项重要基础性工作，是坚持绿色生态发展理念、推动高质量发展的重要手段。城市的绿色空间网络、绿色空间综合功能和生态治理体系是评判绿色城市生命活力的重要方面，而丰富绿色生态将有利于三个方面的构建与完善。第一，丰富绿色生态助力城市构建绿色空间网络。第二，丰富绿色生态助力城市完善绿色空间综合功能。第三，丰富绿色生态助力城市完善生态治理体系。

在构建绿色空间网络和发挥绿色空间功能方面，鹤壁市以创建中国美丽城市典范、国家生态园林城市为契机，持续推进"全域植绿、绿满鹤壁"，围绕"一带、一心、三片区、五绿廊、多蓝脉、多节点"的城市绿网体系建设，统筹城乡生态建设，全面持续推进国土绿化、生态修复、绿化提质等工作，实施各类绿化项目 500 余项，投资 200 亿元，新增绿地 550 万平方米，公园绿地 570 万平方米，目前全市建成区绿地面积达到 2700 余万平方米，公园绿地面积 1050 万平方米，建成区绿地率达 40% 以上，建成区绿化覆盖率达 45% 以上，人均公园绿地面积超过 20 平方米，公园绿地服务半径覆盖率达 98% 以上，构建形成"山水相依，绿廊交织，生态宜居"的生态绿地格局。

在推进绿色生态保护和完善生态治理体系方面，以淇河流域生态保护模式为代表的"鹤壁生态保护模式"取得了显著有效的成果。2022年3月，生态环境部门发布全国首批18个美丽河湖优秀（提名）案例，淇河鹤壁段作为河南省唯一获此殊荣的河流，入选美丽河湖提名。曾几何时，淇河因受降水年内分配不均、丘陵山区地形和人为活动的影响，导致生态流量不足，甚至呈一度季节性断流，生态严重退化，生物多样性减少，水质面临城市黑臭水体的威胁。针对这些问题，鹤壁市以立法保护为先导，多策并举，持续实施"三水统筹""城河共治"，协同推进污染治理和生态修复。首先，以立法为手段，为美丽淇河划定制度红线，将淇河保护纳入法治化、常态化轨道。其次，针对沿河两岸工农业污染源和农村环境进行了综合整治，同时积极推进建成区黑臭水体治理。再次，为缓解淇河水量小、季节变化大、下渗严重、干旱季节断流等问题，恢复生物生境，统筹实施了增水节流、人工湿地、生态建设等一系列措施。最后，为提升淇河管理智能化水平，科学治河，编制实施了淇河保护专项规划，大力推进智慧河流建设。

（三）绿色生活让城市更低碳

绿色生活是对人民日益增长美好生活需要的积极回应。绿色低碳是推动城市补齐发展短板，推动城市更新改造，实现高质量发展的必由之路。党的二十大报告明确提出，推动经济社会发展绿色化、低碳化是实现高质量发展的关键环节。城市高质量发展的前提和基础是做好眼前与长远利益的取舍，架起生产与生活绿色转型的连通桥梁。

在坚持推行绿色低碳生活方面，鹤壁市秉承"企业为主、政府推动、技术创新、居民可承受、运营可持续"的工作思路，形成了独有的清洁取暖"鹤壁模式"。紧紧围绕"三年清洁取暖率100%，散煤取暖全部清零"的工作中心，因地制宜，多措并举。首先，两侧同步改造。推广"热源侧"和"用户侧"双侧同步改造，热源侧全面加快热源清洁化改造，按照"集中为主，分散为辅""宜气则气，宜电则电"的原则，全面实现城区、县城、城乡接合部清洁取暖全覆盖。其次，落实"清洁供、节约用、投资优、可持续"的总体思路。一是热源精选清洁供，确定低温空气源热风机为农村主导技术路径，选择规模小、距城区远、生物质资源丰富的村庄探索推进数字化智能生物质炉取暖，降低运行成本。二是降低能耗节约用，提高建筑用能效率，新建居住建筑全面执行75%的节能设计标准，既有建筑能效提升改造效果不低于30%。三是合理配比投资优，着眼农民拿得起，出台补贴政策；着眼财政补得起，"双侧同推"农民户均补贴1万元左右，地方财政可负担得起。四是后期运行可持续，严控清洁取暖产品质量，低温空气源热风机、生物质炉均实现智能化控制，使用方便，故障率低，推行一站式服务，确保清洁取暖项目持续健康发展。再次，坚持"房保温"和热源改造同步推进。大力推进能效提升改造，改善既有居住建筑热性能，推动农房降低能耗，提高农房居住舒适度，降低冬季采暖支出，确保清洁取暖项目运行效果可持续、有保障。最后，通过从高效的组织领导机制、完备的工作推进机制、系统的政策引导机制、领先的技术创新机制、科学的资金补贴机制五个方面发力，不断完善清洁取暖机制。

（四）绿色文化夯实城市文明底盘

精神文明是城市发展的上层建筑，是现代化建设的重要目标和特征，涵盖了社科文化、思想道德等重要方面，体现了城市的文明程度和社会风尚。绿色文化是可持续发展的文化，绿色文化与城市文明相辅相成，以厚植绿色文化夯实城市精神文明底盘，能够有效构筑起推动城市高质量发展的绿色文明，能够加快构建资源节约型、环境友好型社会。建设新时代的绿色文化，重返人与自然和谐相处的美好状态，要以绿色文化创新现代文化，指导绿色发展、促进社会绿色转型与个人全面发展，才能实现人与自然的和谐相处，进而达成人们对于美好生活的向往。

在绿色文化建设方面，鹤壁市作为国家生态文明建设示范市，坚持生态优先、绿色发展的高质量发展之路，推动全域生态文明建设，培育特色生态文化，开展绿色细胞创建。鹤壁市城乡一体化示范区着力打造了将淇澳翠境园、淇水樱华园、朝歌文化园等生态文化公园串联为一体的淇河生态风貌带，形成了独有的绿色生态和文旅发展反哺共生模式。一是打造特色文旅业态。以淇河为纽带，提质升级现有自然景观，深度挖掘殷商、春秋时期历史文化资源，以旅游项目为驱动，以建业绿色基地、朝歌文化园、淇水关遗址公园等主题园区为载体，构建了层次丰富的淇河诗意生态文化观光带。二是提升运营服务效能。完善提升旅游道路、景区停车场、旅游安全以及资源环境保护等基础设施，构建全区多级旅游服务中心体系。三是扩大旅游"朋友圈"。开展文博会、世博会、房交会等"会展游"，樱花节、新春文化节等"节庆游"，开展马拉松、赛龙舟等"赛事游"，形成"春来赏樱花、夏来游淇河、秋来赏文博、冬来逛庙会"的独特景致与游憩方式，打造淇河风貌带代表性品牌活动。

（五）数智赋能与环境治理

数字化和绿色化不仅是当今世界发展的两大趋势，也是相互依存、相互促进的孪生体，以数字化赋能绿色化，以绿色化牵引数字化，将产生"1+1>2"的整体效应。绿色发展必须依托创新发展所拥有的科技力量与智能资源，以生产与经营领域的科技创新成果为支撑，借力科技成果、劳动者知识与智慧把生产成本、经营成本降到最低，把生产和经营过程中产生的废弃物及其对环境造成的影响降到最低，依靠科技创新破解绿色发展难题特别是关键技术难题，形成人与自然和谐发展新格局。

2021年10月9日，鹤壁市入选国家十大智能社会环境治理特色实验基地，系全国唯一入选的省辖市。国家智能社会治理实验基地（环境治理）主要建设内容有四个部分：一是智能环境治理应用场景搭建，包括基于人工智能的环境治理合力支撑应用、基于人工智能的生态环境决策支撑应用、基于人工智能的非现场环境执法应用、基于人工智能的生态环境公众服务应用；二是智能环境治理经验理论总结，包括总结省辖市智能社会下的现代化生态环境治理合力体系经验理论、总结省辖市环境治理决策智慧支撑体系经验理论、总结基于智能治理的非现场环境执法应用经验理论、总结智能社会治理背景下生态环境公众服务体系经验理论；三是制定智能环境治理政策标准，包括省辖市现代化生态环境合力治理制度研究、省辖市环境治理智慧支撑精准决策制度研究、基于智能治理的生态环境非现场执法制度研究、智能社会治理背景下生态环境公众服务制度研究；四是建立适应智能环境管理机制，包括省辖市现代化生态环境合力治理机制研究、省辖市环境治理智慧支撑精准决策模式研究、基于智能治理的非现场环境执法制度研究、智能社会治理背景下生态环境公众服务模式研究。

参考文献

［1］方世南.习近平生态文明思想的永续发展观研究［J］.马克思主义与现实，2019（2）：15-20.

［2］高敬，黄垚.建设天蓝地绿水清的美丽家园［N］.新华每日电讯，2022-09-23（003）.

［3］卫思谕.推动我国发展方式绿色转型［N］.中国社会科学报，2023-03-24（005）.

［4］潘碧灵.让绿色成为高质量发展最鲜明的底色［N］.人民政协报，2022-03-04（010）.

［5］王早霞.绿色发展是转型发展的重要标志［N］.山西日报，2021-05-17（004）.

［6］盛广耀.习近平城镇化绿色发展理念的科学内涵与实践路径［J］.中南林业科技大学学报（社会科学版），2022，16（1）：1-7.

［7］任保平，慕小琼.新发展阶段我国绿色发展的现代化治理体系构建［J］.经济与管理评论，2023，39（4）：5-16.

［8］贾平凡.绿色产业助力中国高质量发展［N］.人民日报（海外版），2023-04-17（010）.

［9］刘志仁.厚植绿色生态优势推进高质量发展［J］.中国党政干部论坛，

黄河流域绿色高质量发展的鹤壁实践

2018（11）：82-83.

［10］徐嘉祺，刘雯. 新时代绿色生活方式转型面临的困境与对策［J］. 理论探讨，2023（3）：169-174.

［11］洪富艳，万齐昊. 新发展阶段绿色文化体系构建与实施路径探讨［J］. 文化创新比较研究，2022，6（34）：190-193.

［12］李慧泉，简兆权，毛世平. 数字经济赋能高质量发展：内在机制与中国经验［J］. 经济问题探索，2023（8）：117-131.

河南沿黄地区生态产品价值实现：
现实困境、推进机制与应对策略

王　岑

（河南省社会科学院经济研究所，郑州　450002）

摘要：推动沿黄地区生态产品价值实现，既是河南践行"两山"理论的重大实践，也是落实黄河战略的应有之义。针对河南沿黄地区生态产品价值实现进程中存在的系统性生态脆弱、传统产业模式转型承压、环境治理能力薄弱、绿色发展体制机制滞后等制约因素，从空间分区机制、产权管理机制、价值评估机制、产业开发机制四个维度，构建了河南沿黄地区生态产品价值实现机制，进而从推进生态环境保护、促进农文旅产业融合、提升环境治理能力、完善绿色发展体制机制等层面，提出了河南沿黄地区生态产品价值实现的对策建议。

关键词：沿黄地区；生态产品价值；实现机制

一、河南沿黄地区生态产品价值实现的突出困境

在全面建设现代化河南新征程上，推动沿黄地区生态产品价值实现对全面推动绿色低碳转型、高水平建设美丽河南，具有重要的实践意义。目前，河南沿黄地区生态治理存在诸多突出短板，制约着河南沿黄地区生态产品价值实现进程。

（一）沿黄地区系统性的生态问题凸显

长期以来，河南沿黄地区主要处于生态环境相对脆弱带，整体性、系统性生态问题突出，森林面积总量仍然偏小，林种、树种结构不尽合理。流域内大部分国土面积降水年际间丰枯变化频繁，水资源时间分配与需水过程不匹配。区域内土地开发利用强度较高，城镇建设与生态空间矛盾加剧。资源环境约束日益加剧限制了河南沿黄地区生态产品价值实现进程。

作者简介：王岑，河南省社会科学院经济研究所研究实习员。

（二）沿黄地区经济模式绿色转型承压

当前，河南沿黄地区工业结构重型化突出，资源能源型工业比重较大，能源原材料工业增加值占比较高，有色金属、煤化工、建材等重污染行业分布较为集中，高耗能高污染行业转型升级步伐不够快，传统产业含绿量少，缺乏较强竞争力的新兴产业集群，重污染企业搬迁改造工作有待进一步提升。河南产业发展模式仍较为传统，生态红利尚未充分转化成经济红利和富民优势，变绿水青山为金山银山的两山转化通道亟须打通。

（三）沿黄地区环境风险问题依然存在

长期以来，河南沿黄地区环境风险压力较大的局面未得以根本性解决，生态产品价值实现面临较为严峻的环境治理压力。区域生态用水不足，部分河段有断流现象和污染情况。全省各类风险源企业数量多，土壤环境重点监管企业数量多。河南沿黄流域9个省区间的环境风控体系、应急处置体系、联动预警体系、联合执法体系、生态补偿体系尚未健全，流域一体化的环境治理能力仍需进一步加强。

（四）沿黄流域绿色发展体制机制滞后

河南绿色低碳发展制度仍不健全，治理体系尚不完善。在重点领域缺少与实际需要相匹配的地方性法规和规章。在生态环境保护目标考核和责任追究、生态环境保护决策、生态创建激励机制、环境治理和生态修复等方面的工作机制还不够健全。生态产品价值实现机制滞后，存在着资源产权困境、价值核算及定价困境、交易机制困境、价值变现困境、金融支撑困境、技术实现困境六大困境，制约着河南沿黄地区绿色低碳转型和生态产品价值实现的实践进程。

二、推进河南沿黄地区生态产品价值的实现机制

科学有效的价值实现机制是破解河南沿黄地区生态产品价值实现的困境，推动生态产品价值实现的根本性制度保障，从而拓宽"绿水青山"向"金山银山"转化的路径。

（一）构建空间分区机制，厘清生态资源产品空间分布特征

生态资源的空间分布特征是影响生态系统服务功能及其生态产品价值实现效能的重要因素之一。根据河南沿黄9市1区的实际情况，将其生态资源划分为森林、草地、湿地、农田、城市等不同的功能区域，进而根据其分布特征进行河南沿黄地区生态产品空间分区，为厘清沿黄地区生态系统服务功能奠定基础。根据河南沿黄地区生态资源功能特征，将沿黄9市1区生态资源按照生态保育区、农业生产区、林业生产区、渔业生产区、水资源管理区等不同的功能区域进行划分，便于探索其价值实现路径。同时，综合考虑沿黄地区人口分布、城镇化水

平、经济活跃度等人类活动因素对其生态功能的影响，统筹"经济—社会—生态"综合影响因素，构建生态资源空间分区机制，进而科学划分河南沿黄地区生态资源空间及其分布特征，推动其生态产品价值实现。

（二）构建产权管理机制，加强生态资源产品权属制度保障

科学合理的生态产品产权机制是推动生态产品价值实现的重要基础。结合河南沿黄地区生态资源分布状况及其功能分区，围绕生态产品的所有权、使用权、收益权和处置权等进行科学研判，开展沿黄地区生态产品产权管理机制探索，一是开展河南沿黄地区生态产品确权管理。针对河南沿黄流域森林、草地、湿地、农田等不同的生态产品，开展生态资源调查和评估，确定基本信息，明确生态产品的所有者和使用者的权利和责任。二是探索河南沿黄流域生态产品用途管制机制。针对沿黄地区不同类型的生态资源和生态产品，建立生态产品使用规划和管理制度，对生态产品的开发、利用、保护等活动进行审批和监管，确保河南沿黄地区生态产品的合理利用和保护。三是探索河南沿黄地区生产产品产权流转机制。结合河南沿黄9市1区生态产品市场发展状况，在河南沿黄地区建立交易市场，将生态产品产权交易各事项做明确的规定，促进其流转和交易，提高生态产品的经济价值和社会效益。

（三）构建价值评估机制，筑牢生态产品价值实现科学依据

构建河南沿黄地区生态产品价值核算评估机制，为政府制定生态产品价值实现的相关决策、规划以及各类市场主体进行市场交易提供科学依据。一是加快构建河南沿黄地区生态资源调查监测机制。构建统计调查监测评价体系，对河南沿黄流域植被覆盖度、土地利用情况、水资源等信息进行采集，形成专属目录清单，为生态产品核算评估提供基础数据支撑。二是探索建立河南沿黄地区生态产品价值核算机制。针对河南沿黄地区森林、草地、湿地、农田等不同的生态产品，探索构建核算体系和核算规范，综合采用定量分析工具，分领域、分区域、分行业开展核算和评估，探索生态产品定价方法和定价机制。三是开展河南沿黄地区生态产品价值核算评估试点。针对不同的生态产品，在洛阳、郑州、新乡、开封等地选择有代表性的生态系统，开展以生态产品实物量为重点的生态价值核算试点，通过先行先试，探索可推广可复制的经验。

（四）构建产业开发机制，探索生态产品价值实现模式路径

构建河南沿黄地区生态资源产业开发机制，将沿黄地区各类优质生态资源转化为可持续的生态产品和服务，并通过市场化手段实现价值增值，促进生态保护和经济发展的良性循环。一是构建河南沿黄地区生态产品经营开发机制。建立沿黄地区生态产品交易中心，促进其交易和流通。同时，多方面强化政策支持，鼓励、引导和支持生态产品经营开发，并强化法律保障机制，加强对违法行为的打

击和惩处。二是推动河南沿黄地区生态产业化发展。出台系列制度安排，强化发展规划指引，明确生态产业的发展方向、目标和重点任务，引导和推动生态产业的发展。同时，发挥生态产业龙头企业作用，提高沿黄地区生态产业的辐射力着力推进生态产业园区建设，引导企业集聚发展，形成产业集群效应。三是探索河南沿黄地区生态产业典型模式。针对不同类型的生态资源，借鉴湖南十八洞村、浙江丽水、武汉"花博汇"等典型生态资源产业化模式，多角度探索适合河南沿黄地区生态产业化和产业生态化发展的模式和路径，推动河南沿黄地区生态产业健康发展。

三、推动河南沿黄地区生态产品价值实现的对策建议

河南沿黄地区具有独特的绿色资源和乡土文化优势，需要坚持辩证思维，顺应绿色发展大势，立足自身特色，以构建生态产品价值实现机制为保障，以推动生态产业化为抓手，化地理劣势为发展优势，变绿水青山为金山银山，推动生态产品价值实现。

第一，推进生态恢复和环境保护。通过完善财政投入长效机制、加快建立流域横向生态保护补偿机制等方式，建立河南沿黄地区水资源保护基金制度。探索河南沿黄地区生态产品协同管理机制，通过统筹水资源、水环境、水生态协同治理，实施水、大气、土壤污染综合治理，"一河一策"治理污染较重河流，规范化建设沿黄流域水源保护区，通过加强森林、草原、湿地、湖泊等自然生态系统的保护和修复，提高植被覆盖度和水源涵养能力，从而实现生态产品价值的提升。

第二，促进农文旅产业融合。河南沿黄地区要立足生态产业发展特征，充分发挥创新引领作用，在文化创意先导模式、特色产业主导模式、龙头景区带动模式、自然风光旅游模式、民俗文化展示模式等经济形态的基础上，大力发展创意经济和绿色经济，把握农文旅融合的需求品质化、休闲化趋势，进一步探索休闲度假、健康养生、网红民宿等沟域经济新形态，为沿黄地区乡村振兴集聚发展新势能。

第三，提升环境治理能力。制定和完善生态产品保护的法律法规，为生态产品价值实现提供法律保障。建立生态产品环境司法保障机制，强化生态产品环境司法保障力度。鼓励支持社会组织参与生态产品的保护、开发和利用，支持各类社会组织、企业和个人参与生态产品的监督、评估、认证、咨询等工作。

第四，完善绿色发展体制机制。由第三方评级机构、政府部门和行业协会协同发力，制定河南沿黄地区生态产品价值实现相关的绿色金融评级机制，建立生态产品绿色评级体系。加强生态产品价值实现科技创新平台建设，推动生态产品

价值实现关键技术研发应用，构建绿色技术创新体系、河南沿黄地区生态产品绿色认证统计体系和绿色认证标准体系。

参考文献

［1］李斌. 黄河流域丘陵山区乡村振兴的生态产品价值实现模式及路径［J］. 中共郑州市委党校学报，2021，174（6）：31-34.

［2］杨波，潘福之，庞瑄. 广西生态产品价值实现路径［J］. 中国金融，2023（5）：65-66.

［3］朱锦维，柯新利，何利杰，等. 基于价值链理论的生态产品价值实现机制理论解析［J］. 生态环境学报，2023，32（2）：421-428.

黄河流域生态保护的几点思考

王　峥

（河南省社会科学院纪检监察研究所，郑州　450002）

摘要： 黄河流域生态保护事关中华民族伟大复兴和永续发展，要正确处理发展过程中的长期目标与短期目标之间的关系。通过水质监管、污水处理、治理污染等措施，持续开展污染防治攻坚战。针对上游、中游、下游生态环境遭受破坏的不同特点，开展植树造林、涵养水源、治理水土流失。因时因地制宜，探索农业发展新模式。坚持中央统筹、省负总责、市县落实的工作机制，加强流域内水生态环境保护修复联合防治、联合执法。

关键词： 黄河流域；生态保护；高质量发展；县域治理

习近平总书记在黄河流域生态保护和高质量发展座谈会上强调，要科学分析当前黄河流域生态保护和高质量发展形势，把握好推动黄河流域生态保护和高质量发展的重大问题，咬定目标、脚踏实地，埋头苦干、久久为功，确保"十四五"时期黄河流域生态保护和高质量发展取得明显成效，为黄河永远造福中华民族而不懈奋斗。黄河流域作为中华文明的发源地之一，既是中华民族自强不息的沃土，也是中华民族坚定文化自信的重要根基。保护黄河是事关中华民族伟大复兴和永续发展的千秋大计。我们要在黄河流域生态保护和高质量发展战略的指导下，正确处理长期目标与短期目标的关系，遵循轻重缓急、因地制宜等原则，逐步解决发展中的关键问题和难点问题，从而实现黄河流域生态保护和高质量发展并行不悖。

一、铁腕治理污染，强化水质保护

确保黄河水质，是黄河流域各级政府的政治责任。为保水质，国家在黄河流域设置了禁养区、限养区、水源一级保护区、二级保护区和国家级重点湿地等特殊功能区，对生产发展均有限制，广大群众在生产实践中要自觉做到"有树不能

作者简介：王峥，河南省社会科学院纪检监察研究所。

伐、有鱼不能捕、有矿不能开、有畜不能养"。一要持续完善水质检测能力。上游要以三江源、祁连山、甘南黄河上游水源涵养区等为重点，推进实施一批重大生态保护修复和建设工程，提升水源涵养能力。设省定地表水断面、点位监测点，围绕水质监测，建立多个环境监测应急中心。二要持续加强污水处理能力。黄河流域是我国电力、化工、钢铁、建材、有色冶金等重化工业集聚的区域，致使黄河干流和汾河、伊洛河等支流水环境压力加大，沿黄城市的水环境治理任务突出。黄河流域很多县域目前已基本建成覆盖全县的污水和垃圾处理体系，应继续加大投资，对县域内的黑臭水体进行全面治理。三要全面加强污染监管。可成立黄河流域县级综合执法大队，将交通运输等7个职能部门144项行政处罚权和行政强制权委托给执法大队，适用水质保护。同时，建立环保监管、村级护水、库区巡查员的巡查和饮用水水源地风险应急防控制度，实现护水保水制度化、常态化、立体化、网格化。四要持续开展污染防治攻坚战。坚持"谁开发谁保护，谁利用谁补偿"的原则，建立跨流域调水的资源补偿机制，由国家相关部门和省级政府协调，由受水区按照使用量提供相应的资源补偿费用。在进行区域环境容量与环境承载能力系统分析的基础上，制定有效的"三线一单"（生态保护红线、环境质量底线、资源利用上线和生态环境准入清单）落实措施，最大限度地保护生态环境。例如，黄河流域某县，在全县连续关停一百多家较大型高污染企业的基础上，又集中强制取缔了200多家"小、散、乱、污"企业，展现出打好污染防治攻坚战的决心。

二、持续封山造林，筑牢生态屏障

水质如何，表现在水里，根子在山上。为防止水土流失、涵养水源，近年来黄河流域各地政府立足本地情况，因地制宜，持续筑牢库区生态屏障，在造林绿化方面下苦功夫。一是提升造林速度，重点实施荒山造林、廊道绿化、湿地修复等工程，构建环河和环城生态圈。二是发挥市场作用，发挥政策和财政资金的杠杆作用，把重点区域的造林绿化全部推向市场，采取企业和大户承包、专业队造林等市场办法，引进有实力的公司参与林业项目，着力解决资金短缺、管理缺位、效益低下等问题。三是健全防护网络，组建县、乡、村三级专业扑火队伍，结合水上巡逻艇、森林防火无人机，实施"陆、水、空"三位一体的巡查防护，有效维护森林资源安全。

黄河生态系统是一个有机整体，要充分考虑上中下游的差异。上游要以三江源、祁连山、甘南黄河上游水源涵养区等为重点，推进实施一批重大生态保护修复和建设工程，提升水源涵养能力。中游要突出抓好水土保持和污染治理。水土保持不是简单挖几个坑种几棵树，黄土高原降雨量少，能不能种树，种什么树合适，要研究清楚再开展行动。有的地方要大力建设旱作梯田、淤地坝等，有的地方则要以自然恢复为主，减少人为干扰，逐步改善局部小气候。对汾河等污染严重的支流，要下大气力推进治理。下游的黄河三角洲是我国暖温带最完整的湿地生态系统，要做好保护工作，促进河流生态系统健康，提高生物多样性。

三、坚持短中长结合，探索发展新路

针对有些市县全域均在水源一级保护区、二级保护区和国家级重点湿地等特殊功能区内，群众"有树不能伐、有鱼不能捕、有矿不能开、有畜不能养"的特殊情况。我们要结合实际，积极探索生态农业发展新模式。一是积极探索"短、中、长"三线结合的绿色发展模式。"短线"产业重点发展食用菌、小龙虾、中药材等短平快项目；"中线"产业重点发展以软籽石榴、薄壳核桃、大樱桃、杏李为代表的经济林果，林下套种丹参、油牡丹、黄姜、花生等经济作物，实现长短互补、以短养长；"长线"产业重点发展生态旅游，确保未来可持续。二是构建小农户与现代农业生产利益联结机制。探索实施"三权"分置，土地所有权归村集体、承包权归农户、经营权归龙头企业，找准群众和经营主体利益的结合点，农户拿地入股合作社，合作社负责种植、管理，经营主体负责苗木、农资、技术和销售，净收益由农户、经营主体和合作社按约定比例分红。例如，某镇发展油用牡丹 1 万亩，带动 1200 户农户参与，农户仅每年务工就增收 7000元以上。三是利用农村电商平台提升品牌效益。借助电子商务进农村示范县项目，引进阿里巴巴、京东等知名电商企业，高标准建成电商产业园，构建了县、乡、村三级电商服务体系，把黄河流域的特色农产品通过网络卖出好价钱，提升农产品知名度，拓宽了销售渠道，大大提高了农产品效益。

四、切实转变观念，构建长效机制

要坚持中央统筹、省负总责、市县落实的工作机制。中央层面主要负责制定全流域重大规划政策，协调解决跨区域重大问题，有关部门要给予大力支持。省级层面要履行好主体责任，加强组织动员和推进实施。市县层面按照部署逐项落实到位。要完善流域管理体系，完善跨区域管理协调机制，完善河长制湖长制组织体系，加强流域内水生态环境保护修复联合防治、联合执法。针对县域治理，提出以下五点要求：

第一，因地制宜、科学谋划是前提。每个县的县情不同，发展基础不同，在发展思路谋划上，要坚持"不唯上、不唯书、只唯实"的唯物主义观点。要结合自身实际，突出地方特色，避免同质化，谋求差异化发展。要站在国际、国内和全省的大格局中去审视县域发展，跳出县域看县域，在比较中敲定发展思路。

近年来，某县结合特殊的区位和功能，因地制宜走出了一条"水质至上、生态优先"的绿色发展路子，成效显著。实践证明，县域经济体量较小、地方特色浓厚，必须坚持突出特点、因地制宜、科学谋划，才能走上一条高质量发展之路。

第二，有解思维、破解难题是关键。各地在发展中都会遇到这样那样的问题，这些问题看似矛盾和无解，实际都有答案。例如，在处理经济发展和环境保护的问题上，要坚持辩证统一思想。严格的环保要求，确实限制了黄河流域各县的经济发展，但同时也倒逼了加快经济转型升级，实际上给新一轮发展提供了先机。

第三，敢于探索、紧跟潮流是抓手。要实现生态文明与经济社会融合发展目标，必须加快经济结构的转型升级，适应生态文明发展要求，实现以绿色产业带动绿色发展。近年来，伴随着互联网信息技术发展诞生的诸如电子商务、直播带货、仓储物流等新兴业态，给市场需求和商业模式带来了结构性变革，也为实现生态文明与经济社会融合发展提供了新的平台与机遇。谁敢为人先，能够在变局中开新局，谁就能抢占发展高地，在新一轮发展竞争中脱颖而出。

第四，以人为本、共建共享是灵魂。实现高质量发展的根本目的仍然是将发展成果与人民共享，脱离了这个根本，高质量发展就没有生命力。地方发展必须将生态保护与人民福祉紧密相连，将生态文明建设带来的物质财富与精神财富与人民共享，让群众享受到绿色发展带来的获得感与幸福感，为绿色赋予活力。

第五，强化治理、创优环境是保障。实现高质量发展，离不开良好的政治环境、稳定的社会环境和优质的服务环境，这些在县域经济发展中表现得尤为突出。营商环境的优劣、社会风气的好坏，有时甚至能够很大程度上决定县域经济的发展走向。实践证明，良好的软环境与经济发展相得益彰、相互促进，是加强县域治理、实现县域绿色高质量发展的重要保障。

我们要谨遵习近平总书记的教诲，"保持历史耐心和战略定力，以功成不必在我的精神境界和功成必定有我的历史担当"，既要谋划长远，又要干在当下，一张蓝图绘到底、一茬接着一茬干，让黄河永远造福人民。

黄河文化空间的数字化建构
困境与创新路径

席　爽

（河南省社会科学院，郑州　450002）

摘要： 中国经济社会的高速发展将数字化渗透到现代化建设的方方面面，提升国家文化软实力需要建构符合新时期文化交流方式和受众偏好的传播路径。黄河文化空间数字化建构对阐释黄河文化时代价值，推进黄河文化数字化呈现和广泛传播有重要的现实意义。因而，本文在分析文化空间数字化构建概况及数字化黄河文化空间构建面临的困境基础上，提出数字化黄河文化空间构建策略，创新文化空间的构建方式，推动保护、传承、弘扬黄河文化。

关键词： 黄河文化；文化空间；数字化

一、引言

黄河流经万里、奔流到海，塑造了世间独一无二的地域文化景观。黄河文化空间凝聚多元文化符号，在延续历史文脉，坚定文化自信，为实现中华民族伟大复兴的中国梦凝聚精神力量等方面意义重大。加强黄河文化空间的保护、传承，推动黄河文化传播实践，对黄河流域高质量发展有诸多裨益。当前，新技术的发展给现代社会带来了根本性影响，新技术环境对形塑文化空间结构和促进文化遗存数字化传播具有重要作用。数字时代，亟须利用好前沿信息技术，弘扬黄河文化时代价值，讲好新时代黄河故事。如何在满足文化保护、传承需求的基础上促进黄河文化空间数字化呈现，创新文化传播手段，打造具有时代特色的黄河文化品牌，是新时期弘扬黄河文化的重要任务。

文化空间的概念来源于列斐伏尔的著作《空间的生产》，他认为当前社会已经由空间中事物的生产转向空间本身的生产，文化空间是人类通过有意识的活动

作者简介：席爽，河南省社会科学院。

产生的具有文化意义或文化性质的场所。起初，国外研究者将文化空间看作文化得以习得并传承的框架，而文化空间概念传到国内后，学者在文化空间具有物理空间、地点、场所属性的基础上将其形成与历史场景和文化传统相联系。不同学科对文化空间的使用有所不同，人类学研究认为人类活动赋予了空间独特的文化形式，有人在场的文化空间才是人类学意义上的文化空间，只有这样的空间才是非物质文化遗产的文化空间。社会学则侧重以文化空间为研究视角，分析一定社会背景下的文化变迁和重塑。

文化的生成具有社会化属性，文化空间是人们通过主体构想、创造和共享的公共空间。时代的变迁使具有传统性、历史性的特征的文化空间失去竞争力，难以靠自身力量去传承和弘扬。黄河文化空间是由地域或不同自然景观决定的"文化空间"，具有独特的文化基因、结构与样式，同时具备历史传统性。故本文的黄河文化空间是在特定地域历史文化主体经过实践与交往传承下来的历史文化空间。由进入数字社会，超越时空限制的智能化信息技术以其数智化、虚拟化的特性为文化空间的形塑开创了新的方向。目前，学者关于文化空间的数字化效用集中在文化空间的数字化设计、展示和传播等方面。在乡村领域，关注重点体现在乡村文化空间的再造、城乡数字化文化空间均等化、乡村传统文化空间的数字化再生产等。在城市里，人们更注重公共文化空间的符号性、便民性、设计美观性等。在非物质文化遗产领域，学者认为数字化技术在非物质文化遗产保护与传承中具有重要作用。黄河文化空间地域辽阔，数字化建设工程量较大，涉及沿岸城市、乡村、文化遗址等，具有截然不同数字化建设路径，需要分区布局和规划，在进行数字化建构时难免遭遇多重困境，亟须探究具有创新性的发展方向。

二、黄河文化空间的数字化构建困境

黄河流域高质量发展离不开黄河文化的支持。近年来，在现代数字社会高速发展带动下黄河流域生活、经济、生态保护等领域取得了显著的成绩，沿岸地区各界充分发挥承担黄河文化空间保护和传承的责任。数字时代，一方面人们对文化的需求日益增长，参观文化场馆、体验文化活动的热情逐步高涨，另一方面黄河文化空间的数字化构建仍不能充分满足大众对其期望，部分板块存在数字化建构困境。

（一）文化空间参与主体的缺失

黄河文化空间作为特定地域历史文化主体经过实践与交往传承下来的历史文化空间，在传播和发展过程中依赖长期生活在文化社区的社会群体或个体将其行为、价值和准则口口相传，黄河文化流域众多的居民作为文化参与中的主体与整个文化空间是一体的，他们共同构成了整体性的黄河文化。故而地方民众在维护黄河文化价值体系、传承民间艺术、保护黄河生态等方面起着至关重要的作用。

现代社会社会经济发展的需要萌生的对黄河文化资源的重视使其离开了原本单一的传统文化空间，与多元文化空间融合发展。尤其是进入数字时代以来，信息技术以其强势的态势入侵了黄河文化空间，一批受教育程度深、数字化水平高的技术工作者从便捷化展示、数字体验、多元交互、利于传播等角度对黄河文化空间进行了重塑，而传统黄河文化空间中的居民因为人口的流出和相对较低的学识层次、数字技术水平等脱离文化空间数字化改造，导致黄河文化空间丧失主体参与度。

（二）自然地理属性限制

如果说人类是黄河文化创作和表达的主体，那自然地理就是黄河文化空间赖以生存的环境要素，黄河文化孕育在黄河流域周围，难以离开特定的地理空间去谈论文化的数字化展示和传播。网络社会的崛起使当下的交流传播方式超越了时空限制，甚至改变了社会认同方式，人们可以通过虚拟网络进行交往，这导致黄河文化中的个体、文化和空间之间的关系得以重构。数字社会传媒技术的快速发展为文化传播提供了更为便捷、多样的文化交流平台，文化信息兼备即时性和碎片化，虚拟文化体验也为游客打开了新世界的大门。虚拟空间在某种程度上短暂地满足了人们探寻黄河文化起源、脉络、遗存的需求，但依托自然地理环境和当地民众一代代传承发扬建构起的黄河文化空间具有更深层级的文化记忆，我们可以离开真实的现场去体验，但脱离了感官刺激的体验是扁平化的、缺少灵魂。因此，虽然智能化、虚拟化发展为文化便民提供了有力支撑，但要想突破黄河文化空间数字化建构瓶颈，亟须打破其自然地理属性限制。

（三）构建效果缺乏评估

关于黄河文化空间数字化改造的实践已经广泛展开，也已取得一定的成效，但缺乏针对数字化黄河文化空间专业的评估，时常陷入自说自话的境地。这容易导致对数字化建设情况认识不清，形成数字转化质量不高的局面。例如，缺乏对黄河文化价值和内涵的挖掘深度是否足够以及方向是否正确的评估；缺乏对受众体验感的评估；需要更好地途径来检测黄河文化空间建构模式是否存在照本宣科的现象，以提升黄河文化时代价值，使其精神内涵和外延能够顺应现代化发展和实现现代化表达；需要从整体性上对黄河文化空间进行评估，避免零碎化、片面化的文化阐释广泛流传在文化舆论场。因此，黄河文化空间数字化建构需要完善的建设效果评估，从以上各个方面把握构建情况，对评估结果及时、准确地作出反馈。

三、数字化黄河文化空间构建策略

习近平总书记在黄河流域生态保护和高质量发展座谈会上的讲话使黄河文化

空间发展取得新的历史机遇，日益成熟的现代信息技术促使黄河文化空间实现数字化再生产和文化内涵重构，乘着政策和时代的东风，文化空间的研究进入全新的技术领域，在现代信息社会将传统文化空间重组以匹配当下的发展是正确的选择，也是黄河文化弘扬其时代价值的必由之路。

（一）补足黄河文化空间数字化建构参与主体

一是在进行华夏文明起源展示、黄河景观打造、构建黄河文明博览体系等布局和规划时以开放包容的态度吸纳社会各界人士的意见建议，尤其是要到黄河沿岸的城市、村落进行走访调查，扩大黄河文化空间数字化建构参与主体，提升整体建设科学度。二是邀请热爱当地文化的居民到文化场馆进行有偿或志愿讲解，邀请专家学者、科技人员开设讲座，做好黄河文化空间数字化建构的普及教育工作。三是充分利用数字化优势，在文化场馆内引进 AI 机器人补足黄河文化空间参与主体，因时空限制无法到场的人员可通过虚拟化身实现沉浸式在场。AI 机器人作为实际参与主体和线上参与主体能够为黄河文化汇集线下线上人气，以其网络个体形象促进黄河文化传播，扩大黄河文化影响力。

（二）多维情景再造黄河文化空间

1992 年，元宇宙作为一种更开放的数字文化首次在外国小说《雪崩》中出现。2021 年，全球掀起了元宇宙浪潮，关于元宇宙应用于各领域的学术研究呈现"井喷式"增长。元宇宙是黄河文化空间的消解物理空间限制困境的新方向，去数字化的多维技术环境是元宇宙运行的重要内核，因而在黄河文化空间建构中使用多维互联的运行平台，实现从单一物理文化空间到多维虚拟空间的转换，通过跨平台信息化传播和交流以及实景式的场景还原，为受众提供一个跨平台、跨资源式的全景实践体验。从而缓解单一空间扁平化、粗糙化的体验感受，以最大限度的文化资源整合和文化场景还原实现黄河文化空间多维情景再造。此外，虽然数字技术的使用极大地便利了文化的传播与交流，但在使用过程中仍需提高警惕，避免陷入唯技术论的误区。

（三）健全黄河文化空间数字化建构保障体系

黄河文化空间数字化建构是立足于国家顶层设计上的，应从加强人力资源、成效评估和制度建设等方面提升黄河文化空间数字化保障体系完善度。黄河文化空间数字化建设需要复合型人才，一方面需要对黄河文化具有较高的理解度、对黄河文化价值和内涵的把握有较高的准确度，另一方面要有熟练的数字化技能和洞察受众心理的能力。因此，在人才培养上可以与沿黄省份高校合作，开设特色专业，打造沿黄地区复合型人才队伍，满足新时期黄河文化空间建设的要求。要建立专业评估机制对黄河文化空间数字化改造已有实践进行全面评估，针对评估中出现的问题对症下药，打造高质量黄河文化空间。进行黄河文化空间制度化建设，引导各界在数字化建构中遵循文化保护的原则，推进黄河文化遗产的系统保护。

参考文献

［1］列斐伏尔.空间的生产［M］.刘怀玉，译.北京：商务印书馆，2021.

［2］许昕然，李琼.从文化空间到元宇宙：传统文化空间的数字化再生产［J］.广州大学学报（社会科学版），2023，22（2）：62-70.

［3］向云驹.论"文化空间"［J］.中央民族大学学报（哲学社会科学版），2008（3）：81-88.

［4］黄永林，谈国新.中国非物质文化遗产数字化保护与开发研究［J］.华中师范大学学报（人文社会科学版），2012，51（2）：49-55.

［5］张博文，李玉童.多模态交互理念下黄河文化数字化传承策略探究［J］.开封大学学报，2022，36（3）：59-62.

河南沿黄乡村全面振兴的路径研究

张　瑶

（河南省社会科学院农村发展研究所，郑州　450002）

摘要： 推进河南沿黄乡村全面振兴，是实施乡村振兴战略和黄河流域生态保护和高质量发展战略的现实要求，具有深远的战略意义。在新的发展阶段，河南沿黄乡村要软件硬件两手抓、齐发力，从加强乡村生态保护、优化乡村产业体系、实施乡村建设行动、强化乡村文化建设、推动乡村"四治"融合、锻造乡村人才队伍六个方面协同推进，助力沿黄乡村全面振兴行稳致远。

关键词： 河南；沿黄区域；乡村全面振兴

全面推进乡村振兴，是新时代建设农业强国的重要任务。党的二十大在擘画全面建成社会主义现代化强国宏伟蓝图时，对全面推进乡村振兴进行了重要部署。当前，河南正处于乡村振兴战略和黄河流域生态保护和高质量发展战略叠加的机遇期，聚力推动乡村振兴与黄河流域生态保护融合发展意义重大。沿黄地区不仅是重要的经济地带和生态屏障区域，也是华夏文明诞生及早期发展的核心区域，沿黄乡村振兴示范带战略地位日益凸显。河南全面推进乡村振兴，沿黄区域具有先行先试的条件，理应作出示范、争当标杆、贡献经验。

一、加强乡村生态保护，筑牢生态底色

沿黄乡村全面推进振兴，要把乡村产业发展、乡村建设、农民增收同保护生态环境结合起来，健全生态环境治理体系，创新发展模式，走一条生态安全的乡村振兴道路。

（一）加强生态环境治理和保护，形成绿色的生产生活方式

一是沿黄乡村要因地制宜、科学合理规划人口布局、产业发展、乡村建设等，高效统筹配置水土等自然资源，大力推进高效节水农业、生态低碳农业发

作者简介：张瑶，博士，河南省社会科学院农村发展研究所研究实习员。

展、优先布局建设农业绿色发展先行区，打造河南省农业生态保护和高质量发展示范带。二是培育壮大绿色低碳产业，深化推进生态产业化、产业生态化发展，鼓励发展绿色低碳新模式新业态，推动乡村产业转型。三是引导农民践行生态环境友好行为，通过宣传教育、制定村规民约等方式，激发农民参与生态保护的积极性、主动性、创造性，引导农民主动使用清洁能源、践行绿色低碳出行、参与人居环境整治等，加快形成绿色低碳生活方式。

（二）健全沿黄乡村生态保护机制，完善发展补贴制度

要实行最严格的生态保护制度，制定沿黄乡村生态保护负面清单，推动黄河流域加快实施生态补偿机制，积极争取财政资金，完善补贴制度，不断加大对黄河流域生态补偿的支持力度，各地根据沿黄乡村发展实际制定科学合理的补偿补贴标准，激励以农民为主的建设主体主动作为，自觉采取保护生态环境的生产生活方式，建设黄河流域生态保护区。

（三）强化生态环境科技支撑，提升生态保护水平

加强科技支撑助力生态保护修复，利用先进技术手段支持开展流域综合管理、生物多样性保护、生态监测与评估等，形成可复制、可推广的沿黄生态修复技术模式；积极与地方高校和科研院所合作，加强在农业绿色增产、资源高效利用、农业生态修复等方面进行技术研发和应用交流，大力开发和推广高效的农业生物技术。

二、优化乡村产业体系，做优产业特色

产业振兴是沿黄乡村全面振兴的基础和关键，要依托农业农村特色资源，把资源优势转换为发展优势，推动乡村产业升级发展，做好"土特产"三篇文章。

（一）因地制宜发展特色种养产业，构建具有沿黄特色的产业体系

一是立足沿黄区域的区位特点、资源优势、政策支持，科学规划、合理布局、因地制宜地优化沿黄乡村农业种植结构，做强做优沿黄特色高效农业，夯实粮食安全根基，提升粮食和重要农产品供给保障能力。二是实施"一县一业""一乡一特""一村一品"工程，发展乡村富民产业，壮大村集体经济，加快推进产村融合，形成一村带数村、多村连成片、镇村联动的发展格局。三是推进农业产业向优势区域集聚，在粮食和重要农产品主产区统筹布局建设农产品加工产业园，切实把农业资源优势转化为第二、第三产业发展优势，形成多主体参与、多要素聚集、多业态发展格局。

（二）强化创新驱动，激发发展动力

积极推进技术创新、模式创新、业态创新、制度创新等，推动生产要素配置优化、生产方式转变、产业结构优化、品牌效应扩大，实现品种、品质和品牌"三品"提升。一是加快推进中原农谷建设，深入实施种业振兴行动，加强智能

农机装备等基础研究和关键技术攻关研究，加大力度研发、推广、应用智能化农业装备、信息终端、手机 App 等，创新农技推广服务方式，探索产学研用一体化运营模式。二是大力发展数字农业，将数字技术应用于现代农业生产全过程，建立健全农业数据采集系统，创建沿黄农业数字化示范基地。三是利用沿黄乡村独特的风土人情特质，推动农业与第二、第三产业深度融合，打造数字文旅、数字普惠金融、生态康养等农村产业融合发展新载体、新模式，实施"数商兴农"工程，大力发展农村电子商务、零工经济等新业态。

（三）打造农业全产业链，增强农业产业韧性

一是要强化链式思维模式，建立链式联动机制，坚持以"链思维"抓产业，沿链谋划、依链布局，一体推进短板产业补链、优势产业延链、传统产业升链、新兴产业建链，实现链式成群，以链群深度提升产业发展高度。二是强化主体协同，坚持政府、市场、社会联动优化产业生态，推动实现产业链、创新链、供应链、要素链、制度链深度耦合，增强产业体系的韧性和稳定性，开拓乡村宜业、农民增收的新路径，有力带动当地农民就业、年轻人返乡创业。

三、实施乡村建设行动，增添人居亮色

乡村建设是实施乡村振兴战略的重要任务，也是国家现代化建设的重要内容，要以乡村振兴为农民而兴、乡村建设为农民而建为根本原则，统筹乡村基础设施和公共服务布局，缩小城乡发展差距，持续提升乡村宜居水平。

（一）科学规划村庄建设，彰显沿黄乡村特色

要从秉持乡村建设为农民而建的原则，充分尊重农民意愿，客观分析沿黄乡村建设的现实基础和推进步骤，综合研判沿黄乡村资源禀赋、产业发展、农民素养等现状，科学布局乡村生产、生活、生态空间，尤其要注重保护沿黄传统村落和乡村特色风貌，突出地域特色、乡土底色，制定各具特色的差异化乡村建设规划。

（二）推进农村基础设施和公共服务建设，弥合城乡发展硬鸿沟

一是持续加快补齐沿黄乡村基础设施建设短板，健全运营管护长效机制，推进数字乡村建设，做好乡村信息基础设施升级和传统基础设施数字化改造，推进农村数字基础设施共建共享，构建农村网络新格局。二是统筹推进沿黄乡村教育、医疗、养老等资源提档升级，深化数字化惠民服务，依托益农信息社等平台，推动公益服务、便民服务以及电商、培训体验服务落地，大力推进"互联网+教育""互联网+医疗""互联网+就业""互联网+普惠金融"等项目，调整优化公共服务供给布局，推进城乡基本公共服务均等化。

（三）推进农村人居环境整治，建设绿色低碳乡村

一是重点聚焦农村厕所革命、农村生活污水和生活垃圾处理等，开展农村人

居环境集中整治行动，构建生活垃圾收处体系，建设农村污水处理系统，让农村尽快净起来、绿起来、亮起来、美起来。二是引导村民、村集体经济组织等利用"互联网+监管"平台积极参与农村环境监督，对农村人居环境、生态环境的进行实时动态监测，加快实现村容村貌、生态环境整体提升。

四、强化乡村文化建设，巩固乡土本色

沿黄乡村实现全面振兴既需要物质文明的积累，也需要精神文明的升华。要以乡村文化振兴为抓手，合理开发利用沿黄乡村特色文化资源，促使沿黄乡村优秀传统文化实现创造性转化、创新性发展，进一步夯实沿黄乡村全面振兴的精神基础。

（一）优化文化供给，丰富乡村文化生活

加大财政投入力度，在完善基础设施建设的同时要增加沿黄乡村公共文化服务供给，以弘扬中华民族优秀传统文化为主线，依托新时代文明实践中心，借助端午节、中秋节、农民丰收节等节日气氛，举办多种形式的文娱活动，增加具有农耕农趣农味、充满正能量、形式多样接地气、深受农民欢迎的文化产品，为广大农民提供高质量的精神营养，丰富农民文化生活。

（二）发展乡村文化产业，打造沿黄生态文化带

一是依托沿黄乡村特色资源禀赋，推进黄河文化与乡村经济深度融合，因地制宜发展具有农耕特质、民族特色、沿黄地域特点的乡村文化产业。二是加强资源整合，打造沿黄生态文化带，推进黄河文化与乡村旅游、电子商务等融合发展，打造富有黄河特色的乡村文旅 IP，着力打造文化产业品牌，实现黄河文化的高识别度、高附加值。

（三）深化"文数"结合，助力乡村文化传播

一方面，充分利用数字技术传播快速、共享便捷的优势助力黄河文化展示、传播及文化资源保护，突出黄河流域地域特色和沿黄乡村特质，以图文、直播、短视频等为载体，繁荣发展沿黄乡村网络文化，着力打造"一村一品"文化品牌；另一方面，发挥农民在乡村文化振兴中的主体作用，鼓励农民利用抖音、快手等短视频平台记录生活，讲好乡村故事，积极输出黄河文化、优秀传统文化，厚植乡村文化自信。

五、推动乡村"四治"融合，彰显治理新特色

乡村治理是国家治理的基石，也是乡村振兴的基础。要促进"自治、法治、德治、数治"结合，提升乡村治理精细化、智能化水平，走好乡村善治之路。

（一）强化党建引领，提升自治水平

一是紧紧抓住党建引领这个"牛鼻子"，将党支部、党员分别作为乡村治理

的"主心骨"和"主力军"，打造新时代变革型组织。二是积极探索、丰富、创新村民自治形式，推广应用积分制、清单制、数字化等治理方式，吸引广大村民参与乡村公共事务，通过"看得见"的物质激励和"能感知"的精神激励不断提高村民参与乡村治理的积极性、主动性，让村民从乡村治理的"旁观者"变为"主人翁"。

（二）强化乡村法治，夯实治理基础

一是加强沿黄乡村法治文化阵地建设，搭建生动、接地气的普法教育平台，建设法治文化长廊、法治宣传栏、法治文化书屋。二是拓展普法渠道和载体，以"线上+线下"方式定期开展普法教育，借助微信、抖音等平台推送法治常识，推进普法教育常态化，不断提高农民法律意识。三是依托互联网平台，提供法律服务资源，提高化解矛盾的效率和质量，推动数字法治的实施。

（三）强化德治教育，培育文明乡风

一是深化新时代文明实践中心建设，凝练农民参与乡村振兴的时代精神，营造"乡村是我家，建设靠大家"的积极氛围，倡导农民自觉参与。二是制定村规民约，引导村民加强自我教育、自我约束，推动社会主义核心价值观内化于心、外化于行。三是通过广泛宣传、实行积分制、开展乡村模范等评选活动来加强典型选树，积极培育文明乡风、良好家风、淳朴民风，发挥德治教化作用。

（四）强化"数治"融通，提高治理效率

一是深耕"互联网+政务服务"，实现服务"网上办""掌上办""快捷办"，让村务搬进微信群，定期公开党务、村务、财务，提高乡村基层治理的效率及便捷化程度，破解传统的乡村基层治理的"最后一公里"难题。二是依托"互联网+监管"平台，深入推进"雪亮工程"建设，实现智能化防控全覆盖，不断完善长效管护机制，建立数字赋能常态化机制。

六、锻造乡村人才队伍，提升振兴成色

推动沿黄乡村全面振兴关键靠人，因此，沿黄乡村要通过精细"育才"、精心"引才"、精准"用才"等多措并举，不断加强乡村人才队伍建设。

（一）精细"育才"，加强人才储备

一是依据沿黄乡村特色种养业和产业发展需要，以"人人持证、技能河南"建设为抓手，依托"头雁"等项目，提高农民职业技能和素质水平，培育"地方专家""田秀才""乡创客"以及新型和新型农业经营主体。二是健全人才开发制度，加大对基层农业行政管理人员、新型农业经营主体、农村信息员及农业技术人员的培训力度，通过培训不断提升自有人才综合能力和素质。

（二）精心"引才"，注入人才"活水"

沿黄乡村要加大招才引智力度，创新人才引进方式，畅通人才流动渠道，打

好"乡情牌",统筹推进城乡人才融合发展,促进城乡人才共享。采取专兼结合的方式柔性引进专业型技术人才和专家扎根农村,针对稀缺专家要因人施策,一人一议,精准引入。同时,落实吸引人才返乡留乡政策支持体系,建立一套完整的人才引进相关配套制度,提高物质保障水平和精神满足水平,搭建共促发展的平台,让大学生、青壮年、专业人才持续投身沿黄乡村全面振兴伟大事业。

（三）精准"用才",释放人才潜力

在基层人员选配方面,要优化人才资源配置,选好配强基层干部队伍,根据人才的专业、层次、岗位实现人岗相配,充分发挥人才优势。在基层人员考评方面,要分类推进人才评价机制改革,完善人才评价标准体系和考评机制,畅通基层农技人员晋升渠道,激发工作积极性和主动性。在模式创新方面,借助"互联网+人才"的新方式,让人才发挥作用的过程不再受时空和地域的限制,更好地破解乡村高素质、专业化人才不足问题。

（四）提高农民素质和技能,培育新型职业农民

一是以"人人持证、技能河南"建设为抓手,加大培训力度,创新培训方式,提高培训效率,着力提升农民思想政治素质、科学文化素质、创业创新素质、经营管理素质、法治素质等,培养有文化、懂技术、会经营的新型职业农民。二是搭建数字能力培训平台,加强数字技术应用场景宣传和示范,培养农民成为掌握现代数字技术的生产者,使农民参与到数字经济实践中,切实感受"数字红利",促进农民职业化。

第三部分

讲好"黄河故事"
弘扬黄河文化

黄河和黄帝是中华民族的文化象征和精神图腾

李立新

（河南省社会科学院文学研究所，郑州　　450002）

摘要：黄河是一条波澜壮阔的自然之河，是中国的国家地标，又是一条源远流长的文化之河，是中华民族最核心的文化符号。黄帝是中华民族的缔造者，华夏文明的肇始者，中国国家的奠基者，处于5000多年文明"起点"的黄帝文化，是中华民族独特精神符号的源头性标识。"敬天法祖"是中国人的核心理念和基本信仰，《礼记》云："万物本乎天，人本乎祖。"自然崇拜、祖先崇拜是中国人最重要的传统信仰，黄河和黄帝正是中华民族千百年来一直尊崇的自然神和祖先神，黄河是中华民族的自然始祖，黄帝是中华民族的人文始祖，是中华民族的文化象征和精神图腾。

关键词：黄河；黄帝；自然始祖；人文始祖

"黄河之水天上来，奔流到海不复回。"黄河发源于水草丰美的青藏高原，流经高山厚土的黄土高原，在中游的尾端，在中国地势第二阶梯和第三阶梯的过渡带，地势逐渐变得平坦，水势逐渐变得和缓，从黄土高原带来的黄土泥沙得以大量沉淀，在数千年不停地决堤、改道，南北滚动的过程中，形成了幅员广阔的黄河冲积扇华北平原，即黄淮海大平原，或概称为中原。这里气候适宜，土壤肥沃，孕育了中国高度发达的农耕文明，成为中国立国之根本。源远流长浩瀚博大的黄河，开启了中华文明之源，培植了炎黄子孙之根，铸就了中华民族之魂。黄帝正是在黄河冲积沉淀而成的中原地带，带领中华先民，凭借着黄河母亲的滋养浇灌，筚路蓝缕，披荆斩棘，培育出中华民族的文明之花。《史记·五帝本纪》载：轩辕"有土德之瑞，故号黄帝"。说明黄帝之名正是来源于由黄河从黄土高

作者简介：李立新，河南省社会科学院文学研究所副所长。

原带来的黄土。源源不断的黄河、绵绵不尽的黄土、巍巍不动的黄帝、生生不息的炎黄子孙是中华文化最核心的要素，是中华民族最具代表意义的文化符号。

一、黄河是中华民族的自然始祖

黄河是一条波澜壮阔的自然之河，是中国的国家地标。《汉书·沟洫志》曰："中国川原以百数，莫著于四渎，而河为宗。"历史上，黄河一直被誉为"四渎唯宗""百水之首"。黄河又是一条源远流长的文化之河，是中华民族的基本文化符号。它哺育了历史悠久的中华民族，孕育了光辉灿烂的华夏文明，塑造了坚韧不拔的民族精神。

（一）木本水源，黄河是中华民族的摇篮

水是一切生命之源，远古人类逐水而居，所以世界四大文明全都兴起于大河流域，学者称其为"大河文明"，尼罗河孕育了古埃及文明，幼发拉底河与底格里斯河孕育了古巴比伦文明，恒河与印度河孕育了古印度文明，黄河与长江不仅哺育了中华民族，也孕育了中华文明，是中华民族的母亲河。2018年5月，习近平总书记在全国生态环境保护大会上指出，奔腾不息的长江、黄河是中华民族的摇篮，哺育了灿烂的中华文明。他在兰州考察时再次强调，黄河、长江都是中华民族的母亲河。保护母亲河是事关中华民族伟大复兴和永续发展的千秋大计。黄河文化和长江文化是中国两支最具代表性和影响力的地域文化，在长达数千年的中华文化发展进程中，它们既相互对抗碰撞，又相互渗透影响，共同形成了多元一体的中华文明。

在"万里黄河第一大坝"三门峡水库大坝上，镌刻着八个大字：黄河安澜，国泰民安。黄河与中华民族休戚与共、息息相关，在相当长的历史时期，它的安危决定天下的兴亡，维系国家的强弱，关乎民族的荣辱；它的文化左右了中华文明的走势，厚植了华夏儿女的根脉，塑造了中华民族的精神；它的乳汁哺育了源远流长、厚重灿烂的中华文明。

社会的大发展必定伴随着文化的大繁荣，习近平总书记曾指出，没有中华文化繁荣兴盛，就没有中华民族伟大复兴。20世纪80年代，深圳、珠海设立经济特区带动了岭南文化的腾飞。20世纪90年代，浦东的开发和沿江的开放，使长江文化进入了全新的发展时期。如随着黄河流域生态保护与高质量发展国家战略的确立，黄河文化的再次勃兴已成为历史的必然，黄河文化新时代繁荣必将伴随着中华民族的伟大复兴！

（二）内涵博大，黄河文化是中华文化的核心和主干

黄河历史悠久、流域绵长，是中华民族的母亲河、中华文明的摇篮。黄河文化是黄河流域先民在长期的社会实践中所创造的物质财富和精神财富的总和，它

包括典章制度、礼仪信仰、生产水平、生活方式、语言文字、风俗习惯、审美情趣、精神面貌、价值取向等。黄河文化是中华文明的母体，是中华文化的核心和主干，是中华民族的根和魂，是全球华人的精神原乡。

从空间分布来看，黄河文化有广义和狭义之分，狭义的黄河文化包括今天黄河干流流经的九个省区，即青海、甘肃、宁夏、内蒙古、陕西、河南、河北、山西、山东。而黄河在历史上改道频繁，干流曾经流经的区域范围更为广大，广义的黄河文化应包括北京和天津两市，以及安徽、江苏两省。黄河文化源远流长、博大精深，难以从单一向度总结其丰富的内涵，我们从考古学文化、区域文化和文化属性三个方面分别予以阐述。

一是从考古学文化来看，以裴李岗文化、仰韶文化、龙山文化最发达。由于绵绵黄河水的滋养，肥沃黄土的承载，加以适宜的气候，使黄河流域非常适宜人类生存，早在旧石器时代，中华先民就在这里繁衍生息。旧石器时代文化见证黄河文化的悠久历史，新石器时代文化序列展现中华民族从野蛮时代向文明时代的进程。从考古学文化来看，可分为上游的萨拉乌苏文化、水洞沟古文化等旧石器时代文化，马家窑文化、齐家文化等新石器时代文化；跨越中下游的西侯渡文化、蓝田文化、大荔文化、匼河文化、丁村文化、灵井许昌人文化遗存等旧石器时代文化，老官台文化、裴李岗文化、仰韶文化、龙山文化等新石器时代文化；下游的北辛文化、大汶口文化、山东龙山文化等新石器时代文化。尤以裴李岗文化、仰韶文化、龙山文化最为发达。

二是从区域文化来看，以中原文化、关中文化、齐鲁文化最为厚重。从区域文化来看，黄河文化包括黄河上游的河湟文化、陇右文化、河套文化，黄河中游的三晋文化、关中文化、河洛文化，黄河中下游的中原文化、齐鲁文化，尤以中原文化、关中文化、齐鲁文化最为厚重。在距今5000年左右，中华文明的胚胎在华夏大地各处萌生，恰如"满天星斗"，但由于各种原因大多消弭于萌芽时期，如红山文化、良渚文化、三星堆文化等都因不可抗拒的天灾，或被外来文化消灭，而湮没于历史的尘烟中。只有在黄河中下游分界处的中原腹心河洛一带，文明的胚胎在适宜的环境中得以萌芽、抽枝、开花，呈向心结构的中华文明的"重瓣花朵"，凭借中原地区花心的不断绽放，而得以盛开，在世界文明的百花园中独领风骚。

三是从文化属性来看，以农耕文化最为灿烂。从文化属性来看，黄河文化包括农耕文化、草原文化、丝路文化、少数民族文化、海洋文化，尤以农耕文化最为灿烂。九曲黄河，蜿蜒万余里，把流经地区的各种样态的文化串通连接在一起，形成了博大精深的黄河文化，成为中华民族的根与魂。黄河流域是中国农耕文化最发达的地区，数千年的农耕文化，固化了安土重迁、敬天法祖、家国同构的思想意识和行为范式，形成了儒道互补的中华文脉，生成了崇仁爱、重民本、守诚信、讲辩证、尚和合、求大同等核心思想理念，涵养了自强不息、敬业乐群、扶危济困、见义勇为、孝老爱亲等中华传统美德，滋养了独特丰富的文学艺术、科学技术、人文学术等方面的中华人文精神。这里历代政治纷争，兵燹人祸不断，水旱天灾不绝，磨砺了中华民族自强不息、坚韧不拔、吃苦耐劳的性格。从而形成了灿烂辉煌、磅礴有力的黄河文化。

（三）特征显著，黄河文化是中华民族根脉和标识

黄河文化从时间来看，往来数千年，绵远悠久；从空间来看，横跨数千公里，壮阔宏大；从内涵来看，包罗万象，博大精深。有连续性、根源性、正统性、包容性、创新性的特征。

一是黄河文化具有连续性的特征，源远流长，延绵不绝。在世界四大"大河文明"中，只有黄河文化不曾断流。古埃及文明先被古罗马帝国灭亡，又被阿拉伯帝国占领；古巴比伦文明被波斯文明和希腊文明所取代；古印度文明被阿拉伯帝国灭亡。而黄河中下游的中原地区，其文化序列一直没有中断，从新石器时代早期的裴李岗文化，到中期的仰韶文化、晚期的龙山文化，一直进入夏商周时代，谱系连贯，一脉相承。以农耕文化为核心的黄河文化一直是先进文化的代表，在文明时代的各个历史时期，中华文化的发展主线一直是草原文化与黄河文化之间的碰撞、交争、互通、融合，虽然很多次草原文化凭借强悍的武力取得了胜利，但最终还是臣服于更为先进合理的黄河文化。黄河文化正是靠自己春风化雨、润物无声的强大力量，让入主中原者皈依，使异域文化融合，所以5000多年的中华文明虽历经劫波，而终能传承赓续、不曾断绝。

二是黄河文化具有根源性的特征，它是木之根本，水之渊薮。中华文明发祥于斯，中华民族发源于斯，中华元典文化发轫于斯。黄河首先是一条文化之河，正是基于黄河母亲的哺育、黄淮大平原的承载，在我国诸多区域文化中，黄河中下游的中原地带率先进入文明社会。在博大精深的黄河文化中，裴李岗文化、仰韶文化、龙山文化等原始文化一脉相承；城市、文字、礼仪建筑、青铜器等要素文明闪烁；夏、商、周三代文明薪火相传；儒家、道家和法家等中华元典文化交相辉映；汉代经学、魏晋玄学、宋明理学与佛教文化代有芳华；夸父追日、河图洛书、大禹治水、愚公移山，隐含着中华民族的精神密码和文化基因；人文始祖、姓氏根亲、历史名人，搏动着中华民族蓬勃血脉；汉赋、唐诗、宋词，书写了不尽文学华章；楚汉争雄、潘安风流、诗圣沉郁、宋陵荒芜，传颂着多少中国故事。这些林林总总的中华文明元素，其根源均深植于黄河文化之中。

三是黄河文化具有正统性的特征，它是黄钟大吕，风华绝代。古史传说时代的黄帝都有熊、颛顼都帝丘、尧都平阳、舜都蒲坂、禹都阳城，夏、商、周三代

亦均居于河洛之间，可以说黄河流域特别是黄河中下游的中原地带，在中华文明相当长的历史时期占据主流地位，长期处于中国政治、经济、文化中心，在北宋及其以前长达数千年的历史时期，西安、洛阳、郑州、开封、安阳相继成为都城，这一时期历代都城一直在黄河沿线的横轴上左右移动，黄河文化的发展变化影响着中华民族的命运走势。政治文明决定了国家的治乱兴衰，宗法观念奠定了超稳定的社会基础，礼乐制度规定了社会各阶层的位次秩序，儒家思想指导了人们的行为规范。黄河文化彰显的是一种国家文化、正统文化。

四是黄河文化具有包容性的特征，它海纳百川，有容乃大。黄河文化以其博大的气势，宽广的心胸，融汇外来，吞吐万有，形成一个富于包容性的开放的系统。一方面，它南与长江文化长期相向而行，互相碰撞、相互吸纳，积累了越来越多的文明要素，并最终进入文明社会，形成文明国家；北与草原文化长期对峙，相互侵伐、相互融合，不断融入新鲜血液，纳入新生基因，丰富中华文明。另一方面，通过陆路丝绸之路和海上丝绸之路，与西方文化互通有无，与东南亚各国广泛交流，向外传播中华文明，向内输入域外文明成果。从而形成了多元一体、紧密团结的中华民族，丰富多彩、长流不息的中华文明。作为中华文化的核心和主干，黄河文化因与周边文化和异域文化的和谐共生、互通有无，形成了一个多元一体的文化综合体，成为东亚文化圈的主体文化。

五是黄河文化具有创新性特征，她与时俱进，老树新枝。无论是文献记载的伏羲氏作网罟、神农氏制耒耜、嫘祖始蚕丝，还是裴李岗文化、仰韶文化、龙山文化等新石器时代遗址考古发现的大量石质农具、农作物标本，每一项农耕文化的创新成就都是黄河文化的结晶。巩义双槐树、郑州西山仰韶文化城址，神木石峁古城、襄汾陶寺古城，登封王城岗、新密古城寨，以及偃师的二里头文化、郑州商城、偃师商城、安阳殷墟，每一处古城址都记录着黄河文化都城建设的巨大成就。从舞阳贾湖裴李岗文化遗址中国迄今发现最早的契刻符号，到安阳殷墟出土中国最早的汉字体系甲骨文；从黄帝史官仓颉造字，到李斯规范书写"小篆""书同文"，到许慎编写出世界第一部字典《说文解字》，再到活字印刷术和宋体字的发明和使用，汉字文明的每一步创造创新都发生在黄河流域。从"河出图"、"洛出书"和伏羲画八卦，到"文王拘而演周易"；从周公制礼作乐，到儒家、道家这两个中国影响最大的思想体系的创立，到法家、墨家、纵横家、杂家等诸子文化，中华传统文化的元典内蕴和重要精神内核均孕育萌生于黄河文化之中。天文历法、青铜铸造、冶铁、陶瓷、中医等方面的重大突破，尤其是代表中国古代杰出科学成就的"四大发明"，都是由黄河文化孕育创造的。黄河文化是历史上很多中国文明元素的原创平台，并在数千年的发展进程中历久弥新，在今天仍保持旺盛的创新动能和发展活力。

二、黄帝是中华民族的人文始祖

庄子说："世之所高，莫若黄帝。"黄帝是中华民族的缔造者，华夏文明的肇始者，中国国家的奠基者。黄帝是中华民族世代命运共同体的文明始祖、人文共祖、血脉之根、精神之魂。处于 5000 多年文明"起点"的黄帝文化，是中华民族独特精神标识的源头性标识。几千年来，无论时代如何变迁，黄帝文化始终是华夏儿女认同亲近的民族标识，始终是炎黄子孙团结联合的精神旗帜，是中华民族自强前行的力量源泉。黄帝文化是中华文化的重要源头，是中华文化的乳名，是中华优秀传统文化的重要组成部分。黄帝统一了各大部落，结束了万国林立的局面，奠定了中华文明古国五千年的基业。他的后代开枝散叶，繁衍生息，形成了中华民族的主干和前身华夏族。他开启了众多创造发明，制定了最初的典章制度，是中华民族的人文共祖和文明始祖。

（一）一统天下，协和万邦，成为中国的国父

《史记·五帝本纪》说："黄帝者，少典之子，姓公孙，名轩辕。"《国语·晋语》道："少典娶有蟜氏女，生黄帝、炎帝。"据《帝王世纪》记载，黄帝由其母有蟜氏女附宝感电而生：黄帝"母曰附宝，见大电绕北斗枢星，照郊野，感附宝，孕二十四月，生黄帝于寿丘，长于姬水，有圣德，受国于有熊，居轩辕之丘，故因以为名，又以为号"。黄帝的名号很多，宋《册府元龟·帝系》对此记载比较详细："黄帝轩辕氏，有熊国君少典之子，姓公孙，一云姬姓，母曰附宝，居轩辕之丘，因以为名。一云有轩冕之服，故天下号曰轩辕氏。有土德之瑞，故号黄帝，一号帝鸿氏，一曰归藏氏。"这里涉及黄帝的名号有黄帝、轩辕氏、公孙、姬姓、帝鸿氏、归藏氏。其实，因为黄帝以云名官，所以还有一个称号叫缙云氏。

黄帝之时，天下共主炎帝神农氏已经衰落，酋长互相攻伐，战乱不已，生灵涂炭。黄帝毅然肩负起安定天下的责任，修德整兵，习用干戈，以道义促使部落之间相安友好，以武力征伐强暴，制止侵略。许多部落慕其威望，前来归从。黄帝先与蚩尤战于涿鹿之野（今河北涿鹿县），擒杀蚩尤。又与炎帝战于阪泉之野（今河北省涿鹿县东南），"三战，然后得其志"由是"诸侯咸尊轩辕为天子"，以取代炎帝，成为天下的共主。天下安定之后，黄帝率领部族复归故里，"都于有熊"（今河南新郑）。在大臣风后、力牧、常先、大鸿的辅佐下，一统天下，协和万国。为安抚百姓，他曾巡行四方，东至于海，南抵长江，西及崆峒（今甘肃陇右），北至河北燕山，初步奠定了中国的规模，黄帝可称为中华文明古国的开国国父。

（二）开枝散叶，瓜瓞绵绵，成为中华民族的人文共祖

黄帝有四妃十嫔：正妃为西陵氏女，名嫘祖，她亲自栽桑养蚕，教民纺织，

人称她为"先蚕"。次妃为方雷氏女，名女节。又次妃为彤鱼氏女。最次妃名嫫母，长相丑陋，但德行高尚，深受黄帝的敬重。黄帝有二十五个儿子，其中十四人被分封得姓。这十四人共得到十二个姓，他们是姬、酉、祁、己、滕、葴、任、荀、僖、姞、儇、衣。发展为101个方国，衍生出510个氏，不断繁衍，逐渐形成华夏族的主体。相传颛顼、帝喾、尧、舜、禹、契、后稷等均是他的后裔，特别是中国最初的三个王朝夏、商、周的始祖禹、契、后稷均为黄帝直系后裔，而中国的姓氏大多起源于这一时期。当今中华120个大姓中属于黄帝族系的大姓有86个，占72%。

西汉史学家司马迁提出了"华夷同祖"观念，他在《史记》中建构了一幅以黄帝为中华民族共同始祖的谱系。这一谱系清晰地描绘了一条以黄帝为首、颛顼、帝喾、唐尧、虞舜、夏禹、殷契、周弃一脉相承的华夏圣王血统脉络，其支脉还囊括了已经"进于中国"的蛮夷之邦吴、越、秦、楚，就连尚待"开化"的匈奴、闽越、西南夷也赫然在列。

西晋末年，匈奴、鲜卑、羯、氐、羌五个少数民族在北方建立"五胡十六国"众多割据政权，通过华夷同祖、夷夏互变、用夏变夷等方式，完成了对华夏文明的主动认同和融入，通过确认自己是"黄帝苗裔"，实现了其政权合理性、正当性的建构，在南北朝时期最终融合形成了汉族这一个全新的民族。此后的鲜卑族、蒙古族、女真族等少数民族入主中原，建立了北魏、辽、金、元、清等王朝，都追认黄帝为始祖，这样就逐渐形成了以汉族为主体包括各个少数民族的多元一体的中华民族。因此，黄帝被奉为中华民族的人文共祖。

（三）肇造发明创制，确立典章制度，成为中华民族的文明始祖

黄帝在位时间很久，国势强盛，政治安定，文化进步，有许多发明创造，我国古史时期的衣食住行、农工矿商、货币、文字、图画、弓箭、音乐、医学、药物、婚姻、丧葬、历数、阴阳五行、伞、镜等的创造发明，均始于黄帝时代，这些都是中华文明的重要标志。正因如此，后世尊称轩辕黄帝为"文明始祖"。总结黄帝的创制，主要包括以下十六个方面：

1. 初作衣裳，衣冠文明

《易经·系辞》云："黄帝尧舜垂衣裳而天下治。"《世本·作篇》："黄帝作旃。""黄帝作冕旒。"《说文解字》："黄帝初作冕。"《史记正义》说："黄帝以前，未有衣裳屋宇，及黄帝造屋宇，制衣服，营殡葬，万民故免存亡之难。"《路史》说："皇帝法乾坤以正衣裳，制衮设黼黻、深衣、大带。"《文献通考·卷一百十一·王礼考六》："上古衣毛帽皮，后代圣人见鸟兽冠角，乃作冠缨。黄帝造旒冕，始用布帛。"《路史》记载："（黄帝）命西陵氏劝蚕稼。"（西陵即黄帝正妻嫘祖）《物原》云："黄帝妃嫘祖育蚕缉麻，兴机轴而成布帛。"

2. 作杵作臼，为釜为甑

《易·系辞》说：黄帝"断木为杵，掘地为臼，臼杵之利，万民以济。"《世本·作篇》："黄帝造火食。"《说文》云："黄帝初教作糜。"《太平御览》卷七五七、八四七引《古史考》说："黄帝始造釜甑。""及黄帝，始有甑釜，火食之道成。""黄帝始蒸谷为饭，烹谷为粥。"

3. 钻燧生火，以熟荤臊

《管子·轻重戊》说："黄帝作钻燧生火，以熟荤臊，民食之，无滋胃之病，而天下化之。"

4. 伐木构材，筑作宫室

据《新语》记载："天下人民，野居穴处，未有室屋，则与鸟兽同域，于是黄帝乃伐木构材，筑作宫室，上栋下宇，以避风雨。"《白虎通》："黄帝作宫室，以避寒暑。"

5. 黄帝造车，故号轩辕

据《古史考》记载："黄帝作车，引重致远，少昊时略加牛，禹时奚仲加马。"《太平御览》卷七七二引《释名》载："黄帝造车，故号轩辕氏。"《路史·轩辕氏》："横木为轩，直木为辕，故号称轩辕氏。"梁·顾野王《玉篇》讲道："黄帝服牛乘马。"《太平御览》卷十五引《志林》曰："黄帝与蚩尤战于涿鹿之野。蚩尤作大雾弥三日，军人皆惑，黄帝乃令风后法斗机作指南车，以别四方，遂擒蚩尤。"《中华古今注》亦说："大驾指南车起于黄帝。"

6. 刳木为舟，剡木为楫

《易·系辞》说："黄帝刳木为舟，剡木为楫，舟楫之利，以济不通，致远以利天下。"又说："古者大川名谷，冲绝道路，不通往来也，乃为窬木、方版以为舟航，故地势有无，得相委输。"《汉书》："黄帝作舟车以济不通。"

7. 经土穿井，立步制亩

《世本·作篇》说："黄帝见百物始穿井。"《通典·食货志》记述更详，"昔黄帝始经土穿井，以塞争端。立步制亩，以防不足。使八家为井，井开四道，而分八宅，凿井于中"。唐代徐坚《初学记》卷七有"伯益作井，亦云黄帝见万物，始穿井"。《周书》："黄帝穿井。"

8. 造秤做斗，权衡度量

宋·高承撰《事物纪源》引《吕氏春秋》说："黄帝使伶伦取竹于昆仑之解谷，为黄钟之律，而造权衡度量。盖因其所胜轻重之数而生权，以为铢、两、斤、钧、石，则秤之始也；因其所积长短之数而生度，以为分寸尺丈引，则尺之始也；因其所受多寡之数而生量，以为龠合升斗斛，则斗之始也。"

9. 造伞造镜，适民之用

晋·崔豹《古今注·舆服》："华盖，黄帝所作也。与蚩尤战于涿鹿之野，常有五色云气，金枝玉叶止于帝，上有花葩之象，故因而作华盖焉。"马骕《绎史》卷五引《黄帝内传》曰："帝既与王母会于王屋山，乃铸大镜十二面，随月用之，则镜始于轩辕矣。"

10. 算术历法，经脉医药

《史记·历书》曰："黄帝考定星历，建立五行。"据《世本》记载："黄帝令大挠作甲子""羲和占日""常仪占月""臾区占星气""隶首作算数""容成造历""巫彭作医"。《系本》及《律历志》："黄帝使羲和占日，常仪占月，臾区占星气，伶伦造律吕，大挠作甲子，隶首作算数。容成综此六术而著调历。"《帝王世纪》说："黄帝命雷公歧伯论经脉""俞跗、歧伯论经脉，雷公、桐君处方饵。"作《黄帝内经》，防治疾病。

11. 初营殡葬，始作棺椁

《易·系辞》说："古之葬者，厚衣之以薪，葬之中野，不封不树，丧期无数，后世圣人，易之以棺椁。"《汉书·刘向传》："棺椁之作，自黄帝始。"

12. 作矢作弩，以玉为兵

《古史考》说："黄帝作弩。"《世本》记载：黄帝臣"挥作弓，夷牟作矢"。唐·逄行圭注《鹖子》说黄帝："作弧矢以威天下。"《路史·疏仡纪·黄帝》云："命挥作兽弓，夷牟造矢，以备四方。"而《越绝书·宝剑篇》则说："黄帝之时，以玉为兵。"

13. 作乐作律，以和五音

《管子·五行》说："黄帝以其缓急作五声，以政五钟。"《路史》引《晋志》说："黄帝作律，以玉为王官，长尺六寸，为十二月。"《世本》记载："伶伦造磬""夷作鼓""黄帝乐名曰《咸池》"。《吕氏春秋·古乐》亦云："昔黄帝令伶伦作为律""黄帝又命伶伦与荣将铸十二钟，以和五音"。《山海经·大荒东经》云："东海中有流波山，入海七千里。其上有兽，状如牛，苍身而无角，一足，出入水则必风雨，其光如日月，其声如雷，其名曰夔。黄帝得之，以其皮为鼓，橛以雷兽之骨，声闻五百里，以威天下。"《史记》："黄帝使伶伦伐竹于昆谿，斩而作笛，吹之作凤鸣。"《古今注·音乐》："短箫铙歌，军乐也，黄帝使岐伯所作也，所以建武扬盛德风劝战士也。"《帝王世纪》说："黄帝损庖牺氏之瑟，为二十五弦，长七尺二寸。"

14. 炼石为铜，荆山铸鼎

《世本·作篇》："黄帝作宝鼎三。"《史记·封禅书》记载："黄帝采首山之铜，铸鼎于荆山之下。"《拾遗记》记载："昆吾山其下多赤金，色如火。昔黄帝伐蚩尤，陈兵於此地，深掘百丈，犹未及泉，唯见火光如星，地中多丹。炼石为铜，铜色青而利。"

15. 始作图画，以御凶魅

王充《论衡·雷虎篇》又云："于是黄帝乃立大桃人，门户画神荼、郁垒与虎，悬苇索以御凶魅。"《龙鱼河图》："蚩尤没后，天下复扰乱，黄帝遂画蚩尤象以威天下。"《世本》云："史皇作图。"汉·宋衷注曰："史皇，黄帝臣也。图，谓画物象也。"

16. 始造书契，肇启文明

文字是人类社会进入文明时代的标志。按《拾遗记》说："黄帝始造书契。"书契就是文字。但一般认为是黄帝的史官仓颉造书。《说文》云："黄帝之史仓颉，见鸟兽蹄迒之迹，知分理之可相别异也，初造书契……仓颉之初作书也，盖依类象形，故谓之'文'，其后形声相益，即为'字'。"

著名学者于右任说："黄帝不仅为中华民族之始祖，抑又为中国文化之创造者也。"孙中山先生在一首颂扬黄帝功绩的词中说："中华开国五千年，神州轩辕自古传。创造指南车，平定蚩尤乱。世界文明，唯我独先。"毛泽东在《祭黄帝文》中说："赫赫始祖，吾华肇造。胄衍祀绵，岳峨河浩。聪明睿智，光被遐荒。建此伟业，雄立东方。"黄帝的创制，开启了中华文明之源，黄帝可称为中华文明始祖。

三、结语

中国以农业立国，而黄河冲积扇的中原正是中国农耕文明发生、发展的地方。由于黄河、黄土、黄帝、黄种人所生发的农耕文明，使中华民族形成了"敬天法祖"的核心理念和基本信仰，意思是敬畏自然，尊重祖先。《礼记》云："万物本乎天，人本乎祖。"可以说自然崇拜、祖先崇拜是中国人最重要的传统信仰，黄河和黄帝正是中华民族千百年来一直尊崇的自然神和祖先神，黄河是中华民族的自然始祖，黄帝是中华民族的人文始祖，是中华民族的文化象征和精神图腾。

河南建设黄河国家文化公园的初步探索

唐金培　展　森

（河南省社会科学院政治与党史党建研究所，郑州　450002）

摘要：作为黄河国家文化公园的重点建设区，河南在黄河国家文化公园建设方面进行了积极探索，并取得了明显成效。近年来，河南坚持以"一核"为引擎，以"三极"为支撑，以"一廊九带"为抓手，积极探索区域博物馆建设新模式，重点打造黄河文化展示新亮点，形式多样的文化旅游长廊基本建成，黄河文化遗产活化利用不断强化，黄河文化旅游共同体协调推进，项目示范带动作用效果明显。

关键词：河南省；黄河；国家文化公园

2023 年 7 月，国家发展和改革委员会、中共中央宣传部等部门联合印发了《黄河国家文化公园建设保护规划》，提出将全面实施强化文化遗产保护传承、深化黄河文化研究发掘、提升环境配套服务设施、促进文化和旅游融合、加强数字黄河智慧展现五大重点任务，加快推进黄河国家文化公园建设。早在 2021 年，河南就开始重点推动 21 个黄河国家文化公园项目，集中实施一批标志性工程，并于 2022 年 1 月被正式确定为黄河国家文化公园重点建设区之一。近年来，河南积极探索黄河国家文化公园建设有效路径，并取得了初步成效。

一、黄河国家文化公园重点建设区建设初见成效

一是以"一核"为引擎领，重点突出河南段黄河"华夏文明主根、国家历史主脉、中华民族之魂"的战略地位。"一核"，即郑汴洛大河文明传承创新核心区。近年来，通过郑州"黄河文化月"系列主题活动、洛阳"古都夜八点"文旅品牌、开封"夜开封·欢乐宋"城市夜经济品牌，"三座城·三百里·三千

作者简介：唐金培，河南省社会科学院政治与党史党建研究所所长；展森，河南省社会科学院政治与党史党建研究所助理研究员。

年"的品牌效应不断放大,"黄河情·古都韵·中国情"的总体形象不断彰显。

二是以"三极"为支撑,推动相邻省区协同发展。"三极",即豫晋陕、豫冀鲁、豫皖苏三个跨省域联动发展增长极。豫晋陕、豫冀鲁、豫皖苏交界地带地理上犬牙交错,文化上同根同源,生活上鸡犬相闻,亲情上血浓于水,在空间结构上已初步形成黄河文化资源共享,黄河文化旅游相互衔接、相互融合、相互赋能、相互提升的观光链。

三是以"一廊九带"为抓手,塑造文化景观脉络。"一廊",即黄河干流文化旅游廊道;"九带",即伊洛河、贾鲁河、古济水—沁河、洹河、漳河、黄河北流故道、黄河南流故道、沿豫北太行山、沿豫西秦岭余脉 9 条黄河文化旅游带。通过重点谋划 10 条集中展示带、50 处核心展示园、130 处特色展示点,集中打造具象化、可感知、可体验的高品质黄河文化旅游产品。

二、黄河沿线博物馆体系建设全面铺开

一是积极探索区域博物馆建设新模式。2019 年 12 月,河南博物院首倡并联合沿黄九省区相关博物馆成立"黄河流域博物馆联盟",搭建沿黄九省区联合保护传承弘扬黄河文化的新平台,开创新形势下博物馆共同发展繁荣的新模式。2020 年将"流动微展览+社教活动"的新服务模式注入历史教室各连锁网点、首创博物馆教育体验知名品牌的河南博物院,2021 年出圈被评为"全国最具创新力博物馆"。

二是重点打造黄河文化展示新亮点。重点推进黄河博物馆新馆和河南博物院新馆建设步伐,着力打造具有区域影响力的特色文化地标。规划建设古都博物馆、隋唐大运河文化博物馆、殷墟遗址博物馆、黄河流域非物质文化遗产保护展示中心、中国彩陶博物馆、黄河悬河文化展示馆、北宋东京城顺天门遗址博物馆等与黄河文化密切相关的专题博物馆,使之成为河南黄河国家文化公园的新亮点。

三是着力开创博物馆体系建设新格局。近年来,河南郑州、洛阳等黄河沿线城市在博物馆体系建设方面取得重大进展,基本形成以国有综合性博物馆为龙头、专题博物馆和行业博物馆为骨干、非国有博物馆为补充的,门类多样、配置有序、布局合理、特色鲜明的新发展格局。截至 2021 年,致力于打造"东方博物馆之都"的洛阳市,已经拥有各类博物馆纪念馆 102 家。

三、形式多样的文化旅游长廊基本建成

一是打造黄河文化遗产保护廊道。国家重点支持的 6 个国家级大遗址保护片区中位于河南段黄河沿线的就有洛阳和郑州 2 个片区。河南 419 处全国重点文物

保护单位的67%分布在黄河流域。为加快推进黄河国家文化公园建设，河南省委省政府将打造黄河文化遗产廊道作为2020年的一项重要工作目标任务。通过实施黄河文化遗产系统保护工程，统筹黄河沿线的遗址遗迹和文物的系统性保护和展示，以及非物质文化遗产的保护和传承，构建虚实结合的黄河文化遗产保护展示体系，初步形成一条贯通黄河两岸、覆盖沿线城乡的黄河文化遗产保护廊道。

二是打造世界级大遗址公园长廊。为有效促进黄河文化遗产与城市文脉延续及生态环境改善的有机结合，进一步拓展考古遗址文化内涵的展示平台及大众文化旅游休闲空间。河南决定以黄河为轴线，以三门峡、洛阳、郑州、开封、安阳等城市为节点，以仰韶文化遗址区、"五都荟洛"大遗址区、大嵩山遗址区、大宋文化遗址区和殷商文化遗址区五区联动，初步形成一个集大型考古遗址保护、遗存多方位展示、现代考古展示、考古科学研究、科普宣传、游览观光于一体的大遗址公园长廊。不仅有效促进了黄河文化遗产与城市文脉延续及生态环境改善的有机结合，而且进一步拓展了考古遗址文化内涵的展示平台及大众文化旅游休闲空间。

三是打造沿黄生态文化廊道。2019年12月，郑州黄河风景名胜区更名为郑州黄河文化公园，全面启动黄河沿线生态保护治理和黄河文化主地标工程。此后，郑州、洛阳、开封、三门峡、焦作市、新乡、濮阳、济源等地陆续启动集文化、旅游、休闲、健身等功能于一体的黄河生态文化旅游廊道建设。2023年6月，自三门峡灵宝市至濮阳市台前县700多千米的河南黄河生态文化旅游廊道全线贯通。黄河非遗研学体验、黄河主题文旅文创等新业态新产品如雨后春笋般涌现，一幅以生态为基、文旅赋能的幸福画卷正在黄河岸边徐徐展开。

四、黄河文化遗产活化利用不断强化

一是打造黄河文化遗产数字化工程。为提高黄河文化旅游融合发展的信息化水平，河南在全面普查和准确识别黄河文化遗产资源的基础上，充分运用大数据、云计算、人工智能等现代科学技术，2020年9月，宣布成立全国首家黄河文化旅游研究（大数据）中心，以及全省首家黄河文化特色资源数据库。通过对不同黄河文化遗产各个维度的信息采集，以及文化遗产展示利用方式的融合创新，不仅使黄河文化遗产变得鲜活起来，而且为实现黄河文化遗产价值的永久性保护。

二是深入挖掘黄河文化遗产的当代价值。在保护好黄河文化遗产的前提下，利用黄河文化遗产发展文化创意产业。通过创办文化创意产业园区、生产文化创意产品、发展文化演艺等方式，唤起人们对黄河文化遗产的记忆，彰显黄河文化遗产所蕴含的人水和谐、崇尚自然的生态哲学，包容互鉴、守正创新的民族智

慧，自强不息、不屈不挠的奋斗精神，等等。

三是加强黄河文化遗产研学体验。在黄河国家文化公园建设中，将黄河埽工、黄河澄泥砚、黄河号子等黄河文化遗产创造性转化为文化旅游研学项目和体验项目，让人们在学习和体验黄河埽工、黄河澄泥砚等制作，以及学习和吟诵黄河号子的过程中，感受黄河文化遗产的独特价值和永恒魅力，吸引更多的人自觉加入黄河文化遗产系统性保护的行列中来。

五、黄河文化旅游共同体协调推进

一是积极尝试区域文化旅游一体化发展。为整合黄河郑州段沿线文化旅游资源，加快推动市域内文化旅游一体化发展，郑州市旅游局于 2018 年 10 月主导发起成立由黄河沿线的巩义市、荥阳市、惠济区、中牟县、黄河风景名胜区等组成的"黄河文化旅游融合发展协作体"。通过共同打造和推广中华文明溯源、文化名人修学、历史遗迹探寻、大河风光体验、生态养生休闲等富有郑州特色的黄河文化旅游线路，有效促进了郑州沿黄区域旅游一体化和黄河文化旅游的融合发展。

二是着力打造郑汴洛文化旅游共同体。为让更多人读懂郑州、开封、洛阳所蕴含的中华文明和黄河文化方面的信息，更好地推进黄河文化的保护传承和弘扬，打造国际级黄河文化旅游目的地和黄河文化旅游品牌，河南省立足郑汴洛三市在地缘、历史文脉和黄河文化遗产等方面的关联性和整体性，通过资源共享、规划衔接、产业协同、营销整合等，重点打造郑州、开封、洛阳黄河历史文化主地标城市和"三座城、三百里、三千年"黄河文化旅游共同体。

三是积极探索黄河流域文化旅游协调发展。早在 2011 年 5 月，由河南省发起成立沿黄九省区黄河之旅旅游联盟。2014 年 5 月，启动沿黄九省区黄河智慧旅游品牌建设，成立沿黄九省区全媒体旅游宣传联盟、中国黄河旅游市场推广联盟。政协联盟已成为黄河文化旅游协同发展的重要平台。近年来，与陕西、陕西、山东等省通过深入交流和合作，进一步推进黄河文化旅游线路和沿黄生态旅游道路的互联互通，以及区域文化旅游服务的统筹协调发展。

六、项目示范带动作用效果明显

一是坚持以项目带动。2021 年 3 月召开的"2021 年度河南省国家文化公园项目建设推进会暨'十四五'文化和旅游发展规划座谈会"，共谋划了 300 多个与国家文化公园相关的项目。其中，郑州黄河天下文化综合体、大河国际文化交流中心、黄河中下游分界线标志性建筑，以及温县黄河生态与太极文化融合新区、武陟嘉应观黄河生态文化旅游区、安阳殷墟国家考古遗址公园等重点项目正在加紧推进。通过项目带动，激发了黄河国家文化公园建设的内生活力。

二是坚持以演艺引领。近年来，河南在持续举办《禅宗少林·音乐大典》《君山追梦·梦幻大典》《大宋·东京梦华》等大型实景演出的同时，通过打造《黄帝千古情》《只有河南·戏剧幻城》《印象·太极》《水秀》等黄河文化旅游演艺项目，再现了悠久的中原文明和厚重的黄河文化，凸显了"老家河南"的深厚情怀，充分发挥了演艺对推进黄河国家文化公园建设的重要引领作用。

三是坚持以活动造势。依托新郑黄帝故里拜祖大典、郑州少林国际武术节、洛阳牡丹文化节、河洛文化节，以及开封菊花节、三门峡黄河文化旅游节、济源愚公文化节等文化旅游节会平台，集中展示展销河南黄河文化旅游产品，全方位呈现河南悠久的历史、厚重的文化、美丽的风景和良好的环境。此外，郑州市还通过举办国际旅游城市市长论坛、全国智慧旅游大会、中国民宿大会、黄河文化月·黄河流域舞台艺术精品演出季、黄河合唱节等主题活动，扩大"中华源·黄河魂""行走河南·读懂中国"等文旅品牌的国际影响力。

深挖宁夏人文资源，彰显黄河文化
时代价值

牛学智

（宁夏社会科学院文化研究所，银川　750021）

自 2020 年 12 月 7 日中国共产党宁夏回族自治区第十二届委员会第十二次全体会议提出努力建设黄河文化传承彰显区以来，社会各界非常重视，通过文旅深度融合、项目带动、科研提升等措施，深入推进宁夏地域人文资源挖掘和整理工作，宁夏段黄河文化的研究不断深入，彰显黄河文化时代价值的丰厚资源不断涌现。这些研究成果，有的注重发展路径和策略研究；有的侧重点在黄河历史文献的梳理、遗迹的考订和黄河水利治理方略上；还有的对黄河文化的内涵和外延做出了富有哲思的宏观论述。总的来看，对黄河文化的时代价值研究还比较少，也比较零散。在这个背景下，本文对宁夏段黄河文化代表性资源进行了较系统的梳理，并对其典型时代价值进行了科学归纳，针对存在的普遍性问题，也提出了可行性对策建议。

一、宁夏段黄河文化代表性资源

（一）农耕文化是宁夏黄河文化的基本底色

秦汉时期，中原农耕文化与草原游牧文化交汇形成了独特的"塞上文化"类型；汉唐两朝在宁夏境内大兴水利，引黄灌渠有御史渠、汉渠、胡渠、光禄渠、百家渠等，形成了干渠贯通南北、支渠阡陌纵横的水利体系，北宋《武经总要》介绍"有水田、果园……置堰分河水溉田，号为塞北江南即此也"。奠定了黄河农耕文化在宁夏地区的基本格局，孕育了早期宁夏农业文明的光辉历史。2017 年 10 月 10 日，宁夏引黄古灌区列入世界灌溉工程遗产名录，标志着黄河主干道上产生的第一处世界灌溉工程遗产落户宁夏。宁夏地处西北内陆，属温带大

作者简介：牛学智，宁夏社会科学院文化研究所所长。

陆性干旱、半干旱气候，年均降水量只有 166.9～647.3 毫米。全区现有耕地面积 1955 万亩，其中北部引黄灌区耕地面积 586.5 万亩，中部干旱带扬黄灌溉区耕地面积 758.8 万亩。宁夏通过创新理念、科学布局、因地制宜、分类指导，打破了固守多年的"口粮农业"桎梏，经过农业优势资源、区域特色产品的优化、调整，夯实了农业基础并推进了现代农业转型水平，擦亮了农耕文化底片。

（二）多民族交往交流交融生成的多元中华民族文化是宁夏黄河文化的典型特色

历史上宁夏地区曾有 20 多个民族定居繁衍。先秦时期，我国北方戎族开始进入宁夏境内，之后北方各游牧民族陆续进驻宁夏平原，形成了以灌溉为主的中原农耕文化。两汉、魏晋时期，匈奴、鲜卑等北方少数民族大规模南迁，很快被中原农耕文化同化，逐渐由牧转农。魏晋南北朝至隋唐五代，宁夏朔方雄镇与军旅文化、原州雄关与牧马文化、中西交通与丝路文化进一步交融，中华多民族文化发展达到繁荣景象。宋代大批党项人进入宁夏平原，汉字的使用、儒学的普及、中原官制的采纳、汉传佛教的弘扬，以及革新礼乐制度渗透到西夏社会各个领域。元朝时期，回族先民开始定居宁夏，屯田、务农、经商、兴修水利、开发灌区。明清时期，宁夏各民族之间关系得到了进一步融合，经济文化有了新的发展，人口显著增加。新民主主义革命时期，马克思主义民族政策在宁夏普遍传播，海县回民自治政府等 3 个回族自治政权先后在宁夏建立。中华人民共和国成立初期，宁夏除建立宝丰、灵沙 2 个回族自治区外，还建立了 5 个县级、27 个区级、51 个乡级民族民主联合政府，是对民族区域自治制度的一次成功试验。1958 年，宁夏回族自治区正式成立之初，从各省市组织调动和自愿移入到宁夏参加建设的人数近 16 万，少数民族宗教信仰和生活习惯得到了尊重，少数民族政治权利得到了充分保障，安定团结的政治局面得到长期维护，经济建设稳步推进，多元中华民族文化格局形成。

（三）历代包容开放的移民文化是宁夏黄河文化的主要精神标识

"军事移民""支援三线""知青下乡""扶贫移民"等是宁夏移民主要形式，共同谱写了宁夏移民文化史。秦开始，关中、江南、两湖、华北等文化繁荣地区移民的迁入带来了中原文化和礼仪制度。汉武帝施行移民实边，关东 70 万贫民迁入朔方、新秦中及以西地区，宁夏东北部、南部固原山区成为移民迁入的主要地区之一。南北朝吴明彻余部江东三万之众将孔儒文化、尚礼好学之风带到了宁夏。元明清时期随着"读书人"进入宁夏，一时间宁夏"彬彬然有江左之风"，"宁夏有天下人，天下无宁夏人"，此之谓也。

中华人民共和国成立后，"三线建设"和知识青年上山下乡带来了新鲜现代文化气息。宁夏现存工业遗产大多为"三线建设"时期工业企业所留，共有 14

处，其中银川市 4 处、石嘴山市 6 处、吴忠市 2 处、中卫市 2 处，是宁夏移民文化重要标识。自 1980 年以来，生态移民、吊庄移民、劳务移民等 6 次大规模移民，六盘山、云雾山深处约 123 万群众先后进入黄河之畔"宽地"生活，形成多元共生的文化生态，涵养出包容开放的文化品格。

（四）革命年代形成的红色文化是宁夏黄河文化的当代基因

中国共产党创立初期第一个党组织中共宁夏特别支部成立。土地革命时期创办进步刊物《银光》，"蒿店兵变"打响了宁夏武装反抗国民党的第一枪；红军长征时期毛泽东率领中央红军翻越了长征途中最后一座大山——六盘山，写下"不到长城非好汉"的著名诗句。1936 年，中国共产党的第一个民族自治政权豫海县回民自治政府成立，这是中国共产党对民族区域自治政策的最初实践。中华人民共和国成立后，中国共产党带领宁夏人民探索和实行民族区域自治政策，进行三线建设、防沙治沙、引黄灌溉、组织实施百万生态移民工程、闽宁对口扶贫协作、脱贫攻坚、乡村振兴，把"不到长城非好汉"的革命精神化为"社会主义是干出来"的磅礴力量，这都属于广义红色文化资源范畴。

二、黄河文化的时代价值

（一）传承农耕文化彰显新时代宁夏生态伦理价值

传承农耕文化，汲取传统文化精髓，助推先行区建设，构建宁夏美丽乡村建设伦理体系。农耕文化培植的天人合一的自然观，用养结合的耕作观，勤俭持家的生活观，睦邻友好的社会观等，传承好这些价值资源，才能助推先行区建设，构建永久性人与自然和谐共生的现代伦理体系。

弘扬农耕文化，助推乡村振兴发展，记住乡愁，凝聚乡村世界的集体记忆。千年村落原始风貌及村庄建筑的修复保护，让积淀千年传统农业社会的智慧和经验在乡村振兴中发挥积极促进作用，记住乡愁，凝聚乡村世界的集体记忆。

挖掘农耕文化，优化生态旅游环境，营造体验感知氛围，提高乡村审美水平。打造精品生态旅游线路，深度开发历史探秘、文化体验、教育研学、生态休闲、康养度假等不同类型文化旅游产品，展现独特的"塞上江南"生态旅游新体验，营造体验感知氛围，极大地提高了宁夏现代乡村审美水平。

（二）彰显多元中华民族文化铸牢中华民族共同体意识

随着民族之间的不断交往，"大一统"的政治观念日益深入人心，"国家—民族"视角的中华民族认同感形成。自秦汉以来，依靠强大的军事实力，建立了幅员辽阔的统一的多民族国家政权，政治上的"大一统"观念深入人心，求同存异，团结和睦，"一"与"多"的辩证统一认同感形成。

儒家文化为核心的理念与精神，夯实了民族与民族之间交融的基础。从西汉董仲舒提出"罢黜百家、独尊儒术"以来，儒家思想成为统驭传统社会的纽带。长期交往交流中，少数民族逐渐接受并认同了"礼治"文化，其系统化、世俗化、平民化，成为民族与民族之间强大的整合力量。

增强获得感、幸福感和安全感，从"民族—国家"的视角铸牢中华民族共同体意识。黄河文化承载了中华民族的共同记忆，黄河文化传承彰显区和黄河国家文化公园建设，既关切解决各民族强烈现实诉求，也是凝聚实现中华民族伟大复兴中国梦的精神力量。黄河流域生态保护和高质量发展先行区建设为此提供了文化内核，切实增强获得感、幸福感和安全感，从"民族—国家"的视角铸牢中华民族共同体意识。

（三）弘扬移民文化彰显新时代宁夏精神标识

"畜之以道，则民和；养之以德，则民合"，"和合"成为宁夏移民文化的价值核心。古代移民建构了宁夏游牧文明与农耕文明的互动关系，宁夏成为中华民族文化融合发展的缩影；当代扶贫移民促进了宁夏南北两种文化性格的交往碰撞，形成了和谐共处的融洽关系，"和合"是其显著的价值核心。

"共产党好，黄河水甜"，感党恩，知党恩，砥砺前行是宁夏移民文化的精神标识。资源有限的情况下，完成易地搬迁，进而安居乐业。群众脱口而出的"共产党好、黄河水甜"既是感念党恩，也是感谢母亲河，更是宁夏当代重要精神标识之一。

艰苦奋斗、敢打硬拼，实干兴宁是宁夏移民文化的基本品质。无论是古代的屯田开荒，还是现代的"三线建设"和百万移民工程，在迁移、开垦、安居中，宁夏移民通过实际行动，很好诠释了艰苦奋斗、敢打硬拼的实干精神，象征了宁夏人民特有的普遍品质，塑造了宁夏人民普遍的公共形象。

（四）铭记红色文化，彰显新时代宁夏不忘初心、牢记使命的担当意识

不忘初心、牢记使命的担当意识。陕甘宁省豫海县回民自治政府的成立，赢得了回汉人民的广泛拥护和爱戴，直至宁夏回族自治区成立，不忘初心、牢记使命的主动担当意识始终是宁夏人民奋斗的基本信念。

艰苦奋斗、苦干实干的优良作风。宁夏中部干旱带和南部山区脆弱的生态地理环境造就了宁夏人民吃苦耐劳、朴素实干的人文精神，磨炼出坚韧不拔的性格，成为宁夏人民集体认同的文化自觉意识。

"走好新时代长征路""不到长城非好汉"的愿景目标。2016 年，习近平总书记在宁夏将台堡红军会师地视察时发出重要指示，"我们这一代人要走好我们这一代人的长征路"。以"不到长城非好汉"的韧性，建设好黄河流域生态保护和高质量发展先行区，既是宁夏要走好的新时代长征路，也是未来发展的愿景目标。

三、彰显黄河文化时代价值存在的问题

（1）对传统农耕文化的保护与发展普遍存在观念偏差，导致保护与传承、弘扬与发展出现不同程度的错位和断裂，为后续发展埋下隐患。一是关于农耕文化价值观念的展示载体不多；二是对传统民居和自然村落保护意识不强；三是城市人群对农耕文化的参与体验不够；四是传统农业与现代工业的融合发展不足。

（2）对民族文化的建设与治理普遍存在碎片化现象，导致交往与交流、融合与治理出现不同程度的应急性和随意性，缺乏完整健全的现代社会机制和法治体系保障。一是在日常生活层面，宁夏各民族之间的交融还存在诸多亟待加强的地方；二是在处理民族团结方面，一些地方党政部门思想重视不够，责任落实不到位，工作措施不精准；三是在促进民族交融方面还缺乏相应的机制，在处理民族问题方面，针对性的法律法规还不健全。

（3）对移民文化的挖掘与发展普遍存在注重实体而忽视精神的现象，导致挖掘与保护、弘扬与宣传出现不同程度历史断裂问题，缺乏实体建设与精神铸造协调统一的完整体系建构。一是精神价值尚未被充分挖掘；二是传承弘扬形式有待进一步丰富；三是宣传力度尚有欠缺。

（4）对红色文化的整理与延伸普遍存在注重具体时间、具体遗迹、具体人物的勾勒，而轻视在百年历史长河中对红色文化基因完整框架的建构，导致发掘与整理、彰显与提炼有为旅游而旅游、为产业而产业的偏颇，缺乏普遍性与典型性、实与虚的有机结合。一是黄河文化传承彰显区建设中对黄河岸边的红色故事挖掘不够；二是黄河文化传承彰显区建设中对宁夏红色文化资源内涵的延伸不够。

四、深挖地域人文资源彰显黄河文化时代价值的对策建议

（1）坚持农业农村优先发展总方针，以实施乡村振兴战略为总抓手，着力探索提升宁夏农耕文化保护、传承、发展的新路径。

着力打造农耕文化展览展示平台。在"农家文化大院"建设基础上，进一步收集和展示传统农耕文化遗物，存续宁夏农耕文化的根脉记忆，讲好新时代宁夏黄河文化故事。

切实保护好传统民居和自然村落。要强化"一村一方案"的保护举措，围绕"一村一品、一村一韵、一步一景"的发展思路，避免拆旧建新、拆真建假、修旧如新的问题，杜绝"千村一面"的同质化建设。

不断探索农耕文化参与体验方式。实施"文旅+农耕"战略，将田园休闲观光与农耕文化体验有机结合起来，达到寓教于乐的农耕文化产业发展效果。

强化农业与工业协调发展机制。坚持"一特三高"现代农业发展方向，以特色优势产业为重点，调优种养结构、调强加工能力、调大经营规模、调长产业链条，加快推进现代农业高质量发展。

（2）坚持民族团结、宗教和顺、社会稳定是一切工作的生命线的宗旨，以铸牢中华民族共同体意识为目的，着力完善提升中华民族共同体意识教育机制、法治体系和各族人民幸福感、获得感、安全感的保障制度建设。

铸思想之基、行务实之举，以学为源、积小流、汇江海，以行为要、积跬步、至千里。首先是完善中华民族共同体意识教育机制：一是抓好机关干部教育，采取理论中心组学习、党校培训教育、知识竞赛等形式，结合党史学习和习近平中国特色社会主义思想专题教育，把铸牢中华民族共同体意识教育纳入干部教育全过程；二是抓好中小学生教育，有针对性地将铸牢中华民族共同体意识教育纳入国民教育课程，广泛开展"五旗五徽五认同"主题教育，让民族团结进步理念、中华民族共同体意识入脑入心，把爱我中华的种子埋入每个孩子的心灵深处；三是抓好群众教育，采取"互联网+民族团结"形式，通过微信，打造网上交流共享平台，持续深化民族团结进步宣传月、宣传周、宣传日活动。其次是创建平台创新主题教育渠道：因地制宜，建设研究中心、教育基地、管理网格；整合资源，搭建服务平台，评选团结先锋，结成创建联盟；优化提升，讲好团结故事，开展文化活动，塑造靓丽品牌。

坚持依法治理，依法制定关于民族团结的相关法律法规，做到处理民族事务有法可依，有法必依，必须在处理涉及民族问题的事件中旗帜鲜明地捍卫社会主义法律尊严，绝不能出现民族宗教问题凌驾于法律之上。建立完备的民族法律法规体系、高效的民族法治实施体系、严密的民族法治监督体系、有力的民族法治保障体系。深度拓展宁夏各民族交往交融渠道，巩固和强化民族团结。

努力发展经济，改善民生，让改革发展的红利更多更公平地惠及宁夏各族人民，不断增强各民族人民的幸福感、获得感、安全感。大力发展特色经济与优势产业（枸杞、葡萄酒、牛羊肉等），切实让改革发展的红利更多更公平地惠及宁夏各族人民，不断增强各民族人民的幸福感、获得感、安全感，铸牢中华民族共同体意识。

（3）践行"社会主义是干出来的"时代号召，以实干兴宁的宁夏精神标识为引擎，着力挖掘传播宁夏移民文化历史和精神的新举措。

立足移民发展史，深挖细研移民文化精神。组织区内相关专家，从历史发生发展的视角，提炼宁夏移民文化的精神价值。

借助公共文化空间，宣传移民历史文化。在城镇，借助现有博物馆做专题展览，借助现有美术馆、图书馆进行相关艺术作品、文学作品的展览；在移民村，可以在镇史馆、文化大院、农家书屋等设置相关图像资料，来展现移民搬迁过程，传承移民中产生的精神价值。

发挥创意的作用，丰富移民文化精神传承弘扬的措施。开发动画视频，以动画形式演绎移民搬迁过程，将移民故事以更生动、更趣味的形式进行演绎，扩大受众面。

发挥全媒体矩阵的作用，全方位宣传移民精神。要依托微博、微信、App、网站等新媒体形式活泼、内容简练、互动活跃的优势，为读者推送"短平快"的故事、观点、短评等，通过构建传播新格局提升宣传效果。

（4）拓展宁夏红色文化内涵，以打造核心特点为契机，着力擦亮两个品牌，创新红色文化故事的呈现平台。

拓展宁夏红色文化内涵，找准核心特点、擦亮两个品牌。一是以红色文化引领民族团结为核心特点，打响"不到长城非好汉""不忘初心，走好新时代长征路"两个红色文化品牌；二是以宁夏"三北"防护林工程、中国防沙治沙博物馆、宁东国家能源集团实践教育基地、金花园社区、青铜峡唐正闸（大坝）水利风景区、宁夏水利博物馆、大武口洗煤厂工业遗址、石炭井等为载体，打造"不忘初心，走好新时代长征路"系列品牌产品，彰显"社会主义是干出来的"时代精神。

深入挖掘黄河岸边红色文化资源，讲好宁夏故事。按照时间线、事件线、类别线三条线深度挖掘整理红色故事，避免刻板的讲解介绍，组织开展探寻活动，挖掘人、地、事、物的点滴，串联出饱满有力的红色形象。

讲好新时代黄河故事 打造黄河文化主地标城市

刘　涛

（郑州市社会科学院历史文化所，郑州　450015）

摘要： 黄河文化是中华民族的根和魂，是中华民族坚定文化自信的重要根基。保护传承弘扬黄河文化，建设黄河历史文化主地标城市，是作为国家中心城市的郑州应有的使命和担当。郑州通过完善推进机制、强化项目支撑、弘扬黄河精神、组织开展黄河文化月等，保护传承弘扬黄河文化的效果初步显现。要确立郑州在全国文化版图中的地位，需要增强深化黄河文化的研究、完善历史文化遗产保护体系、强化传播弘扬、推动文旅融合，形成主地标城市的整体架构，讲好主地标城市黄河故事，谱写黄河文化辉煌发展新篇章。

关键词： 郑州市；黄河历史文化；主地标城市

2019年9月18日，习近平总书记在河南郑州主持召开的黄河流域生态保护和高质量发展座谈会上指出，黄河文化是中华文明的重要组成部分，是中华民族的根和魂。要深入挖掘黄河文化蕴含的时代价值，讲好黄河故事，延续历史文脉，坚定文化自信，为实现中华民族伟大复兴的中国梦凝聚精神力量。黄河文化是中华民族的根和魂，是中华民族坚定文化自信的重要根基。建设黄河历史文化主地标城市，是作为国家中心城市的郑州应有的使命和担当。郑州历史文化底蕴深厚，黄河文化资源丰富，建设黄河历史文化主地标城市具有坚实的基础优势。要立足"华夏源·黄河魂"的总体定位，确立在全国文化版图中的地位，增强主地标城市的文化辨识度，形成主地标城市的整体架构，讲好主地标城市黄河故事，铸造主地标城市发展新动能，谱写黄河文化辉煌发展新篇章。

一、黄河文化保护传承弘扬的做法

（一）完善工作推进体系，解决好"怎么传承"的问题

一是完善组织架构。郑州市委印发了《关于成立郑州市建设黄河流域生态保

作者简介：刘涛，郑州市社会科学院历史文化所所长、副研究员。

护和高质量发展核心示范区工作领导小组的通知》，下设五个小组，其中有文化博物旅游组，由宣传部统筹，整合文体广电旅游局、文物局、文化艺术联合会等单位负责文化保护传承弘扬。为更好推进各项建设任务，结合工作实际，郑州市对文化博物旅游组进行充实完善，成立黄河文化博物旅游发展指挥部。下设综合协调组、遗产保护利用组、文旅融合发展组、文化演艺展示组、宣传推介组5个业务组和13个工作联络组。二是健全工作制度。为推动工作规范有序运行，文化博物旅游专项指挥部成立了会议制度、台账管理制度、工作专报制度、督导推进制度，推动各项任务按时保质高效完成。三是坚持规划引领。郑州市组织对黄河郑州段沿线文化遗产和重点文化保护单位进行系统摸底梳理和实地调研，全面掌握区域内文化遗产和旅游资源现状。并多次召开专家座谈会，对黄河文化保护传承弘扬问题进行探讨。按照"高站位、能落地"的原则要求，多次召集有关县（市、区）、相关单位和专家学者进行研究，制订了《郑州市建设黄河流域生态保护和高质量发展核心示范区文化博物旅游发展三年行动计划》，通过高质量的规划引领核心示范区文化博物旅游高质量建设。

（二）谋划实施重大项目，解决好"拿什么展示"的问题

为传承好黄河文化的深厚底蕴，展示好黄河文化的深邃魅力，郑州市谋划实施"两带一心"文旅发展布局，实施文旅文创融合发展战略，推进黄河国家博物馆、黄河天下文化综合体、大河村国家考古遗址公园、中国仰韶文化博物馆、中国天文博物馆等重点项目，加快建设一批黄河文化实体展示地标，真正把黄河文化的精神标识立起来。围绕打造黄河国家文化公园核心展示园，将原来的郑州黄河风景名胜区更名为黄河文化公园，加快改造升级，全面提升公园品质。开放运营大型实景演出"黄帝千古情"，建设"只有河南"等特色黄河文旅项目，推出了一批可听可感可触的黄河文化载体，让掩藏在遗址中、深埋在历史里的黄河文化元素"活"起来。

（三）强化解读和阐释，破解"理论如何支撑"的问题

围绕传承黄河文化、弘扬黄河精神，实施了黄河主题文艺精品创作工程，编纂了《黄河故事》《郑州简史》系列文化丛书，叫响郑州"黄河之都"的城市文艺名片。策划举办了一系列黄河主题群众性文化文艺活动，增强了黄河文化的认可度和感染力。深入开展黄河精神研究阐释。加强黄河精神研究，挖掘黄河文化所蕴含的时代内涵和时代价值，形成一批具有广泛影响力的社科研究成果，编辑出版了《郑州：华夏源·黄河魂》学术专著，编写了科普读物《故事里的郑州》《郑州历史文化故事》《郑州黄河文化故事》等。推动黄河研究阵地建设，结合学科建设和重大研究问题，在院内设立"高质量发展研究中心""黄河文化研究中心""文献信息中心"，加强数据整理分析，建立黄河生态及文化方面的数据

信息库，提升黄河战略问题研究水平。围绕黄河文化，河南省社会科学院组织开展了《郑州黄河文化的保护传承问题研究》《郑州黄河文化品牌培育问题研究》《黄河流域文化协同建设机制研究》《郑州黄河文旅产业高质量发展问题研究》《黄河流域仰韶文化保护传承弘扬研究》等专项课题研究，《郑州黄河历史文化主地标建设对策》《郑州传统文化传承创新的趋势及路径研究》等 20 多项，获得郑州市委市政府主要领导批示。依托郑州市社科调研课题，向省会高校招标立项 800 多项关于黄河文化、传统文化等方面的研究课题，形成了一批高质量的研究成果。借助社科普及阵地、社科学术年会，组织召开了 10 多次黄河文化保护传承弘扬专题学术论坛、研讨会，深化对黄河文化的梳理、研究和普及工作。

（四）筹备办好系列活动，解决好"靠什么弘扬"的问题

近年来，郑州市策划举办一系列重大文化活动，不仅提高了城市知名度、美誉度，也为更好宣传弘扬黄河文化搭建了平台。2020 年初，央央电视台春节联欢晚会郑州分会场演出取得空前成功，给全国人民和全球华人带来母亲河畔的精彩文化盛宴，充分彰显了黄河文化的时代力量。2023 年，创新组织庚子年黄帝故里拜祖大典，营造了全球华人聚焦黄河故土、线上寻根问祖、全网共拜轩辕的浓厚氛围。成功举办国家网络安全周和金鸡百花电影节活动，黄河文化作为主旋律始终贯穿。其中，《新闻联播》多次报道，两项活动点击量突破 200 亿人次，吸引了全球目光。系统整合黄帝故里拜祖大典、国际旅游城市市长论坛、黄帝故里拜祖大典、黄河合唱节等活动，融入"黄河文化月"主题活动，成为享誉世界的文化品牌，在宣传郑州、传承弘扬黄河文化中发挥了重要作用。启动 2023 年世界大河文明论坛筹备前期工作，努力将其打造成为中国同世界范围内其他大河流域国家和地区文化交流互鉴的国际性永久平台，持续增强黄河文化世界认同感，提升黄河文化国际影响力。

二、打造地标城市，高质量推进黄河文化保护传承弘扬

（一）强化阐释和研究，夯实黄河文化学理支撑

一是整合黄河文化研究的资源。针对研究资源和力量分散的问题，整合黄河文化研究的人才、项目和机构，重点整合高校、科研院所的专家学者，各职能部门的研究项目和资源，成立区域性黄河文化研究院或研究中心，建立黄河文化研究队伍和研究项目，推进开展黄河文化的重大基础理论和政策的攻关，实现黄河文化研究的聚焦发力和协同推进。二是推出黄河研究的高水准成果。组织开展黄河文化探源工程，对郑州华夏之根、文明之源、黄河之魂等进行寻根探源。建议推动开展"黄河文化记忆"文献的编撰工作，收集沿黄河流域的遗迹、文学、民俗、历史、治理等方面的史料，使散落的黄河文化文献连贯起来，形成展现黄

河文化脉络的文献库。建议沿黄河流域城市协同推出一批学术专著，形成高质量的科研成果，促进黄河文化研究的理论创新，提升黄河文化研究的话语权，打造黄河文化研究的理论带。

（二）完善遗产保护体系，展现主地标城市文化之脉

一是统筹推进黄河文化遗产的保护。对丰富的文化资源进行摸底调查，建立文化遗产资源库，掌握文化遗产的现状、特点和价值，进行动态的保护、管理和评估。二是创新黄河文化遗产的保护措施。依据国务院印发的《黄河流域生态保护和质量发展规划纲要》，推动建设黄河文化遗产廊道，串联沿线大遗址资源，形成国家文明起源的集中展示地。三是建立黄河文化遗产协同保护机制。有必要推动省内外城市间建立区域协作机制，搭建公共平台，实现资源和信息的共享，制定标准化、规范化的保护标准，实现文化遗产保护规划、措施和方案的协同联动，提高黄河文化遗产保护的区域水平和整治质量。四是建设好黄河文化遗产保护阵地。建设黄河国家博物馆、黄河国家公园和仰韶博物馆，集中展示黄河文化遗迹，展现千年文明脉络，让黄河文化遗产能够系统性"讲述"中华文明的根与魂，塑造黄河文化展示传承的国家文化品牌，让黄河文化"立"起来。

（三）创新传播方式，塑造主地标城市文化形象

一是建立媒体传播的矩阵。整合各类媒体资源，制定媒体传播的方案，充分利用电视、广播、报刊等集中宣传推介黄河文化，提高黄河文化的社会影响力。设立黄河文化宣传专栏，定期组织黄河文化的专题解读，阐释黄河文化的时代价值，讲述黄河文化的故事，宣传黄河文化的政策，营造全社会关心、保护和传承黄河文化的氛围。二是现代科技助力黄河文化的传播弘扬。推动传统文字传播向视频、音频、图片等方式转换，以丰富的表达形式展示黄河文化的内涵。发挥现代网络平台的作用，通过微信、抖音、快手等，以微视频、直播等形势，展示黄河历史遗迹、民俗风情、手工技艺、自然景观等，提升黄河文化的影响力和传播力。促进传统展示与现代表达技术的结合，融入虚拟现实技术、AR 技术等，让黄河文化"活"起来，增强体验感、代入感，使传播更加符合现代人的接受习惯。三是在重大活动中传播弘扬黄河文化。在大型会展、节庆活动、文化论坛中加强黄河文化的传播宣传，拓展黄河文化的传播空间，提升黄河文化在国内外的影响力。利用庙会、节会等节日庆典进行传播和解读，让人们在节日活动中感受黄河文化的魅力，以潜移默化的方式熏陶人们的精神世界。

（四）深挖黄河元素，讲好主地标城市黄河故事

一是讲好文化根与源的故事。从史前时代到文明时代，中华 5000 多年文明史在郑州地区展现得最为系统和完善，体现出中华文明根、干与魂的总体性特征，要做好文明探源、文化溯源等基础性研究工作，挖掘阐释好姓氏之源、开国

立都之肇造、农耕文明之起源等内容，讲好始祖姓氏故事、国都城池故事、文字发展故事、青铜铸造故事、文学艺术故事等，展现完整的中华文明史。二是讲好历代治黄的故事。保护传承弘扬黄河文化，建设主地标城市，必须立足人类与黄河同呼吸、共命运的生存史，讲好人类认识黄河、运用黄河和治理黄河的故事。深挖治黄历史脉络，建立治黄专门史，讲好历史治黄的故事，传承治水英雄的事迹，让治黄的精神永续相传，成为鼓舞今天推动民族振兴的磅礴之力。三是讲好黄河儿女幸福生活的故事。讲好自古至今黄河沿岸民众幸福生活的故事，重点讲好黄河岸边的励志、神话、传说、爱情、孝道、文艺、名人等方面的故事，让幸福生活的努力、美好愿景的实现、和谐家园的建设等展现和传达，呈现黄河儿女为幸福生活奋斗拼搏、锐意进取的历程，呈现强富美的生活图景和理想期待成为现实的过程。四是讲好干事创业的新时代故事。中华人民共和国成立以来，黄河儿女创造了可歌可泣的精彩故事，要致力于讲好红色文化、改革开放、乡村振兴、脱贫攻坚的"好故事"，传递正能量，唱响主旋律，激励新时代黄河儿女砥砺前行，续写新时代城市发展的精彩篇章。

（五）促进文旅融合，铸造主地标城市发展新动能

一是打造黄河生态休闲之旅。推动黄河湿地公园、黄河慢行走廊、黄河生态观光带等建设，强调河、水、林、草一体融合，突出生态保护、绿化种植和水源涵养，打造文化自然融合、山河路联结且具有休闲、健身、旅游和观光一体的沿黄复合化生态廊道。同时，合理布局步行道、骑行道和服务驿站、乘换地等。二是打造中华文明追根溯源之旅。建设好黄河文化景观带，串点成线，推动文化遗产、博物馆、非遗项目的活化，建设黄河非遗产业园区、历史文化主题体验区、黄河历史文化品牌街区等，做好人类起源、文字起源、文明起源、夏文化、最早的中国等场景表达，打造从史前文明到现代都市的寻根溯源体验之旅，系统展现中华民族成长的进程和五千多年的辉煌文明史，以溯源、寻根实现凝心、铸魂的目标。三是打造治黄水利水工研学之旅。联合高校、科研院所、管理部门、企业及社会组织等，打造地标性的治黄水利水工研学基地，突出黄河水利水工及黄河精神的培训、教育和传承，以现代科技再现黄河治理场景，体验黄河治理的精髓，感悟黄河治理的精神，学习黄河治理的要义，在黄河治理体验中传承弘扬黄河文化。四是打造乡土风情体验之旅。把黄河文化传承弘扬与乡村振兴、攻坚扶贫有机结合起来，促进黄河流域乡村生态、文化资源的开发利用，建设文旅融合小镇、乡土风情村、文旅示范村等，促进文旅农融合，传承优秀黄河农耕文化，塑造乡土生态价值，建立具有地标性的黄河农耕文明体验地。

中国古代大一统国家在黄河治理中的效能

田　冰

（河南省社会科学院历史与考古研究所，郑州　450002）

摘要： 黄河治理是中国早期农耕文明与安居乐业的基础。自大禹建立国家后，大一统国家的治河效能较为显现。两汉时期对黄河的治理，使黄河安流八百年。唐末五代黄河相对安流的局面结束，水患逐渐严重，宋辽夏金时，内忧外患，国力薄弱，黄河治理的声音高效果差。元明清三代大一统政权在黄河治理上可以说是一举两得，既治理了黄河水患，也借助黄河于实现了南粮北运的重任。大一统国家对黄河的有效治理使黄河文明在中华大地上根深蒂固。

关键词： 中国古代；大一统国家；黄河水患；黄河治理

黄河治理是中国早期农耕文明与安居乐业的基础。黄河流域是世界上农业出现最早的地区之一，而河水泛滥严重威胁着先民的生产和生活。与之相伴的是先民展开了治水活动。大禹的父亲鲧因为治水失败而被舜帝处死。大禹吸取父亲鲧治水失败的教训，治水取得了成功。大禹因治水成功，舜把帝位传给他，建立了国家。自大禹建立国家后，国家在黄河治理中发挥着主导作用，尤其是大一统国家能够集中人力、物力、财力应对黄河水患，充分彰显了大一统国家的治河效能。

一、两汉治河与黄河安流八百年

秦汉王朝开疆拓土，使黄河中下游地区连成一片。黄土高原地区因大规模屯田垦荒使原始植被开始遭受破坏，加重水土流失，导致黄河下游水患频繁，通过西汉时的瓠子堵口和东汉的王暴治河，可以管窥两汉政权对黄河治理的高度重视

作者简介：田冰，河南省社会科学院历史与考古研究所研究员。

和成效。西汉一代，有史记载的黄河决溢泛滥多达 13 次。其中最著名的一次是汉武帝元光三年（前 132 年），黄河在河南濮阳瓠子堤决口，溃水流向东南，注入巨野泽，与泗水汇合后流入淮河。因时任丞相田蚡的封邑鄃县（今山东平原县西南）紧靠黄河，常恐河水泛滥。瓠子决口刚好使黄河南流，田蚡的封邑鄃县免受水灾。因此千方百计劝说汉武帝不要堵塞决口，听任河水泛滥，使这次河决持续二十余年，受灾面积方圆达一二千里，灾情十分严重。到元封二年（公元前 109 年），汉武帝下决心堵塞决口，命汲黯的弟弟汲仁赶往瓠子决口所在的东郡，主持堵口事宜。在堵口过程中，汉武帝率众亲临施工现场督导治河，下令随从诸臣自将军以下都得搬运柴草物料，参与抢堵工作，最终堵塞了决口。汉武帝除命令筑宣房宫于堤上纪念外，为此还写下了有名的《瓠子歌》，描写堵塞决口的情景。到王莽取得西汉政权时，河南郡荥阳县境内的河道发生重大变化，导致黄河与济水分流的地方堤岸严重坍塌，逐渐造成黄河、济水和汴水各支流乱流的局面。及至东汉光武帝建武十年（34 年），黄河以南漂没的范围已达数十县。光武帝刘秀即征发士卒营筑河工，因新生政权国力弱小，治河半途而废。汉明帝即位后，朝廷对治理黄河的意见众口不一，明帝也不知所措。直到永平十二年（公元 69 年），明帝才接受王景的治河建议，开始了大规模的治理活动。王景带领士卒开凿阻碍水道的山阜，破除河道中原来的阻水工程，堵截横向串沟，防护险要堤段，疏浚淤塞的河段和渠道。既治理了黄河，修筑了自荥阳至千乘海口的千里长堤，又治理了汴渠，即"理渠""决水立门"和"十里立一水门，令更相回注"[①]。王景这次对黄河和汴渠的大规模治理，花费仅一年的时间，整治了河床，修固了堤防，又整治了汴渠渠道，新建汴渠水门，治河取得显著成效，使延续 30 多年的黄河水灾得以止息。可以说，这是一次效率非常高的国家治河行为。

东汉王景治河的显著成效，加之魏晋南北朝时期的黄河中下游地区是战乱中心，以游牧为主的北方少数民族入主中原，导致以农耕为主的汉族人大量南迁，于是黄河中下游地区的不少农田变为牧场。特别是黄土高原地区，农业开垦范围缩小，畜牧业又占据主导地位，农牧地区分界线南移。反映在土地的利用上，是耕地的相应缩减，牧场的相应扩展。黄土高原的植被有所恢复，水土流失也相对减轻。河水中的泥沙减少，下游河道也相对稳定，出现了长期相对安流的局面。

二、宋辽夏金时期与黄河泛滥改道南流

隋唐五代时期，关于黄河水患的治理，隋代缺乏记载。但是隋炀帝开凿的大运河就是对黄河最有效的治理。引黄河支流沁河水通往北京的永济渠和引黄河水

---

① 《后汉书》卷三《章帝纪》。

通往东南去的通济渠实际上都是让黄河水分流，自然可以减少下游的水患。唐代河患的记载有所增加，但见于史书的治河活动屈指可数，说明黄河还是处在相对安流的时期。五代除了后唐，后梁、后晋、后汉和后周均建都汴州（今河南开封），后晋和后周都有治河活动的记载，尤其是后周世宗柴荣即位后，面临黄河"连年东溃，分为二派，汇为大泽，弥漫数百里"，"屡遣使者而不能塞"的严重局势，派宰相李谷亲至澶、郓、齐（今山东济南）等州，"按视堤塞，役徒六万"①，用了一个月时间，堵住了多处决口。由此可见，黄河逐渐结束了东汉以来相对安流的局面，进入河患频繁的时期。

五代之后，历史进入宋、辽、西夏、金政等几个权并存的时代，尤其是宋金对峙时期，黄河下游河道行水时间已长，泥沙淤积严重，加之人为因素，河道变迁剧烈，灾患频繁发生。在北宋的 160 年间，黄河决溢有八十多次，而在今河南境内就有 47 次之多。相比较而言，五代时期见于记载的决溢有 22 次，平均约为三年出现一次，而在北宋时期平均两年多一次。中原与江淮之间的重要水道汴河，河床淤积严重，以至于每年都要征发民工疏浚。到了北宋末年，淤积更为严重，"自汴流湮淀，京城东水门，下至雍丘（今河南杞县）、襄邑（今河南睢县），河底皆高出堤外平地一丈三尺，自汴堤下民居，如在深谷"②。汴河作为黄河的一个引水河淤积这么严重，可以想见作为汴河之源的黄河淤积情况了。金代的 100 多年间，黄河大的决溢改道有 13 次，发生在河南境内十次。黄河开始多股分流，夺淮入海，破坏下游地区水系。面对日益加剧的黄河水患，宋金统治者都视治河为治国理政的要务之一，非常重视，但是治河不见成效。北宋定都开封，濒临黄河。日益严重的黄河水患不仅对沿河广大农业区构成严重威胁，而且对汴河的航运和京城的安全也造成重大影响。因此，北宋王朝投入很大的人力、物力治理黄河，许多朝臣和地方官吏参与治河讨论和治河实践，为此朝廷对治河形成了东流、北流两派，两派长期议而不决，争而不休，结果虽兴河工甚多，但劳而无功。其中以北宋后期的三次回河之役为当时最大的治河工程，这三次回河之役都没有成功，劳民伤财。这与北宋跟辽、西夏两个政权对峙，耗神耗力耗材有很大的关系。

金代是北方少数民族女真族建立的政权，与南宋、西夏政权对峙，占据黄河中下游地区后，在治河方略上与北宋一样，没有大的建树。南宋建炎二年（1128年），杜充在今河南滑县李固渡（今河南滑县西南沙店集南）人为决河阻止金兵南下是黄河改道向东南流的催化剂，黄河"自泗入淮以阻金兵"③。金代章宗明

① 《资治通鉴》卷二八四《后晋纪五》。
② 《梦溪笔谈》卷二五。
③ （元）脱脱，等.《宋史》卷二五《高宗纪》[M]. 北京：中华书局，1977.

昌五年（1194 年）之前，黄河北流的一支还存在，到"金明昌中，北流绝，全河皆入淮"①，黄河完成改道南流，这是黄河历史上的一次重大改道。自此以后，黄河离开了数千年东北流向渤海的河道，改由山东西南部汇泗水入淮河为主的河道，黄河下游河道在豫东南至鲁西南之间摆动。

三、元明清大一统政权取得的治河成效

元明清大一统政权在黄河治理上取得了显著成效，尤其是元朝的贾鲁治河成效最大，功垂千秋。元代的 97 年间，黄河泛滥严重，决溢极为频繁，有历史记载的就有 265 次，河南境内四十四次。孟诸泽此时彻底淤为平地。元朝的黄河水灾空前严重，在多次决口中，以致正四年（1344 年）和至正九年（1349 年）五月黄河两次在白茅（今山东曹县西）溃决最为严重，河道北徙，威胁到会通河和两漕盐场，也危急到元王朝的经济命脉。至正十一年（1351 年）四月，在丞相脱脱的支持下，朝廷采纳了贾鲁的建议，决心治河。贾鲁随调动黄河南北汴梁（今河南开封）、大名（今河北大名南）二府民工 15 万人以及庐州（今安徽合肥）等处驻军两万人，总计 17 万人投入治河工程。至当年 9 月黄河回归故道。贾鲁在短短的这 5 个月里，一举堵塞泛滥七年的决口，解除了当时的黄河水患，贡献是巨大的。

明清两代定都北京，国家的政治中心远离经济重心江南，漕运成为国计民生的基石。贯通南北的京杭大运河由于要穿越黄河，所以不得不与黄河形成交叉状态。黄河易溃决，运河易淤塞，两者交织在一起，使运河的畅通常常受到黄河的干扰和破坏。因此，明清两代治黄的目的就是保证漕运的畅通。

明代前期（1368~1505 年）的 138 年，黄河决溢在河南、山东、南直隶都有发生，以河南最为严重，直接影响到山东兖州府的张秋运河。为解除黄河北岸决溢冲向山东张秋运河，这一时段的主要治河措施是自永乐年间河南府黄河北岸的孟县沿黄河向东大修堤防，尤其是景泰年间的治河专家徐有贞筑起了沙湾（今山东张秋）堤，弘治年间的治河专家白昂、刘大夏二人在黄河北岸筑起了数百里的长堤，自河南的胙城，经过滑县、长垣和山东的东明、曹州、曹县抵达河南的虞城，总计三百六十里，称为"太行堤"，与永乐年间在河南孟津县、武陟县、阳武县修筑的滨河大堤等连接起来，筑起了阻挡黄河北流的屏障，黄河回归南流故道，张秋运河遂无溃决之患。与之相应的是，到明代后期（1506~1644 年）黄河决溢的主要区域从明代前期的河南开封府、山东西北部的寿张沙湾转移到河南开封府东边毗邻的归德府、山东兖州府西南部、南直隶北部的徐州、淮安府、凤阳

---

① （清）张廷玉．《明史》卷八三《黄河》［M］．北京：中华书局，1974.

府，以徐州最为严重，直接影响到济宁至淮安段运河的畅通。治理黄河的重心也从兖州府西北部的张秋运河转移到济宁至淮安段运河，为了解除黄河水患对此段运河的威胁，这一时段的主要治河措施是在黄河下游两岸"筑堤束水，以水攻沙"。"筑堤束水，以水攻沙"是隆庆时的总理河道万恭提出来的，万历时的总理河道潘季驯实践了这一治黄思想。尤其是万历十五年（1587 年），潘季驯鉴于以往所修堤防因"车马之蹂躏，风雨之剥蚀"，大部分已经"高者日卑，厚者日薄"①，对南直隶、山东、河南等地堤防闸坝进行一次全面整修加固，在徐州、灵璧、睢宁、邳州、宿迁、桃园、清河、沛县、丰县、砀山、曹县、单县十二州县，加帮创筑的遥堤、缕堤、格堤、太行堤、土坝等工程。在河南荥泽、原武、中牟、郑州、阳武、封丘、祥符、陈留、兰阳、仪封、睢州、考城、商丘、虞城、河内、武陟十六州县中，帮筑创筑的遥、月、缕、格等堤和新旧大坝，进一步巩固了黄河堤防，对控制河道、束水攻沙起到一定的作用，扭转了弘治以来河道"南北滚动、忽东忽西"的混乱局面，使运道畅通。

明清易代之际，造成黄河堤防失修，尤其是崇祯十五年（1642 年），李自成农民军与明军激战于开封，双方都掘开黄河大堤淹城，这次黄河人为决口直到顺治元年（1644 年）夏才完全堵合，黄河回归故道，并且整个顺治年间黄河是屡堵屡决。自康熙元年（1662 年）到康熙十五年（1676 年）之间，黄河下游几乎无岁不决口，大都在山东曹县以下河段，且集中在江苏境内，甚至有一年多达三处决口的，对漕运造成严重威胁。其中，对漕运影响最大的一次当属康熙十五年（1676 年）夏，黄、淮并涨，"河倒灌洪泽湖，高堰不能支，决口三十四。漕堤崩溃，高邮之清水潭，陆漫沟之大泽湾，共决三百余丈"②，淹了淮、扬七个州县，致使淮水涓滴不出清口，"蓄清刷黄"失去了作用，黄河河道更加淤垫，运河亦淤。漕运不通已成为清王朝的心腹之患。当时虽正在讨伐以吴三桂为首的三藩割据势力，军用浩繁，但康熙帝却毅然下了治理黄河的决心，于康熙十六年（1677 年）调安徽巡抚靳辅为河道总督，并把"三藩、河务、漕运"列为三大事，书于宫中柱上，用以时时提醒自己。可以说，康熙皇帝是历史上非常重视黄河治理的一代帝王，自康熙二十三年（1684 年）至四十六年（1707 年），他曾六次南巡河工，主要把苏北宿迁至淮安上下黄河河道、洪泽湖、高家堰及高邮上下的运河作为重点，进行多次调查研究，随时给河臣指授治河方略，以达黄河深通，清水畅出，漕运无阻之目的。到嘉庆道光年间，清政府腐败无能，官员治河无术，黄河下游河道泛滥决溢非常严重，到了不可收拾的局面。咸丰五年（1855 年）黄河在兰阳铜瓦厢（今河南兰考东）改道东流前，京杭大运河的漕粮运输

① 《河防一览》卷十二。
② 《清史稿》《河渠志》。

退出历史舞台。

综上所述，两汉和元明清这些大一统王朝在治河上，有的王朝最高统治者亲临治河现场督导治河，诸如西汉时的汉武帝、清朝的康熙皇帝，这无疑提高了治河效能；还有东汉王景治河，用一年时间修筑了千里长堤；元代贾鲁用短短五年就堵塞了长达七年的决口。黄河治理成效反映出大一统政权能够使国家走出困境，攻坚克难，使黄河文明在中华大地根深蒂固，绽放异彩。

做好黄河流域水利建设摸底工作，创研《河南水利建设蓝皮书》

陈习刚　　陈亚楠

（河南省社会科学院历史与考古研究所，郑州　450002）

摘要： 近年来，实现黄河流域高质量发展对黄河流域水利建设提出更高的要求。做好黄河流域水利建设摸底工作是黄河流域高质量发展重要保障的基础，是目前制定和落实促进黄河流域水利建设发展切实有效对策的基本和迫切工作。创研《河南水利建设蓝皮书》是推动黄河流域高质量发展的重要举措。其重要目的之一就是贯彻落实做好黄河流域水利建设摸底工作，服务现实，未雨绸缪。《河南水利建设蓝皮书》要发展为黄河流域及河南省水利建设情况的展示平台，成为促进黄河流域和河南水利建设事业发展的重要抓手。

关键词： 黄河流域；水利建设；《河南水利建设蓝皮书》

黄河是中华民族的母亲河，习近平总书记曾多次表达对黄河生态环境及高质量发展的关心，2021 年中共中央、国务院印发了《黄河流域生态保护和高质量发展规划纲要》，制定了《中共中央　国务院关于新时代推动中部地区高质量发展的意见》分工方案，支持中部地区水利高质量发展。新形势下，雨带北移，极端天气渐成常态，原来的水利建设状况已经难以应对气候变化所带来的深远影响，实现黄河流域高质量发展对黄河流域水利建设提出更高的要求。河南作为沿黄九省之一，理应做好黄河流域水利建设摸底工作，积极采取有效应对措施推进河南水利建设的发展，为黄河流域高质量发展贡献力量。

作者简介：陈习刚，河南省社会科学院历史与考古研究所副研究员；陈亚楠，河南省社会科学院历史与考古研究所研究实习员。

一、做好黄河流域水利建设摸底工作是黄河流域高质量发展重要保障的基础

水利建设范围广泛，不仅包括水闸水站建设、河湖治理，同时包括供排水系统的规划等，与城乡规划、环保、百姓生命财产安全等问题密切相关。随着雨带北移、北方地区极端天气频发，尤其是强降水给北方地区带来的洪涝灾害严重破坏和威胁人民生命财产安全和发展成果安全，反映了目前城乡建设，尤其是市政存在地下水网建设根本不足等问题。因此，水利建设问题不得不提上议事日程，加强水利建设势在必行，而水利建设摸底工作又是其基础。

（一）雨带北移、极端天气频发

《中国气象报》对雨带北移现象十分关注，在 2012 年 9 月 28 日版中就曾围绕"雨带北移"采访国家气候中心气候监测室首席专家周兵，随后 11 月 19 日版报纸文章称，气象模式模拟显示夏季风增强导致雨带发生代际北移，未来 20 年华北降水量可能会增加。2013 年 10 月，美国哥伦比亚大学的一项研究报告显示，在全球变暖的趋势下，地球的风雨带向北移动，这会导致亚洲季风带和非洲季风带降水量增加。2015 年，中国科学院学者经过长期野外调查研究，发现黄土记录显示全球变暖导致东亚夏季风雨带北移。

（二）极端天气对北方造成的严重危害

"七下八上"是防洪的关键期，是我国华北东北等地一年中降雨最为集中的一段时间。防洪不仅是对应急处突能力的考验，更是对城市水利系统承载力的检验。近年来，突发的强降水对北方地区城市建设、农田水利、人民生命财产安全产生严重威胁。

1. 河南大水的破坏与影响

2016 年 7 月和 2021 年 7 月的两次暴雨给河南省带来了严重损失。2016 年 7 月中旬，河南安阳、新乡遭遇特大暴雨，安阳河发生了 3 处溃口险情，新乡市卫辉市石门河发生了 1 处溃口险情，安阳林州市、安阳县和新乡市辉县市部分乡镇交通、电力、通信中断，京广铁路安阳段一度限速运行。受灾人口 155.2 万，农作物受灾面积 112.78 平方百米。① 2021 年 7 月 17~23 日，受台风"烟花"影响，河南郑州、新乡、安阳等地发生特大暴雨，多处国家级气象监测站的观测数据超过历史极值，此次强降雨导致河南省发生严重洪涝灾害，特别是 7 月 20 日郑州市遭受重大人员伤亡和财产损失。灾害共造成河南省 150 个县（市、区）1478.6 万人受灾，因灾死亡、失踪 398 人，其中郑州市 380 人，占全省死亡、失踪人数

---

① 李乐乐，董一鸣. 河南：科学防御"7·19"特大暴雨洪水［J］. 河南水利与南水北调，2016（8）：1.

的 95.5%；直接经济损失 1200.6 亿元，其中郑州市 409 亿元，占全省 34.1%。此次强降雨导致农作物受灾面积 1048.5 千公顷，成灾面积 527.3 千公顷，绝收面积 198.2 千公顷；倒塌房屋 1.80 万户 5.76 万间，严重损坏房屋 4.64 万户 16.44 万间，一般损坏房屋 13.54 万户 61.88 万间。

2. 河北大水的破坏与影响

邯郸县 "2016.7.19" 暴雨，是 1996 年 8 月以来全县遭遇的影响最大的一次暴雨，短时降水量急剧增加，滞洪区水流外泄，导致京港澳青兰高速公路、京深铁路交叉处发生险情。此次暴雨导致邯郸县 5 万多亩农田被淹，55000 多名群众受灾，房屋倒塌数 10 处，直接经济损失 8700 多万元。2023 年 7 月底 8 月初，受台风 "杜苏芮" 影响，京津冀地区出现暴雨，北京房山区、门头沟的洪水景象触目惊心，河北保定、邯郸、石家庄、邢台等地出现特大暴雨，降水量远超北京，北京处于河流上游，地势较高，河北地处河流下流，除了需要承受巨大的降雨量，还要承接上游来水，承担蓄洪任务，抗洪任务重大，受灾情况更加严重。根据社交媒体流传的视频得知，河北涿州的洪水已经达一层楼的高度，并且出现楼房坍塌现象。截至 8 月 1 日 12 时，此次强降雨造成河北省 87 个县（区）540703 人受灾。

（三）水利建设现状

随着雨带北移，北方多地强降水频发，极端天气考验城市的承载力，检验城市预警应急处理系统和地下水网系统。强降雨过后的城乡洪涝灾害，尤其是严重的城市内涝，暴露出目前水利建设存在的诸多问题。

第一，水利建设欠账问题长期存在。"十四五" 规划中提到了 "韧性城市" 的概念，就是要合理处理水利规划与城市建设、发展之间的关系。河北邯郸县抗御 "2016.7.19" 暴雨洪水中，因为邯郸城区的向外发展，邯郸县周边农田被占，原有的水利工程损坏严重，防洪能力极大下降。2021 年郑州 "7·20" 暴雨事件，雨水冲击地铁线路，导致数百人被困。在极端天气影响下地铁为何没有停运？地铁防洪举措为何在洪水面前失效？无论是 "海绵城市" 还是 "韧性城市" 建设，在面对自然灾害时为何频频失灵？或许这才是洪水事件真正值得我们思考的问题。这些都让我们反思在城市扩大规模的同时，是否应该思考一下城市洪涝灾害应对体系的建设。注重城市的 "内里"，这是减少极端天气带来危害的根本之策。可以说，应对极端天气危害，建设 "韧性城市" 还有很长的一段路要走，最为重要的是认识到水利建设对于城市发展的战略作用，提高对水利建设的重视。

第二，水利重大工程的后续发展问题。南水北调是事关千秋大计的伟大工程，工程实施以来，有效缓解了北方用水紧张问题，产生了良好的社会和经济效益。但是，在具体运营过程中也存在一些问题，由于河南水价形成机制不健全，与抽取地下水相比，使用南水北调水的成本较高，企业用南水积极性不高。加上执法力度不够，不少受水区公共供水管网覆盖范围内还存在大量自备井，部分企业和个体户仍大量开采地下水。① 此外，南水北调中线仍存在供水、用水水质管理信息分散、缺少水质信息共享与反馈机制等问题，全线信息共享体系仍未建立，供水风险控制仍显薄弱。② 特别引人注目的是，气候反常带来的"北涝南旱"变化，引发对"南水北调工程"等重大水利工程建设的重新评价及后续发展等问题的关注。

第三，蓄洪区、泄洪区建设规划问题。尽管强降水现象有所增加，但是短期内北方干旱的根本状况并未发生改变，地下水资源亏空依然存在，怎样利用强降雨补足地下水资源，充分利用降雨增多的契机？这又涉及城乡蓄洪区、储水区、排洪区的建设问题，如对郑州西流湖的填埋问题都应引起重新思考。更为重要的是，历史时期的蓄洪区、泄洪区等的违规占用、改变用途等问题带来的严重威胁和潜在危机，都将深刻影响到城乡规划问题和人民生命财产安全。历史时期，黄河流域及河南地区都存在着一些蓄洪区大泽，如郑东新区的莆田泽。但现在开发为城市建成区，其地势低下，一旦发生重大水灾，带来的危害将是不可想象的。

雨带北移、极端天气频发给北方地区带来严重的洪涝灾害，暴露出水利建设不堪承载等问题，表明加强黄河流域水利建设已刻不容缓，而做好黄河流域水利建设摸底工作是目前制定和落实促进黄河流域水利建设发展切实有效对策、举措的基本和迫切工作。

二、创研《河南水利建设蓝皮书》是推进黄河流域水利建设的重要举措

水利工程补短板是解决水灾害和水生态问题的治本之策，创研《河南水利建设蓝皮书》不仅对于黄河流域及我省市政规划、排水系统建设有着积极作用，有利于高质量现代化河南建设，同时也是推动黄河流域高质量发展的重要举措。《河南水利建设蓝皮书》要发展为黄河流域及河南省水利建设情况的展示平台，成为促进黄河流域和河南水利建设事业发展的重要抓手。

（一）摸底调查，心中有数

创研《河南水利建设蓝皮书》重要目的之一就是要贯彻落实做好黄河流域水利建设摸底工作。首先，加强对河渠塘堰的摸底调查。对河渠塘堰的分布、走向、蓄水量、水位线等进行记录，在充分了解的基础上为极端天气的应急预案提

---

① 侯红昌. 提升南水北调中线河南段综合效益的思考 [J]. 河南水利与南水北调，2020（12）：9.
② 牛建森，黄悦. 南水北调中线供水信息共享初步研究 [J]. 供水技术，2020（5）：25.

供参考。其次，对水利设施进行摸排，加强对水利设施中较为薄弱的领域，如小型水库、农饮工程、河湖"四乱"（"乱占""乱采""乱堆""乱建"）等开展摸排。小型水库在城市供水、调节局地气候方面发挥着积极作用，要加强对小型水库的水质、工程质量、存在隐患进行调查，尤其注意是否发生水污染现象；农饮工程关乎农村百姓的生命健康，要保证高质量水源供给，重视对相关数据，如拨付资金、使用年限、水费标准等的关注；河湖"四乱"治理是国家水利部重点关注的，要关注乱占、乱采、乱堆、乱建现象，并密切关注与河湖治理相关的"河长制"的实施效果。

重点还要对历史时期的蓄洪区、泄洪区及古河道进行详细调查。对历史蓄洪区、行洪区、古道等的调查极易被忽视，相关调研可以邀请历史地理和水利部门人员参与，梳理我省目前存在的一些历史蓄洪区等，其现状如何，包括占用、改用、建设等情况，存在的问题和潜在的危险等方面，要全面且系统地调查清楚，以便为未来的城市规划提供借鉴，对历史蓄洪区的破坏问题更要提出整改意见和应对措施。

农田水利建设也要考虑在内，河南是农业大省，农田水利工程的建设和使用情况对于我省粮食大省建设和农业现代化发展至关重要。特别在新形势下，农田水利工程面临的建设问题。近年来，城市洪涝灾害频发，2016 年和 2021 年的大暴雨给河南省造成严重的损失，这也暴露出城市排水系统建设存在的弊端，调研要以两次洪水灾害为切入口，对郑州、新乡、安阳等地的水利部门和相关城建公司进行走访，了解洪水之后市政部门对城市排水系统做出的改善举措，及目前的整改进程。

（二）服务现实，未雨绸缪

创研《河南水利建设蓝皮书》的另一目的就是服务现实，未雨绸缪。《河南水利建设蓝皮书》要切实发挥资政作用，以服务现实作为目标导向，主要应包括调查成果、建议对策、督促手段三大板块。要组织研究人员以及省市县农业农村和城市建设职能部门技术人员等在内的创研团队，深入调查，系统研究。具体内容上，在前期摸底调查的基础上，对省内的水利设施进行系统梳理，具体应涉及水利设施类型、分布、存在隐患、整改进度及未来改进方向等。《河南水利建设蓝皮书》对成绩和问题都要进行说明，可以对河南省目前颁布的水利建设相关的法规、关于水利建设召开的相关会议及主要精神进行梳理汇总，以及河南省在水利建设、工程整改方面取得的成绩，尤其在隐患方面，要提出切实可行、能够真正落地的整改措施和后续监督手段，尤其重视对水利工程选址、工程进度、工程质量的关注。针对水污染、水治理等领域的难题，积极探索协同治理机制，提出可借鉴的方案。

《河南水利建设蓝皮书》能够在充分扎根一线调研的基础上，给予翔实的数据资料，在新形势下为河南省水利工程发展、为未来城市规划建设提供借鉴。《河南水利建设蓝皮书》的使命就是在梳理现状、给出可行方案的基础上，让人们充分认识到水利建设的重要性，真正转变观念，与时俱进。要让人们认识到区域规划应该合理处理水利规划与城市规划、城市发展之间的关系。在城市建设过程中要预留蓄水空间；要未雨绸缪，针对蓄洪区、排洪区的违建、违改等问题要及早采取补救措施，消除潜在危机。要让水环境融入日常生活，既成为一种景观又能发挥实际功能，以期为未来的城市规划和高质量发展铺路，并成为黄河流域和河南高质量发展的坚实保障。

黄河文化遗产的系统保护与法治保障

王运慧

（河南省社会科学院法学研究所，郑州　450002）

摘要： 黄河文化遗产孕育了中华民族的根脉和魂魄，无论是物质文化遗产，还是非物质文化遗产，都彰显着中华民族无私奉献、坚韧不拔、顾全大局、探索创新、为民造福的精神，这些文化和精神在历史发展中历久弥新，生生不息。对黄河文化遗产的系统保护和法治保障是传承弘扬黄河文化的基础与核心，前者需要把传承利用和保护展示有机地结合起来，后者必须重视黄河保护法的贯彻和落实。随着黄河保护法的实施，黄河文化遗产蕴含的经济价值和秩序价值尤其是隐含在这些价值中的人文价值将得到有效保护。

关键词： 黄河文化遗产；系统保护；法治保障；《黄河保护法》

习近平总书记曾指出，要推进黄河文化遗产的系统保护，深入挖掘黄河文化蕴含的时代价值，讲好"黄河故事"，延续历史文脉，坚定文化自信，为实现中华民族伟大复兴的中国梦凝聚精神力量。黄河文化遗产是祖先留给我们的宝贵财富，孕育了中华民族的根脉和魂魄。对黄河文化遗产进行系统保护必须把传承利用和保护展示有机地结合起来，必须依靠法治的力量去推动落实。作为黄河流域生态保护和高质量发展重大国家战略法律化的重要典范《中华人民共和国黄河保护法》（以下简称《黄河保护法》）已于 2023 年 4 月 1 日起施行。这部法律强调，国家加强黄河文化保护传承弘扬，系统保护黄河文化遗产，研究黄河文化发展脉络，阐发黄河文化精神内涵和时代价值。因此，《黄河保护法》是为黄河文化遗产穿上了法治的"盔甲"，让黄河文化遗产在代代相传中更有硬气和底气，在黄河流域生态保护和高质量发展的国家战略实施中走向高光时刻。

一、黄河文化遗产的资源种类丰富多彩

黄河文化源远流长，黄河流域积淀了丰富多彩、种类繁多的文化遗产资源。

作者简介：王运慧，河南省社会科学院法学研究所研究员。

这些文化遗产可分为物质文化遗产和非物质文化遗产。物质文化遗产又可分为河道关津、河泛遗迹、治河纪念、水工建筑、祭祀场所等。其中，河道遗产中比较典型的位于河南三门峡境内的"中流砥柱"，因其在奔腾不息的黄河激流之中傲然矗立，且状如石柱而得名。河泛遗迹主要指有些建筑上会留存河水泛滥时被水淹的痕迹，如河南新乡原阳原武镇的十三层密檐式砖塔玲珑塔，曾于清康熙六十年（1721 年）至雍正元年（1723 年）黄河三次在河南焦作武陟决口时，被河水浸泡长达一年八个月，其底层至今仍被淤没于地下。祭祀场所主要是指在黄河流经的区域建有祭祀黄河的场所，如河渎庙、河神庙、大王庙、禹王庙、龙王庙等，显示了人们对黄河安澜、国泰民安的美好愿望。黄河文化遗产中的非物质文化遗产主要包括黄河崇拜、治河传说、祭祀仪式、黄河号子等。治河传说如大禹治水，其中著名的有禹凿龙门等。黄河号子，属于劳动号子的一种，是千百年来先民在进行黄河治理的劳动过程中形成的，我们耳熟能详的《黄河大合唱》中的第一乐章《黄河船夫曲》采用的就是黄河号子的形式。

二、黄河文化遗产的精神传承生生不息

无论是物质文化遗产，还是非物质文化遗产，每一处黄河文化遗产都沉淀和孕育着色彩斑斓的黄河文化，彰显着中华民族无私奉献、坚韧不拔、顾全大局、探索创新、为民造福的精神，这些文化和精神不因时光流逝而褪色，在历史发展中历久弥新，生生不息。位于三门峡水库拦水大坝下方黄河河道中的"中流砥柱"，这块象征着勇气和力量的巨石千百年来备受景仰，早已成为一种承载顽强不屈、坚定不移、定波镇澜、为民造福等诸多鲜明特质的精神文化符号，带给中华民族连绵不绝的文化滋养和情感依托，成为中华民族传统文化精神的重要标识。像"中流砥柱"这样的黄河文化遗产数不胜数，它们不仅在过去产生重大影响，在当下鼓舞斗志，在未来也会熠熠生辉。我们作为黄河文化精神的传承者，要努力涵养自身守正创新的正气和锐气，合力推动黄河文化在传承中实现创造性转化、创新性发展，担负起新时代新征程上属于我们新的文化使命。

三、黄河文化遗产的系统保护至关重要

黄河流经九个省区，是典型的线性文化遗产，因此，黄河文化遗产既具有一般文化遗产的共性，也具有线性文化遗产的特性，保护中既要体现各个省区在黄河文化遗产保护方面的共同点，也要考虑特殊性做到因地制宜。同时，黄河文化遗产的核心是水文化遗产，文化保护一定要和生态保护融为一体。这些因素决定了保护黄河文化遗产必须运用系统思维，从整体上把握好这项事业的发展规律，做到"加强前瞻性思考、全局性谋划、战略性布局、整体性推进"。

前瞻性思考要求在保护黄河文化遗产过程中，要有发展意识、未来眼光，要分析科技、经济、社会发展的规律和趋势，把握黄河文化发展的现代化方向。未来社会必将是智能化社会和共享社会，科学技术和信息技术的快速发展决定了必须科学运用互联网、大数据、人工智能的手段，提高黄河文化遗产保护的效率和深度。全局性谋划、战略性布局要求黄河文化遗产保护必须注重全局规划，必须放在黄河流域生态保护和高质量发展的国家战略中去谋划和推动各项工作。在制定黄河文化遗产系统保护规划时，应统筹把握黄河文化遗产与自然遗产之间的内在关联与互动机制，如水文、地质、生态环境与黄河文化遗产之间有哪些相互影响的关联之处，充分考虑他们之间的相互作用机理，在发展规划中做到一一对应处理。同时，黄河文化遗产与流经区域的文化背景之间关系紧密，互相渗透，因此，在黄河文化遗产的系统保护中要充分利用文化互相促进机制，探索黄河文化遗产与区域文化协同推进的结合点和着力点。整体性推进要求以黄河流经区域内的自然流域为核心，推进整体性保护，实现协同性发展。必须深入开展文化遗产调查，摸清黄河流域现有文化遗产总量及分布，全面掌握文化遗产开发、利用与保护现状，形成黄河文化遗产台账，依托台账建立文化遗产数据库，从而建成较为完整的遗产体系。同时，发挥"人"与文化遗产互动特性，动员全员参与黄河文化遗产保护，广泛开拓公众参与保护黄河文化遗产的渠道，创新公众参与黄河文化遗产保护的新模式，使其成为人人参与、人人热爱的黄河文化保护事业。

四、黄河文化遗产的法治保障愈加强大

黄河文化遗产是黄河流域自有人类活动以来到今天的劳动人民所创造的全部物质文化遗产和精神文化遗产的总和。可以说，黄河文化遗产出现和存在的时间，远远超出了我们的想象。由于年代久远、保护意识不足、保护措施不力等方面的原因，一些黄河文化遗产长期受洪水、风化等自然灾害因素的影响而遭到破坏。在经济社会发展建设中，一些文化遗产遭到人为破坏。加之文物盗掘和走私活动的存在，很多古墓葬及所属文物遭到损毁，对文化遗产造成了不可逆的损坏。这些破坏和损毁存在的根本原因，是黄河文化遗产保护缺乏一个专门为其设立的法律武器和一个全面良好的法治环境。当保护不受重视，文化遗产就没有底气，才导致自然破坏得不到及时修复、人为破坏有恃无恐。黄河保护法的出台，以法律的形式确认黄河流域生态保护和高质量发展的国家战略，又通过全面、系统、严密的法律制度为重大国家战略的贯彻实施提供了坚实的制度依据和法治保障。该法开宗明义提出立法目的是"为了加强黄河流域生态环境保护，保障黄河安澜，推进水资源节约集约利用，推动高质量发展，保护传承弘扬黄河文化，实现人与自然和谐共生、中华民族永续发展"。可见，保护传承黄河文化遗产作为

保护传承黄河文化的重要组成部分，已经被全面纳入法治轨道，从对文物古迹、非物质文化遗产、古籍文献等重要文化遗产进行记录、建档，到加强黄河流域具有革命纪念意义的文物和遗迹保护，再到依法打击盗掘、盗窃、非法交易文物等破坏黄河文化遗产的犯罪行为，黄河保护法可以说是为黄河文化遗产的系统保护织就了一张细致缜密的法治之网，让黄河文化遗产可以理直气壮对各种破坏说"不"，也更有硬气和底气屹立于中华大地，植根于国人心中。此次《黄河保护法》明确的制度措施具有很强的针对性、约束性和保障性，有助于在推动黄河流域生态保护和高质量发展中运用法治思维和法治方式解决问题，对进一步加强黄河流域执法、司法和普法提供了重要依据，将在推动黄河流域高质量发展国家战略中发挥固根本、稳预期、利长远的重大作用。

习近平总书记强调，黄河文化是中华文明的重要组成部分，是中华民族的根和魂。黄河文化遗产的系统保护和法治保障是传承弘扬黄河文化的基础与核心。黄河保护法不仅保护了黄河流域高质量发展过程中的经济价值和秩序价值，而且保护了隐含在这些价值中的人文价值，让积淀丰厚、种类繁多的黄河文化遗产在传承中更显自身价值，在新时代新发展中更显自身光芒。相信随着黄河保护法的实施，我们的母亲河将更加清澈美丽，黄河两岸碧绿葱翠，镶嵌其中的文化遗产越来越被广为传颂，黄河安澜有了法治护航，文化自信走向新高度。

文明史视域下黄河文化的历史演进

范先立

（河南省社会科学院文学所，郑州　450002）

摘要： 黄河文化作为中华民族共同体文化的典型代表，是在黄河流域的地理空间基础之上的中华民族的文化创造、文化创新和文化创获，构成了中华文明的基本单元，也是绵延至今象征中华民族群像的精神文明。在漫长的文明演进过程中，黄河文化不断地吸纳流域内外的优秀文化，加以改造和创新，从而使黄河文化的内涵更加丰富，更加具有包容性，不但展现了自己独有的文化特色，也成为中华文明绵延长远的核心与基础。在文明史的视野下考察黄河文化的发展历史，可以清晰地呈现出中华文化的强大向心力，这种向心力逐渐发展、凝聚为今天的中华民族共同体和中华文明共同体。黄河文化的演进历程，集中展现了中华民族持续奋斗、持续传承、持续凝聚、持续创新的伟大历史进程。

关键词： 文明史；黄河文化；演进阶段

文明史展现了历史发展的时间性和空间性相统一的特点，不同时空下产生不同的文明形态，不同形态的文明之间相互交流、碰撞、融合，从而演进出新的文明形态。黄河，被誉为中华文明的母亲河，承载着中华民族5000多年的历史和文化。习近平总书记在文化传承发展座谈会上发表的重要讲话，提出把马克思主义基本原理同中国具体实际相结合、同中华优秀传统文化相结合，造就一个有机统一的新的文化生命体、建设中华民族现代文明，是一个具有时代性内涵的重大命题，不仅具有重大的政治意义，而且具有深刻的学理内涵。在新时代"文化自信"和"中国文化走出去"战略的指引下，黄河文化的演进进入新的历史阶段。基于此，本文在文明史的视域下，将黄河文化分为六个演进阶段，考察其发展、传承和创新，从而彰显黄河文化在中华文明史上的重要地位。

作者简介：范先立，河南省社会科学院文学所研究员。

一、先秦时期黄河文化的开端与源起

先秦时代是中国历史上的一个重要时期，也是黄河文化演进的开端。在这个时期内，黄河流域的文化逐渐形成，并对中国历史和文明产生了深远的影响。黄河，被誉为中国的母亲河，流经中国北部的干旱和半干旱地区，其流域涵盖了今天的黄河流域和黄土高原。在新石器时代阶段，黄河文化开始呈现多样化发展方式，黄河流域出现了马家窑文化、齐家文化、裴李岗文化、老官台文化、仰韶文化、龙山文化、大汶口文化等，李伯谦称仰韶文化在这一时期已经进入到"古国"阶段，并且认为"仰韶文化古国是军权、王权相结合的王权国家"。① 从这里可以看出，黄河地区的文化演变已经出现相对完整的形态。

夏、商、周时代发展出具有文化传承内涵的人文地理区系，尤其是文字的出现，并且将文字铭刻在青铜器之上，让文化的传承具有权力的象征。1939 年，河南安阳出土的后母戊方鼎，展现了商代晚期的铸造工艺和造型艺术。青铜器既是黄河文化的物质遗存，也是黄河文化的精神展现。黄河文化另一重要代表是"河图洛书"的出现，这是中华民族智慧的结晶，数千年来深刻影响了中国的文化、民族、国家观念。周朝之前的国家形态是城邦体制，周朝开始则是城邑国家的体制，农业文明是黄河文化的基础，周王是"天下"共主，周人在祭天、祭地、祭祖等活动的过程中，建立起了一整套符合天地之道的社会秩序。因此，司马迁在《史记》中说："昔三代之居，皆在河洛之间。"②

先秦时代的黄河文化以农业为主导，农耕文明成为这一时期的核心特征。农业的发展导致了社会的稳定和人口的增长。黄河流域的居民开始组织起来，形成了部落和小国。土地的所有权逐渐成为一个重要的社会问题，贵族地主阶层逐渐崭露头角。在先秦时代，中国的文化和思想开始蓬勃发展。这一时期出现了众多重要的思想家，如孔子、老子、墨子等，他们的思想影响了后来的中国文化。这些思想家对道德、政治和社会问题提出了许多重要观点，这些观点成为中国文化传统的重要组成部分。在先秦时代，黄河流域出现了多个小国和部落，它们之间的争斗和战争时有发生。战国时期尤为明显，各国为争夺土地和资源进行了激烈的斗争。这些战争推动了兵器和战术的发展，也促进了政治体制的变革。先秦时代的思想家的思想成为后来儒家、道家、墨家等学派的基础，对中国的哲学和道德体系产生了持久的影响。《汉书·艺文志·诸子略》云："九家之术蜂出并作，各引一端，崇其所善，以此驰说，取合诸侯。"③ 此外，战国时期的政治斗争和

---

① 《中国古代文明演进的两种模式——红山、良渚、仰韶文化大墓出土玉器观察随想》。
② 《史记》卷二八《封禅书》。
③ 《汉书》。

变革为中国的统一做好了铺垫，最终导致了秦朝的建立。先秦时代的黄河文化是中国文明演进的关键时期之一。它在农业、思想、政治和社会组织等方面取得了重要成就，为中国的未来发展奠定了坚实的基础。这一时期的文化和思想传统延续至今，继续塑造着中国的文化和风貌。

二、秦汉至魏晋南北朝时期的黄河文化融合与发展

从秦汉的大一统时代到魏晋南北朝的大分裂与大融合并存的时代，黄河文化在这个过程中不断地对立、互动、互融，使"汉文化"和"汉民族"逐渐定型，并发展为多民族共居的大一统国家，伴随政治的大一统的结果是经济的繁荣，文明形态更为丰富，各个文明形态之间有冲突，也有交流融合。在黄河文化的融摄之下，儒学、佛学、玄学等诸多思想和文化共时存在，共同建构黄河文化的精神内核。从地理格局来看，文化和思想上的繁荣和互动增多，突破此前不同文明的区域静态形式，思想交流突破了地理空间的局限性，从而形成一种"中心—边缘"的等级差序地理格局，这也成为中国传统政治的基本模式。

秦朝完成了中央集权和国家的统一，是中国历史上第一个大一统王朝，它的建立标志着中国历史上第一次的政治统一。在秦朝时期，中央集权得到了极大的强化，"天下之事无小大，皆决于上"，① 这对黄河流域的文化演进产生了深远的影响。首先，秦始皇推行了一系列统一标准，如度量衡、文字、货币等，这促进了黄河流域的文化统一。他还修建了众多的道路和运河，加强了黄河流域与其他地区的联系，进一步促进了文化交流。其次，秦朝的法治思想影响了后来的中国政治制度。虽然秦朝的统治相对短暂，但其对政治制度的改革为后来的汉朝打下了基础，汉朝成为中国封建社会的代表。

汉朝是黄河文化的繁荣时期。汉朝是中国历史上最长久的封建王朝，它的兴起和繁荣对黄河文化的演进产生了深刻的影响。黄河流域成为汉朝的政治和文化中心之一，洛阳和长安分别成为东汉和西汉的都城，吸引了大量文化人才聚集。从文化与科技的繁荣的角度看，在秦汉大一统时代，黄河流域的文化和科技取得了显著的进展。这个时期诞生了众多杰出的文化和科学家，如司马迁、刘向、张衡等，他们的作品对中国文化和科技产生了深远的影响。秦汉大一统时代的黄河文化对中国历史和文明产生了深远的影响。赋是汉朝的代表性文体，散韵结合，专事铺叙，形式上"铺采摛文"，内容上"体物写志"。《子虚赋》《上林赋》是汉赋的代表，诗歌上以汉乐府和《古诗十九首》为代表。这些优秀的文学作品都反映了黄河文化的繁荣和精神气韵。

---

① 《史记》。

魏晋玄学是继先秦诸子之学和两汉经学之后的第三次学术高峰，也是黄河文化的重要组成部分。魏晋玄学开辟了一个思辨的时代，开创了糅合儒道学说的一代清新学风。这一时期的名士谈玄说理，从哲学思辨的角度对经学展开训解，是学术的创新和发展，深刻影响了此后佛学和理学的发展。此外，魏晋时期是人的自觉时代，士人蔑视礼法，纵情山水，向往自由，对后来历代文人心性的发展和社会演变发生了重大影响。

三、隋唐宋时期的黄河文化繁荣与创新

隋朝的建立结束了南北朝的分裂，唐朝则继续巩固了政治统一，两宋则是中国传统文化的大繁荣时代。隋朝的大运河工程连接了黄河流域和长江流域，促进了贸易和文化交流。这一时期的政治统一和经济繁荣为黄河文化的再次崛起创造了有利条件。无论是盛唐气象还是大宋风华，其繁荣底色都是基于黄河文化的繁荣。"唐音""宋调"成为中华文化的代名词，也是黄河文化的典型代表。这一时期的文化全面繁荣，文学上，以唐宋八大家为代表，深刻影响了文学的发展；书法艺术史上，颜柳欧苏创造鄂艺术作品和艺术思想，成为艺术史上的典范；哲学上，理学出现并发展成熟，对中国士人阶层的思想和行为产生了结构性的影响；佛教上，洛阳成为佛教的中心圣地。这些文化成就无一不是与黄河文化有着深刻的渊源。可以说，在隋唐两宋的历史发展阶段，由于黄河特殊的地理位置，无论是都城的选址建设，还是文化中心的形成，黄河文化一直在其中担负着引领地位，成为中华传统文化交流的中心枢纽。诗歌的发展上，中国最伟大的诗人杜甫是河南人，创作了大量影响中国文化的诗篇。韩愈是河南焦作孟州人，唐代中期文学家、思想家、哲学家。他是唐代古文运动的倡导者，被后人尊为"唐宋八大家"之首，与柳宗元并称"韩柳"，有"文章巨公"和"百代文宗"之名。

北宋文化由黄河所孕育。汉唐儒学到宋代出现了变革，逐渐形成具有鲜明时代特征的新儒学，即越出单纯研究儒家经典的范围，囊括了经史之学和辞章义理之学的一门新学问，即宋学。在各学派中，二程的洛学思想得到了极大发展，南宋朱熹集其大成，创立了一套理学思想新体系。周敦颐和邵雍被视为理学体系的开山人物，张载与程颐、程颢兄弟是理学奠基者，南宋朱熹则是理学的集大成者。从周敦颐、邵雍到二程、再到朱熹，理学的发展脉络逐步完善成熟。宋代理学有"濂、洛、关、闽"四派。其中洛学是以居住在洛阳地区的学者为代表人物，主要包括邵雍、司马光、程颢、程颐等，以二程为主。四派之中，前三派都是在黄河流域起源，并影响辐射至其他地区。理学对"内圣"人格的积极倡导，提升了中国传统的文化精神。理学高倡建树理想人格，注重道德与气节，锻造了中国人尤其是知识分子的强烈社会责任感和历史使命感。如张载提出的"民胞物

与"已成为中国文化精神的重要组成部分;而其宣称的"为天地立心,为生民立命,为往圣继绝学,为万世开太平",则显示了一种震撼人心的伟大抱负和人格力量,并成为世世代代知识分子的人生价值追求。

四、元明清时期黄河文化的多元与嬗变

辽宋金元时代是中国历史上一个充满战乱、政治变革和文化多元的时期。在这段时期,黄河流域的文化经历了多元化和演变,不同政权的兴起与衰落以及文化的交流相互影响,形成了丰富多彩的黄河文化。蒙元时期的版图形成中国疆域的历史之最,真正实现了"海内一统"和"多族共融",对于"中国"观念的认同和思考也在这一时期取得进展。郝经认为,"今日能用士而能行中国之道,则中国之主也"。这一观念对当时乃至后世都产生重要影响。"华夷同祖""脱夷入华""以夷统华"等各种学说和思想的出现,文人学者在"夷夏之辨"的基础上,对多民族国家的走向展开了充分的探讨,这些学说和思想极大地推动了黄河文化的形成进程,丰富了黄河文化的内涵,为多民族国家的早期建构奠定了基础,这也进一步推动中华民族多元一体格局逐步形成。元代的大一统政治格局,为疆域内的各族群间的交流消除了地理的界限,从而让黄河流域内的多元文化交流融合更加广泛和深入。

元明易代之际,黄河流域在政治变动的历史背景下出现新的民族共同体,丰富了黄河文化的族群构成。明代中后期,大一统的多民族格局基本形成,民族之间的文化交流与融合开始进入快速发展的阶段。及至清朝的建立,平定边疆之乱,再一次将中国的疆域版图和政治一统推向新的阶段。在清朝大一统的政治版图内,黄河流域多民族交融共生的区域文化发展逐步走向了稳定的时期,并深度影响了国家的政治建构和人民的国家观念。实际上,清代的政治建制和文化政策的展开和实行,是对黄河文化内涵、精神、传承等方面形成影响最大的历史阶段,文化之间的融合不再局限于各个民族之间,而是表现为跨区域、跨民族的交流,而且越来越成为一种社会常态。从文化融合的地域趋势来看,南北之间的文化融合逐渐取代东西向的文化融合,其中既体现为权力阶层南下促使游牧与农耕融合与交流,还体现为不同区域、不同文化类型之间的彼此融合。此外,随着西方大航海时代的开始,来华的西方传教士络绎不绝。这些传教士带来了西方的宗教观念、器物器具以及生活方式,加强了中国与西方之间的文化交流,为兼容并蓄的黄河文化注入西方近代科学文化内容,如引入西方的农作物,学习新的栽培技术等,改善了本土的作物,提高了产量,可以养活更多的人口。晚清开始出现的由器物学习而转向了制度和思想文化的学习,近代西方科学民主思想开始传入,并持续产生影响,深刻地改变了黄河文化的长久单一发展模式。面对数千年

来未有之大变局，黄河文化本着广博的包容心态，不断吸收和学习外来的技术和文明，并以此增强自身的力量，获得了浴火重生的发展。元明清帝制时代的黄河文化在政治、文化、社会等方面都取得了显著的成就。这一时期的文化传统延续至今，继续塑造着中国的文化和社会价值观。

五、新时代黄河文化的传承与勃兴

黄河文化作为中华文化的重要内容，是中华民族在黄河流域辛勤耕作、开拓进取过程中价值观念、情感依托的真实写照，也是中华民族团结奋斗、自强不息、勤劳质朴、无私奉献民族精神的生动表达，是中华民族从自在到自觉的内在推动力，是中华民族千百年来由小到大，由弱到强，由分裂到统一，由单一民族到多民族发展过程中的关键性精神力量。黄河文化对中华民族的形成发展起到了关键作用，在政治上，黄河文化孕育了天下一统的大一统思想；在文化上，黄河文化诞生了以儒家文化为代表的经典理论；在经济上，黄河文化通过传统农耕文明，将中国古代农业经济推向了顶峰。黄河哺育了勤劳勇敢的中华民族，黄河文化同样对中华民族的发展壮大提供了丰厚的文化浸润与价值滋养，对铸牢中华民族共同体意识起到了重要作用。在新时代，做好民族工作，就要抓好铸牢中华民族共同体意识这一主线和"纲"，在推进中华民族共有精神家园建设过程中，要重视发挥黄河文化的重要作用，大力传承发扬黄河文化，讲好中华民族发展历程中的"黄河故事"，全面系统地梳理、挖掘、研究黄河文化的精髓要义与时代内涵，将黄河文化的重要价值贯穿于"三个离不开""四个共同""四个与共"的学习，在学习研究黄河文化的实践中，也要与"四史"教育有机结合起来，进一步加强对党和国家、对中华民族、对中华文化的深刻认同，及时研究总结黄河文化对于做好民族工作的重要性，不断深化黄河文化的重大意义与时代价值。

人类社会的演进伴随着人类文化的兴衰。黄河流域每一次社会演进都会促进农业文明的不断发展，黄河文化的形成过程就是中华民族共同体的形成和发展过程。黄河文化是中华文明的摇篮，传承黄河文化就是增强中华文化的自信心和凝聚力，因为文化的自信和文化的传承是一个国家持续发展的精神动力。黄河文化赋予中华文明根和魂，黄河文化历经数千年的文化积淀和历史传承，已成为中华民族的精神符号，也体现着中华文化的符号象征意义。讲好黄河故事，延续历史文脉，坚定文化自信，为全面推进中华民族伟大复兴提供源源不断的精神支撑。黄河文化蕴含着"大一统"的主流意识和"同根同源"的民族心理，是增强民族认同感、维系国家统一和民族团结、铸牢中华民族共同体意识的精神文化支柱。黄河文化与周边国家及地区的交流交融，为构建人类命运共同体提供了历史范本。因此，铸牢中华民族共同体意识就是构建以"黄河"为中华文化认同的精神共同体。

六、结语

从文明演进的视角出发，对中国历史各个时代的黄河文化做大致的审视，可以更为清晰地审视黄河文化演进的阶段性特征。在此基础上做具体深入的考察则会看到，大量以往司空见惯的史料与历史现象，都可以重新分析。这种分析的最大意义在于，摆脱以西方历史为先定的框架，增强中国文化自信，将黄河文化的历史变迁纳入中国思维的研究方式，从中国发现"历史"，发现"黄河文化"，从而逐步揭示黄河文化历史演变的内在理路。

河南讲好黄河故事 弘扬黄河文化的对外传播策略

韩 磊

（河南省社会科学院新闻与传播研究所，郑州 450002）

摘要： 千百年来，母亲河黄河哺育了一代又一代的华夏子孙，孕育了中华文明。黄河是中华民族永续发展的源泉所系、血脉所依、根魂所在。新时代下，讲好黄河故事、弘扬黄河文化是当代文化产业发展转型之下的重要环节，也是我国文化产业走向世界，向国际化方向发展的重要途径。河南作为文化大省，做好黄河故事、黄河文化的对外传播工作，于自身发展、于文化传承都具有重要现实意义。但是实际工作中，存在对外传播机制不完善、人才短缺、手段单一、文化生态破坏严重等问题。基于此，需要河南相关部门立足文化优势，从机制、人才、手段、生态保护上着手，讲好黄河文化故事，弘扬黄河文化，实现黄河文化更好地普及和发展，让黄河文化在新时代实现更广泛的传播和发展。

关键词： 河南；黄河故事；黄河文化；对外传播

河南地处黄河流域腹地，在黄河文明中居于中心地位，是黄河文化历史传承的核心承载主体，更应在推动黄河文化的国际传播、提升中华文化传播力影响力上展现大担当、大作为。但在如今全球性文化竞争和国内社会主要矛盾转换的复杂形势下，黄河文化的对外传播工作面临诸多难题。例如，传播方式单一，主要依靠传统的书籍和展览形式；传播渠道狭窄，仅限于一些知名的文化机构和博物馆；传播内容过于单调，缺乏多样化的呈现方式和文化元素；缺乏专业人才，无法进行有效的市场营销和推广等，河南既然作为黄河流域文化大省，为解决好以上问题，就要积极做好黄河文化的对外传播工作，利用各种资源条件，构筑新的传播体系和传播渠道，用实际行动讲好黄河故事。

作者简介：韩磊，河南省社会科学院新闻与传播研究所。

一、河南讲好黄河故事，弘扬黄河文化的对外传播的价值

（一）有利于增强文化的影响力

黄河文化是中华文明走向世界的敲门砖和璀璨名片，传播黄河文化是我国文化走向世界，成为不同国家文明交流的精神媒介。河南作为黄河流域的重要一环，自古以来就扮演着沟通东西、南北的重要纽带角色。推动黄河文化的对外传播，是坚定文化自信、构建具有鲜明特色的中华文化传播体系、增强中国文化软实力和国际话语权、展现真实立体的中国道路和中国理念的重要路径。一直以来，党和国家都十分关注黄河文化的保护和对外传播工作，针对黄河文化的对外传播工作作出了重要指示，为黄河文化影响力的提升做了大力宣传，彰显了深厚的黄河情怀。同时，黄河流域各沿线地区所拥有的各类特色文化元素，都是黄河文化衍生出的具象文化内容，如今讲黄河故事、弘扬黄河文化，就是要将各地区丰富的文化资源充分挖掘出来，以多种多样的形式传播到世界各个国家和地区，为打通中国通向世界的大门，加深我国与其他国家和地区的文化交流深度，增强我国文化在国际上的话语权和影响力提供丰富的文化后盾支撑。通过讲述黄河故事，吸引世界各地的游客和文化爱好者来到河南，促进不同文化的交流与融合，共同推动黄河文化的发展与传承，为中国文化真正走向国际添砖加瓦。

（二）有利于保护传承黄河文化

河南地处中原腹地，在黄河流域的孕育之下涌现出了诸多文化资源，无论是河洛大鼓还是豫剧戏曲、传统手工艺，都是黄河文化孕育和繁衍的结果。讲好黄河故事、弘扬黄河文化，对于河南有着特殊意义和重大价值。河南郑州将黄河文化保护和传承工作上升到省级重要工作战略层面，并且在这几年间积极挖掘地域文化，宣传文旅融合活动，打造特色文化品牌，在挖掘、整理和弘扬黄河文化上已经较以往有了明显变化，成效十分显著。这些成效都是保护和传承黄河文化的成功示范，有利于保护和传承黄河文化。河南作为黄河流经的省份，有责任和义务讲好黄河故事，弘扬黄河文化的对外传播。通过加强黄河文化的保护和传承工作，河南可以更好地继承和传承中华民族的文化遗产，为增强民族文化自信和国家形象的提升起到积极作用。

（三）有利于彰显黄河文化价值

众所周知，黄河文化是中华民族的根和魂。国家和社会将保护黄河文化、讲好黄河故事作为现代社会事业建设中的重要工作，将黄河保护和治理工作上升到延续历史文脉的高度，如此能充分彰显黄河文化的价值，打造黄河文化品牌。例如，在加强黄河流域生态保护上，各沿黄地区推进黄河大治理、共抓黄河生态文明，是让黄河造福人民的科学举措，能充分显现出黄河与人类密切相关的必要价

值。而且文化既是民族的又是世界的，黄河文化不只是中国文化中的一部分，更是世界文化中的一部分，在如今国际文化交融不断加深的时代下，黄河文化能凭借自身的地域特色、正确的价值导向助力国际之间的合作共赢，如此也能充分体现出黄河文化的时代价值。

二、河南讲好黄河故事，弘扬黄河文化的对外传播现状

（一）对外传播机制待完善

讲好黄河故事、弘扬黄河文化这项工作离不开相关部门的顶层设计。在政策上，河南高度关注黄河文化的保护和传播工作，陆续下发了多个指导性文件，这对于地方开展文化对外传播工作是有实际帮助的，但在传播机制上，相关部门给予的政策性内容较为宽泛，制度不够细化，导致许多社会企业在参与文化对外传播过程中，无法度可依。而且在传播机制运作中也存在不完善问题。相关部门对黄河文化传播的支持力度仍有较大提升空间，一些政策优惠、金融补贴等政策还有待细化，流域内许多文化建设项目的招商引资工作无法尽快落实，这一问题也对黄河文化的对外传播造成了一定影响。

（二）国际化传播人才短缺

讲好黄河故事、弘扬黄河文化这一任务离不开人才资源的支撑。当前河南致力于黄河流域的生态保护和高质量发展工作，在人才培养和教育领域呈现教育资源不足、人才缺失等现象，极大地影响了黄河文化的对外传播效果。具体表现在：河南地区文化部门和社会组织与学校联动合作较少，学校人才与社会企业中的岗位适配度较低。而且对外传播工作需要一批高素质、跨文化交际能力较强的人才，而学校中所培养的人才多数只能在国内承担起文化传播工作，在跨文化交际层面仍处于薄弱水平，因此给黄河文化的国际化传播提出了现实挑战。

（三）国际化传播手段单一

河南作为黄河文化的核心展示区和文化腹地，被视为中华文明的发源地。然而，河南在黄河文化国际化传播过程中暴露出手段单一的问题，极大地影响了黄河文化的对外传播效果。具体表现在：河南部分地区在文化传播中仍然使用传统媒体这一单一化的传播方式，即便引进了一些新媒体技术，也只是单纯复制传统媒体中涉及的内容，且传播形式缺乏新意，同质化较为明显。而且对外传播中，与国外企业合作较少，社会主体参与合作较少，传播范围受到了限制，因此也影响了黄河文化的对外传播效果。河南省还应该不断加强对外交流的手段，积极参与国际文化交流和合作活动，大力借助国际化的平台，将黄河文化推向世界，通过多种形式的文化交流和展示活动，向世界展示中华文化的独特魅力和历史卓越。

（四）文化生态性破坏严重

近年来河南省积极响应政策号召，一直致力于打造文化大省、经济强省，而忽略了文化生态性的保护和治理工作，导致许多文化项目过于偏向经济性，生态价值有所减弱，不利于黄河文化的对外传播。具体表现在：部分旅游类企业在文化开发和传播过程中，过度开发地方自然景观资源，大肆扩建现代化建筑，修建交通，破坏植被，给当地的生态环境造成了现实破坏。还有一些遗漏在民间、乡村地区的传统民居、村落、遗址等文化资源，随着城镇化建设进程的加快，许多文化类建筑遭到拆除和破坏、废弃物随意放置，不仅破坏了文化的多样性，更是给居民的生活环境带来了影响。

三、河南讲好黄河故事，弘扬黄河文化对外传播策略

（一）做好顶层设计　强化机制引领

讲好黄河故事、弘扬黄河文化不仅是社会层面关注的问题，更是国家党政部门牵头，为民族文化的发展所做的精准定位。因此，做好顶层设计、强化机制引领是当前国家相关部门需完善的工作。一方面，党政部门可与文化部门和其他部门牵头，联系高校、社会组织、公益机构、科研单位等多个社会主体联名承办黄河文化的对外传播项目，鼓励社会各界各级单位和部门黄河文化科研、科技创新、文旅产业投资等项目，充分发挥宏观调控作用，推动研究成果的转化，助力黄河文化的对外传播。另一方面，还可与国外企业相互合作，鼓励、支持和引导国外企业到河南沿黄地区投资建厂，开展文化产业建设，政府可适当给予其金融补贴、贷款免息以及政策优惠等支持，从机制管理上助力黄河文化的对外传播。

（二）重视人才培养　强化人才引领

人才是推动社会发展的中坚力量，河南省在讲好黄河故事、弘扬黄河文化工作中，还存在人才资源较为薄弱的问题。基于此，相关部门需加大人才培训、人才吸纳的重视力度，为黄河文化的对外传播做好人才储备。一方面，相关部门可与学校建立合作关系，在校内举办黄河文化讲座、论坛，或者在校内开设专门的黄河文化辅修课程、黄河文化传播培训基地，定期邀请社会专业人士、企业骨干到校为学生普及黄河故事、黄河文化的相关内容，以及国内外当前文化交流的现实情况，唤起学生对黄河文化对外传播的主体意识，激发学生的主人翁意识。另一方面，还可适当放宽对社会人士的岗位招聘限制，面向全国广泛征集各界人才，并对招聘的人才进行技能培训，打造出一批具备传播能力的技能型人才，做好黄河文化的对外传播工作。

（三）深化手段传播　强化技术引领

河南要想讲好黄河故事，弘扬黄河文化，需紧跟时代脚步，强化技术引领。

一方面，要积极引进智能化技术和软件，大力宣传黄河文化、黄河精神和黄河故事。如可与传统媒体相合作，传统媒体以报纸、期刊、电视广播的形式宣传近期的黄河文化主题，做好前期文化预热宣传工作，新媒体单位以短视频、微纪录片、动漫等形式来进行后期宣传，吸引社会大众的广泛关注；也可依靠来华外籍人士、海外华人华侨的传播或参加国际会议的方式来进行交流。另一方面，当地相关部门可打造国际文化论坛，邀请国外专家学者、文化传播者来华进行文化交流和互动展示，打造国际文化交流的平台，对黄河流域的公共文化产品、传统文化等资源专门创建智能旅游项目、国际云旅游项目，与国外旅行社合作对接，实现文化的国际化传播。除此之外，还能打造黄河文化线上 IP，建设以河南为中心的文化展示区、文化体验区、文化创新区等新文化地标，通过 TikTok、Facebook等符合外国人阅读方式和习惯的新媒体平台，把中国的声音传递出去，用海外受众能够接受的传播方式，最后达到传播的效果。这些措施能从文化品牌建构角度创新传播形式，提升黄河文化的传播力和影响力。

（四）关注生态保护　强化特色引领

黄河流域地区是中国的粮仓和能源基地，但也是生态环境最为脆弱的地区之一。多年以来，由于人类活动和自然环境的影响，黄河流域的生态环境遭受了严重的破坏和污染，对其生态系统造成了巨大的威胁。围绕黄河流域的生态保护工作，河南省做了诸多应对举措，例如建设污水处理厂、实施限塑令，在黄河流域沿线设置生态先行区、湿地公园、生态示范带等，这一系列工作的开展都给黄河流域的生态恢复作出了显著贡献。但是，生态保护非一日之功，需要长久坚持。因此未来在黄河文化的对外传播工作中，需要持续关注生态保护工作，注重打造绿色黄河文化产品，强化地区文化生态品牌的构建。相关部门可在文旅融合策略基础上，联合国内外的景区单位打造生态旅游景区、生态文化长廊，主动将生态元素与文化传播工作相融合；也可发掘河南特色非遗文化项目，借助文旅融合、国际化传播等手段，以生态保护为前提，开展生态非遗节目表演、环保手工艺体验等活动，邀请外国友人到此体验和打卡，打造特色化文化生态的传播新格局。不断挖掘特色引领，更好发挥黄河流域的独特自然和文化资源，推动生态保护与经济发展的协同发展。黄河生态保护是中华民族的共同责任，保护黄河的生态环境，必须强化特色引领，发挥黄河流域的独特自然和文化资源，推动生态保护与经济发展的协同发展，实现黄河流域的生态保护和经济发展的双赢。

四、结语

黄河流域的文化源远流长，经历了数千年的历史洗礼和文化沉淀。在这里，孕育了众多的文化遗产和精神符号，成为中华文明的重要组成部分，为中华文明的延续提供了活水源头。讲好黄河故事、弘扬黄河文化是人类生存和发展的大计，在实现中华民族伟大复兴的进程中，我们每一代人都有责任和义务去守护黄河文化，传播黄河精神，传承和发扬其伟大的民族精神和文化自信，让黄河文化和中华文明在新时代的历史中焕发新的生机。只有这样，才能更好地推动中华民族的发展和壮大，实现我们的历史使命和伟大复兴的中国梦。

参考文献

［1］任秋菊.河南讲好黄河文化故事策略探析［J］.新闻文化建设，2022（1）：38-40.

［2］孙永鹭.弘扬黄河文化，讲好两岸故事，共创美好未来——"台青黄河游记"主题活动河南段综述［J］.统一论坛，2022（5）：22-23.

［3］岳孝娟.弘扬黄河文化　讲好黄河故事［J］.国际公关，2023（6）：67-69.

［4］常天恺，齐骥.文化记忆视角下讲好黄河故事的理论逻辑与现实路径［J］.理论月刊，2022（8）：4-7.

［5］张建松.讲好"黄河故事"：黄河文化保护的创新思路［J］.新闻爱好者，2020（2）：51-57.

［6］王秀伟，白栎影.在文化旅游发展中讲好"黄河故事"［J］.福建论坛（人文社会科学版），2021（8）：14-15.

全面阐释黄河文化的时代价值

师永伟

（河南省社会科学院历史与考古研究所，郑州　450002）

摘要： 黄河是中华民族的母亲河，黄河文化是中华民族的根和魂。全面阐释黄河文化的时代价值，就是要着重论述其在铸牢中华民族共同体意识、坚定文化自信、推动黄河流域生态保护和高质量发展、深化文化交流互鉴等方面的价值，进而为实现民族复兴而贡献黄河文化力量。

关键词： 黄河文化；时代价值；民族复兴；文化自信

2019 年，习近平总书记在黄河流域生态保护和高质量发展座谈会上发出了"要深入挖掘黄河文化蕴含的时代价值"的伟大号召。2021 年，《黄河流域生态保护和高质量发展规划纲要》印发，其中的第十二章再次提出"深入挖掘黄河文化的时代价值"的命题。全面阐释黄河文化的时代价值，就是要凸显其在实现中华民族伟大复兴进程中的重要意义，要着力彰显其在铸牢中华民族共同体意识、坚定文化自信、推动黄河流域生态保护和高质量发展、深化文化交流互鉴等方面具有的时代价值，为实现中国梦而贡献黄河文化力量。

一、铸牢中华民族共同体意识的精神纽带

中华民族历经数千年沧桑，在分合、交流之间而始终屹立于世界民族之林，且始终保持强劲的生命力和感召力，究其根本就在于博大精深的中华文化，其中黄河文化则以其独特的地位而在中华文明发展史上独树一帜，是中华民族认同的标志性符号；同时，黄河文化中也蕴含着丰富的家国观和民族观，可以说黄河文

基金项目：2021 年河南省社科规划一般项目"河南省国家文化公园建设研究"（2021BLS009）、2022 年河南省社会科学院基本科研费重大项目"文旅文创融合战略与保护传承弘扬黄河文化研究"（22E02）。

作者简介：师永伟，男，河南省社会科学院历史与考古研究所助理研究员，研究方向为中国近现代史、河南地方史。

化是铸牢中华民族共同体意识的重要精神纽带。

（一）黄河文化是中华民族认同的标志性符号

黄河文化是中华民族的"根和魂"，"根""魂"定位充分彰显了黄河文化在中华民族发展史上的独特地位，是中华文化的主体展示和反映，成为中华文化的一种文化标识，在民族认同中占据着举足轻重的位置。

首先，黄河文化之所以成为中华民族认同的标志性符号，首先得益于黄河的尊崇地位，商时的甲骨文中，黄河被称为"高祖河"抑或"河宗"，且这种称谓延续到周。《说文解字·水部》称黄河为"河"，即"河，河水，出敦煌塞外昆仑山，发原注海。"《汉书·沟洫志》更是把黄河尊称为"百川之首"。此外，从古代对黄河的祭祀中也可窥见其独特地位，据《礼记·王制》记载，古代天子有祭"五岳"和"四渎"的礼仪，而黄河则位居祭祀河水之首。其次，从总体上来说，诞生于黄河流域的黄河文化，是中华优秀传统文化的代表，也是各民族人民共同的精神家园，蕴含着中华民族的优秀基因。历代王朝在黄河流域建都的时间超过3000年，尤其是从夏商周开始，到汉唐北宋这一中华文化的辉煌时期，其所处的时代可以说是"黄河时代"。最后，从民族的文化符号体系来说，黄河文化符号是中华民族文化符号的核心体现和集中展示，凝聚着各族人民的力量。黄河文化符号的主要代表有汉字、河图洛书、四大发明、二十四节气、长城等。

黄河文化是中华文化的基本符号，更是塑造了全体华夏儿女共同的精神图谱，其中蕴含着丰富的精神品格，其中的家国观、民族观、发展观、人文观、奋斗观、心态观、自然观、世界观，日益成为中华民族发展道路上不可或缺的精神力量。

（二）黄河文化蕴含同根统一的家国观

翻阅中国历史，可以发现这样一个事实：国家统一是中国历史发展的主流，分裂仅为支流。在这一事实的背后，蕴含的是中华各族人民对"大一统"观念的心理认同及中华民族共同体意识的崇尚，而这正是黄河文化的精华所在。质言之，黄河文化蕴含着"同根同源"的民族心理和主流意识。

中华人文始祖是全体中国人民共同的"根"，是中华民族共同的信仰。中华人文始祖是一个群体，是对上古时期英雄人物的概称，并以人们耳熟能详的"三皇五帝"为代表，他们活动的主要区域在黄河流域，是黄河文化的重要构成。"三皇五帝"，由于文献记载不一，故而没有形成统一的表述。但从不同时期的记载中可以看出，主要集中在以下12位人物之中：伏羲、女娲、燧人、炎帝、黄帝、祝融、共工、少昊、颛顼、帝喾、尧、舜。他们在男女婚配制度、人工取火、发明农业、文字、货币、医学、音乐、五行、治理水患等方面做出了巨大贡献，促进文明发展，是中华民族的人文之根。

在"大一统"观念维系下的统一一直是中国历史进程中的主流和主线。上古"大一统"观念早在黄帝时就已经实际地被发明创造出来了，黄帝又是中华"大一统"的最早实践者。秦统一后，在黄河流域建立了首个统一的、多民族的国家，并实行"车同轨，书同文，行同伦"，竖起了中华民族追求大一统、大融合的文化大旗。西汉将儒学发展成以"大一统"思想为内核的新儒学，并被历代王朝奉为政治思想圭臬。其后，虽经历战乱与分裂，但大一统的思想仍支配着统治者的行为，实现统一仍是为政首要。

（三）黄河文化体现融合会通的民族观

黄河流域是中华民族形成多元一体格局的重要区域。黄河作为中华民族的摇篮，不仅哺育了作为中华民族主体的汉民族，也哺育了多姿多彩的其他少数民族，它的儿女遍布中华大地。沿黄省份均有不同民族的分布区，青海、甘肃、内蒙古、宁夏等均是少数民族的集聚区，定居人数较多的有汉族、回族、蒙古族、藏族、东乡族、土族、撒拉族、保安族、满族9个民族，其中撒拉族和土族的逾90%的人口分布于黄河流域。各个民族在语言、艺术、文字、服饰、建筑、习俗、食物等方面在进行不断交流、融合的同时，都在不同程度上保持着各自的特色。总体来说，各民族的融合是游牧民族与农耕民族的融合，双方的互动共同促进了中华民族的大发展，毕竟民族间的融合是一种"相互渗透的过程，少数民族的汉化与主体民族的胡化往往同时进行"。

从历史进程来看，黄河流域是各民族人民交往交流、融合碰撞的主要历史舞台。黄河流域因其地理位置、自然条件等诸多有利因素的影响，自古以来就一直呈现出多民族杂居的态势，可以说是中华民族形成与发展的大熔炉，其中这一历史进程的核心在中原地区。历史上的魏晋时期、五代十国时期、元明时期等都是民族融合的高潮，各民族从隔绝走向会通，通过人员来往、物品贸易传播了各自的文化，各民族并存的局面一直存续。

黄河流域各民族的民族身份发生了很大变化。黄河流域各民族在迁入与迁出的历史过程中，农业文明与游牧文明相互碰撞与交流，戎族、羌族、氐族、匈奴族、鲜卑族、回纥族、契丹族、党项族、蒙古族、女真族、满族等古代少数民族的政权在黄河一带建立，他们通过与其他民族，尤其是汉族的交往，民族身份发生了巨大变化，到了明朝建立之后，在长城以南的各非汉族人口，除回族继续保持自己的民族身份外，其他的如契丹、党项、女真等则逐渐失去了民族身份，这一变化为传统的汉文化输入了新鲜血液，极大地增强华夏民族的实力，同时也强化了华夏民族的吸引力和凝聚力。

二、坚定文化自信的重要基石

"文化自信，是更基础、更广泛、更深厚的自信，是更基本、更深沉、更持久的力量。"黄河文化是中华文化的基本组成部分，丰富而厚重的黄河文化遗产正是黄河文化地位的最好证明，而黄河文化以及黄河文化遗产奠定了文化自信的根基，同时要在实现黄河文化创造性转化创新性发展中扩大黄河文化影响力，在繁荣黄河文化中进一步坚定文化自信。

（一）黄河文化是中华文化的集中体现

（1）从黄河文化的形成和发展历史来看，黄河流域是中华民族的发祥地，在中国境内发现的两千余处属旧石器时代的遗址中，约有近一半是在黄河流域内，早期农业、早期城址等也主要在黄河流域诞生。夏商周三代，青铜文明在黄河流域高度发达，并创造出了具有奠基性的文明成果。秦汉一直延续到北宋，西安、洛阳、开封等长期成作为都城，黄河文化不断走向世界，并影响世界文明进程。近代以后，黄河流域更是灾害频发，黄河文化走向式微。中华人民共和国成立后，尤其是改革开放40多年来，黄河流域加速发展，黄河文化在担当民族复兴大任中发挥着越来越重要的作用。

（2）从黄河文化的特征来看，第一，经济特征，黄河文化是一种典型的农业文化，这是黄河文化的基本特征，中华农业文明的曙光首先在黄河流域出现，为中国历史发展奠定了物质基础。第二，政治特征，黄河文化表现出了正统性，特别是以西安、郑州、洛阳、安阳等为都城的历代王朝在黄河流域建立，宗法关系、礼乐制度以及理论化的产物共同丰富着黄河文化，使黄河文化成为生产力和生产关系的最高表现，居于中国古代文化的正统地位。第三，文化特征，黄河文化表现出了极强的包容性，黄河流域出现的河湟文化、关中文化、河洛文化、齐鲁文化等都是不同文化因革损益而形成的先进文化，不同民族的融合、不同类型文化的交流都加速了这一进程，使黄河文化在兼容并蓄中而成其大者，成为中华文化的核心所在。

（3）从黄河文化精神特质来看，包含着同根同族同源的国家民族观、创新务实的发展观、民惟邦本的人文观、自强团结的奋斗观、开放包容的心态观、天人合一的自然观、和合尚同的世界观等。

（二）黄河文化遗产为坚定文化自信夯实根基

黄河纵贯九省区，在中国大地上形成了数量庞大、意义非凡的文化遗产。黄河文化遗产是老祖宗留下的宝贵财富，为保护传承弘扬黄河文化提供素材，也为坚定文化自信夯实了根底、提供了底气。

（1）从文化类型来看，黄河文化遗产包括物质文化遗产和非物质文化遗产。物质文化遗产中，有10项世界文化遗产。全国重点文物保护单位数量排名前5位的省份中有3个位于黄河流域。非物质文化遗产中，中国列入联合国教科文组织非物质文化遗产名录项目中与黄河流域有密切关系，或以黄河流域作为主要传承地的有西安鼓乐、花儿、二十四节气、古琴艺术、中国传统木结构营造技艺、中国雕版印刷技艺、中国书法、京剧等。

（2）从文化遗产内容来看，黄河文化遗产大致包括直接展现黄河文明历史进程的重要文化、文化遗址以及重要文物，如马家窑遗址、石峁遗址、陶寺遗址、仰韶村遗址、大汶口遗址等；体现黄河文明宏大气势的古都遗产，如西安、咸阳、郑州、洛阳、安阳等；历代黄河变迁与治理的文化遗产，如商丘等地的黄河故道、汉武帝瓠子堵口遗址等；与黄河相关的关津渡口以及历史人物、事件等关联性遗产，如孟津的盟津、荥阳的汜水渡等；黄河文化基本组成部分的非物质文化遗产，包括黄河崇拜、黄河祭祀等。

推进黄河文化遗产的系统保护。习近平总书记指出，要推进黄河文化遗产的系统保护，为黄河文化遗产的高质量发展指明了道路，也提供了根本遵循。黄河文化遗产数量庞大、类型齐全，且主要铺陈于黄河两岸，具有廊道分布的特征，有利于进行系统保护与展示利用。推进黄河文化遗产的系统保护与整体利用就是要在顶层设计上下功夫，在建设高水平的保护传承利用区上下功夫，在强化文旅融合上下功夫，在完善体制机制上下功夫，提升黄河文化遗产的世界知名度和辨识度，建设集高度、深度、广度和温度于一体的黄河文化综合体，在黄河文化遗产高质量发展中延续历史文脉，切实增强文化自信。

（三）奋力实现黄河文化创造性转化创新性发展

黄河文化是在历史时期形成的一种绵延赓续、历久弥新的文化形态，在维系国家统一、民族融合以及世界交往中发挥着精神纽带的作用。新时代，黄河文化依然是推进民族伟大复兴进程的重要精神动力，必须使黄河文化在新时代发扬光大，实现黄河文化的创造性转化创新性发展，在创新黄河文化现代表达、提升黄河文化影响力和实现中华民族复兴的伟大进程中进一步坚定文化自信。

实现黄河文化的创造性转化创新性发展的基本着力点有：①加强顶层设计，加快黄河保护的立法工作，推进黄河流域协同保护机制的建立与实施，实现黄河文化保护传承弘扬的一体化，同时与国家重大发展战略相衔接，融入国家发展战略中。②创新黄河文化的表现方式，制作以黄河文化为主题的小视频，在各平台上注册专门账号，发布相关视频，以新颖的形式使黄河文化与民众亲密接触，实现文化"活"起来。同时，利用现代技术，通过古籍整理和经典出版传承黄河文化，实施"互联网+黄河文化"工程。③实施黄河文化惠民工程，建设黄河生态廊道，大力开发视听娱乐、演艺观赏、竞技游艺等可感知、可互动、可体验的文化产品，利用沿黄地区数量众多的博物馆、文化馆、展览馆等这一有效资源，拉近人们与黄河文化之间的距离，在直观中感受黄河文化的魅力。④推进黄河文化与旅游业的融合发展，以"中华源·黄河魂"为核心，整合串联沿线峡谷奇观、黄河湿地、地上悬河等自然资源和考古遗址公园、文保单位等文化资源，将黄河沿岸自然景观与人文精神有机结合起来，打造独具黄河特色的文旅品牌，形成以黄河为轴线的黄金旅游带。⑤加强黄河文化的交流互鉴，以国际化的视角，以"一带一路"为渠道，通过举办以黄河文化为主题的国际大河文明论坛等国际文化盛会以及召开各类国际文化博览会，加快黄河文化的创造性转化创新性发展，讲好"黄河故事"，让古老的黄河焕发"青春"，更具吸引力。

三、推动黄河流域生态保护和高质量发展的有力抓手

黄河文化是黄河流域生态保护和高质量发展这一国家战略的重要组成部分，也是推进这一国家战略的文化支撑。黄河流域作为我国重要的生态屏障、重要的经济地带以及打赢脱贫攻坚战的重要区域，以黄河文化为抓手，做好黄河流域的文化和生态两篇大文章，用实际行动实现文化、生态、经济、社会共赢的生动局面，大力建设以黄河文化为内在支撑的融合发展带。

（一）黄河文化是生态文明思想重要的理论与实践源泉

黄河文化中饱含着人与自然关系的真谛。老子《道德经》中强调道法自然，《黄帝内经》在述及病因时也常从人与自然的关系入手，《庄子》载"天地者，万物之父母也"等，充分说明人与自然的关系是黄河文化中的重要主体，且都强调要两者之间的有机协调发展，这种思想影响着中国数千年的朴素的生态观。另外，黄河文化是人水和谐、崇尚自然思想的宝库，可以说是生态文明思想的重要来源。黄河先民们在长期的实践中注重把握自然规律，逐渐形成了天、地、人和谐的思想，按照自然规律，取之有时，用之有度，并把这种观念用于指导治水上。

大力发挥黄河文化在生态黄河建设中的作用。生态黄河建设，就是要实现人、水和谐的目标，保持黄河"生命健康"，遵循黄河生态哲学的内在理路，做到以下几点：一是弘扬黄河精神，历代统治者都把治理黄河作为治国理政的重要一环，从而形成了以不畏艰难、百折不挠、追求科学为核心的黄河精神。二是挖掘黄河文化资源，在保护第一、合理利用的思路下，把与黄河有密切关系的治水名人、治黄建筑、治黄典籍、黄河号子等自然景观、文化、水体有机结合起来，使其"活"起来，为生态黄河建设打下坚实的基础。三是建设生态景观，突出黄河工程文化的历史地位，并将其背后的文化意蕴和文化信息挖掘出来。

黄河生态与黄河文明是辩证统一的关系。生态兴则文明兴，生态衰则文明衰。一方面，黄河流域的生态文明建设中要有黄河文化的参与，这就需要以独特的文化方式激活生态文明，如可以设立"黄河日"，促进黄河"申遗"，开展"同饮黄河水"活动等，切实增强民众对黄河生态的关注。另一方面，黄河流域

的生态文明建设也决定着黄河文化的复兴与繁荣，没有充足的水源、没有足够的水量、没有清洁的水质，黄河文化就如同无本之木，文化大厦也如同空中楼阁一般，走生态文明之路是黄河文明复兴之路的必然选择。

（二）提出了新时期经济社会高质量发展的新方案

从经济社会发展中参与要素的历史演变来看，工业、生态、文化的嬗变无疑是其中的一条重要线索。从工业革命开始，经济社会发展的动力基本由工业、生态、文化等组成，不同时期各有侧重，黄河流域生态保护和高质量发展国家战略中把黄河文化保护传承弘扬纳入其中，这标志着国家对经济社会发展有了更为深入的认识，"文化+生态"复合发展理念显现，这与传统的单纯依靠文化或生态的认知模式有重要变化，文化和生态耦合的模式是一条迥异于以往发展模式的道路。

黄河文化为黄河流域经济社会发展开辟了新的思路和提供了发展契机。黄河文化是流域地区经济社会高质量发展的标志。黄河文化不属于纯粹的文化范畴，更是一种生产力。就流域经济社会的整体性繁荣而言，黄河文化是其中的一个重要方面，必须把黄河文化与民族复兴结合起来、与社会和谐结合起来、与人民生活水平提高结合起来，做到以文兴城、以文兴业、以文化城、以文化人，把黄河文化融入日常生活之中，切实增强流域人民的获得感、幸福感、安全感。

生态是黄河流域的根基，文化是黄河流域的根脉，经济是黄河流域的根本，三者相互交融、缺一不可。生态、经济和文化建设应是一盘棋，应具有全局观念。否则，文化的发展就会缺乏韧性与持久性，曾经的世界四大文明中被中断的三大文明，其中的一个很大原因就是生态与经济遭到破坏的问题，因此要"像保护眼睛一样保护生态环境"。黄河流域的生态、经济建设皆离不开黄河文化的支撑，要善于聚黄河文化之力，推动经济与生态的高质量发展。同样，黄河流域的生态、经济建设也为新时期黄河文化内涵的充实、价值的挖掘、持久的发展提供了物质基础。

（三）满足了增进人民福祉的客观要求

黄河文化是增进人民福祉的重要动力和依托。黄河文化作为一种生产力，在强化流域的生态文明建设、促进黄河岁岁安澜、提升流域发展水平等方面具有重要意义。良好的生态是宝藏、是资源、是民生，坚持"良好生态环境是最普惠的民生福祉"理念，建设山水林田湖草沙生命共同体，以良好的生态环境引领黄河流域的高质量发展。具体来说，城市是人们集中聚居地，黄河文化与流域高质量发展主要表现在城市地区，黄河流域分布着郑州、西安、济南等中心城市以及中原等城市群，它们因地制宜探索具有地域特色的高质量发展新路子，着重需要把黄河文化贯穿于城市高质量发展之中。此外，乡村也是黄河文化大展拳脚之地，集中表现在实现乡村振兴上。

文旅融合发展是黄河流域实现经济社会高质量发展的必然选择。黄河文化旅游就是以黄河文化为文化根基，吸引更多人感悟黄河流域的中华优秀传统文化、红色革命文化和社会主义先进文化，因此黄河文化旅游可以说是讲好黄河故事的重要途径和载体。通过文明溯源之旅、姓氏寻根之旅、大河观光之旅、美食体验之旅等文化旅游精品，把那些"最深沉的精神追求""最根本的精神基因""最独特的精神标识"充分挖掘出来、展示出来，推进黄河文化在新时代实现创造性转化创新性发展，从而讲好"黄河故事"，延续历史文脉，赓续精神图谱。

黄河文化在与国家战略对接中增进人民福祉。黄河流域是我国打赢脱贫攻坚战、实现乡村振兴的重要战场，黄河文化也为该地区的经济发展提供了文化资源基础，实行以黄河文化为主题的文旅融合发展模式，吸引更多的资金、人才、政策关注这一地域，为增加当地人们的福祉提供了便利条件。沿黄地区依次分布着兰西城市群、宁夏沿黄城市群、呼包鄂榆城市群、关中平原城市群、晋中城市群、中原城市群、山东半岛城市群等七大城市群，这也是黄河文化大显身手之地。

四、深化文明交流互鉴的核心要素

中华文化既是历史的也是当代的，既是民族的也是世界的，黄河文化也是如此。黄河文化在发挥培中华之根和铸民族之魂作用的同时，更要深挖其中包含的和合尚同的发展观和世界观，发挥其在深化文明交流互鉴中的作用，为构建人类命运共同体贡献黄河智慧、黄河力量，以此大力提高中华文化影响力和软实力。

（一）黄河文化彰显和合包容的发展观和世界观

黄河文化兴旺发达，具有较强生命力，既在于它博大精深的文化内涵，又与它兼容并蓄、博采众长的文化心态休戚相关。黄河文化从不是一种封闭的文化，它以其开放的胸襟和气度，不断从相近的文化区域及异域的优秀文化中取其精华，从而不断丰富其内涵，保持其自身的活力和魅力。

黄河文化是一个包容开放的文化体系。早在商周时期，黄河文化就与北方的草原文化、南方的长江文化就有了接触，在现今的考古发掘中经常见到商文化遗存中非中原地区文化的因素。经过不同历史时期的发展，在文化交流互鉴、互动发展的过程中，黄河文化逐渐形成了开放包容的文化性格与文化心态，最终也铸就了它博大精深的文化体系。

黄河文化是一个以和合尚同为特质和核心的思想体系。在历经千年的王朝发展过程中，黄河文化作为一种主体文化不断吸收四周文化，并向江淮流域和珠江流域进行文化输出，同时通过贸易、文化交流、政治外交等方式，扩散至中东、印度、欧洲、日本及朝鲜半岛等国家和地区，农业及手工业产品和先进的生产技术、文化艺术等也不断从这里走向世界，对世界文明发展产生了深刻影响，尤其是其中的大同理想、处世之道、道义准则、德化理念等，皆是具有世界意义的。

从黄河文化的形成过程也可以看出黄河文化中的世界因素。历史上，得益于黄河流域优良的气候、土壤、地理位置、水文等有利条件，黄河流域社会经济发展在全国乃至全世界上都长期处于领先地位，故而中国对外经济联系、文化交流、政治外交也主要集中在这一地区。早在汉朝时期，张骞、甘英就出使西域，开辟从长安到中亚、西亚，并连接地中海各国的陆上通道，这条通道即"丝绸之路"。隋唐时期，"丝绸之路"交往进入繁荣鼎盛时期，对外文化交流十分频繁，日本、新罗、天竺等国家派遣使节、留学生等来华进行文化交流。宋朝时，中国的对外往来达到巅峰状态，朝廷高度重视对外贸易，这一历史时期的对外开放与交流主要发生在黄河流域，在这一过程中形成了具有开放、包容气质的华夏文明。

（二）黄河文化为构建人类命运共同体提供智慧

习近平总书记提出，文明因交流而多彩，文明因互鉴而丰富。黄河文化以其独特地位而成为中华文明的代表，伴随着日益强大的对外传播，黄河文化远播寰宇，文化能量不断向外输出，成为凝聚海内外华人的精神纽带和精神原乡，也逐渐在构建人类命运共同体中发挥作用。

黄河文化向来崇尚世界大同，秉持命运与共、以和为贵、协和万邦的理念。黄河文化在处理国际事务中不主动诉诸武力，时刻寻求以和平方式解决，尤其是在重大突发事件面前，不忘同舟共济，这是黄河文化对构建人类命运共同体的最大贡献。中国历来讲求以"天下"为思考单位，从不囿于一城一地，主张民胞物与、协和万邦、世界大同，儒家思想中的"己所不欲，勿施于人""德不孤，必有邻"就是黄河文化对构建人类命运共同体的内在支撑，与"文化冲突论"截然不同。习近平总书记一直强调的"合作""协同""命运与共"等理念正是对黄河文化中世界观的当代表达和创造性实践。此外，人文外交作为中国外交的"三驾马车"之一，一直把传播中华优秀传统文化、构建"国际—人类"的大格局作为其主旨，从这一方面说，黄河文化也理应在人文外交中发挥更大的作用。

大力推进黄河文化的对外传播。当下，黄河文化的对外交流，要以"一带一路"建设为主要渠道，向各沿线国家和地区传播黄河文化，以孔子学院、对外文化交流中心为依托，以黄河文化中的农耕文化、民族文化、宗教文化、文学艺术、建筑文化、民俗文化等为基本内容，以生态学、传播学、历史学、文化学为基础，同时符合文化传播内在机制，充分展示黄河文化在世界文明史上的重要地位，彰显黄河中和平、和睦、和谐的文化因子，吸引更多的国际学者及文化爱好者加入研究、传播黄河文化的事业中，同时为构建命运共同体贡献中国方案。

（三）具有国际影响力的黄河文化旅游带助力文化交流

黄河文化旅游优势突出。黄河文化旅游高质量发展以厚重的黄河文化为根本依托，以丰富多彩的黄河文化资源为基本支撑，再加之黄河流域文化旅游已经取得了显著成绩，为黄河文化旅游夯实了根基。其中，黄河流域的文化旅游资源是最具分量的，也是优势所在，也是提升黄河文化旅游带国际影响力的关键所在，从三江源到黄河入海口，从高原峡谷到平原沃野，从大河观光到文明探索，从休闲娱乐到康养研学，无不闪烁着黄河文旅融合的光辉。

黄河文化旅游促进更大范围的国际交流。沿黄各省区也需要根据各自的资源禀赋，深度融合地域特色优势与黄河文化资源，使黄河文化产业"活起来"，建设国际性的区域旅游目的地。例如，山西打造黄河千里风光国家级文化旅游风景廊道，内蒙古打造"黄河生态经济带"的生态文明建设典范，陕西省打造"黄河华夏文明旅游带"和"黄土高原风景道"，青海省朝"文旅名省"逐步迈进，河南省立足打造"老家河南、豫见未来"，宁夏回族自治区打造"塞上江南，神奇宁夏"等，提高文化旅游产品供给的质量，以独特的黄河文化推进国际文化交流。

另外，打造黄河文化主地标、黄河国家文化公园建设、黄河主题国家级旅游线路规划等都是建设具有国际影响力文化旅游带的重要举措，目前都在积极推进中。其中，关于旅游线路方面，中华人民共和国文旅部发布了 10 条精品线路，如中华文明探源之旅、黄河寻根问祖之旅、黄河世界遗产之旅、黄河生态文化之旅、黄河安澜文化之旅、中国石窟文化之旅、黄河非遗之旅、红色基因传承之旅、黄河古都新城之旅、黄河乡村振兴之旅等，这些旅游线路有力地勾画了黄河文化旅游带的轮廓，在提升旅游消费水平、传承黄河文化、展示国家形象方面具有重要意义。

参考文献

［1］黄河水利委员会黄河志总编辑室.黄河志·卷二黄河流域综述［M］.郑州：河南人民出版社，2017.

［2］任崇岳.中原地区历史上的民族融合［M］.呼和浩特：内蒙古人民出版社，2004.

［3］王建平.黄河概说［M］.郑州：黄河水利出版社，2008.

［4］习近平.习近平谈治国理政（第二卷）［M］.北京：外文出版社，2017.

［5］安作璋，王克奇.黄河文化与中华文明［J］.文史哲，1992（4）：77-82.

［6］牛玉国.浅议黄河文化在生态黄河建设中的重要地位和作用［C］∥首届中国水文化论坛优秀论文集［M］.北京：中国水利水电出版社，2009：130-136.

［7］张新斌.黄河生态保护的文化思考［N］.黄河报，2017-08-01（4）.

［8］王承哲.黄河文化的生产力视野及其范式建构［N］.河南日报，2020-09-24（18）.

［9］塞缪尔·亨廷顿.文明的冲突与世界秩序的重建［M］.周琪，等译.北京：新华出版社，2010.

打造"黄河非遗+元宇宙"旅游新业态，助力乡村文化振兴、产业振兴

孙月月

（河南省社会科学院，郑州　450002）

摘要： 非遗旅游对乡村文化、产业振兴具有重要意义。以虚实结合、数字孪生为主要特点的元宇宙技术在非遗旅游行业的落地和应用，为文旅和数字融合发展打开了新局面。河南打造"黄河非遗+元宇宙"旅游新业态具有资源优势、政策优势和产业优势。运用元宇宙让非遗文化"活"起来、让古老非遗"潮"起来、让非遗消费"火"起来，推动飘在云端的"元宇宙"在乡村落地生花，助力黄河非遗创造性转化、创新性发展。

关键词： 元宇宙；非遗旅游；乡村振兴

全面实施乡村振兴战略，推动实现农业农村现代化是河南作为农业大省的使命，非物质文化遗产（以下简称非遗）的保护、传承、弘扬对乡村振兴有着重要的意义。随着数字时代的到来，元宇宙概念演进越发清晰，技术应用越发广泛，为创新文旅融合新业态注入新鲜血液和动力。

一、黄河非遗旅游助力乡村振兴

习近平总书记在文化传承发展座谈会上发表重要讲话指出，在五千多年中华文明深厚基础上开辟和发展中国特色社会主义，把马克思主义基本原理同中国具体实际、同中华优秀传统文化相结合是必由之路。这是我们在探索中国特色社会主义道路中得出的规律性的认识，是我们取得成功的最大法宝。"两个结合"的科学论断为新时代促进乡村文化传承、全面推进乡村振兴奠定了理论基础。

党的二十大报告指出，坚持以文塑旅、以旅彰文，推进文化和旅游深度融合

作者简介：孙月月，河南省社会科学院。

发展。灿若星辰的非物质文化遗产是中华优秀传统文化的重要组成部分，和人们的生产生活有着紧密的联系，旅游同时具有经济和文化双重属性。非遗旅游是乡村文旅深度融合发展的重要体现，积极推动非遗旅游融入乡村振兴战略，充分发挥非遗在乡村振兴中的独特作用，让非遗旅游成为促进乡村产业、文化共同发展的持续驱动力。

一方面，非遗旅游能够带动乡村产业融合升级，实现村民居家就业增收和吸引返乡创业。当非遗的保护成果转变为旅游产品时，不仅能够推动非遗及产品走进百姓生活，而且改变了传统的增长方式，有效促进了一二三产业融合创新和跨越发展，极大地拓宽了乡村居民的增收渠道，同时非遗传承人的经济收入也得以提高，非遗旅游的人才吸引力不断提高，越来越多的青年离乡人员返乡创业，从而为乡村发展创造出实实在在的效益，促进实现共同富裕。

另一方面，中国传统农耕文化、乡土文化是中华民族得以繁衍发展的重要精神寄托，也是乡村旅游的重要载体。非物质文化遗产蕴含着丰富的思想理念、传统美德和人文精神，非遗旅游彰显了乡村深厚的文化积淀，凸显出独特的地方风情，展现了乡村环境和人文风貌，非遗的活态传承保护激发了乡村文化振兴活力，对于乡村文化的鲜活化现代表达，历史文脉的现代延续具有重要作用。

二、元宇宙赋能黄河非遗旅游转型

"元宇宙"最早是 1992 年科幻小说《雪崩》中描述的数字虚拟世界。在《中国元宇宙白皮书》中，元宇宙被定义为"利用数字技术，构建与现实世界平行交互的、具备新型社会体系的虚拟空间"。数字时代，人们在一定程度上越来越向虚拟世界"迁移"，将黄河非遗旅游与元宇宙结合，让元宇宙赋能乡村非遗旅游的数字化、科技化转型，是推动乡村文旅深度融合的创新举措，也有利于黄河文化、非遗文化的传承发展。

近年来，随着城镇化的快速推进，乡村非物质文化遗产的保护传承普遍面临着和现代化生产脱节，传承形式单一，传承主体缺乏，传承语境缺失等现实问题，以虚实结合、数字孪生为主要特点的元宇宙技术在非遗旅游行业的落地和应用，为解决上述问题打开了新局面。一是元宇宙能够打破时空，再现非遗场景。元宇宙通过原貌展现非遗技艺及相关的历史信息，以实现一秒时空流转，挖掘非遗旅游元素，非遗文化魅力瞬时复刻呈现。二是元宇宙能实现非遗具身在场的沉浸体验。元宇宙可突破地域、形式、血缘等的限制，通过强烈的"临场感"实现非物质文化遗产的大范围传播。三是元宇宙能够扩展现实，沉浸体验非遗风采。元宇宙通过 VR、AR 等技术呈现非遗产生、形成的历史语境，人与空间交互相融，沉浸式的空间体验，可以有效延长游客游览时间，打破了对非遗的刻板印象，解决了非遗项目在传承发展中的痛点、难点，促进了非物质文化遗产的活态传承。四是元宇宙能够冲破桎梏，提升非物质文化遗产经济价值。元宇宙是传播文化符号、挖掘旅游元素的有效探索，地缘的桎梏被元宇宙技术冲破，吸引并聚集趣缘群体，拓展了非物质文化遗产文化资本转化的边界，达成更多符号消费。

三、河南打造"黄河非遗+元宇宙"的优势

河南打造"黄河非遗+元宇宙"的优势在于：一是资源优势。河南是中华文明的主要发祥地之一，拥有十分丰富、厚重的黄河非物质文化遗产资源，且大部分"生"在乡村，"长"在乡村，具有巨大发展潜力。

二是政策优势。河南省委、省政府审时度势，深入实施文旅文创融合战略，全力塑造"行走河南·读懂中国"品牌，加快建设文化强省，同时高度重视元宇宙发展，抢抓机遇，率先布局。2022年9月，河南省颁布了《河南省元宇宙产业发展行动计划（2022—2025年）》，成为继上海之后，全国第二个从省级层面印发元宇宙专项规划的地区。同年，河南在元宇宙文旅领域打造出了一个具象IP品牌"元豫宙"，在省级文旅和元宇宙的结合方面走在全国前列，引发了热烈的关注和社会的深度观察。

三是产业优势。河南的数字基础建设快速推进，产业基础完备，与元宇宙密切关联的先进计算、智能传感器、新型显示和智能终端、信息安全等电子核心产业发展势头良好，拥有超聚变、黄河鲲鹏等重点企业和中国·郑州智能传感谷等重点园区。

四、发展"黄河非遗+元宇宙"旅游的着力点

如何让飘在云端的"元宇宙"在乡村落地生花，助力黄河非遗创造性转化、创新性发展，可从以下几个方面着手：

第一，打造高质量线上、线下非物质文化遗产数字旅游空间，立体化保存和再现非遗风采，让非物质文化遗产"活"起来。搭建非遗景区、博物馆、艺术作品、讲解导览等的虚拟数字孪生体，注重对非遗发展历程、生成环境的内容生产，加大对非遗工艺、非遗小吃、非遗演艺等项目的视觉形象塑造，做优元宇宙多元互动应用场景，拓展更为丰富的主题和线路，以虚强实，虚实结合，让游客可以瞬间移步换景，穿越千年时空，真正实现全感官的沉浸式实时互动体验，增加非遗旅游的"看头"，清晰人们对非物质文化遗产的模糊认知，改变人们以往走马观花式的游览；培育规模化、可复制化的虚拟非物质文化遗产传承人，高水平掌握非物质文化遗产技能，破解非遗传承人"人走技失"、断层、老龄化的难题，让"久居深闺"的非物质文化遗产走入寻常百姓家，造福千家万户，进而

促进非物质文化遗产的记录和保护。

第二，打造黄河非物质文化遗产旅游 IP 梯队，开创非物质文化遗产国潮新风尚，让古老非物质文化遗产"潮"起来。树立非遗技艺、文化融入时代的理念，将非物质文化遗产文化与大众文化相结合，坚持时尚化、品牌化、IP 化思维，激活非物质文化遗产的文化基因，提升非物质文化遗产设计转化能力，输出特色鲜明的非遗符号，以河南黄河非物质文化遗产文化资源作为现实基础，优先挖掘推出一批具有代表性的如少林功夫、太极拳、皮影戏、钧瓷等能够"出圈"的热点 IP，让非遗成为时代新宠；进一步打破非物质文化遗产传承的壁垒，不断扩大非遗旅游的趣缘群体，吸引更多人尤其是"Z 世代"年轻群体关注非遗、了解非遗、爱上非遗，体验到非遗瑰宝的非凡魅力。

第三，探索创新非遗旅游盈利新模式，促进非物质文化遗产旅游产业化发展，让非物质文化遗产消费"火"起来。以创新驱动文化产业发展，推动黄河非物质文化遗产文创产品、数字藏品、参与模式、体验形式的开发与交易，加大非物质文化遗产相关的数字原生内容的创新和推广力度，拉动线上线下非物质文化遗产旅游体验消费、场景消费；充分发挥元宇宙沉浸式体验优势，建立线下主题场景和线上开放世界相结合的文旅新样态，积极促成游客的线下实地之旅，使非物质文化遗产资源变"资产"，拉动当地就业和致富增收。

让黄河非物质文化遗产旅游插上元宇宙的翅膀，将实现传统和科技、内涵与创意的融合碰撞，使传统文化迸发出更具活力的强大能量，有力促进乡村文化振兴和产业振兴，促进文旅行业的高质量发展和转型升级，不断满足人们日益增长的美好生活需要。

参考文献

［1］王玲杰，赵西三. 河南工业发展报告（2023）——加快数字化转型［M］. 北京：社会科学文献出版社，2022.

［2］龚才春，等. 中国元宇宙白皮书［M］. 北京：北京信息产业协会、中国工业报社工业数字经济发展研究中心，2022.

［3］四川省科技成果评价服务联盟. 沉浸式非遗：元宇宙赋能非遗数智转型［R］. 2022.

［4］宋佳城."+旅游"让非遗更好融入现代生活［N］. 中国旅游报，2023-06-14（03）.

河南积极融入共建"一带一路"
人文交流合作的多元表达

文 瑞

（河南省社会科学院区域经济评论杂志社，郑州　450002）

摘要：随着我国共建"一带一路"的纵深发展，西部大开发加快形成新格局，黄河流域东西双向开放前景广阔。河南作为传统文化大省，在推进黄河流域与共建"一带一路"国家和地区人文合作方面优势突出，使命在肩。河南作为联通丝绸之路的重要战略节点，要充分发挥人文资源富集、文化底蕴丰厚的独特优势，以文旅融合为重点塑造人文交流合作优势名片，以优化城市环境为依托夯实人文交流合作基础，以表达方式多元创新提升人文交流合作有效性，以人文交流合作为引领统筹多领域共同发展，着力打造黄河流域对外开放的前沿阵地。

关键词：河南；共建"一带一路"倡议；人文交流

党的二十大报告指出，共建"一带一路"成为深受欢迎的国际公共产品和国际合作平台。2021年，中共中央、国务院印发的《黄河流域生态保护和高质量发展规划纲要》指出，支持黄河流域与共建"一带一路"国家和地区深入开展多种形式人文合作，促进民心相通和文化认同。加快形成面向中亚、南亚、西亚国家的通道，商贸物流枢纽，重要产业和人文交流基地。河南作为联通丝绸之路的重要战略节点，人文资源富集、文化底蕴丰厚，具有人文交流合作的独特优势，要着力推动共建"一带一路"人文交流合作的多元表达方式创新，继续在共建"一带一路"和黄河流域的高质量发展的新征程上出圈出彩。

基金项目：2019年国家社会科学基金项目"'一带一路'高质量建设中我国内陆节点城市功能响应与提升研究"（19CJL044）。

作者简介：文瑞，河南省社会科学院区域经济评论杂志社助理研究员。

一、以文旅融合为重点塑造人文交流合作优势名片

丝绸之路是贯穿古今，跨越四大古文明的经济带、文化带，也是风光如画、多姿多彩的旅游带。随着旅游业发展逐步趋向文旅融合、科技赋能，"一带一路"创新开展文化旅游合作潜力巨大，文化旅游也是更容易突破壁垒、达成人文交流合作共识的重要领域。

河南要充分发挥自身历史文化遗产资源优势，积极参与丝绸之路城市联盟人文交流合作，提升"行走中国 读懂河南"文旅品牌影响力，不断丰富华夏文明探源之旅、四大古都焕新之旅、老家河南寻根之旅、中国功夫体验之旅、千里黄河研习之旅、中国诗词写意之旅、红色基因传承之旅、山水休闲康养之旅、中原民俗风情之旅九大特色文旅名片的内涵和深度，形成具有"丝绸之路+"统一辨识的文旅品牌，增强文旅产品的认知度和可信度，塑造人文交流合作的优势名片。共建"一带一路"的节点城市——郑州、洛阳是中国传统的古都，地处文化大省，历史文化遗产丰厚，文旅资源比较优势无可替代，要充分发挥中原文化、黄河文化等优势，积极构建文化交流品牌区、旅游合作试点区以及"古丝绸之路"文化交流合作试点区，担负起对外文化交流、讲好中国故事的时代重任，推动构建全球化时代文明交流与对话的桥梁。其他节点城市要深度挖掘各自独特的城市文旅资源优势，塑造城市文化名片，积极参与文明交流互鉴。要强化创意驱动、美学引领、艺术点亮、科技赋能，创新打造世界级文旅 IP 和丝绸之路国际旅游目的地，充分展现共建"一带一路"内陆节点城市悠久历史底蕴与浓厚现代气息的有机融合特色。

二、以优化城市环境为依托夯实人文交流合作基础

城市环境可以显著影响一个城市的吸引力和对外交往能力。根据中国社会科学院和联合国人居署合作研究的《全球城市竞争力报告（2020—2021）》显示，中国共五个城市进入"营商软环境前 20 强"。全球"营商硬环境前 20 强"中只有上海入围，内陆节点城市无一进入前 200 强名单。从空间格局来看，我国城市发展在经济活力、环境韧性、科技创新等多个维度均呈现出从东向西、从南向北梯次递减的分布特征，河南正处于城市发展的雁阵后位，亟待提升优化城市环境，缩小和国内、国际头部城市的巨大差距。

内陆节点城市要通过优化城市环境，塑造和提升人文交流合作的基底。一方面，要加强城市硬环境建设提升。加快城市更新进程，积极推进城市外部形象改造，重点提升城市颜值，如复制推广成都"花园城市"建设理念，重建恢复郑州"绿城"美誉。突出城市特色，避免千城一面的钢筋水泥森林，突出人文城

市历史感与现代感的有机统一，让传统文化和人文底蕴与高科技和产业链深度融合，进一步丰富城市内涵，全面提升河南各节点城市的全球知名度和美誉度，建设成为共建"一带一路"高质量发展的文明之城、绿色之城、智慧之城、现代化之城。另一方面，要创新优化城市软环境。全面提升城市公共服务质量和水平，以共享新发展理念为引领，扩大城市公共服务的覆盖面，缩小城乡公共服务差距，积聚更多高质量科技、创新、人才资源，着力提升公共服务品质和包容度，构建起人员宜居、人才宜居、企业宜居的美好城市环境，不断提升城市居民体验感与获得感。同时要积极创新涉外管理体制机制、营造国际化法治化营商环境、改进公共服务效率，为促进河南与共建"一带一路"国家和地区的人文交流、经贸合作等奠定良好的城市环境基础。

三、以表达方式多元创新提升人文交流合作有效性

推动共建"一带一路"人文交流合作，不仅需要讲好中国故事，更要创新讲故事的方式方法。河南在经济影响力、城市影响力、对外开放水平等均不占优的情况下，以表达方式多元化创新抓住"流量"密码、吸引全球关注至关重要。

一是人文交流合作要避免单向传播思维定式，克服互动性不足的缺陷。要积极谋划建立更多与共建"一带一路"国家和地区的交流合作平台，如城市品牌宣传平台、经贸信息发布平台、国际友好城市联盟、合作论坛等，及时推荐介绍双边城市品牌、风土人情、教育优势、科技创新、文化旅游等信息，全方位提升河南知名度和影响力。二是积极使用融媒体平台，加强媒体双向合作。定期将最新发展资讯分享至国际友好城市，选择具有影响力的国外政府网站、报纸、电视、社交账号等媒体进行宣传推介。有效利用推特、脸书、抖音等具有较强传播力和世界影响力的社交 App，从外媒、外网最容易接受的"四物"（文物、人物、景物、动物）题材入手，大视角小切口多角度展示河南全面、立体的文化大省、经济大省、人口大省独特魅力，为讲好共建"一带一路"故事营造良好舆论氛围。三是要积极鼓励社会民间组织开展非官方人文合作交流。淡化人文交流的政治色彩，激发社会组织和民营文化产业、文化事业的活力，进一步丰富双边人文交流合作的领域和内容，为共建"一带一路"民心相通奠定民意基础，共同打造文化传播载体，形成文化认同和情感共鸣。

四、以人文交流合作为引领统筹多领域共同发展

共建"一带一路"人文交流合作实际上已经突破了单纯的文化界限，日渐拓宽边界至环保、减贫、社会治理等多个方面。河南要充分发挥人文交流合作的突出优势，以民心相通促进政策沟通、设施联通、贸易畅通、资金融通，为观

念、制度、平台的建构扫除政治障碍，形成良好的舆论氛围和民意基础，为其他领域的合作发挥引领和支撑作用。

一方面，要积极构建人文交流合作新格局，以文化交流带动经济合作，推动共建"一带一路"建设、文化带美好未来。河南可以联合陕西、湖北等省份共同打造中西部国际交往中心，与共建"一带一路"国家和地区共同举办文化展、旅游展、产品展、特色展，提升城市的全球联系度和对外交往功能。优化城市国际人文交流和对外交往的空间布局，构建形成对外交往的科技核心区、文化核心区、教育核心区、国别产业园区、国际交往聚集地等功能明确、特色各异的城市人文交流新格局，凸显开放包容的城市品质和人文底蕴。另一方面，要以人文交流合作为基础，积极拓展内陆节点城市与沿线国家和地区在经贸项目、产业合作、绿色发展、人才培养、医疗卫生、疫情防控、媒体交流、教育体育、安全治理等领域务实合作，共建"绿色丝绸之路""健康丝绸之路""智力丝绸之路""和平丝绸之路"等，促进多领域交流交融、互学互鉴，推动共建"一带一路"高质量发展不断走向深远，携手谱写人类命运共同体实践新的篇章。

站在共建"一带一路"倡议提出十周年之际这一重要节点，河南作为我国内陆开放高地建设的核心力量，在面向共建"一带一路"高质量发展的新征程中肩负重要使命。面对国内外环境形势的复杂多变、国际力量对比之间的深刻变革，河南积极融入共建"一带一路"建设的关键期和转型期。未来要以共建"一带一路"人文交流合作先行区建设为目标，深入挖掘文化、文旅、文创独特优势，重塑对外开放新的竞争优势，在推动构建中国特色话语体系、讲好中国故事、传播中国声音中浓墨重彩，为推动共建"一带一路"高质量发展提供河南范式。

推进黄河国家文化公园建设的对策建议

羊进拉毛

（青海省社会科学院，西宁　810099）

摘要：黄河国家文化公园是实现黄河流域文化科学保护和合理利用的公共文化载体。2020 年 10 月，《中共中央关于制定国民经济和社会发展第十四个五年规划和二〇三五年远景目标的建议》中明确指出，要建设黄河国家文化公园以来，黄河流域国家文化公园建设取得了显著成效，但在建设过程中仍存在生态文明建设体制机制不健全、资金投入不足、文化内涵挖掘不充分、文旅融合程度不高、生态治理恢复周期长、生态保护任务重等问题和不足。如果不重视这些问题将可能会影响到黄河国家文化公园的建设。针对这些问题，我们要因地制宜，创新机制，充分挖掘地方文化内涵，推动文旅深度融合，强化黄河流域生态环境治理，真正将其打造成为弘扬、展示和传播黄河文化的高地。

关键词：黄河；国家文化公园；问题；对策

黄河国家文化公园以黄河流域生态保护和高质量发展为引领，以黄河文化资源和特色地域文化为依托，构建黄河国家文化公园"一廊引领、七区联动、八带支撑"总体空间布局，从整体上研究阐释、传承弘扬黄河文化及其价值内涵。

一、黄河国家文化公园建设亮点

黄河是中华民族的母亲河，在我国的大江大河中具有重要地位。黄河自西向东流经青海、四川、甘肃、宁夏、内蒙古、陕西、山西、河南及山东九个省区，是哺育中华民族的伟大母亲，也是新时期提高黄河文化和大河文明影响力的立足区域。建设黄河国家文化公园，科学保护和合理利用黄河文化，有利于促进黄河文化遗产的保护、弘扬中华民族精神、升华民族情感记忆、提高文化形象与国民

作者简介：羊进拉毛，青海省社会科学院助理研究员，主要研究方向为生态文化。

认同感、坚定中国人民的文化自信、推动沿黄地区文旅融合发展、提高国家文化软实力与国际影响力具有重大意义。

近年来，我国高度重视黄河国家文化公园的建设，在生态文化宣传教育、特色文化资源挖掘、非物质文化遗产传承、文旅融合发展等方面取得了显著成绩。一是黄河国家文化公园是天然的生态文明实践场域，具有丰富的生态文化资源，是我国非常重要的生态科普基地。沿黄9个省区通过各类纪念节日、学校教育、网络媒介等途径，营造生态文化宣传教育的浓厚社会氛围，共同推进生态文明建设，扩大了国内外各界对沿黄9个省区的关注度。二是通过深入挖掘园区丰富独特的自然、人文旅游资源，推出了一系列内容丰富、形式多样的生态文化旅游宣传推介活动，不断提升沿黄九省区生态文化旅游品牌的知名度和美誉度。三是通过电视、微信公众号、抖音等各种网络媒体平台推送凝结民族智慧、体现民族精神的非物质文化遗产，进一步提升了社会公众对非遗文化的保护意识，传承、弘扬中华民族优秀传统文化，营造了非遗文化保护的良好社会氛围。四是沿黄九省区文旅产业已初步构建了生态旅游为主，疗养康体、休闲度假为辅，兼顾品质层级的产品体系，形成了多区域、多主体、多行业的发展格局，是旅游产业呈现出前所未有的蓬勃发展态势。

二、黄河国家文化公园建设存在的问题和不足

黄河国家文化公园建设在政策规划、项目建设、管理机制等各方面均取得突出成效，但在其建设过程中仍然面临一些问题和不足，主要体现在以下几个方面：

（一）体制机制不健全

目前，黄河国家文化公园体制机制的创新性探索仍处于起步阶段，还存在着有待解决的问题和挑战。对于整个黄河流域来说，保护地质量和数量在增加，不同类型的保护地之间缺乏有机联系，没有形成科学、完整的自然保护地体系，造成同一区域建立多个不同类型的自然保护地，各类保护地存在空间交叉重叠现象，对保护对象和保护地的主体功能定位不够清晰，导致管理权分割，管理难度增加，管理不到位，各自为政、多头管理的现象仍然普遍存在。

（二）文化内涵挖掘不充分

近年来，学术界围绕国家文化公园的概念、功能、特征、路径等方面进行了深入的研究，对我国国家公园的建设和发展方面具有一定的理论意义和现实意义，但专门针对如何挖掘黄河流域国家公园文化内涵方面的研究相对较少。在国家公园建设过程中，相关利益集团对黄河文化内涵和本质缺乏认知，无法充分挖掘当地民族特色文化。如果对黄河文化内涵挖掘不充分、研究不透彻、梳理不到

位，将会直接影响黄河国家文化公园的建设。只有深入挖掘黄河文化的内涵和价值，才能真正发挥黄河文化在当今社会中的功能和作用，实现它的创造性转化和创新性发展。

（三）文化展示手段不够丰富

在黄河国家文化公园建设过程中，丰富多样的文化展示手段起着举足轻重的作用，有利于更好地阐释国家公园所彰显的精神内涵。近年来，相关部门通过数字化展示和传播国家文化公园价值内核和精神品质方面做了大量的工作，但由于受地域、资金、技术等因素的限制，黄河文化的展示手段相对比较单一，具有体验性、娱乐性、参与性、教育性等特点的数字化展示手段和国家公园文化传播体系仍有待加强。

（四）生态环境保护短板突出

黄河是一条自西向东的文化长廊，也是我国非常重要的生态富民廊道。加强黄河流域生态文明建设，不仅有利于促进沿黄地区社会经济发展，也有利于保护当地生态文化环境。近年来，国家对黄河流域的生态环境治理越来越重视，特别是对黄河上游地区生态环境治理方面做了大量的工作，但长期以来，由于生态环境脆弱，产业结构不合理等因素，使黄河流域生态环境保护形势仍然较为严峻。特别是黄河上游地区因自然条件恶劣，雪灾、干旱、冰雹等自然灾害常年发生，草场仍面临着土地沙化、黑土滩、水土流失等现象，对打造沿黄绿色生态走廊，充分体现国家文化公园公共服务属性方面产生了一定的负面影响。

（五）文旅融合程度不高

文旅融合可以实现国有资源全民共享，时代传承，坚持生态保护第一。近年来，沿黄河各地开始重视黄河文化旅游的开展，对黄河文化旅游的快速发展起到了积极作用。但当前沿黄地区主要以非物质文化遗产和自然生态资源开发为主，旅游类型单一，文化内涵挖掘不足，旅游路线内容缺乏体验性、互动性、教育性等特色，同质化比较严重，使沿黄地区文旅融合整体水平有待提高，其开发和利用程度仍有待进一步加强。

三、黄河国家文化公园建设的对策与建议

（一）建立健全体制机制

建立健全体制机制是黄河国家文化公园建设的重要举措之一。构建政府引导、部门联动、市场推动的国家文化公园建设发展格局，完善生态保护体系和生态补偿机制、创新生态保护管理体制机制等有利于建设黄河国家文化公园。在黄河国家文化公园建设中应加强总体规划布局和顶层设计、创新管理体制机制，可以采取以下三点措施：一是为黄河国家文化公园的建设提供合适、可靠的管理体

制和法制保障，尝试构建政府主导、市场运作、社区参与的多元共治体系。二是国家和沿黄各省应明确黄河国家文化公园的法律地位、保护目标、管理原则，确定黄河国家文化公园管理机构，合理划定中央与地方职责。三是建立并完善黄河国家文化公园资源开发、产业发展、社区参与等相关法律制度，做好与现行法律法规的衔接工作。

（二）深入发掘黄河文化内涵

在黄河文化的保护与传承方面，沿黄各地普遍存在以黄河文化为主题的作品相对比较少、相关人才队伍严重短缺、社会参与程度不高等问题。针对这些问题，可以采取以下三点措施：一是加大对黄河文化的挖掘和保护及其传承，并结合黄河文化旅游资源，坚持政府主导、市场运作、社会参与的发展模式。二是以文化交流和文化传播为主要方式，深入挖掘相关黄河文化，提炼黄河文化旅游价值和内涵。三是努力打造全方位、多层次的黄河文化旅游品牌，并形成一批可复制、可推广的成功经验，为全面推进黄河国家文化公园和国家公园体系建设创造良好条件。

（三）以现代技术丰富文化展示手段

在黄河国家文化公园建设中，营造具有真实体验感的公共文化场所有利于黄河文化的活态化展示。为了更好地展示黄河文化，可以采取以下三点措施：一是通过全息影像、全景 VR、数字灯光秀等技术，展现黄河国家文化公园特有价值内涵。针对不同的区域文化，采取相应的展示手段和策略，建立具有地域特色的数字文化展示平台。二是沿黄各省根据因地制宜，建立传播黄河文化的官方网站和官方微信公众号以及官方 App，介绍黄河国家文化公园的基本情况、价值内涵、旅游发展等。建设园区大数据平台，整合各公益组织、科研机构与政府部门的园区信息与动态监测数据，建设监测、科研、教育一体化的数据平台。三是在黄河国家文化公园内非遗文化传承基地、博物馆、展览馆、体验中心等文化展示场所，让社会公众了解黄河文化，认识黄河国家文化公园建设的重要性。

（四）强化环境治理，构建生态廊道

黄河生态环境治理工作量大，且成效较慢。特别是黄河上游地区属于生态敏感区和脆弱区，受相关政策保护的制约，该地区大多为限制或禁止开发区域，发展空间有限，交通不便等因素成为建设黄河国家文化公园的薄弱环节。针对这一现状，要按照"一廊引领、七区联动、八带支撑"的总体空间布局，统筹山水林天湖草沙冰系统治理，加大资金投入，逐步扭转治理进程赶不上恶化速度的局面，恢复其黄河流域生态环境的生态调节功能。具体来说，在生态环境治理过程中，可以采取以下三点措施：一是在严格保护生态环境的基础上，开展生态旅游。沿黄各省充分发挥资源优势，利用黄河流域丰富的人文旅游资源与自然旅资源，促进文旅融合发展。二是建立健全水环境质量的监测和管理制度，保护河湖生态系统，打造以黄河文化为主的绿色生态廊道，促进人与自然和谐相处。三是强化河长制管理，积极构建沿黄各省生态环境协同治理机制，调动各方力量，保护黄河流域生态环境。

（五）促进黄河文旅高度融合

文化是旅游资源，旅游是文化市场，文旅融合是黄河国家文化公园建设和发展中的重要抓手，文旅融合与高质量发展有利于弘扬黄河文化，高质量不仅要追求数量，同时要求质量，以可持续发展理念，坚持发展与保护并举才行。促进文旅高度融合可以采取以下五点措施：一是整合沿黄地区优势文化资源，赋予旅游功能。二是依托自然基地，融合多元民族文化氛围。三是采取体验型、活化型、保护型、延伸型、重组型、创意型等文旅融合发展模式。四是加强文化资源的产品化、市场化，提炼旅游文化内涵，提升文化旅游的价值，在文化与旅游融合发展模式上，少复制、多创新，体现特色化和差异化。五是完善融合发展的支撑体系，带动融合发展的市场主体培育，加大金融政策支持，引进和培养相关专业人才。

地方推进黄河流域生态保护和高质量发展的区域协同立法挑战及策略

张宏彩

（宁夏社会科学院社会学法学研究所，银川　750021）

摘要：《中华人民共和国立法法》和《中华人民共和国黄河保护法》均明确设置了地方区域协同立法权限，为深化实施黄河流域生态保护和高质量发展战略提供立法指引，对于黄河流域九省区而言，立足区域实际和发展挑战，积极探索化解区域协同立法困难和短板问题，以流域协同发展小切口立法入手，构建区域立法协调机制，坚持生态保护和修复一体化黄河流域协同立法目标，为黄河流域生态保护和高质量发展提供区域协同法制支撑。

关键词：黄河流域；区域协同立法；立法挑战；策略

随着京津冀协同发展、长三角一体化、长江经济带、粤港澳大湾区、黄河流域生态环境保护和高质量发展等区域协调发展战略的深入推进。长期以来，区域协同立法是学术研究争议和讨论的热点问题。近年来，我国通过政策倡导、立法授权等形式推进区域协同立法实践，并于《中华人民共和国地方各级人民代表大会和地方各级人民政府组织法》《中华人民共和国立法法》（以下简称《立法法》）正式授权地方区域协同立法权限。地方是区域的延伸和组成，区域是国家多样性区域的聚合，国家治理是地方治理体系的组合，法治是国家治理现代化的路径，良法是善治的基础，国家法律体系是地方性法治知识和经验累积的凝练组成。因此，地方推进区域协同立法是健全和完善国家法律渊源的重要举措，是推动国家治理的地缘性、多样化的必然举措。

一、黄河流域区域协同立法研究文献爬梳

本文通过梳理"区域协同立法""黄河流域区域协同立法"相关研究文献，

作者简介：张宏彩，宁夏社会科学院社会学法学研究所助理研究员。

从概念理论解读、实践样态、黄河流域区域协同立法启示三个层面予以归纳总结如下：

（一）区域协同立法概念及其理论解读文献

学术界和立法上关于"区域协同立法"有了明确界定，何海仁（2020）认为，区域协同立法是指两个或两个以上立法主体按照各自的立法权限和立法程序，根据立法协议，对跨行政区域或跨法域的法律主体、法律行为、法律关系等法律调整对象分别立法，相互对接或承认法律调整对象法律效力的立法行为。李店标和岳瑞林（2023）通过总结"协同""协调""协作"中英文词义认为，"协同"是多元主体的相互配合行为，涵盖国家法治和区域资源整体性、区域发展利益均衡性、地方立法自主性和法治协作性等特性。结合《立法法》将区域协同立法归属为地方立法，在此看来，《立法法》新增"区域协同立法"的作用包含：一是对先前区域协同立法行为的正名；二是鼓励地方推动区域协同立法。基于此，需要对国家层面的区域（流域）的立法与地方及地方间区域协同立法进行区分，二者的特征、功能、定位、价值等需要在学理和实务上作出明确的界定。

学术界关于区域协同立法合理性争议一直不断。多数学者持肯定意见，叶必丰（2014）认为，政府间区域合作协议具备法律命令特性，不是市场自发秩序，展示了法的特性，是国家公权力的表现。公丕祥（2014，2018，2019）认为，从马克思的社会治理"多样性统一"理论出发来看，区域法治存在是必然的，区域协同立法是法治现代化的过程的一种样态。周泽夏（2020）认为，从国家治理角度来看，区域协同立法是国家法律体系的重要组成部分之一。张宜云（2020）认为，区域立法是引领和保障国家区域发展战略，推动国家法律体系完善的必要举措，地方要在国家纵向治理基础上，立足地方发展，推进区域协同立法。在此论述基础上来看，区域协同立法是国家关于区域治理的一种方式或手段。刘松山（2019）持反对意见，他认为根据我国单一制国家结构形式，在宪法上区域协同立法与我国行政区域存在冲突，此外，还需要对区域协同立法的主体、方式、范围等的法律性质展开研究，以避免地方行政区划、行业纵向治理等立法冲突。结合上述两种观点，本文认为，法律功能属性出发，区域协同立法是国家治理的手段之一，只要化解其宪法或法律上冲突，赋予其合宪性或合法性地位，是发挥其推进国家区域发展法制价值必要前提。

（二）区域协同立法的实践样态分析的文献

根据实践和现有研究，对区域协同立法的样态总结大致归纳为以下几类：一是软法治理，即地方间的区域合作协议，何渊（2016）认为，区域合作存在两种样态：其一是中央政府批准的地方政府间的合作，其二是区域内地方政府间自主合作，前者是法律例外行为，后者是法律自主权行使。叶必丰（2014）认为，区域合作协议具有对缔约主体实现约束的可能性，实现约束的机制是组织法机制和基于组织法的责任追究机制，动力在于公众的推动。虽然在学理上区域合作协议具备了法律的约束力，但是实践中，由于合作协议多数框架协议，内容多数呈现为宣言、行动纲领等，实践可操作性较低，同时缺乏执行强制力。二是国家统领立法，有国家区域立法、区域试点改革、区域战略等形式，《中华人民共和国民族区域自治法》《中华人民共和国长江保护法》等属于区域立法，区域试点改革如经济特区授权立法等、区域战略如中央层面制定关于区域（流域）发展的规划、纲要、意见等，这些都是国家法律渊源的组成部分。三是地方协调立法，即区域内各立法主体在地方自有立法权的基础上，就某一领域核心问题而制定统一的法律，杨治坤（2019）认为此种这是区域合作规范化、体系化的制度表达，是区域合作地方单行立法的表现形式，能够补充软法不足。无论是软法治理，还是国家统领性立法，抑或地方协调立法，各有所长，也分别存在自身的不足。从国家法律体系完善和区域协调发展角度出发，立足制度功能价值，均是有益的。

（三）黄河流域区域协同立法文献

关于黄河流域区域协同立法研究主要从《中华人民共和国黄河保护法》（以下简称《黄河保护法》）、黄河流域水资源、生态环境保护等视角开展。2019年前，一些学者从黄河流域水资源保护、综合治理等视角，提出健全黄河流域区域立法迫切性，也指明了流域整体性、统一性、针对性的区域立法需求的论证。随着国家提出黄河流域生态保护和高质量发展的战略提出，中共中央国务院提出区域协调发展理念，学术界开启黄河流域区域协同立法研究，董战峰等（2020）指出，制定黄河全流域治理的法律法规，是推动流域资源保护、高质量发展、综合治理等的保障和引领。陈海嵩（2022）认为，2023年4月1日生效实施的《黄河保护法》相关规范制定存在定位不准确、管理体制不明确等问题。《黄河保护法》也明确规定了，通过立法规范、规划编制、执法监督等协作，区域协同推进流域生态保护和高质量发展，但立法操作实践而言，省（或市）际、政府间建立区域协同立法建立尚处于探索期，立法现实依据需要地方间共同价值和利益的基础，立法功能上建立恰当的刚性约束机制，保障共有利益实现等。李舒等（2022）认为，《黄河保护法》以水资源刚性约束为核心，提出"四水四定"，在实践层面仍需要对相关管理机构与地方政府权责予以明确。刘康磊（2020）认为，区域协同立法是地方立法扩大的样本，当积极鼓励地方发挥地方立法灵活性，加紧推动黄河流域区域协同立法。从良法善治的法治体系建设目标来看，黄河流域区域协同立法目标是为国家管理部门、地方政府等提供行动指南和发展指引，这样的立法目标实现是系统、复杂、庞大的，这也是法治现代化推进重大任务和难题。

综上所述，学术研究着重局部区域协同立法，忽视了不同实践特性全国其他区域共性和差异研究；突出区域某一领域协同立法研究，忽略了区域协同立法样态特征、评价分析等研究；着重区域协同立法必要性和重要性阐释，缺少区域协同立法产生和发展的机制和程序上法理剖析。为此，本文从地方推进黄河流域生态保护和高质量发展战略法治过程中，探索区域协同立法存在的挑战和难题所在，基于国家战略目标和法律规范依据的前提下，如何建立区域协同立法机制或机构为前提要素，并以立法框架协议为突破，探索区域协同立法共同价值和理论基础，谋取长远区域协同立法策略和实施路径，以取得黄河流域区域协同发展战略目标的实现。

二、地方推进黄河流域生态保护和高质量法治区域协同立法面临的挑战

党的二十大报告指出，在法治轨道上推进中国式现代化建设。法治是一种长期的、动态的、系统的工程，由若干个子系统、子体系组成，是不同区域的、地方的、行业的、领域的法律体系和法治体系的组成，地方推进区域立法，需要在制度规范上做到：内容更细化、目标更明确、举措更加可操作性和执行性等特点，此外区域立法是推动区域经济发展均衡化助推器，是展示中华大地区域文化知识的智慧的凝练，是党和国家准确把握经济发展活力与社会秩序稳定协调一致的基础上提出的，是在践行国家法治统一的基础上，推动区域治理现代化的历史性、实践性、系统性和协同性发展的制度创新举措。因此，黄河流域9个省区需根据各自禀赋和发展实际，查找和发现制约和影响黄河流域区域协同发展因素，积极化解，积极探索黄河流域生态保护和高质量发展区域协同立法路径。

（一）黄河流域9个省区经济社会发展不平衡问题突出

马克思主义政治经济学原理指出，经济基础决定上层建筑，并将法律制度认定为上层建筑，认为经济社会发展表象决定法律制度的表达内容。适宜黄河流域区域法律体系建设，离不开其区域经济社会发展基本状况；离不开其独有高原、平原、草原、山地、丘陵等地理地貌；离不开其特有的气候和自然环境资源；离不开其特有历史文化。

长期以来，由于经济发展和自然资源禀赋各异（见表1、表2），黄河流域9个省区差距较大，下游的山东、河南两省的经济发展、创新驱动力、民生保障、生态环境保护等方面表现较为突出，而上游的青海、甘肃、宁夏产业转型缓慢，粗放型发展模式遗留的环境治理问题严重、人才人口流失严重等等发展制约因素颇多。

表1　2019～2022年黄河流域9个省区地区生产总值统计

地区	2022年	2021年	2020年	2019年
山西省	25642.6	22870.4	17835.6	16961.6
内蒙古自治区	23158.6	21166.0	17258.0	17212.5
山东省	87435.1	82875.2	72798.2	70540.5
河南省	61345.1	58071.4	54259.4	53717.8
四川省	56749.8	54088.0	48501.6	46363.8
陕西省	32772.7	30121.7	26014.1	25793.2
甘肃省	11201.6	10225.5	8979.7	8718.3
青海省	3610.1	3385.1	3009.8	2941.1
宁夏回族自治区	5069.6	4588.2	3956.3	3748.5

资料来源：国家统计网。

表2　2019～2022年黄河流域9个省区人口总量统计

地区	2022年	2021年	2020年	2019年
山西省	3481	3480	3490	3497
内蒙古自治区	2401	2400	2403	2415
山东省	10163	10170	10165	10106
河南省	9872	9883	9941	9901
四川省	8374	8372	8371	8351
陕西省	3956	3954	3955	3944
甘肃省	2492	2490	2501	2509
青海省	595	594	593	590
宁夏回族自治区	728	725	721	717

资料来源：国家统计网。

通过上述分析，可以看到黄河流域经济发展存在九省区人口、经济、社会等发展不同禀赋和较大差距等问题，亟待通过区域协同立法化解发展差距。

（二）黄河流域生态环境破坏严重，亟待区域协同修复法治机制

黄河发源于青藏高原巴颜喀拉山北麓，呈"几"字形流经青海、四川、甘肃、宁夏、内蒙古、山西、陕西、河南、山东九省区，全长5464千米，是我国第二长河。黄河流域西接昆仑、北抵阴山、南倚秦岭、东临渤海，横跨东中西部，横跨青藏高原、内蒙古高原、黄土高原、华北平原等四大地貌单元和我国地势三大台阶，拥有黄河天然生态廊道和三江源、祁连山、若尔盖等多个重要生态

功能区域，富集煤炭、石油、天然气和有色金属资源，是我国重要的能源、化工、原材料和基础工业基地。

但黄河流域生态本底差，水资源十分短缺，水土流失严重，资源环境承载能力弱等生态环境问题尤为突出。首先，水资源严重匮乏，黄河上中游大部分地区位于 400 毫米等降水量线以西，气候干旱少雨，多年平均降水量 446 毫米，仅为长江流域的 40%；多年平均水资源总量 647 亿立方米，不到长江的 7%；水资源开发利用率高达 80%，远超 40% 的生态警戒线。① 其次，生态环境十分脆弱，黄河流域生态脆弱区分布广、类型多，上游的高原冰川、草原草甸和三江源、祁连山，中游的黄土高原，下游的黄河三角洲等，都极易发生退化，恢复难度极大且过程缓慢。最后，环境污染积重较深，历史遗留倚能倚重矿产资源开发、高耗水和高污染企业较多、城乡生活污染严重、农业过度依赖化肥农药和农作物废弃垃圾治理难等问题。

因此，对于黄河流域区域协同立法而言，最关键和主要的目标是实现区域生态保护和综合治理及其修复的联动、协同、共建、共享，这是黄河流域区域协同立法重点和难点所在。

（三）地方开展黄河流域区域协同立法存在制度性制约因素

《黄河保护法》第六条第三款规定："黄河流域相关地方根据需要在地方性法规和地方政府规章制定、规划编制、监督执法等方面加强协作，协同推进黄河流域生态保护和高质量发展。"根据党和国家黄河流域生态保护和高质量发展区域协同制度建设要求，地方需要加强生态环境保护、综合治理的整体性、系统性、协同性制度体系建设，但实践中存在以下制度性制约因素：

一是区域协同立法体制机制尚未建立，缺乏区域协同立法同吸、沟通机制。在现有的区域协同立法样本中，国家层面推进区域协同立法仅属个案在实践操作中，需要国家立法进一步明确区域协同立法启动程序，以便地方有效推动区域协同立法的落实。

二是区域协同立法结构和要素不够清晰。现行国家法律关于区域协同立法内容、边界、标准等均是模糊的。根据国内现有的区域协同立法事例，所有的区域协同立法文本中相关立法要素、结构等均系局部、某一领域方面开展，且从立法要素构成上或结构考虑来看，多数地方协同立法是不具备或不完全符合某一领域地方立法构成要件和全部要素的，因此，回归到地方立法的实践操作和执行上，缺乏执行落地和落实要素，而且无法满足实践评估评价、行政监督和司法援引等法律规范的要件。

---

① 数据来源于中华人民共和国生态环境部官网。

三是区域协同立法深度和广度拓展有限。在实践中，黄河流域区域经济发展与生态环境保护不平衡问题突出。例如，《立法法》未对区域协同立法可实现的深度和广度作出明确规定，如果依照地方立法权限来制定区域协同立法规范条例，仅能够满足地方在行政区划内容生态环境保护、基层治理等层面的行政执法指导，显然对于跨行政区域执法、司法是很难实现。

三、地方推进黄河流域生态保护和高质量发展区域协同立法策略

在论证地方推进黄河流域生态保护和高质量发展区域协同立法路径前，从认知上要厘清《立法法》《黄河保护法》等法律制度中的区域协同立法不是地方立法新的事权，而是国家通过法律明确地方立法在保障自我发展与生态环境等自然秩序间探索平衡，即习近平总书记曾说的"秩序与活力的平衡"，做好地方发展与区域秩序的衡平，是实现法律总结发展经验和探索自然秩序和谐永恒命题的正确表达。因此，地方当积极发挥其立法积极性和主动性，总结、创造、探索各种区域协同立法新模式、新样态、新成效，探索区域协同立法路径策略，加快黄河流域区域协同立法建设。

（一）探索小范围的区域协同立法

根据国内现有区域协同立法样态和经验，区域协同立法主有政府合作框架协议的软法治理起步，因此，结合2019年以来黄河流域生态环境综合治理和修复经验，以宁夏回族自治区为例，可以探索小切口区域协同立法路径。

一是总结部门单位跨区域协作经验，创新探索地方立法转化路径。以宁夏检察公益诉讼为例，2021年以来，宁夏回族自治区人民检察院与宁夏回族自治区水利厅会签了《关于建立健全水行政执法与检察公益诉讼协作机制的实施细则》，与宁夏回族自治区林长办公室联合制定了《关于建立"林长+检察长"工作机制的意见》。在市级层面，银川市检察院与法院联合印发《消费领域惩罚性赔偿金管理办法》，吴忠市检察院与消防支队会签发《关于建立消防行政执法与检察公益诉讼协作机制的意见》，中卫市检察院与法院、公安、水务等六部门建立生态环境和资源保护行政执法与司法联动工作机制。这些部门协同建立制度，是宁夏司法协同制度建设范例，其他领域、部门可复制、可参考的经验，更进一步而言，也为地方开展区域协同立法提供经验积累，以及地方立法转化启示或参考。

二是探索跨行政区域政府间协作框架协议的突破和立法转化。实践中，无论宁夏回族自治区人民政府，还是五市人民政府与其他省份或市人民政府，抑或国家部委或省份部门和行业，就某一领域或行业的发展达成各种合作或协作的框架协议。例如，2017年江苏与宁夏共同达成了两省区加强旅游区域合作协议，就

旅游投资、信息共享和互联互通、突发事件应急处置机制等做出形成明确的协作互助规范内容。从合同法上而言，两省区间的合作协议规范和制约着两个省级主体旅游相关各类行为，但从合作协议目标来看，在促进两省间旅游事业发展的同时，也是区域旅游协同制度的实践，为两省旅游事业和谐发展提供良好的制度基础。相似的合作协议在宁夏不胜枚举，最著名和成效显著的闽宁协作，其成效和示范作用更是不言而喻。在此意义上，宁夏及其五市人大或政府，能够进一步推动建立跨区域协同立法转化，为黄河流域区域协同立法提供政府立法参考，也是黄河流域区域协同立法尝试。

三是积极探索自治区内的市域间或跨省的市际间的区域协同立法路径。根据《中华人民共和国立法法》规定，设区的市人大或政府立法是地方立法的重要组成，其形成的地方法规是国家法律体系的重要内容之一。与省级单行条例相比，设区的市立法成本更小，地方历史文化、经济基础、资源禀赋等法规的实践来源更为简单和明确一些，即设区的市地方立法更容易表达地方知识、更能够细化和明确某一目标、更具可操作性和执行力。因此，加快探索五市间区域协同立法，或五市与其他省份市际协同立法，构建先行区建设市域区域协同立法体系，是宁夏推进区域协同立法尝试和探索。

（二）创新探索区域协同立法机制

目前，我国区域协同立法样态和形式各异，整体上尚处于初级探索阶段，对于黄河流域而言，受制于经济社会发展不平衡，面临区域协同立法机制搭建困难的挑战。地方在推进区域协同立法进程中，首要的任务是搭建区域协同立法机制，区域协同立法机制包括参与主体、协同领域或范围、协同立法程序、协同立法运行机制等要件或要素。

认识到机制形成和发展是一个长期的、发展的过程。我国各种区域协同立法样态的历史实践表明，区域协同立法机制的形成，是不断积累、逐步形成、不断改进的过程。但从这些区域协同立法样态及其形成机制发展历程来看，可以为宁夏区域协同立法机制建设提供以下经验启示：一是参与主体是多元、复杂的。虽然立法法明确协同立法的主体是省、自治区、直辖市或设区的市人大及其常委会或人民政府，实践中，某一领域特定区域的协同立法，除了有立法权限的人民代表大会及其常委会或人民政府，也有政府部门、司法机关、执法部门或企业等，这不仅是立法参与主体多样性或复杂性，也是参与立法主体多样性、多元化的立法现代化的特点，更是基于事物的普遍联系理论所决定的。二是协同领域或范围的法律边界把握。《中华人民共和国立法法》将区域协同立法放置地方立法章节中，因此地方在推进区域协同立法机制建设过程中，首要明确的是地方立法的边界，进而确立哪些领域和范围能达成区域协同立法。就宁夏先行区建设而言，生态环境保护和经济社会高质量发展是当前区域协同立法首当其冲考虑的内容。三是协同立法程序的建立。立法程序是遏制不正当立法的保障，区域协同立法机制的搭建，需要遵循一定的立法程序，以推动区域协同立法运作有章可循、有序推进。四是区域协同立法运行工作机制建设。协同立法运行工作机制是协同立法最为重要的要件或要素，是启动立法、搭建立法平台、规划立法内容、促进立法见效等重要内容，也是区域协同立法首要任务和难点所在。基于实践经验，地方需积极探索省级、市级的区域协同立法机制平台建设，重点在于立足各省、市在黄河流域的地理位置，觅得与其他省份、市域间的协同立法机制。

（三）加快环境保护和修复的区域协同立法

确立生态环境保护优先的立法同一性原则。卢梭在《社会契约论》中对法律与自然关系的论证指出，"要使一个国家的体制能真正稳固和持久，就必须严格按照实际情况行事，使自然关系和法律永远在每一点上都协同一致，而且可以这样说：法律只不过是在保障伴随和矫正自然关系"。在此意义的基础上，就不难理解国家在推进黄河流域生态保护和高质量发展战略中为什么提出"生态保护"优先要求，因此，在地方推进协同立法中，需要确立生态环境保护优先的同一性原则。这一原则是黄河流域9个省区区域协同发展的共性问题。

党和国家大力推进区域协同立法，其核心在于化解区域发展不均衡问题，目标在于推动区域觅得一体化和谐发展机制，实则是通过区域协同立法，解决地方保护主义等不利于区域发展理念和制度障碍。长三角和粤港澳大湾区建设经验告诉我们，区域内各地资源合理配置、产业协调发展是抗击各类发展自然灾难或紧急突发事件坚实基础，通过法律制度凝聚区域内地方发展合力，规范和调整地方各主体共同努力，推动区域自然生态和谐和经济社会高质量发展，避免区域内恶意竞争，为区域共同发展营造良心竞争的法治环境，进而推动区域一体化和协同发展。

参考文献

［1］何海仁.我国区域协同立法的实践样态及其法律思考［J］.法律适用，2020（21）：71.

［2］李店标，岳瑞林.区域协同立法的理论证成与机制建构［J］.黑龙江社会科学，2023（1）：95-99.

［3］叶必丰.区域合作协议的法律效力［J］.法学家，2014（6）：4-5.

［4］周泽夏.区域协同立法：定位、角色与价值［J］.河北法学，2020（11）：90.

［5］张宜云.浅析区域立法的方位和维度［J］.人大研究，2020（3）：42.

［6］刘松山.区域协同立法的宪法法律问题［J］.中国法律评论，2019（4）：74-75.

［7］何渊.论区域法律治理中的地方自主权——以区域合作协议为例［J］.现代法学，2016（1）：61.

［8］叶必丰.区域合作协议的法律效力［J］.法学家，2014（6）：4-5.

［9］戴小明.区域法治：一个跨学科的新概念［J］.行政管理改革，2020（5）：65.

［10］杨治坤.区域协同治理的基本法律规制：区域合作法［J］.东方法学，2019（5）：95.

［11］罗豪才，宋功德.软法亦法：公共治理呼唤软法之治［M］.北京：法律出版社，2009.

［12］王艺宁，钟玉秀.对制定"黄河法"的思考［J］.中国水利，2011（2）：1.

［13］高志锴，晁根芳.黄河法立法问题分析［J］.南水北调与水利科技，2014，12（2）：120.

［14］董战峰，邱秋，李雅婷.《黄河保护法》立法思路与框架研究［J］.2020（7）：22-28.

［15］陈海嵩.流域立法的审思与完善——以《黄河保护法（草案）》为中心［J］.荆楚法学，2022（4）：73.

［16］王曦.环境法教程［M］.北京：法律出版社，2022.

［17］李舒，张瑞嘉，等.黄河流域水资源节约集约利用立法研究［J］.人民黄河，2022（2）：65.

［18］刘康磊.黄河流域协同立法的背景、模式及问题面向［J］.宁夏社会科学，2020（5）：67.

［19］孟德斯鸠.论法的精神（上册）［M］.张雁深，译.北京：商务印书馆，1961.

［20］于法稳，方兰.黄河流域生态经济带研究［A］//黄河流域生态保护和高质量发展（2020）［M］.北京：社会科学文献出版社，2020：56.

［21］孙潮，徐向华.论我国立法程序的完善［J］.中国法学，2003（5）：58.

［22］卢梭.社会契约论［M］.李平沤，译.北京：商务印书馆，2011.

河南"黄河故事"IP开发的路径与建议

张洪艳

（河南省社会科学院文学所，郑州　450002）

摘要：以河南为代表的黄河中下游地区是华夏文明的重要发祥地之一，是中华民族的根与魂所在。河南省黄河流域的"黄河故事"内容资源丰富，文学作品承载着厚重的黄河文明，影视戏曲呈现出多彩的黄河景观，非物质文化遗产展现出鲜明的黄河风情，相关的"黄河故事"IP开发处于刚刚起步的阶段。目前，河南省"黄河故事"IP的开发已开展相关工作，主要围绕着文旅主题，打造出黄河博物馆、河洛汇流、只有河南·戏剧幻城、《黄河滩的女人》等文旅品牌。整体而言，河南省"黄河故事"IP的开发，还存在着黄河故事内涵挖掘不够、IP开发类型单一、整体性有待加强等问题。建议在角色定位方面，以人格化IP凸显河南"黄河故事"的地域文化特征；在IP运营方面，不断拓宽文化IP的支付场景；在媒介传播方面，以IP联动相互借势促进可持续发展；在IP内容方面，不断"上新"给消费者输出新的情感体验。

关键词：河南；黄河故事；IP开发

黄河创造了灿烂的华夏文化，留下了丰富的"黄河故事"。所谓"黄河故事"指的是发生于黄河流域的、人类利用自然和改造自然的历史事实以及基于此所做的艺术化演绎。2019年9月18日，习近平总书记在河南郑州主持召开黄河流域生态保护和高质量发展座谈会并发表重要讲话指出，深入挖掘黄河文化蕴含的时代价值，讲好"黄河故事"，延续历史文脉，坚定文化自信，为实现中华民族伟大复兴的中国梦凝聚精神力量。讲好"黄河故事"是当前河南黄河文化建设的重要主题。河南讲好"黄河故事"的关键，在于如何将其转化为拥有版权价值和跨界产业关联性的文化产品。

作者简介：张洪艳，博士，河南省社会科学院文学所助理研究员。

一、河南"黄河故事"IP 的优质内容资源

作为中国历史的腹地，河南是名副其实的传统文化"富矿"。从仰韶文化到二里头遗址，再到中华文明达到历史巅峰的唐宋。悠久的历史为河南留下了极为珍贵和丰富的文物古迹，西汉梁王的"金缕玉衣"，商代后期的"后母戊鼎""妇好鸮尊"，中国最早的乐器实物"贾湖骨笛"，春秋时代青铜器"莲鹤方壶"等国宝级宝藏都出土于河南。河南丰厚的黄河文化"家底"是构建黄河故事 IP 的重要优势。

（一）文学作品承载着厚重的黄河文明

河南是文学强省，在十届茅盾文学奖中，河南籍获奖作家有九位，文学豫军备受瞩目。河南文化深厚，河南作家创造力旺盛，创作了一批文化底蕴深邃的作品黄河故事的书写，是河南文学的一个重要主题，其中以黄河为主题的典型作品有李准的《黄河东流去》、李佩甫的《河洛图》、冯金堂的《黄水传》、邵丽的《黄河故事》、魏世祥的《水上吉卜赛》、刘震云的《1942》、何向阳的《自巴颜喀拉》、马新朝的《幻河》、梁鸿的《中国在梁庄》《梁庄十年》《出梁庄记》、乔叶的《宝水》《拆楼记》等。河南文学作品中"黄河故事"呈现以下价值特点：一是内容以现实主义创作为主，充满乡土关怀，以及忧患意识。二是作品厚重结实，善于塑造人物群像、善于讲故事。三是主要展现河南人民浑厚善良、机智狡黠、豪爽勤劳的优良品质，以及近现代人民治理黄河、利用黄河、改造黄河的智慧和经验。

除了河南作家的作品，一些网络作家的文学作品也是值得注意的，如《莫须有》《绍宋》等作品，以颇受青少年喜欢的叙事方式描绘曾在黄河流域发生的一段历史，为"黄河故事"增添了新的时代精神。

（二）影视戏曲呈现出多彩的黄河景观

电影是影响巨大的文化媒介，又是大众喜闻乐见的娱乐形式，更是讲好"黄河故事"的绝佳载体。黄河在电影中的呈现有多个方式，一是黄河作为自然地理意义上背景，渲染故事气氛，如《黄河喜事》《黄河谣》《筏子客》《边走边唱》《黄土地》；二是黄河作为故事讲述的环节出现，它不仅仅作为一个叙事的场景，还动态参与叙事行动。例如，电影《少林寺》由历史典故"十三棍僧救唐王"改编而成，影片第一个矛盾冲突点便是王世充为阻碍李世民渡江，压榨平民修筑黄河工事，也正是这一事件导致主人公觉远家破人亡，被少林僧人救起成为少林弟子。其后，觉远在无意中救下李世民护送李世民渡黄河，由此招来了王世充等人的报复，影片主要矛盾冲突皆因黄河而起，高潮段落也多发生在黄河岸边。此外，还有一些以河南境内的黄河为场景或者叙事的影视作品，如《大河奔流》

《怒吼吧！黄河》《少林寺》《黄河在这儿转了个弯》等，也从不同角度向世人呈现出黄河流域不同的文学景观或文化景观。

（三）非物质文化遗产展现出鲜明的黄河风情

河南位于黄河的中下游，流经河南 8 个省辖市和 72 个县。河南沿黄河一带的文化资源丰富，非物质文化遗产得天独厚。河南沿黄市县的非物质文化遗产涵盖音乐、体育、美术、民俗、民间文学、戏剧、舞蹈、医药等众多类型，共有国家级非物质文化遗产代表性项目 52 项，省级非物质文化遗产代表性项目 367 个，包括二十四节气、皇帝祭典、少林功夫、苌家拳、杞人忧天传说、陈氏太极拳、和式太极拳、八极拳、豫剧、洛阳牡丹花会、唐三彩烧制技艺、董永传说、河图洛书传说、河洛大鼓、朱仙镇木版年画、灵宝剪纸、大相国寺梵乐、老子传说、汴绣、黄河号子、东北庄杂技、浚县正月古庙会等在全国甚至全世界都具有较高知名度的非物质文化遗产。沿黄市县的非物质文化遗产蕴含着丰富的 "黄河故事"，很多神话传说、民俗节庆、戏剧音乐等都值得进一步开发和利用。

二、河南 "黄河故事" IP 的开发现状

（一）围绕文旅文创主题，构建博物馆文明展示体系

近年来，河南省扛牢文化大省的历史责任，深入实施文旅文创融合战略，以《"行走河南·读懂中国" 品牌塑造实施方案》为指导，谋划建设博物馆群，集中展示中国通史以及黄河文化故事，打造了一批主题突出、特色鲜明、功能完善的博物馆。其中，黄河博物馆是世界上最早成立的江河博物馆之一，也是我国唯一以黄河为专题内容的自然科技类博物馆，基本陈列以 "黄河巨龙的缩影" 为主题，分为 "序厅" "流域地理" "民族篮" "千秋治河" "治河新篇" "人水和谐" 六个单元，以自然黄河为基础、文化黄河为内涵、人河协调关系为主线，全面展示黄河自然史、文明史、历代治河史、新时期治河新理念和实践等内容。

（二）依托多种传播媒介，开展系列精品文化活动

近年来，河南省统筹中央主要媒体、省内重点媒体和商业平台，全景展示历史长河中的河南、现代化进程中的河南。河南省委宣、河南广播电视台与中央电视台合作，策划推出《河南里的 "中国故事"》大型文化综艺节目。郑州市举办以 "黄河儿女心向党" 为主题的黄河文化月，联动沿黄九省区，组织开展黄河文学艺术系列展演活动、"大河欢唱庆盛会" 系列文化活动、黄河文旅系列活动、中国（郑州）黄河合唱周、"美丽郑州 炫舞世界" 活动周 5 大系列 25 项活动，深入挖掘黄河文化时代价值，展示黄河文化魅力。周口市戏剧艺术研究院创排的大型豫剧现代戏《黄河边》，豫剧《黄河边》以震惊中外的 "花园口事件" 造成大面积黄泛区为背景，展示了黄河儿女在水患、匪患、瘟疫、蝗灾等灾

难叠加重生的苦难中，所表现出来的坚韧不拔的伟大民族精神。讲述了黄河边一家人历经苦难，最终义无反顾选择了共产党，并举全家之力、倾其所有支援淮海战役的故事。该剧用雄辩的事实，艺术地呈现了"没有共产党就没有新中国"这一主题。河南豫剧院三团推出的一部新作豫剧《大河安澜》，反映黄河文化及黄河儿女为打造"岸绿景美的生态河，岁岁安澜的平安河，传承历史的文脉河，造福人民的幸福河"而代代奉献的平民英雄史诗。此外，河南豫剧院三团根据作家邵丽原创小说《黄河故事》的基础上进行改编，创作了豫剧《黄河滩的女人》，该剧在恢宏的历史背景下，聚焦于黄河滩上女性的精神历程，成功塑造了鲜活、饱满、独特的主人公彭秀英的形象。

（三）创新研发文旅产品，打造新的文化IP

聚焦考古遗址公园、博物馆、旅游景区、线上空间等消费场景，将其打造为可向大众传达中华民族独特的文明成就、哲学思想、价值观念、制度体系、美学精神的沉浸式体验新场景，是延伸文旅品牌价值，促进文化IP产业消费升级的基本途径。例如，国内首座全景式全沉浸戏剧主题公园"只有河南·戏剧幻城"以沉浸式的戏剧演艺为主体，用棋盘格局分割出21个剧场，56个不同的场景和表演空间。剧目总时长近700分钟，通过一种可触摸、可感知、可沉浸的全新艺术形式，该项目以黄河文明为创作根基，以沉浸式戏剧艺术为手法，以独特的"幻城"建筑为载体，通过讲述关于"土地、粮食、传承"的故事，让人深刻感受戏剧文化的魅力。该项目试图通过一种可触、可感的全新艺术形式，再现悠远厚重的黄河文化内涵。

三、河南"黄河故事"IP的开发问题

河南地处中原腹地，具有得天独厚的地域环境，不但拥有几千年灿烂的华夏文化底蕴，而且还有丰富的IP开发优势。自明确提出"中原崛起"的政策以来，河南省的经济、文化、旅游等都在迅速崛起。整体而言，关于河南"黄河故事"IP的开发已经初见成效，但还存在一些问题，需要重视。目前IP的开发还存在以下问题：

（一）河南"黄河故事"的内涵挖掘还不够，显示不出其独特的文化特征

对于河南"黄河故事"IP的开发一个重要问题是如何赋予黄河新的时代精神，只有在黄河文化中不断加入当代叙事，才能赋予黄河故事以新的内容。

（二）河南"黄河故事"IP开发的类型相对单一，展示载体不足

目前，河南比较有影响的黄河故事的IP还只是依托于博物馆而存在，其规模和展示水平均难以满足消费者期待，展示主题缺乏新意，"黄河故事"无法破圈。

（三）河南"黄河故事"IP开发的整体性不够，缺乏宏观的规划

由于对"黄河故事"的范围和内涵挖掘不够，"黄河故事"的改编和展示缺乏有效的统筹，很多精品文化活动只能各自为政，无法实现相互借力。

四、河南"黄河故事"IP开发的对策与建议

（一）科学定位：以人格化IP实现"黄河故事"的粉丝导流

科学合理的IP定位，会使IP打造及运营取得事半功倍的效果。进入移动互联网时代，人们生产、传播及消费信息的渠道与方式发生了重大转变，人们更喜欢用移动终端了解信息资讯并实时传播，而不用像以前一样在固定的时间、固定的地点获取并传播信息。当人们能够通过移动终端随时随地获取自己想要的内容后，传统的电视、报纸、杂志、广播电台甚至是门户网站的地位都明显下降。人们获取并消费信息时的移动化及碎片化特征，使人们的消费更个性化及差异化。在这种背景下，传统的、固定的中心化及垄断式内容平台都将受到严重冲击，而专注于细分群体。对于河南的黄河故事IP来说，其核心吸引力在于地域性的文化特征，通过角色塑造、故事孵化、价值共鸣，可以吸引特定群体。河南中的黄河故事，耳熟能详的有商丘的花木兰，开封的包青天、穆桂英，南阳的诸葛亮等，都是具有良好内容和众多粉丝的黄河故事形象。

（二）精细运营：拓宽"黄河故事"IP的交付体验场景

随着互联网信息技术的迅速发展，越来越多新的消费场景产生。场景是一种产品逻辑，所谓产品逻辑。就是通过占领场景的心智，建立场景强关联。例如，小罐茶的走红，其背后的产品逻辑是"外出旅行怎么方便喝茶"，本质上就是发现了一个新的场景。从本质上说，开展IP营销，一方面需要通过不断为目标群众提供优质内容，赋予IP更高的势能，另一方面要充分影响力，和目标群体建立成本更低、效率更高、更为精准的情感连接通道。IP之所以能够将粉丝聚集起来，就是因为后者有共同的兴趣爱好、价值观等。IP的运营需要借助微信、微博等自媒体工具与粉丝实现无缝对接，二者能够以双向网状的信息传播方式互动交流，粉丝在朋友圈的主动传播推广，能够使IP的影响力得到进一步提升。频繁的互动交流，能够让IP与粉丝建立良好的信任关系，从而为IP变现打下坚实的基础。"黄河故事"本身具有不少粉丝受众，其恢宏的景观、澎湃的历史、巧夺天工的工程都受到后人的称赞。怎么打通"黄河故事"的交付体验场景，是未来"黄河故事"IP努力的方向。

（三）跨界传播：IP联动相互借势促进产业可持续发展

所谓品牌IP跨界传播，就是通过联合多个品牌IP进行跨界联动，从而达到一加一大于二的营销效果。每个IP的内容不同，所覆盖的群体也会有所不同，

因此跨界品牌营销可以借到对方的渠道资源，让 IP 的渠道变多，以覆盖到更广泛的目标人群。以网易云音乐与农夫山泉的跨界营销为例，网易云音乐属于线上渠道，农夫山泉则属于传统的线下渠道，通过联合跨界营销，可以让网易云接触到更多线下用户，让农夫山泉接触到更多的线上用户，将之前难以触及的用户聚拢在一起。此外，同一种类的 IP 也可以进行联动营销，其中的原理就类似于公众号互推，就算面对的目标人群相同，但是不同 IP 之间的渠道也很有可能达到渠道盲区。

（四）持续上新：强化消费者的情感体验不断输出新的内容

从某种程度上说，IP 是因为用户的情感体验而产生的，IP 通过产品、服务、传播、销售等多个运作建立，是消费者通过自己所看、所听、所用，在结合自身的经验与习惯，所形成的对于 IP 的主观认知和判断。IP 存在的根本目的是标识自己，让消费者区分与自己，以便在同质性竞争中获胜。IP 只有满足消费者的情感需求和想象后，才能获得消费者的喜爱和认可。同时，上新是增加 IP 新鲜感的重要方式，可以为 IP 注入新鲜血液，保持 IP 具有旺盛的生命力与活力。

需要注意的是，IP 为消费者提供的不仅是传统体验，传统体验由于受到外部因素的较多影响而难以精准还原产品的真实情况，IP 要做的是为用户提供深度体验，如此才能持续获得经济效能和价值。这种情感深度体验模式有效规避了传统体验中外部因素的干扰和制约，进而利用互联网新技术、新工具将这种真实体验呈现在用户面前，减少中间环节导致的信息流失或失真，从而为用户带来一种最真实的产品体验。深度体验契合了新常态下以"用户体验为中心"的要求，在这一过程中，整个 IP 的价值不是传统的销售角色，单纯地向用户介绍产品的优势和特点，这不仅无助于产品的销售，也会影响消费者对 IP 的信任与忠诚。相反，IP 是一种"用户替身"的角色，即代替用户或者为用户提供其想象中的情感和场景，并借助互联网新工具使这种产品的体验直接，完整地呈现给用户，从而使用户获得如同线下购物时的真实感、体验感、最终触发用户的消费行为。

参考文献

［1］姚小飞.品牌 IP［M］.北京：中国纺织出版社，2022.

［2］袁国宝，黄博，刘力硕.超级 IP 运营攻略［M］.北京：人民邮电出版社，2018.

［3］Danny，磨盘.超级 IP 迪士尼为何长盛不衰——美国娱乐集团迪士尼的品牌经营之路［J］.品质，2017（8）：25-27.

［4］李丹梦.文学"乡土"的历史书写与地方意志——以"文学豫军"20

世纪 90 年代以来的创作为中心 [J]. 文艺研究，2013（10）：19-29.

[5] 梁鸿. 外省笔记：20 世纪河南文学 [M]. 北京：社会科学文献出版社，2008.

[6] 杨霄. 文化 IP 视角下河南黄河文化开发策略与传播研究 [J]. 科技传播，2022，14（19）：99-101.

[7] 郑燕. 黄河故事的 IP 化打造和产业化开发策略研究 [J]. 东岳论丛，2021，42（9）：77-84.

加快推进黄河国家文化公园
（河南段）建设

郑　琼

（河南省社会科学院中州学刊杂志社，郑州　450002）

摘要：加快推进黄河国家文化公园（河南段）建设，是推动河南文化繁荣发展的重大文化工程，关系到文化强省和世界知名旅游目的地的建设。作为传承和发展黄河文化的重要空间载体，河南省在国家文化公园体系建设中具有重要的区位优势和文化优势。创建黄河国家文化公园重点建设区（河南段），需要在积极学习国内其他地区相关经验的基础上，更加聚焦顶层设计、聚焦建设重点、聚焦河南特色、聚焦多方联动、聚焦目标导向。

关键词：黄河；国家文化公园；河南段

建设国家文化公园是以习近平同志为核心的党中央作出的重大决策部署。2020 年 10 月 29 日，中国共产党第十九届中央委员会第五次全体会议通过《中共中央关于制定国民经济和社会发展第十四个五年规划和二〇三五年远景目标的建议》（以下简称《"十四五"规划和 2035 年目标》），提出建设黄河国家文化公园。建设黄河国家文化公园对于深入挖掘黄河文化、提升国家文化软实力、建设中华民族现代文明具有重大意义。2023 年 7 月，中华人民共和国国家发展和改革委员会、中国共产党中央委员会宣传部、中华人民共和国文化和旅游部、中华人民共和国国家文物局等部门联合印发的《黄河国家文化公园建设保护规划》（以下简称《规划》）提出，在黄河流经的青海、四川、甘肃、宁夏、内蒙古、陕西、山西、河南、山东九个省区内，以黄河干支流流经的县级行政区为核心区，构建黄河国家文化公园"一廊引领、七区联动、八带支撑"总体空间布局，分类建设管控保护、主题展示、文旅融合、传统利用四类重点功能区，并进一步提

作者简介：郑琼，女，博士，河南省社会科学院中州学刊杂志社助理研究员。

出全面推进强化文化遗产保护传承、深化黄河文化研究发掘、提升环境配套服务设施、促进黄河文化旅游融合、加强数字黄河智慧展现等五大重点实施任务。黄河国家文化公园建设是提升人民群众生活品质、增强中华民族文化认同、增强中华文明影响力和传播力的国家重大文化工程。河南作为传承和发展黄河文化的重要空间载体，需要抢抓重大历史机遇，发挥比较优势，立足资源禀赋，借鉴国内经验，高质量打造黄河国家文化公园河南样板。

河南处于黄河中下游，具有独特的文化历史资源，是黄河文化的重要空间载体。推动黄河国家文化公园（河南段）建设是新时代推进河南文化繁荣发展的重大文化工程，关系到文化强省和世界知名旅游目的地的建设。作为我国首创的国家文化公园体系，国际上并无先例可循，国内从 2019 年开始规划建设长城、大运河、长征、黄河、长江国家文化公园，近年来相关省份都在进行积极的探索实践。可结合河南实际，积极学习国内其他地区的相关经验，把准备做足，倾力打造黄河国家文化公园示范区。

一、创建黄河国家文化公园重点建设区（河南段）的必要性

第一，河南省是国家几大文化公园的重要交汇处。河南省是全国唯一的一个同时涉及长城、大运河、长征、黄河等国家文化公园建设的省份。其中，黄河国家文化公园建设主要涉及河南省的 14 个地市，可以说，河南省在国家文化公园体系建设中具有重要的区位优势。

第二，河南省是以黄河文化为重要内容的华夏文明的重要发祥地之一。河南省是黄河流域人类文明曙光最早升起的地方之一，是中华文明探源工程的核心区域，也是黄河文化形成、发展、融合、传承与创新的重要区域。特别是河南省沿黄地区是经考古发掘证实的国家文明起源的中心区域，具有丰厚的历史底蕴和文化资源。

第三，河南省拥有新时代弘扬和创新黄河文化的重要资源优势。位于黄河流域的五大古都（西安、洛阳、郑州、开封、安阳）有 4 座在河南。河南省黄河流域及沿岸附近地区拥有世界文化遗产 5 处、世界级地质公园 4 个、国家 5A 级旅游景区 8 个、国家级非物质文化遗产代表性项目 52 项。而且，目前已形成嵩山少林寺、龙门石窟、清明上河图等一批在国内外具有较强影响力的文化旅游品牌，对于推动黄河文化的传播和文化创新具有显著的正效应。

二、相关省（区、市）推进国家文化公园建设的经验启示

自 2019 年 12 月中共中央办公厅、国务院办公厅印发有关长城、大运河、长征国家文化公园的建设方案以来，我国又先后提出建设黄河国家文化公园和长江

国家文化公园的重大工作部署。截至2023年，相关省（区、市）的国家文化公园建设已推进了三年多，初步形成了以下经验：

1. 突出统筹规划，以健全管理机构、推动地方性法规、制定专项规划促进科学发展、有效利用

长城、大运河、长征、黄河、长江国家文化公园所涉及地区多数已成立国家文化公园建设领导小组，基本建立起分级统一的管理体制，加强科技、经济、社会等方面政策的统筹协同，创新开放协同的建设管理机制，保护力度持续加强，资金投入不断加大，社会参与逐渐扩大。江苏、贵州、甘肃等地率先推动国家文化公园建设省级地方立法，更加有力保障国家文化公园高质量建设。北京、江苏、贵州、山东、甘肃等省份出台地方国家文化公园专项规划或建设方案，其中，江苏省分别编制了大运河文化遗产保护传承、文化旅游融合发展、河道水系治理管护、生态环境保护修复、文化价值阐释弘扬、现代航运建设发展六个省级专项规划，统筹推进运河沿线文化、生态、经济、社会各个领域建设。

2. 突出保护优先，以加强文物搜集整理、设立专项资金、加大执法监督强化科学保护、全面保护

湖南省开展长征文物和文化资源调查认定工作，建立长征文物名录。2021年12月初，湖北省正式启动长江文物资源调查工作。贵州省充分利用文物保护专项资金着力提升遵义会议会址、四渡赤水战役旧址、黔东特委旧址等一大批长征文物的保护展示水平；甘肃省重点打造以会宁红军会师旧址、南梁革命根据地旧址等九大建设保护节点。甘肃省出台《长城保护条例》，并已经启动长城执法专项督察；贵州省出台了《贵州省长征国家文化公园条例》，并正式启动《贵州省长征国家文化公园条例》的执法检查。

3. 突出文旅融合，以组建联盟、划定区域、设置线路等方式加快建设发展示范区

文旅融合区是国家文化公园建设中重要的主体功能区，各省份进行规划布局时，往往较为重视功能区的建设。北京市、河北省通过划定文旅融合区，推进沿线文旅融合。贵州、湖南、甘肃等省份积极打造长征红色旅游精品线路，推动文旅提质升级。甘肃省除打造长征精品旅游线路外，还推进了长征文艺精品剧目创作、长征文化研学旅行教学体系与基地建设、红色文化影视拍摄、红色文化文创产品研发设计。贵州省推出省级红色文化旅游十大精品线路，以及"最美红军线路""最美红军村落"等，为长征国家文化公园建设和旅游市场复苏营造了良好氛围。这些举措推进了优质文化旅游资源的一体化开发，扩大了文化供给，实现了文物和文化资源保护传承利用的协调推进。

4. 突出国家水准，以凝练地方特色、统筹社会效益、有序进行试点推动高质量建设

在推进国家文化公园建设中，各地突出"万里长城""千年运河""两万五千里长征"等的文化辨识度，为世人展现出整个国家形象的标识，同时结合各自不同文化特质，打造不同的地域文化。北京市主打"长城+"系列文化品牌，推动沉浸式体验长城文化、"阅读"长城故事；贵州省打造"重走长征路"红色研培体系，配套建设系列研培基地；江苏省提出打造金陵、淮扬、江南和江海等四大特色鲜明的地域文化作为长江文化公园（江苏段）的显著标识。陕西省通过构筑渭河文化带、红色文化带、秦岭生态文化带、边塞文化带，打造关中文化高地和红色革命高地。国家文化公园是国家重大文化工程，必须突出社会效益，各地在建设中把其作为重大文化惠民工程，强调发挥政府主导作用，引导各方广泛参与。国家文化公园建设是一项浩大的系统工程，不少省份都选取了一些地区开展试点。

各地国家文化公园建设取得长足发展，成效显著，经验宝贵。同时，必须清醒认识到，各地国家文化公园建设中还存在不少问题和短板：其一，已出台的地方保护条例多为纲领性文件，保护立法和司法实践工作仍存在不匹配、不适应、不完善；其二，行政管辖范围内存在多地同属管理的问题，出现管理部门的争夺和相互推诿现象，并且管理机构多为临时设立，兼职性、流动性和临时性较强；其三，创意特色缺乏，同质化现象严重，基本是以数字再现、IP 打造、沉浸体验促进文旅融合，等等。

三、加快推进黄河国家文化公园（河南段）的重要策略

黄河国家文化公园建设是一项复杂的系统工程，需要各方力量深入联动，协同推进。亟须进一步明思路、定目标、强举措、提实效，为加快建设黄河国家文化公园示范区提供支撑。

1. 更加聚焦顶层设计，把统筹规划与分类施策结合起来

深化黄河国家文化公园（河南段）文化遗产保护的法律问题研究和立法建议论证，推动保护、传承、利用理念入法入规，探索制定《河南省黄河国家文化公园条例》，细化要求和条款。以大格局、大视野、大境界抓好顶层设计，加强对黄河国家文化公园（河南段）的全局性规划，并制定专项规划，以"绣花"的方式因地制宜、按类施策逐步推进，明确的功能定位。提前谋划与启动黄河国家文化公园（河南段）文化遗产统计、分类与定级，编制保护利用目录清单，完成数据库建设。大力抓好黄河国家文化公园（河南段）建设规划的实施工作，采取严格有效的措施确保规划得到全面实施，加强对规划实施情况的后续监督、

管理工作。

2. 更加聚焦建设重点，把洛阳和三门峡作为黄河国家文化公园（河南段）先行示范区

综观黄河流域河南段，洛阳和三门峡具备黄河国家文化公园（河南段）重点建设的优势，应先行示范。作为"千年帝都、河洛之心"的洛阳应充分发挥黄河、大运河两大国家文化公园建设所形成的叠加优势，加快示范性项目建设，着重推进黄河流域非物质文化遗产保护展示中心以及伊洛河文化带的建设，加强二里头、隋唐洛阳城等五大国家考古遗址公园以及龙门石窟等世界文化遗产地的展示开发和利用，持续打造洛阳作为国际文化旅游名城和国家人文交往中心的城市名片。三门峡境内的三门峡大坝是"万里黄河第一坝"，是世界河流泥沙治理以及水利科技研发的重要"窗口"，具有独特的生态文化价值；近年来，发展势头越来越好的天鹅湖国家城市湿地公园，拥有以白天鹅特色资源为主要标志的旅游品牌形象，湿地公园、三门峡百里黄河生态廊道、三门峡大坝的生态、休闲、旅游、科普、观光等功能日益凸显。建议将洛阳、三门峡纳入黄河国家文化公园（河南段）重点建设区，突出其在黄河国家文化公园建设中的主地标战略地位，并在政策、规划、项目、资金等方面加大支持力度，支持洛阳和三门峡在黄河国家文化公园（河南段）建设中走在前列、争做示范。

3. 更加聚焦河南特色，把黄河文化的国家叙事与打造具有辨识度的地域文化衔接起来

国家文化公园建设应突出国家水准、世界价值。河南省作为黄河中下游的重要区域，历史文化厚重，既是中华文明的重要发祥地之一，也是抗战文化、红色文化的集聚地，独特的地理与历史因素形成了河南文化的独有特征。建议在主动对接黄河国家文化公园体系建设的同时，将中原文化、河洛文化作为黄河国家文化公园（河南段）的显著标识，突出高水平和高质量要求，积极融合到黄河文化的开发、保护、利用的全过程，支持文化场馆景区景点、街区园区融合河南地域文化特色，充分利用数字技术，开发一系列数字化产品和服务，精心打造"豫字号"黄河国家文化公园品牌和文化名片。

4. 更加聚焦多方联动，把政府主导与社会参与协同起来

健全黄河国家文化公园（河南段）建设领导小组，完善分级统一的管理体制，明确各自分工和管理权限。健全多方共建共享共筹共治的协调机制，加强地市级政府部门之间政策协调、相互合作，进一步整合资源、优化管理体制。健全黄河国家文化公园（河南段）建设涉企政策的参与机制，重点引入社会资本力量参与建设工作，提升政策效果的精准度，积极发挥专业团队的专业优势和政府的引导作用。

5. 更加聚焦目标导向，把创新驱动与经验借鉴有效统一起来

建议在研究和制定黄河国家文化公园（河南段）建设规划、方案等工作时，注重与建设文化强省和打造文化高地的发展目标，推动中原城市群一体化发展的要求相结合，注重与《中华人民共和国国民经济和社会发展第十四个五年规划和2035年远景目标纲要》相协调，实事求是地确定重点任务和发展目标，分步骤、分阶段实施，科学设置评估指标，确保可监督、可衡量、可考核。实行国家文化公园建设阶段进度评估，及时分析差距不足，聚焦短板弱项，推动落地落实。

参考文献

［1］习近平. 论坚持人与自然和谐共生［M］. 北京：中央文献出版社，2022.

［2］中华人民共和国国民经济和社会发展第十四个五年规划和2035年远景目标纲要［N］. 人民日报，2021-03-13（1）.

［3］高举中国特色社会主义伟大旗帜　为全面建设社会主义现代化国家而团结奋斗：在中国共产党第二十次全国代表大会上的报告［N］. 人民日报，2022-10-17（2）.

［4］凯瑞. 作为文化的传播［M］. 丁未，译. 北京：华夏出版社，2005.

［5］赵传海. 中原黄河文化产业化发展研究［M］. 北京：经济管理出版社，2022.

［6］刘炯天. 黄河文化［M］. 开封：河南大学出版社，2021.

论以黄河流域统筹协调机制
为核心的组织法治

（南京信息工程大学法学与公共管理学院，南京　844099）

摘要：黄河流域治理的空间转向，应当重构以黄河流域统筹协调机制为核心的组织机构及其体系。在建构原则上，应当遵循"党的领导""有限分权""功能适当""立体协同"四项原则，在建构思路上，应当以"中央—统筹协调机制—地方"为中心，进一步明晰黄河流域统筹协调机制的"桥梁"职责，深化央地协同的空间结构，实现以黄河保护为优先取向的"保护性治理"。

关键词：《黄河保护法》；流域治理；空间治理；组织优化；保护优先

作为推进国家"江河战略"法治化的重要成果，《中华人民共和国黄河保护法》（以下简称《黄河保护法》）于 2023 年起施行，这也成为黄河流域治理的标志性、专门化立法。在宏观管理体制上，该法第四条明确规定，国家建立黄河流域统筹协调机制，根据需要省、自治区可以建立省级黄河流域协调机制，并对央地（统筹）协调机制的定位予以区隔——国家黄河流域统筹协调机制的管理职责在于"全面指导、统筹协调"，省级地方黄河流域协调机制的管理职责则在于"组织、协调"。

流域治理需要在系统论的理念和方法之下，注重空间治理的本质。从中央—流域—地方纵向关系来看，流域层级事权配置往往被弱化，中央地方间"委托—代理"关系长期缺乏有效的中间承接点，导致涉水事权划分呈现出同质化和碎片化的现象。① 随着（统筹）协调机制的建立，如何化解这一历史难题，同时如何以黄河流域统筹协调机制为核心的组织机构及其体系成为本文的研究重点。

作者简介：周娴，法学博士，南京信息工程大学法学与公共管理学院讲师。

① 杜辉，杨哲.流域治理的空间转向——大江大河立法的新法理［J］.东南大学学报（哲学社会科学版），2021，23（4）：60-69+151.

一、黄河流域组织法治的原则

黄河流域治理在组织法层面，应当坚持"党的领导""有限分权""功能适当""立体协同"四项原则。① 具体如下：

第一，"党的领导"原则。《中华人民共和国黄河保护法》（以下简称《黄河保护法》）以法律形式全面贯彻落实党中央决策部署，② 明确黄河流域生态保护和高质量发展，因此，坚持中国共产党的领导应当作为组织机构设置的首要和根本原则。党的组织领导应当逐渐由政治话语向法律话语转换，尤其在坚持党的全面领导和新型党政体制确立的当下，将党的领导从顶层设计的"神坛"拉下，下沉到法律基本原则的现实，必要且恰当。坚持党的领导从确立初期就包含着对于行政组织的领导，主要通过嵌入式的隐含路径发挥作用。党组织在环境合作治理的语境下，逐渐脱离政治色彩的单一性，相较于生态环境机构承担技术性、实操性以及区域性的任务，其发挥着环境行政的领导和指挥的功能，成为幕后、隐藏的神秘之手。党的先进生态法治理念与治国理政智慧有目共睹，"政治—行政"转化在环境行政领域相当频繁，党的领导已经逐渐从"幕后"转为"台前"，位置前移并且发挥着形塑环境行政组织不可替代的作用。党的领导原则之下，将政府、社会、市场等领域有效联结并整合一体，形成了一套"横向到边，纵向到底"的组织网络。③

第二，"有限分权"原则。行政分权原则是行政组织法的基本原则之一。然而，在黄河流域治理领域需要认识到"空间维度"的变革，与传统行政法治，乃至现代生态环境陆地治理的重大区别，尤其在治理理念上应当秉持整体性和系统论，行政分权原则应当有所限缩，或可描述为以"集权"为基础的"有限分权原则"。传统科层制形成的"块块"格局，不否认可以在事权分割后形成块状治理的合理，但是在面对具有整体性治理本质的黄河流域，尤其以整体性保护为优先考量的黄河流域应当明确：黄河流域行政管理权力的地域分割应当服务于整体性决策，申言之，环境问题和环境利益的整体性都强调"全国一盘棋"，由此避免不当的地方利益损害环境的整体利益，进而稳妥处理"垂直管理"与"属地管理"和"分权化趋势"之间的关系。④

① 周娴. 环境行政组织法构造研究［D］. 重庆：重庆大学，2021.

② 吕忠梅.《黄河保护法》实现"江河战略"法治化［EB/OL］.（2022-11-02）［2023-08-19］. https：//www.mee.gov.cn/home/ztbd/2022/sthjpf/fgbzjd/202302/t20230228_1017830.shtml.

③ 王浦劬，汤彬. 当代中国治理的党政结构与功能机制分析［J］. 中国社会科学，2019（9）：4-24+204.

④ 陈健鹏，高世楫，李佐军."十三五"时期中国环境监管体制改革的形势、目标与若干建议［J］. 中国人口·资源与环境，2016，26（11）：1-9.

第三，"功能适当"原则。黑塞对于分权理论进行了革新，他创造出"任务—功能—机构"的逻辑链条，机构的产生和改革直接由功能决定，而功能又是来源于国家任务——特定的功能要由以特定方式组织起来的机构承担，权力分工与制衡的取向是以功能实现或功能优化为核心，这样的结果或许不是最优的，但是必须是更优的，是"合乎事务本质的确认和配置"①。这一原则是对组织要素、人的要素和物的要素相互关系的要求，也将会成为正当性的补证（主要是权力）。在黄河流域治理领域特别强调这一原则，不仅在于黄河流域治理现状的紧迫性，还在于黄河流域治理作用的持久性。关于前者，这是一种事前的原则，意味着黄河流域治理所涉组织或机构的权力、功能以及相关的要素都应当被事先耦合，这样才能保证组织体、组织形式、组织规模等因素达到实现治理功能的最佳状态。当然这样的讨论和判断，都置于适法的框架之下，本身具有正当性。关于后者，这是一种事后补救的原则。组织与权力是相伴而生的，我们对于组织的批判多数是因为其权力的不合理或不合法，因此，对于正当性的补证最终是关照权力，因"胜任"而"合法"②。对于后者的解释，实际上是为特殊情形下的黄河流域治理组织或机构提供正当性论证。

第四，"立体协同"原则。生态环境风险规制的断裂与碎片化，其原因在于无整体行动计划，也在于不协调，即多数情况下只能是"只见树木，不见森林"的狭隘视角和片面景象。③ 对此予以反思即可知，在一般意义的组织法性质上，这一原则包含以下的理解：一是属地原则下超越科层式的协调与合作；二是要素框架下跨域府际的协调与合作；三是整体原则下突破公私二分的协调与合作。协调与合作原则在生态环境管理法领域其实已经得到了较好的适用，强调其组织法领域的规范性，旨在要求协调与合作是中央和地方政府当以重视的内容，也是其主动行政的途径。协调与合作实际上应当内生于黄河流域治理的规范构建过程中。

二、黄河流域组织法治的内容

"布局性的环境隐患"和"结构性的环境风险"是现代环境治理之中最具有生命力的议题，也是最需要谨慎对待的难题。④ 生态环境治理广泛依赖于正式和非正式协作、联动，以此消除布局性的环境隐患和对抗结构性的生态环境风险，

① 张翔. 国家权力配置的功能适当原则——以德国法为中心 [J]. 比较法研究，2018（3）：143-154.

② 贾圣真. 行政任务视角下的行政组织法学理革新 [J]. 浙江学刊，2019（1）：171-182.

③ 黑川哲志. 环境行政的法理与方法 [M]. 肖军，译. 北京：中国法制出版社，2008.

④ 钭晓东. 区域海洋环境的法律治理问题研究 [J]. 太平洋学报，2011，19（1）：43-53.

其中设置"居间"机构成为较为普遍的选择。

首先，遵循"党的领导"原则，建议适度提升黄河流域（统筹）协调机制的"党的机构"之属性，利用党组织内部的线性结构优化黄河流域治理事权传导和责任归属机制。基于黄河流域治理"两横三纵一机制"的基本格局，强化上述属性的优势在于：在纵向维度上，央地党组织职责同构，对于黄河流域治理而言，央地协同需要以稳定的、长期的组织结构为基础，党组织相较于行政组织的地方嬗变更具有一致性；在横向维度上，同级党委机构设置简单，沟通相对简化，有利于黄河流域的两大基本面向——管理和生态环境监管在事权和事务上的协同，即在"加强黄河流域生态环境保护，保障黄河安澜"的直接目的下形成常态化的合作机制；在协调机制方面，《黄河保护法》可以一定程度上视为"政策法律化"的产物，党和国家政策的贯彻执行离不开党组织的有机参与和智力贡献。具体而言，在黄河流域（统筹）协调机制的内设机构或办事机构上，应当注重以党的组织为核心的领导小组或委员会的设立及其领导地位的确立。

其次，遵循"有限分权""立体协同"原则，国家黄河流域统筹协调机制与省级黄河流域协调机制应当分别建构，其中充分把握以"水"为线，以"流域"为面①的黄河流域治理要义。国家黄河流域统筹协调机制应当属于流域事权配置之独立层级的顶层设计，与承载组织共同发挥央地协同的关键作用。对此，尚须法解释学的关照和组织法实体规范的确认，黄河流域协调机制方得以组织法为基础在实质行政"参与权"上纵深发展。在此之上的中央层级事权，在此之下的地方层级事权，② 才能够形成有机互动。省级黄河流域协调机制绝非国家黄河流域统筹协调机制的地方机构，沿黄9个省区在黄河流域治理上面临的事权需求要在上下游、干支流之自然属性上的区分，即便"全国一盘棋"的整体性理念不可或缺，这并不成为"上下一个样"的正当性基础。那么，省级黄河流域协调机制除了组织、协调省际黄河治理事务外，还应当"向上承接"——中央政策部署的地方化，"向下兼容"——职能下沉和落地。省级黄河流域协调机制还可以考虑各省区在磋商的基础上制定政府间横向协调联席机制③，进一步充实协调职能。概言之，中央层级事权和流域层级事权主要把关黄河流域的重大事项以及流域管理的系统性和一体化，国家流域统筹协调工作机制的重点在"统筹协调"；地方各级政府事权则以地方政府及其职能部门在其行政辖区内因地施策、

① 栗战书. 在黄河保护法立法座谈会上的讲话 [J]. 中国人大，2022（18）：6-8.
② 吕忠梅，张忠民. 现行流域治理模式的延拓 [A] // 吕忠梅. 湖北水资源可持续发展报告（2014）[M]. 北京：北京大学出版社，2015：40.
③ 刘志仁，王嘉奇. 黄河流域政府生态环境保护责任的立法规定与践行研究 [J]. 中国软科学，2022（3）：47-57.

实现黄河流域治理目标为主要内容，省级流域协调工作机制重点在"属地落实"。① 另外，从横向切面来看，黄河流域生态环境监督管理局在环境监察、监测职权上收的语境之下，应当更多地承担省界断面的水功能区监测等监测职责，关于监察职责应当借助法律、法规和规章的授权条款的拟定，逐渐趋于相对独立且完整的状态，② 对此可以参照生态环境保护综合执法机构的配置予以依法、合理安排。流域生态环境行政监督管理局在属性上，应当是集指导协调性和行政执行性为一体，因而其职责范围应当有所扩充。复合性的职责范围包括：协调流域"统一标准"的制定；监督流域"统一规划"的履行；"统一执法"。③

最后，遵循"功能适当"原则，黄河流域（统筹）协调机制应当尽快明确其组织形式、组织架构、具体职责与权限以及与黄河流域管理和生态环境监管机构的关系，甚至后两者之间的关系等多个方面的内容，对此，主要依赖于组织法规范的跟进。作为"共同体"的黄河流域管理和生态环境监管机构的职责应当在传统配置上予以优化，适度提升黄河流域管理机构的行政层级④，但两大机构的职责范围应当限定在法律、法规等现有规范载明的具体事务之上，尤其应当明确其法律实施、政策实施的专门机构的属性和定位。内生于这类组织的协调性，一旦遇上被认定为全国的、战略性的计划或规划，应当予以谦让，应交给黄河流域统筹协调机制站立在高位之上进行权威式协调。通过解读《黄河保护法》第四条可知，国家黄河流域统筹管理机制的功能为统筹审议"黄河流域重大政策、重大规划、重大项目等"，协调"跨地区跨部门重大事项"，督促检查"相关重要工作的落实情况"；省级黄河流域协调机制的功能为组织、协调"推进本行政区域黄河流域生态保护和高质量发展工作"。为了落实如上功能，应当明确该机制的建构主体、参与主体等组织法范畴的基本内容，以及对于该机制的组织载体⑤（黄河流域管理机构和黄河流域生态环境监管机构）应当予以强化，扭转流域治理中流域专门机构治理弱势的历史局面。

三、余论

黄河流域治理应当秉持着"系统性、整体性、协调性"三大基本属性，同

① 刘尉. 黄河流域事权的纵向配置：从学理到规范［J］. 青海社会科学，2022（3）：42-52.

② G Tracy. A Symphonic Approach to Water Management：The Quest for New Models of Watershed Governance［J］. Journal of Land Use & Environmental Law，2010，26（1）：1-33.

③ 王清军. 我国流域生态环境管理体制：变革与发展［J］. 华中师范大学学报（人文社会科学版），2019，58（6）：75-86.

④ 周珂，蒋昊君. 整体性视阈下黄河流域生态保护体制机制创新的法治保障［J］. 法学论坛，2023，38（3）：86-96.

⑤ 侯学勇. 融贯论视角下的黄河流域生态保护机制审视——以《黄河保护法》相关规定为分析对象［J］. 法学论坛，2023，38（3）：105-115.

时考虑生态环境治理整体上依然遵循"权威主导"的基本范式，因而，传统的路径依赖仍然适用，即以立法，尤其是组织法规范为先，统合执法、司法以及守法等各阶段。随着司法发挥更多的社会治理功能，黄河流域治理之整体性司法也将成为又一关键，这其中沟通协调机制仍然必要。在（黄河）流域治理的方法论上，"协调性"是不可或缺的理性工具，相较而言，"系统性、整体性"更多的是一种价值取向。

参考文献

［1］习近平.在黄河流域生态保护和高质量发展座谈会上的讲话［J］.求是，2019（20）：4-11.

［2］李宜馨.黄河文化与黄河文明体系浅议［J］.中州学刊，2022（12）：146.

［3］张祖增.整体系统观下黄河流域生态保护的法治进路：梗阻、法理与向度［J］.重庆大学学报（社会科学版），2024（4）：212-224.

［4］周亚东.底线思维：习近平治国理政的重要方法之一［J］.理论视野，2017（2）：23-26.

［5］张森年.习近平生态文明思想的哲学基础和逻辑体系［J］.南京大学学报，2018（6）：10.

［6］习近平.在哈萨克斯坦纳扎尔巴耶夫大学演讲时的答问［N］.人民日报，2013-09-08（01）.

［7］钱勇.加强大江大河生态保护和系统治理［N］.人民日报，2021-11-12（9）.

［8］周珂，蒋昊君.整体视域下黄河流域生态保护体制机制创新的法治保障［J］.法学论坛，2023（3）：86.